大数据测试技术与实践

艾辉 主编

融360 AI测试团队 编著

人民邮电出版社

北京

图书在版编目（CIP）数据

大数据测试技术与实践 / 艾辉主编 ； 融360 AI测试团队编著. -- 北京 ： 人民邮电出版社，2021.10（2024.3重印）
ISBN 978-7-115-57186-1

Ⅰ. ①大… Ⅱ. ①艾… ②融… Ⅲ. ①数据处理 Ⅳ. ①TP274

中国版本图书馆CIP数据核字(2021)第169716号

内 容 提 要

本书全面系统地介绍了大数据的测试技术与质量体系建设。本书共 11 章，第 1～4 章涵盖认识大数据，大数据技术生态，数据仓库的设计与构建，以及大数据项目开发流程；第 5～7 章讲解大数据测试方法、大数据测试实践和数据质量管理；第 8～10 章介绍大数据测试平台实践、数据治理平台建设，以及 DataOps 的理念与实践；第 11 章提供大数据测试学习路线。附录列出了大数据技术经典面试题。

本书适合想要了解大数据技术的读者，以及想要学习和掌握大数据测试与大数据开发的从业者。通过阅读本书，测试工程师可以系统地学习大数据技术基础、大数据开发和大数据测试等知识；大数据开发工程师可以借鉴大数据质量保障的方法，拓宽数据工程实践的思路；技术专家和技术管理者可以了解大数据质量保障体系、数据治理建设和 DataOps 实践等内容。

◆ 主　　编　艾　辉
　编　　著　融 360 AI 测试团队
　责任编辑　张　涛
　责任印制　王　郁　焦志炜

◆ 人民邮电出版社出版发行　　北京市丰台区成寿寺路 11 号
　邮编　100164　　电子邮件　315@ptpress.com.cn
　网址　https://www.ptpress.com.cn
　固安县铭成印刷有限公司印刷

◆ 开本：787×1092　1/16　　彩插：1
　印张：18.75　　2021 年 10 月第 1 版
　字数：469 千字　　2024 年 3 月河北第 7 次印刷

定价：118.00 元

读者服务热线：(010)81055410　印装质量热线：(010)81055316
反盗版热线：(010)81055315
广告经营许可证：京东市监广登字 20170147 号

本书编委会

主　　编： 艾　辉

副 主 编： 叶大清　刘曹峰　张刚刚

编委会成员： 艾　辉　陈高飞　郝　嵘　雷天鸣　李曼曼
马　绵　孙冰妍　孙金娟　张　咪　张朋周

审稿成员： 韩雪娇　薛慧萍　徐培培　张　莹

作者简介

艾辉，中国人民大学概率论与数理统计专业硕士，《机器学习测试入门与实践》作者之一。目前，担任融 360 技术总监，主要负责 AI 风控产品、用户产品和基础架构的质量保障工作。曾在阿里本地生活担任高级技术经理，负责用户产品、新零售产品的质量保障工作。拥有 9 年多的测试开发工作经验，曾多次受邀在行业技术大会（如 MTSC、GITC、Top100、TiD、A2M 和 TICA 等）上做主题分享。对大数据、机器学习测试技术有深刻理解，并长期专注于质量保障与工程效能领域。

陈高飞，东北大学计算机技术专业硕士，《机器学习测试入门与实践》作者之一。目前，担任融 360 测试开发工程师，主要从事机器学习方向的测试开发工作。擅长白盒测试、大数据测试和模型测试，在工具平台开发方面有丰富的实践经验。

郝嵘，北京信息科技大学自动化专业硕士，《机器学习测试入门与实践》作者之一。目前，担任融 360 高级测试开发工程师，主要负责大数据方向的测试开发工作。擅长 Python 开发、大数据测试和机器学习测试，主导了多个工具平台的开发，在大数据质量保障方面有丰富的实践经验。

雷天鸣，哈尔滨理工大学计算机科学与技术专业硕士，《机器学习测试入门与实践》作者之一。目前，担任融 360 测试开发工程师，主要从事机器学习方向的测试开发工作。擅长大数据测试、特征测试和模型算法评测等，对金融风控业务有深刻理解。

李曼曼，融 360 高级测试开发工程师，《机器学习测试入门与实践》作者之一。拥有近 11 年的测试开发工作经验，主导了多个工具平台的开发和大型项目的测试工作。擅长白盒测试、性能测试、自动化测试、持续集成和工程效能，在大数据和特征模型测试方面有丰富的实践经验。

马绵，陕西科技大学网络工程专业学士，融 360 测试开发工程师。目前主要从事服务端测试开发工作，擅长自动化测试、安全测试，在服务稳定性保障方面有丰富的实践经验。

孙冰妍，东北大学通信与信息系统专业硕士，融 360 测试开发工程师。目前主要从事服务端测试开发工作，擅长白盒测试、自动化测试、性能测试、安全测试和持续集成。参与了多个工具平台的开发，并主导了多个大型项目的测试工作。对大数据测试技术有深刻理解。

孙金娟，山西财经大学计算机科学与技术专业学士，《机器学习测试入门与实践》作者之一。目前，担任融 360 测试开发工程师，有近 9 年的 Java 开发、测试开发工作经验。擅长大数据测试和工具平台开发，对机器学习、特征模型测试有深刻理解。

张咪，北京交通大学通信与信息系统专业硕士，《机器学习测试入门与实践》作者之一。目前，担任融 360 测试经理，主要负责用户产品的质量保障工作，曾负责基础架构、SRE（Site Reliability Engineering，网站可靠性工程）等方面的测试开发工作。在自动化测试、服务稳定性、专项测试和工程效能等方面有丰富的实践经验，曾受邀在行业技术大会（如 MTSC、A2M 等）做主题分享。对大数据、机器学习测试有深刻的理解，并在这些领域拥有丰富的实践经验。

张朋周，中国地质大学计算机科学与技术专业硕士，《机器学习测试入门与实践》作者之一。目前，担任融 360 高级测试开发工程师，曾在百度从事搜索业务测试开发，有近 9 年的开发测试工作经验。目前，主要负责机器学习方向的测试开发工作，主导了多个工具平台的开发，在数据质量保障、模型评估平台方面有丰富的实践经验。

序　一

2021 年是“十四五”开局之年，也是构建双循环新发展格局的起步之年。“十四五”规划将人工智能列为重大创新领域和科技前沿领域。随着政策落地、技术突破和产业融合，我国人工智能进入黄金发展期。

人工智能是新一轮科技革命和产业变革的重要驱动力量，正在对世界经济发展、科技创新和社会进步等产生重大而深远的影响。后新冠肺炎疫情时期，长周期的经济恢复与发展成为重点，人工智能被赋予了全新使命，这就要求人工智能技术发挥未来产业“头雁”作用，通过与各产业深度融合，助推行业向数字化和智能化转型，催生新的业态，实现新的蜕变、新的发展。

中国金融行业正在步入崭新的金融科技时代，以人工智能和大数据为代表的数字技术推动着中国金融行业的创新和变革，被广泛应用于风控、支付和理赔等方面。本书全面系统地介绍了大数据测试技术与质量体系建设，能够帮助读者了解大数据技术生态、熟悉大数据项目开发并理解大数据产品的质量保障是如何落地的。

目前，融 360 在智能搜索、智能推荐和风控等领域布局已久，广泛应用了相关的人工智能技术，取得了不错的效果。本书由融 360 AI 测试团队编著，是贴近实战的大数据测试技术图书。我们希望与业界同仁共同推进相关技术的发展。

——叶大清

融 360 联合创始人、CEO

序　二

随着移动网络、云计算和物联网等新兴技术的迅猛发展，全球数据量呈爆发式增长趋势，大数据时代已经到来。大数据在金融、电信、教育、交通和互联网等领域，持续发挥巨大作用。大数据无疑开启了一次重大的时代转型，众多企业积极进行数字化转型升级，以期把握住大数据时代带来的机遇。

当前，大数据已成为企业的基本生产资料，数据信息已成为企业的战略资产，因此，企业应该重视数据质量和数据治理。然而，大数据自身的 4V 特性决定了大数据测试明显区别于传统测试。在数据的复杂度和量级飞速提升的同时，如何对大数据进行测试且保证数据质量，这是我们在质量方面面临的又一个新的技术难题。

本书是一本介绍大数据测试的方法和技术在真实业务场景中如何实践落地与发挥作用的图书，由融 360 AI 测试团队集体创作完成。不同于传统的大数据技术图书，本书从测试人员的角度阐述大数据产品的质量保障与工程效能。本书内容深入浅出，学习路线清晰，覆盖四大技术主题（大数据开发、大数据测试、数据质量与数据治理）和 11 个技术要点，并以实例分析了大数据测试应用。

本书是《机器学习测试入门与实践》的姊妹篇，二者的写作初衷一致。在业界，无论是大数据测试技术还是机器学习测试技术，都处在尚不成熟的阶段，相关的图书比较少。希望本书能够起到抛砖引玉的作用，给广大读者在大数据与机器学习测试方面带来一些收获。

很高兴看到本书付诸出版。在此，感谢艾辉和本书编著团队的邀请，能够作为融 360 工程师的代表为本书作序，我深感荣幸。

——刘曹峰

融 360 联合创始人、CTO

序　三

随着人工智能、移动互联网和物联网的快速发展，大数据商业应用开始引发人们的无限想象。大数据在 2014 年首次被写入政府工作报告，经过 7 年的高速发展，已经成为经济和企业发展的新动能和引擎。利好的国家政策、广阔的市场，以及丰富的应用场景，为企业的大数据发展提供了广阔空间。实验室的科研成果转换为可大规模应用的工程体系，促进大数据实现广泛的商业应用。大数据技术不但成为企业发展不可或缺的基础设施，而且是形成企业差异化竞争优势的核心要素。5G 时代来临，大数据应用与人们的工作和生活的联系愈加紧密。

大数据技术具有复杂、多样等特点，企业在推进大数据应用的同时会面临数据质量保障方面的挑战。大数据开发、数据质量和数据治理等方面的问题，值得我们在探索中不断总结经验，进而推动大数据技术在各行各业中落地和应用。

本书根据融 360 在大数据应用方面的工程实践经验，结合大数据领域的研发特点，系统地汇总了测试质量方面的种种问题，总结了大数据技术与质量体系的建设经验。本书阐述了大数据测试与传统测试的差异，对大数据测试技术各环节进行了剖析；针对大数据技术复杂且门槛高的特点，提供了大数据测试的标准化、产品化和平台化方面的经验；对 DataOps 理念进行深入解读，引导读者学习大数据测试路线，帮助读者了解大数据测试质量方面的前沿进展。

未来，数据量会持续增长，数据类型和大数据应用场景会更加丰富。数据的海量、非结构化特点，对大数据的算力、实时引擎和数据处理等方面提出了更高要求。希望本书能够给读者带来启发，帮助读者在行业的大数据建设中输出更多的优秀落地方案。

——耿艳坤

顺丰集团 CTO、顺丰科技 CEO

序　四

软件定义世界，数据驱动未来。

随着机器学习等人工智能方法的广泛应用，越来越多的行业在发生变革。机器学习这类数据驱动方法改变了传统软件的开发范式，带来了机遇，也带来了挑战。通过数据训练来构建业务决策逻辑，数据不再仅仅是数据，而真正成为软件不可或缺的一部分。软件质量开始重度依赖数据质量。数据相关的测试正式成为软件质量保障方面的一部分。

通过我所在实验室的研究生向我推荐的《机器学习测试入门与实践》，以及中国互联网测试开发大会等活动，我认识并逐渐熟悉艾辉。工业界作者编写的图书更加务实，更容易让读者上手并付诸实践。从认识大数据到大数据技术生态，再到大数据项目生态，本书可以帮助初学者快速进入大数据的世界。令人惊喜的是，在本书测试相关的章节中，对数据质量着墨较多。过去几年，我曾在若干行业推广和实践数据质量标准，深知其不易。本书不仅对行业从业人员有很高的技术参考价值，还能够让学术研究人员快速进行大数据测试实践。

本书是艾辉和融 360 AI 测试团队的新作，非常荣幸给本书作序。

——陈振宇

慕测科技创始人

南京大学软件学院教授

IEEE 国际软件测试大赛发起人

推荐序

随着大数据技术的广泛应用，对于如何将沉淀的海量原始数据进行适当存储、加工和价值挖掘；如何在数据异构且来源多样、数据类型多样和数据量达到一定规模的情况下，解决数据仓库的设计，数据血缘关系，数据的正确性和即时性，以及指标口径一致性等方面的问题，或许你会从本书中找到答案。本书从大数据质量保障的角度介绍了如何应用测试环节提升数据质量，并深入介绍了数据仓库的设计、数据开发和数据管理平台等。本书适合大数据技术人员了解数据研发的整体流程，适合测试工程师了解其职责和价值。

——邹宇，携程大数据与 AI 应用研发部负责人、VP

大数据已经成为当今社会生活和经济发展的核心元素。如何在工业级产品应用中对这些宝贵的数据资源进行采集、存储、分配、管理和计算分析，已经成为一个难题。本书选择这一领域进行深入研究和探索，汇集了业界相关的最新实践成果，从理论、方法和实操层面进行全面分析和总结，为有志于在人工智能和大数据领域持续钻研的产品技术人员提供了参考资料和学习指南。本书提供详细的应用背景介绍和丰富的实践案例，帮助读者快速入门大数据测试。

想要在大数据测试领域有所作为，你需要对整个技术生态和大数据业务应用的发展趋势有更强的把握能力。本书为读者提供了持续精进的路标，希望能够指引更多同路人一起前行。

——蒋凡，京东科技数字城市群数字生活产品部负责人、《智能增长》作者

大数据产品生态体系和技术体系丰富。如何围绕数据生命周期全盘地进行手工测试和自动化回归测试，这是使用大数据平台的企业面临的难题。本书介绍大数据研发和测试的原理和工具，从实际操作层面提供指导，并为数据的可感知、可管理和可使用提供实战指导。

——梁福坤，京东科技数字城市群总架构师

大数据技术相关的图书有很多，却难觅一本侧重大数据产品和应用测试的图书。本书内容翔实、案例丰富，包括大数据技术基础、大数据测试方法、大数据测试实践和数据质量管理等，针对大数据平台建设等进行了案例分析。本书通俗易懂且实用性强，适合测试工程师

等进行大数据测试实操。

——杨春晖，工业和信息化部电子第五研究所副总工程师

这是一本很及时的书。大数据不是一个新鲜事物，但对于大数据测试技术，国内很少有人进行系统梳理和总结。大数据测试对技术要求高，从业者不仅要有完备的测试知识，还要有相关经验。大数据测试对数据环境的要求很高，大部分初学者缺乏实践条件，导致大数据测试目前在国内还处于半空白状态。本书基于融 360 AI 测试团队丰富的大数据测试实践经验，通过系统的知识梳理，整理出一整套完整的大数据测试的理论和实践方法，适合每一个对大数据测试感兴趣并希望学习相关知识的测试工程师。

——徐琨，Testin 云测总裁

DT 时代，数据是基石。大数据测试区别于传统软件功能性测试，大数据测试需要进行大量的数据模型构造和数据核对。本书结合艾辉及其团队的实践经验，从数据的完整性、准确性、安全性和可理解性等方面总结了体系化的测试技术方法与手段，可为读者提供新的思路和启发。

——童庭坚，PerfMa 联合创始人兼首席技术官

在大数据时代，各行业加快数字化的步伐，加上 5G 技术和智能设备的发展，行业数据增长迅猛。利用大数据学习其特征是人工智能研究和应用的范畴，基础就是数据的正确性。在数据层面，如何保证存储、计算、流和智能分析等的正确性，是大数据测试需要解决的问题。本书首先从多个方面介绍了大数据的特性，并对多种相关测试工具进行了详细介绍，然后，从实战的角度，介绍了如何搭建大数据测试平台。相信本书会给测试行业的从业者带来帮助。

——师江帆，龙测科技创始人、CEO

目前，我们迎来了人工智能（AI）发展的第三次浪潮，这在很大程度上得益于大数据。AI 的算法忠实于数据，数据质量的好坏直接影响 AI 的应用效果。本书的出版正逢其时。本书介绍了大数据测试的方法和技术，数据质量管理，以及如何构建大数据测试平台和数据治理平台，还提供了丰富的案例和代码示例，适合想要了解和正在从事大数据测试的读者阅读。

——朱少民
QECon 大会发起人
《全程软件测试》和《敏捷测试：以持续测试促进持续交付》作者

大数据和人工智能技术在更多领域得到广泛应用，质量是关键。如何保证数据的质量和人工智能系统的质量，成为备受关注的重要主题。本书作者将多年项目实战经验与读者共享，我相信本书一定能给读者带来实实在在的收获。

——周震漪，ISTQB/CSTQB 和 TMMi 中国分会副理事长

2020 年，艾辉和融 360 AI 测试团队编著的《机器学习测试入门与实践》出版，受到业界广泛关注和好评。我参加了艾辉的多场技术分享活动，也亲自采访了他，愈发坚定了我往这一方向发展的决心。现在，艾辉和融 360 AI 测试团队编著的《大数据测试技术与实践》出版，相信它会成为大数据测试领域的佳作。希望本书可以给数据测试人员带来新的思考和启发。

——张立华（恒温），测试开发专家、TesterHome 社区联合创始人

随着越来越多的企业开始应用大数据技术推动业务发展，大数据测试成为行业中一个重要的质量保障细分领域。本书细致且详尽地总结了大数据测试体系，同时融入了自建测试平台的经验。本书可以帮助企业解决大数据测试的难题，可以有效地帮助企业快速构建大数据测试体系，是一本应运而生的佳作。

——黄延胜（思寒），霍格沃兹测试学院创始人

本书既有对大数据测试关键技术的讲解，又有实际大数据项目案例。本书采用实际需求驱动的方式进行讲解，将大数据测试的核心知识点与项目实践相结合。相信本书会帮助初学者快速入门大数据测试。

——茹炳晟
腾讯技术工程事业群基础架构部 T4 级专家
腾讯研究院特约研究员
《测试工程师全栈技术进阶与实践》作者

随着移动互联网和智能设备的不断发展，越来越多的数据被沉淀。伴随着数据计算力与机器智能算法的发展，基于大数据和AI的应用越来越多，我们正在进入一个AI-DT驱动的时代。对于智能化的效果，有两个重要的决定因素：数据的质量和模型算法的设计。如何实现大数据的质量保障，成为业界的一个难题。艾辉及其团队在本书中揭示了其成功的实践方法。本书内容翔实，相信会给读者带来启发。

——公直，阿里巴巴资深技术专家

数据智能时代已经到来。数据不但是决定 AI 智能程度的关键因素，而且已经成为企业的核心资产。在数据的复杂度和量级快速增加的同时，如何对大数据进行测试和质量保障，已成为数据质量领域新的难题。本书从大数据技术的特点出发，深挖质量侧难点。本书结合项目案例介绍大数据测试方法，分析如何从头搭建大数据测试平台，并对 DataOps 实践过程进行详细阐述。通过阅读本书，读者会对如何开展大数据测试有全新认识。

——金晖（定源），阿里巴巴淘系技术部高级测试开发专家

本人对大数据质量的关注较少，但通过阅读本书，立刻对大数据的技术生态、项目开发过程，以及 DataOps 理念和质量保障体系有了全面了解与系统认识。如果你有数据治理方面的问题，或者正在思索如何定义好的数据质量，那么仔细研究和思考本书中的方法，一定会有所收获。

——林紫嫣，蚂蚁金服高级测试开发专家

大数据技术已广泛应用于互联网、金融、电信、物流和教育等行业。由于大数据具有数据量大、数据类型多样等特点，因此需要沉淀出一套有效的大数据测试方法论。本书涵盖大数据生态，大数据开发流程，大数据测试方案与实践，以及大数据平台建设等方面的内容，阐述了大数据测试技术，适合对大数据测试感兴趣的读者阅读。

——孙远，阿里巴巴测试开发专家

我们生活在数据时代，正在享受数据带给我们的诸多红利。大数据作为一种重要且复杂的技术，横跨多个领域。本书内容丰富，又不失前瞻性，实属难得。相信本书能够给读者带来不同的启发。

——吴骏龙，阿里巴巴本地生活前高级测试经理

AI 时代，所有的模型都离不开数据的支持。如果算法是模型的“灵魂”，那么数据就是模型的“血肉”。因此，数据的质量和数量对模型的最终效果起到了决定性作用。本书介绍了大数据质量保障方面的实践方法，提供了可被参考和复用的场景解决方案，非常值得读者借鉴。

——王胜，百度资深测试开发工程师

本书以大数据时代为背景，以典型应用领域为切入点，系统介绍了大数据的采集、存储、计算、调度，以及数据仓库的设计等，重点讲解了大数据测试的三大典型场景：数据报表、数据挖掘和用户行为分析的测试方法。本书内容深入浅出，适合初学者了解大数据的开发和测

试，同时能帮助大数据相关从业者开拓视野。

——李军亮，京东零售技术效能通道委员会会长

随着大数据技术的广泛应用，很多测试人员开始计划或者已经在进行大数据产品的测试工作。有些读者按照原先测试通用型系统的方法测试大数据产品，往往觉得无从下手，或者感觉测试不到位、不得法。本书介绍大数据基础知识和大数据测试技术，适合想要转型大数据测试或已经在从事相关工作的大数据测试人员阅读。

——熊志男，京东科技工具研发部高级软件开发工程师、测试窝社区联合创始人

随着互联网的发展，人工智能、机器学习和大数据等技术逐渐成为互联网公司的基础能力，并深刻影响传统行业。这些技术在信息处理、商业决策和智能生活等方面发挥了重要作用。技术的发展需要基础质量支撑。数字化技术在不断迭代，如何有效评估其实现效果、质量，显得至关重要。艾辉是一位行业内的知识内容高产者，由他主编的机器学习测试、大数据测试方面的图书，既有基础理论，又有业务实践案例分享。本书内容深入浅出，方便读者快速入门。本书能够给行业从业者带来指引。

——林立，小米集团智能硬件部质量总监、测试总监

2008 年，Hadoop 正式成为 Apache 的顶级项目，大数据生态体系逐渐形成。大数据技术具有开源组件多、生产链路长等特点，另外，在大数据的及时性、准确性、一致性和完整性的要求下，出现了数据内容测试、流式计算容量评估等质量保障细分领域，这些都对质量保障相关技术提出了新的挑战。与此同时，业界缺乏大数据质量保障的相关资料。本书系统地介绍了大数据相关技术、质量保障方法和实践方法，并给出了学习路线图。本书是艾辉及其团队多年实践经验的总结，是难得的佳作。

——项旭，贝壳找房质量部高级技术总监

近几年，大数据技术发展迅速，在互联网、金融和电商等领域得到广泛和深入的应用，然而，大数据的质量保障是测试过程中的一个难点。数据的准确性如何验证？数据处理过程中如何确认数据是否丢失？实时数据的更新是否实时？本书系统地介绍了 BI、数据挖掘，以及实时数据、离线数据的测试方法，分析了如何通过大数据测试平台实践将大数据测试过程和自动化测试方法进行系统化落地。

本书注重理论结合实践，是大数据技术和测试领域一本难得的好书。想要了解大数据测试方法的技术人员一定能够从本书中受益。

——张涛，网易传媒测试总监

作为《机器学习测试入门与实践》的姊妹篇，本书梳理和总结了大数据测试相关的技术与实践经验，为初入大数据领域的学习者指明了方向。本书介绍了大数据测试与传统测试的区别，深入剖析了大数据测试中的重点和难点，是难得的佳作。

——王冬，360 技术中台质量工程部高级总监

在大数据时代，企业开始尝试通过数据进行决策和确定发展方向。数据从采集、传输、处理和存储，到计算分析展示，链路非常长。任何一个环节出错，都会导致数据不可用。而且，问题的排查和定位困难，问题修复成本高。这些会严重影响公司的决策效率和产品迭代速度。本书内容全面，系统地介绍了大数据质量保障的整体思路，提供了大量实践案例，很有指导意义和实用价值。

——郭静，知乎质量效能团队技术总监

本书介绍了大数据质量保障方面的相关技术和体系建设方法，既有丰富的理论知识支撑，又有实际的落地经验分享。无论是大数据测试的初学者，还是大数据测试方面的专家，都能从本书中有所收获。

——李志，字节跳动教育算法中台测试负责人

大数据和人工智能技术快速发展，应用也日渐成熟。大数据测试和质量保障受到越来越多的公司的重视。本书系统地阐述了大数据测试的理论和方法，并结合融 360 AI 测试团队的实践经验，提供落地思路。本书内容由浅入深、通俗易懂。本书是艾辉及其团队对测试技术领域所做的贡献。我向每一位想了解大数据测试的读者推荐本书！

——董沐，字节跳动 Quality Lab 技术经理

DT（Data Technology）时代，数据的重要性不言而喻。面对海量数据，如何保证数据质量，显得格外重要。本书系统地介绍了大数据的技术和测试方法，以及融 360 AI 测试团队在大数据方面的探索和实践。本书针对大数据测试过程中遇到的痛点，阐述了大数据质量体系建设的过程。本书的内容由浅入深，从测试方法论到平台建设，从数据质量保障到数据治理，涵盖了大数据测试的方方面面，能够给正在从事和想要从事大数据测试的读者带来帮助与启发。

——王晶晶，货拉拉测试负责人

大数据测试是业界难点，因为大数据只告诉你它们是什么，而不告诉你它们为什么会这样；大数据并不是准确的，而是混杂的；大数据并不是抽样的，而是海量的全体。在进行大数据测试时，如何生成测试数据、如何做 Oracle Checking 等，都是挑战。本书是《机器学习测试入门与实践》后的又一力作。

——丁国富，智联联盟智库专家、软件质量及测试独立咨询师、华为前 6 级测试架构师

随着大数据技术的发展，相应的大数据质量保障成为颇受业界关注的领域。要做好大数据质量保障工作，不但要掌握大数据测试技术，而且要对大数据技术本身有所了解。本书从大数据技术和大数据测试技术两个维度入手，结合本书编著团队多年项目实践经验，系统地介绍了大数据质量保障体系建设的方方面面。希望关注大数据质量的人士认真阅读本书。

——林冰玉，Thoughtworks 首席软件质量咨询师、质量赋能专家

从数据测试到大数据测试，数据的类型、规模和复杂程度已经不可同日而语。对于从数据“海洋”中筛选出业务所需的数据，如何确保结果可靠、过程正确和响应及时，本书给出了一些实践总结。想要学习大数据测试技术的读者不应该错过本书。

——陈霁（云层），TestOps 创始人、研发效能架构师

作为《机器学习测试入门与实践》的姊妹篇，本书将大数据测试的技术、方法和实践体系化，并提供实践经验。本书内容是团队的真知灼见，是团队的价值体现。希望读者能够通过阅读本书敲开大数据测试的大门。

——陈磊，新奥集团质量总监

前 言

写作背景

随着信息技术的不断发展，大数据时代已经到来。大数据应用广泛，已渗透到各行各业，如电信、教育、金融和医疗等，对人类社会和生产活动产生了重大且深远的影响。为了抓住大数据时代带来的机遇，众多企业在积极地进行数字化转型升级。大数据应用在迎来重大发展机遇的同时，同样面临着巨大挑战，这对大数据领域的从业人员的技术水平、专业知识能力提出了更高的要求。

大数据能够给企业带来高回报的关键因素是数据质量。大数据具备数据规模大、数据种类多和数据及时性要求高等特性，这些特性决定了得到高质量的数据处理结果并不容易。大数据测试是保证数据质量的关键步骤，经过合理、充分的大数据测试，可以显著提高大数据应用的水平和效果。

对于传统软件、互联网产品的测试，测试方法和质量体系是相对成熟的。而大数据测试尚处于发展阶段，并且大数据应用经常与机器学习相关技术紧密联系，因此，我们不能生搬硬套传统软件和互联网产品的测试方法。另外，该领域鲜有完整的大数据质量体系可供借鉴。面对来自大数据测试和机器学习测试方面的技术挑战，我们在团队中组织了系列技术攻坚行动，不断积累大数据测试和机器学习测试的实践经验，并逐步搭建和完善质量体系。

融 360 AI 测试团队编著的《机器学习测试入门与实践》于 2020 年 10 月出版，从测试人员的角度阐述了机器学习产品的质量保障和工程效能，并重点讲解机器学习测试方法如何在真实业务场景中落地。数据作为机器学习的三要素（数据、模型和算法）之一，决定了机器学习的上限，而模型和算法只是逼近这个上限。由此可见，掌握大数据测试是重中之重。本书聚焦大数据测试，以更加全面的角度剖析大数据测试技术，并通过实例介绍大数据测试的应用。

写作本书的主要目的是与业界分享融 360 AI 测试团队在大数据测试方面的实践经验，共同推进大数据测试的发展。本书能够帮助读者了解大数据技术生态，熟悉大数据项目开发，了解大数据产品的质量保障是如何落地的。

本书结构

本书分为 4 个部分（共 11 章）和 1 个附录。

第 1 部分：大数据技术基础。

第 1 章：认识大数据。本章首先介绍大数据的基本概念和特性，然后简述大数据技术的发展历程，最后列举大数据在多个领域的经典应用案例。

第 2 章：大数据技术生态。本章首先介绍大数据技术生态的分层，然后从数据采集、数据存储、计算分析和管理调度 4 个方面介绍主流的开源技术组件，最后介绍大数据的商业生态和相关产品。

第 3 章：数据仓库的设计与构建。本章首先讲解数据仓库的基本概念和发展过程，并将数据仓库与数据集市、数据湖和数据中台进行对比分析；然后介绍数据仓库的架构分层和建模方法，提供数据仓库设计的方法论；最后通过一个实例来详细解读数据仓库的构建过程。

第 4 章：大数据项目开发流程。本章首先概括了大数据项目的分层架构，并对数据的采集与存储，以及数据计算等进行了深度解读；然后，通过大数据项目开发案例（用户行为分析平台），从需求、流程和设计（架构、数据模型和调度）等多个方面阐述如何进行大数据项目的开发。

第 2 部分：大数据质量保障。

第 5 章：大数据测试方法。本章首先介绍大数据测试的定义，以及大数据测试与传统数据测试的差异；然后介绍大数据测试的类型和方法，以及大数据测试流程；接着，重点剖析大数据基准测试、大数据 ETL 测试，并对大数据测试过程中出现的问题和面临的挑战进行了总结。

第 6 章：大数据测试实践。本章精选 3 个大数据应用场景，即 BI 报表、数据挖掘产品和用户行为分析平台，阐述大数据测试实践过程，包括 BI 报表的分层测试，数据挖掘产品的 ETL 测试的步骤和方法，以及用户行为分析平台中的实时数据与离线数据的测试技巧。

第 7 章：数据质量管理。本章介绍数据质量管理的定义、影响因素和流程，重点阐述如何通过数据质量管理来提升数据质量，以及数据质量管理办法、数据标准和数据质量评估。

第 3 部分：大数据平台建设。

第 8 章：大数据测试平台实践。本章首先介绍大数据测试平台背景；然后介绍大数据测试的开源技术与商业方案，包括功能特性、技术架构和应用场景等；接着介绍如何从零开始搭建大数据测试平台，包括需求分析、架构设计、功能实现和页面演示；最后，对大数据测试平台的发展进行了总结和展望。

第 9 章：数据治理平台建设。本章首先对数据治理进行概述，包括基本概念、重要意义、主要挑战和实施过程等方面；然后讲解数据治理平台体系；最后围绕数据治理的平台实践（元数据管理平台、数据质量监控平台）进行阐述，包括平台产生背景、平台架构和模块设计等。

第 10 章：DataOps 的理念与实践。本章首先对 DataOps 进行概述，包括 DataOps 的定义和发展历程，为什么需要 DataOps，以及它与 DevOps 和 MLOps 的联系和区别；然后阐述 DataOps 的能力与特性；最后列举 DataOps 技术工具，并通过数据管道技术示例进行 DataOps 实践。

第 4 部分：大数据测试学习。

第 11 章：大数据测试的学习路线和发展趋势。本章首先介绍学习大数据测试的意义；然后从基础知识、编程语言、大数据技术和大数据测试技术等多个角度阐述大数据测试的学习路线；接下来提供大数据测试的技能图谱；最后展望大数据测试的发展趋势。

附录：大数据技术经典面试题。

致谢

本书是集体创作的结晶。本书的每一位作者利用大量休息时间，以及本应和家人共享的假日，完成了本书的创作。感谢各位作者的家人的理解和支持。

在本书的成书过程中，得到包括融 360 联合创始人、CTO 刘曹峰，融 360 高级技术总监张刚刚在内的各位领导和同事的关心、鼓励和支持，在此一并表示感谢。

最后，在本书的写作过程中，参考了大量文献，在此对这些文献的原作者表示衷心感谢。

艾辉

目　录

第 1 章　认识大数据

随着移动互联网的快速普及，云计算和物联网技术的快速发展，以及数据种类的不断增加，数据量呈爆发式增长态势，大数据时代到来了。大数据技术是对大量数据处理的技术，实现了从数据到知识的飞跃。大数据技术的创新与发展，以及对数据的全面感知、收集、分析和共享，为我们提供了一种全新的看待世界的方法。大数据带来的信息“风暴”正全方位地影响我们的生活和工作。

1.1　大数据概述

我们既是数据的创造者，又是数据的使用者。如今，数据应用已经渗透到我们的生活和工作中的每一个角落。在打开手机的那一刻，数据就已经产生了，如文字、图片和视频等都是以数据形式进行处理和保存的，可以在网络上阅读或观看它们。

目前，对于大数据，并没有一个统一的定义。全球知名咨询公司麦肯锡（McKinsey & Company）对大数据的定义：大数据是指大小超过经典数据库系统收集、存储、管理和分析能力的数据集。研究机构 Gartner 对大数据的定义：大数据是海量、高增长率和多样化的信息资产，只有新处理模式，才能令其具有更强的决策力、洞察发现力和流程优化能力。Apache Hadoop 对大数据的定义：大数据是指普通的计算机软件无法在可接受的时间范围内捕捉、管理、处理的规模庞大的数据集。国际数据公司 IDC（International Data Corporation）对大数据的定义：大数据技术描述了新一代的技术和架构体系，通过高速采集、发现或分析，提取大量形式多样的数据的经济价值。

由此可见，不同的组织对大数据的定义有着不同的看法，但它们有一个共同的特点：数据量非常庞大，即海量数据。据 IDC 在 2018 年 11 月发布的《Data Age 2025》报告预测，2018 ~ 2025 年，全球每年产生的数据量将从 33ZB 增长到 175ZB，相当于每天产生 491EB 数据。175ZB 数据到底有多大呢？1ZB 相当于 1.1 万亿 GB。如果把 175ZB 数据全部存入 DVD，那么这些 DVD 叠加起来的高度将是地球和月球距离的 23 倍（地球和月球的最近距离约 39.3 万千米）。假设平均网速为 25MB/s，下载这 175ZB 数据就需要花费 18 亿年。如果我们仅通过人工方式处理如此庞大的数据，那么是不可能完成的，因此，必须借助计算机的数据处理能力。

大数据不仅用来描述大量的数据，还更进一步地指出数据的复杂形态，数据的快速处理特性，以及数据的分析、处理等专业技术。“大数据”区别于“小数据”的 4 个特征，即 4V 特征，如图 1-1 所示。

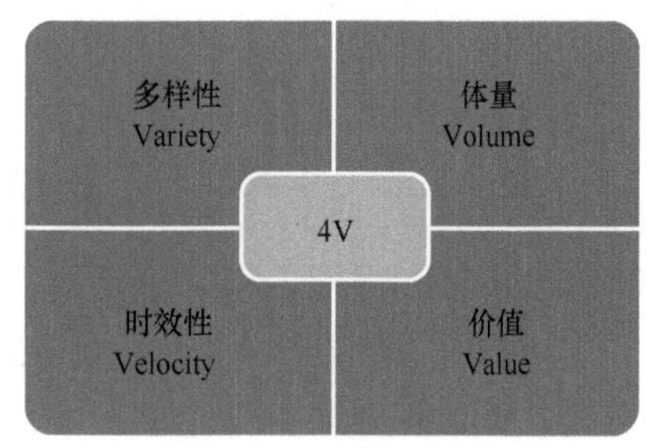

图1-1　大数据的4V特征

（1）多样性（Variety）

数据来源广、维度多、类型复杂。大数据涉及多种数据类型，包括结构化数据、半结构化数据和非结构化数据等。例如，网络日志、视频、图片和地理位置信息等数据在编码方式、数据格式与应用特征等多个方面存在差异。

（2）体量（Volume）

大数据的体量非常大，PB级已是常态，而且数据量的增长速度非常快。2020年，一辆联网的自动驾驶汽车每运行8小时会产生4TB数据。据Facebook统计，Facebook每天产生超过4PB数据，包含100亿条消息、3.5亿张照片和1亿小时视频。全球数据量正以前所未有的速度增长，数据的存储容量从TB级扩大到BB级。随着技术的进步，这个数值会不断增长。

（3）时效性（Velocity）

时效性强调两方面：增长速度和处理速度。随着互联网技术的发展，数据的生成、存储、分析和处理的速度远远超出人们的想象。在传输、决策和控制这个开放式循环的大数据场景中，对数据处理的时效性要求非常严格（甚至要求实时响应）。若我们依旧采用传统数据库查询得到的“当前结果”，那么很可能没有了价值，此时就需要依赖大数据技术。相对于非批量式处理，大数据更强调实时分析，因为再有价值的数据，只要失去了时效性，就失去了价值。

（4）价值（Value）

大数据的第4个特征是价值高，也有学者解读为价值密度低。单条数据本身并无太多价值，但大量数据积累后往往隐藏着巨大价值。大数据的价值具备稀疏性、多样性和不确定性等特点。例如，在连续不断的数据监控过程中，有用的数据可能只存在于一两秒的过程中，但是我们无法事先知道哪一秒的数据是有价值的。通过数据挖掘、数据分析等技术手段可以获取有价值的数据，从而可以支持企业决策，驱动业务发展，为企业带来巨大收益。

随着大数据技术的发展，业界对大数据的挖掘更加深入，对其特征的认识也更加完善。当前，大数据的特征不再局限于4V，已发展到8V，如图1-2所示。4V仍是目前广受业界认可的大数据特征，因此本书不会详细介绍8V特征。

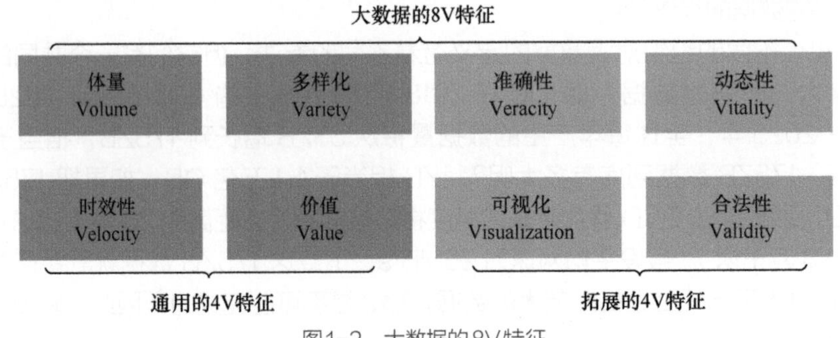

图1-2 大数据的8V特征

1.2 大数据的发展

大数据不是凭空产生的，它有着漫长的发展历程。早在20世纪90年代，基于大数据的数据分析现象就发生在美国的一家超市中，这就是经典的大数据分析案例——啤酒与尿布，如图1-3所示。

图1-3 啤酒与尿布

“啤酒与尿布”案例讲述的是，全球零售业巨头沃尔玛将用户购买行为记录下来，后期在进行用户购买行为数据的分析时发现，男性顾客在购买婴儿尿布时会同时购买几瓶啤酒来犒劳自己。基于数据分析的结果，沃尔玛开始尝试推出将啤酒和尿布摆在一起的促销手段，没想到这个办法使尿布和啤酒的销量都大幅提升。可见，大数据在为企业带来巨大收益的同时也为人们带来了很大的便利。

大数据的发展离不开大数据技术。人类目前已进入信息化时代，这是一个数据“爆炸”的时代，大数据技术在这个时代应运而生且发展迅猛。图 1-4 列举了大数据技术发展历程中的一些重大事件。

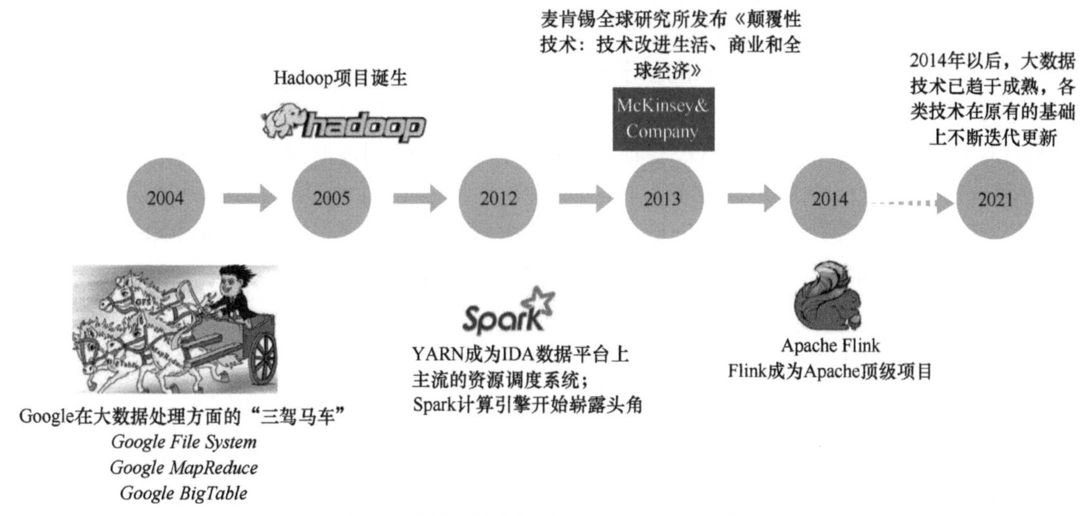

图1-4 大数据技术发展历程中的一些重大事件

2004 年，Google 发表了 3 篇重要论文：*Google File System*、*Google MapReduce* 和 *Google BigTable*，人们将它们称为大数据处理方面的“三驾马车”。GFS（Google File System，Google 文件系统）是一个分布式存储系统，即大量普通 PC（个人计算机）服务器通过互联网（Internet）互联，对外提供整体的存储服务。MapReduce 是一个编程模型，主要为了解决在分布式环境中并行计算海量数据的问题，其解决问题的思路是将一个大问题分解为若干个小问题，最终进行收集合并，即批处理计算。BigTable 的设计是为了对海量数据进行快速存取。相对于普通数据库，BigTable 更加注重高效的存取性能，而不需要复杂的 SQL 逻辑。Google 提出了 BigTable 的 NoSQL 方案，这是一种颠覆性的创造，打破了原有的数据库旧框架，实现了一种可以适应需求的新系统。Google 在大数据处理方面的“三驾马车”开启了大数据的新时代，并指明了大数据技术的发展方向。

2005 年，Hadoop 项目诞生。Apache Hadoop 是一个开放源代码的软件框架，用于开发在分布式计算环境中执行的数据处理应用程序。Hadoop 是由多个软件共同组成的生态系统。这些软件的共同协作灵活地实现了大数据分析的各种功能。用户可以轻松地在 Hadoop 上创建、运行和处理海量数据。

2012 年，YARN 以一个独立的项目开始运营。YARN 将 MapReduce 中的执行引擎和资源调度分离，解决了 MapReduce 的资源复用等问题。随后，YARN 被各类大数据产品支持，并成为大数据平台中主流的资源调度系统。但是在利用 MapReduce 进行机器学习的计算时，性能表现非常差，造成了大量的时间和资源的消耗。另外，MapReduce 主要使用磁盘作为存储介质。针对这些缺陷，加利福尼亚大学伯克利分校的 AMP（Algorithms Machine People）实验室的马铁博士开发了 Spark。Spark 一经推出，立即受到业界欢迎，几乎所有一站式大数据平台都集成了 Spark。

大数据技术在逐步发展和完善，现在已有 Hadoop、Storm 和 Spark 等著名开源社区。2014 年年末，Flink 成为 Apache 的顶级项目。目前，Flink 主要面向计算，并且可以与 Hadoop 生态高度集成。Storm 也是被广泛使用的实时计算框架。相比 Storm，Flink 的吞吐量更高，延迟更低，准确性更能得到保障；相比 Spark Streaming，Flink 以事件为单位，达到真正意义上的实时计算，且所需的计算资源相对更少。除大数据的批处理和流处理以外，NoSQL 系统处理的主要是海量数据的存储与访问，因此它也被归为大数据技术。NoSQL 在 2011 年非常受欢迎，市面上涌现出 HBase、Cassandra 等许多优秀的相关产品，其中 HBase 是从 Hadoop 中分离出来的基于 HDFS 的 NoSQL 系统。

在 2014 年以后，大数据技术持续快速发展，目前已达到一个比较成熟的状态，Hadoop 也从 1.0 时代发展到 3.0 时代。在 Hadoop 1.0 时代，计算和存储是高度融合的，此时仅能处理单一的 MapReduce 分析业务；在 Hadoop 2.0 时代，计算层与数据开始解耦，通过 YARN 实现了独立的资源管理，并开始支持 Spark 等更多的计算引擎；在 Hadoop 3.0 时代，计算向轻量化和容器化方向发展，计算与存储分离演进已成为事实。

1.3 大数据的应用

随着数据科学和大数据技术的发展，大数据的应用愈加广泛，从互联网领域逐步推广到物流、教育、金融和电信等领域。

1.3.1 互联网领域

互联网企业拥有海量数据，且数据量仍在快速增长。通过大数据技术，互联网企业开始实现数据业务化，利用大数据创造新的商业价值。在互联网领域，大数据被广泛用于搜索引擎、推荐系统和广告系统等。

（1）搜索引擎

搜索引擎可以收集几千万到几十亿个网页，并对网页中的每一个词进行索引。通过搜索引擎，我们可以在大数据集上快速检索信息。如今，搜索引擎已经成为一个与人们的生活和工作密切相关的工具。图 1-5 展示了常见的搜索引擎。

图1-5　常见的搜索引擎

搜索引擎的工作过程可以简单地分为 4 个阶段：爬行、抓取、索引和排名。在爬行和抓取阶段，收集网页信息并建立原始数据库；在索引和排名阶段，对原始数据库中存储的网页进行信息的提取和处理。Google 作为全球知名的搜索引擎，存储着大量可访问的网页，网页数目可能超过万亿。为了存储这些文件，Google 开发了 GFS。GFS 统一管理数千台服务器中的数万块磁盘，并统一存储所有的网页文件。

（2）推荐系统

推荐系统在互联网领域占据重要地位。如今，电子商务蓬勃发展。通过大数据技术，可以采集顾客的反馈意见、购买记录，甚至社交数据等，从而分析和挖掘顾客与商品的相关性。推荐系统能够根据用户的兴趣，为用户推荐一些有针对性的商品。在用户购物的同时，一些电子商务网站不同程度地利用推荐系统为用户推荐商品，从而提高其销售额。

（3）广告系统

广告系统是互联网领域常见的盈利模式，也是一个典型的大数据应用。广告系统与推荐系统类似，但不完全相同。对于推荐系统，本质上是要处理用户体验的问题，而广告系统要处理的是三方（广告主、用户和媒体）利益协调的问题。广告主在广告系统里创建广告，广告数据进入检索引擎后，通过各个渠道进行推广。在用户看到广告时，系统将自动计算为曝光数据，用户点击和成功交易的数据都会被收集、处理。广告系统将大数据处理结果反馈并展示到可视化平台上，供广告主在投放广告时进行决策、指导。由于大数据的出现，互联网广告呈现一种全新的面貌。与传统的互联网广告相比，大数据时代的互联网广告更倾向于通过锁定特定的人群来进行精准投放。

1.3.2　物流领域

随着物联网大数据的应用，现在的物流企业与之前相比发生了巨大变化。物流大数据包含快递、快运、设施、园区和全球物流等多方面千万级别的数据。通过对海量资源进行数据分析，可以提高运输与配送效率，减少物流成本，更有效地满足客户要求，在企业收益和用户体验上实现双赢。

针对物流行业的特点，大数据应用主要体现在车货匹配、运输路线优化和库存预测等方面，如图 1-6 所示。

（1）车货匹配

车货匹配是指平台通过互联网手段将货主的货源信息集中在一起，让有找货需求的用户在平台上按需获取信息，最后达成货物运输交易。一直以来，物流企业存在“小、散、乱、弱”问题，这也是国家政策提出物流行业要降本增效的行业背景，大多数车货匹配平台创建的初衷就是为了消除此痛点。

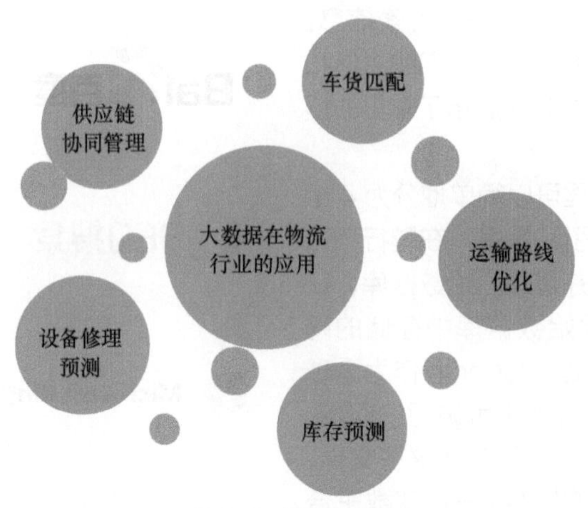

图1-6　物流大数据

如今，用户可直接通过线上物流平台发布货源信息。通过用户填写的数据，系统自动计算该批货物的运输费用；通过对货主、司机和任务的精准画像，可实现智能定价，并为司机智能推荐任务和根据任务要求指派配送司机等。平台根据货物的起始地和目的地匹配对应的车源信息，然后通过定位技术对车辆和货物进行跟踪，实时掌握货物的运输情况，用户则可以根据提货单号实时掌握货物的运输情况。平台通过货运状态确认货物是否成功运抵和交付。若服务实施成功，用户可直接通过网络支付方式为驾驶员结算运输费用并通知驾驶员。这个流程对我们来说并不陌生，网络购物、线上预约拉货服务等基本使用这类模式。

（2）运输路线优化

大数据可用于运输路线的优化，这是物流领域一项重要改进。物流通常涉及长途运输大量产品。对于物流管理，拥有一个包含所有相关数据的、有组织的系统是非常有益的。物流运输存在成本，物流运输路线的长短直接决定物流运输速度的快慢，利用大数据技术能够实现路线的实时分析，并为当前运输车辆找到最佳路径。大数据技术能够为运输过程节省更多的时间，从而降低人工成本，同时能够提高物流运输的安全性。

（3）库存预测

随着线上商铺的兴起，越来越多的商户选择在线上进行商品销售。线上商铺直接将从工厂拿到的商品销售给用户，用户无须花费大量的出行时间去购买商品。大数据可以根据以往的销售数据进行建模和分析，以此来判断当前商品的库存是否合理，并提前给出哪些商品可增加库存、哪些商品需要减少库存的建议，商户无须再为商品滞销问题而烦恼。可见，使用大数据技术进行库存预测，可以提升消费者的网购体验，提高商户的资金利用率。

1.3.3　教育领域

在2018年的《政府工作报告》中，3次提到了大数据。该报告还特别指出："做大做强新兴产业集群，实施大数据发展行动，加强新一代人工智能研发应用，在医疗、养老、教育、文化、体育等多领域推进'互联网+'。发展智能产业，拓展智能生活，建设智慧社会"。随着大数据、云计算和人工智能等新技术的应用，教育行业迎来了前所未有的挑战与机遇。传统的教育行业正逐步向信息化迈进，各种教学应用应运而生。大数据技术帮助家长和教师准确发现孩子在学习上的差距，以及孩子的爱好、特长等，通过大数据分析，可以有效地发现适合不同孩子的学习方法。大数据在教育行业的应用有智能解题、AI 教育等。

（1）智能解题

近几年，市场上出现越来越多的智能解题工具，如作业帮、小猿搜题等。较为简单的智能解题系统通常使用搜索引擎收集大量的试题和答案并保存。当用户在搜题时，智能解题工具可以将试题与数据库对比，然后将匹配的答案返回用户。在这个过程中，看似系统在进行智能做题，实际只是帮用户找到答案。

（2）AI 教育

AI 教育解决了“学生端数据模糊化”和“教师端教学效果输出不稳定”两大难题。通过收集教师训练场景的大数据，不断优化算法模型，可以降低对教师的依赖；AI 教育利用现有机器学习算法和大数据，可以对学生潜质进行大数据分析，并且对已有的教育资源进行智能推荐，为具有不同潜质的学生推荐合适的学习资料和教育方式。

1.3.4　金融领域

大数据技术与金融行业的深度融合，推动了金融领域的创新和发展。在银行、保险和证券等业务方面，人们对金融大数据的应用进行了广泛探索。大数据在金融行业的应用包括金融客户画像和金融风险控制等。

（1）金融客户画像

金融客户画像主要分为个人客户画像和企业客户画像。个人客户画像包括人口统计学特征、消费能力数据、兴趣数据和风险偏好等；企业客户画像包括企业的生产、流通、运营、财务、销售和客户数据，以及相关产业链上下游数据等。金融客户画像解决方案全面整合金融客户数据，对海量用户交易数据进行大数据分析，构建客户全维度用户标签，并通过用户画像支撑精准营销、关联推荐等各类业务应用。

（2）金融风险控制

数据和风险控制历来是支撑金融业务持续发展的两个关键要素。对于银行，数据是最有价值的资产之一。银行有诸多风险控制业务，如何依靠大数据进行风险控制是发挥数据价值的关键。金融行业历史悠久，沉淀了大量的历史数据，利用大数据技术对这些数据进行计算，可以得到用户特征和风控模型。当用户进行借贷等对银行有风险的业务时，可以将用户授权的个人特征输入风控模型中并计算，就可以得到该用户的风险评分，进而自动给出该用户的贷款策略。

1.3.5　电信领域

电信行业掌握着体量巨大的数据资源。对于单个运营商，其手机用户每天产生的话单记录、信令数据和上网日志等数据已达到 PB 级规模。大数据在电信领域的应用有基础设施建设优化和客服中心优化等。

（1）基础设施建设优化

利用大数据，可以实现基站和热点的选址，以及资源的分配。运营商通过分析话单和信令，得到用户的流量在时间周期和位置特征方面的分布，可以在 4G 的高流量区域设置 5G 基站和 WLAN 热点。同时，运营商通过建立评估模型对已有基站的效率和使用成本进行评估，及时发现并解决基站建设方面的资源浪费问题。

（2）客服中心优化

客服中心是运营商和客户接触的主要通道，其拥有大量的客户呼叫行为和需求数据。利用大数据技术，深入分析客服热线呼入客户的行为特征、选择路径和等候时长，关联客户历史接触信息、客户套餐消费情况、客户人口统计学特征和客户机型等数据，建立客服热线智能路径模型，预测下次客户呼入的需求、投诉风险，以及相应的路径和节点。这样便可缩短客服呼入处理时间，降低投诉风险，提升客服满意度。

1.4 本章小结

本章首先介绍了大数据的定义与特征，然后介绍了大数据的发展历程，最后介绍了大数据在部分领域的应用。当然，大数据的应用远不止于此。关于大数据的关键技术，将在后续章节详细介绍。

第 2 章　大数据技术生态

当人们谈到大数据时，往往并非仅指数据本身，而是指数据和大数据技术的综合应用。大数据技术是指从复杂多样的海量信息中快速获得有价值信息的技术和能力，这涉及数据采集、数据存储、计算分析和应用等多个方面。大数据技术发展至今，已经形成一个生态。

2.1　大数据技术生态总览

大数据的数据多样性和分析需求的多元化等，促使众多技术组件产生，这使得大数据的技术体系变得非常复杂。图 2-1 展示了当前的大数据技术生态，由下至上可以划分为数据采集、数据存储、管理调度（包括资源管理、服务协调和工作流调度）、计算分析和组件应用。

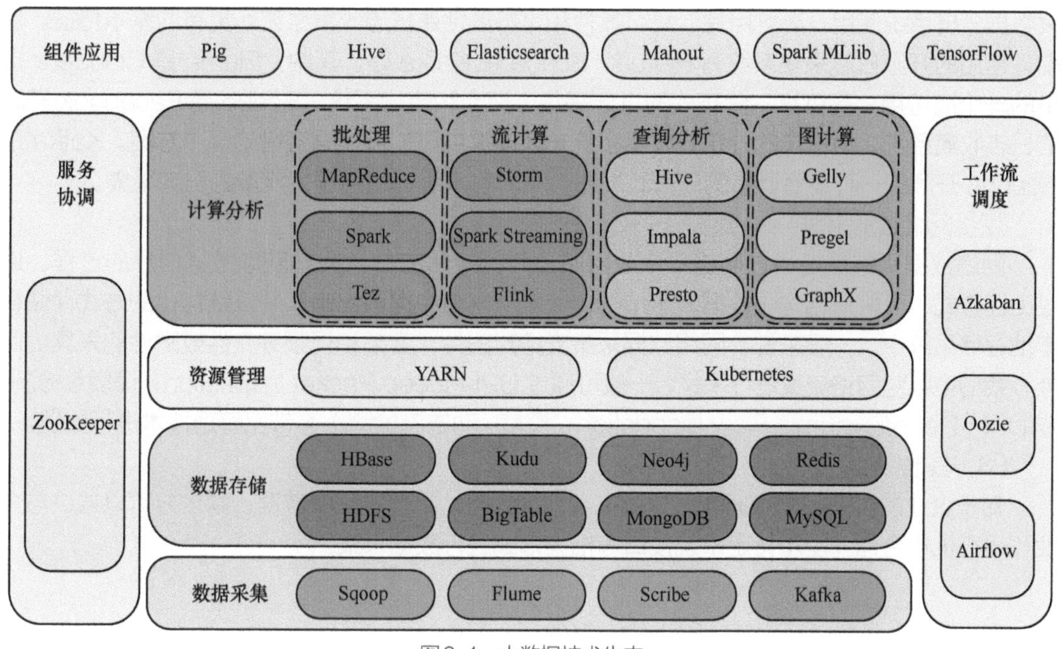

图2-1　大数据技术生态

1）数据采集：主要由关系型与非关系型数据采集组件，以及分布式消息队列等构成，如 Sqoop、Flume、Scribe 和 Kafka 等。

2）数据存储：主要由分布式文件系统、关系型数据库和非关系型数据库等构成，如 HDFS、MySQL、HBase、Kudu、Redis 和 Neo4j 等。

3）管理调度：主要包含统一资源管理与调度系统 YARN，容器集群管理系统 Kubernetes，服务协调系统 ZooKeeper，以及工作流调度平台 Azkaban 等。

4）计算分析：包含批处理、流计算、查询分析和图计算这 4 种计算方式，工具有批处理框架 MapReduce、流计算框架 Flink、查询分析引擎 Impala 和图计算引擎 Gelly 等。

5）组件应用：包含多种数据分析和机器学习工具，如 Hive、Pig、Mahout 和 TensorFlow 等。

上述层之间存在依赖关系，如计算分析层依赖数据存储层、组件应用层依赖计算分析层。下文将对各层中的关键组件进行介绍。

2.2 大数据采集技术

大数据采集处于大数据生命周期的第一个环节，对于大数据分析和应用起着至关重要的作用。大数据采集是指从传感器和智能设备，以及企业系统、社交网络和互联网平台等渠道获取数据的过程。这些数据来源广泛、种类繁多、数据量巨大且产生速度快，传统数据采集方法难以胜任，因此产生了新的数据采集方式——基于大数据的采集技术。除解决上述传统数据采集方法难以解决的问题以外，大数据采集技术还要保证数据采集的可靠性、高效性，而且要避免重复数据。根据数据源的不同，大数据采集通常可以分为以下 3 类。

（1）系统日志采集

系统日志采集主要是收集企业业务平台日常产生的大量日志数据，以供后续离线和在线的大数据分析系统使用。高可用性、高可靠性和可扩展性是日志收集系统所具有的基本特征。目前，常用的开源日志采集系统有 Flume、Scribe 和 Kafka 等。其中，Flume 是 Cloudera 提供的一个高可用、高可靠、分布式的日志采集、聚合和传输系统。Scribe 是 Facebook 开源的日志收集系统，为日志的分布式收集和统一处理提供可扩展、高容错的解决方案。Kafka 是 Apache 开源的一种高吞吐量的分布式发布订阅消息系统，适用于大流量的日志采集。

（2）网络数据采集

网络数据采集是指通过网络爬虫或网站公开 API 等方式从网站获取数据信息的过程。通过上述方式，可将非结构化数据、半结构化数据从网页中提取出来，并以结构化的方式存储在本地存储系统中。一般来说，网络数据采集支持对图片、音频和视频等文件或附件的采集。此外，我们可以对网络流量进行采集，一般可通过 DPI（Deep Packet Inspection，深度包检测）或 DFI（Deep/Dynamic Flow Inspection，深度 / 动态流检测）等带宽管理技术进行处理。

（3）其他数据采集

对于企业的生产经营数据和科学研究数据等保密性要求较高的数据，需求方可以通过与企业和研究机构合作，使用特定系统接口等相关方式进行数据采集。

2.3 大数据存储技术

大数据存储技术面向的是海量、异构数据，因此，它需要提供高性能、高可靠的存储和访问能力。本节将介绍大数据存储技术的概念和原理，包括 Hadoop 分布式文件系统（HDFS）、列式数据库（HBase）和其他数据存储技术。

2.3.1 分布式文件系统：HDFS

在大数据时代，分布式文件系统是解决大规模数据存储问题的有效方案。分布式文件系统包括 GFS、HDFS（Hadoop Distributed File System，Hadoop 分布式文件系统）等。HDFS 是 GFS 的开源实现。HDFS 是 Hadoop 两大核心组成部分之一，提供了在廉价服务器集群中进行大规模分布式文件存储的能力。此外，HDFS 具备很好的容错能力，并且兼容廉价硬件设备，以较低的成本实现大流量和大数据量的读写。

1. HDFS架构

HDFS 架构如图 2-2 所示。HDFS 遵循主从（master/slave）架构。一个 HDFS 集群包含一个名称节点（NameNode）和若干数据节点（DataNode）。

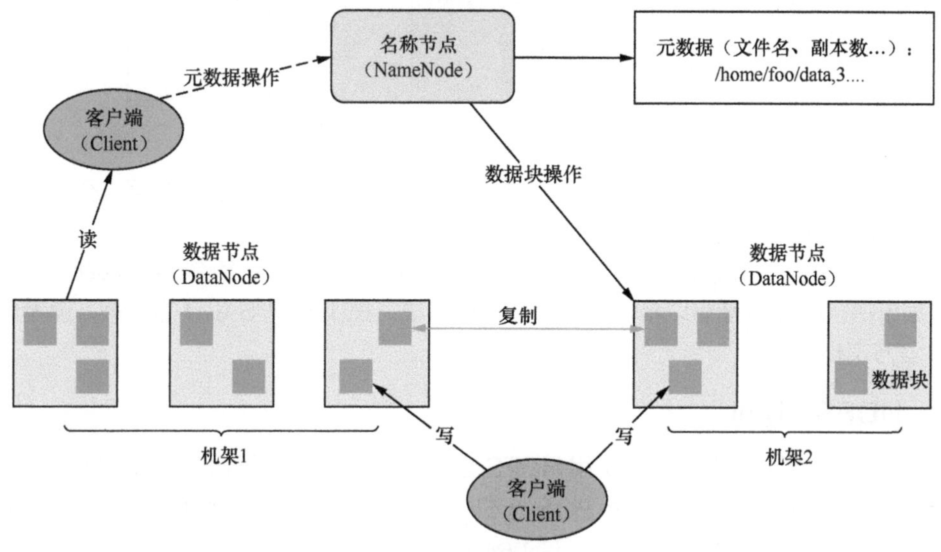

图2-2 HDFS架构

名称节点作为中心服务器，负责管理文件系统的命名空间，以及客户端对文件的访问。数据节点负责处理文件系统客户端的读写请求，它在名称节点的统一调度下进行数据库的创建、复制和删除等操作。实际上，每个数据节点的数据是保存在本地文件系统中的。此外，数据节点会周期性地向名称节点发送“心跳”信息，报告自己的状态。若数据节点没有按时发送“心跳”信息，那么它会被标记为“死机”，名称节点不会再给它分配任何 I/O 请求。

与使用普通文件系统类似，HDFS 可通过提供文件名来存储和访问文件。当客户端需要访问一个文件时，首先要把文件名发送给名称节点，名称节点根据文件名找到对应的数据块，再根据每个数据块信息找到实际存储各个数据块的数据节点的位置，然后把数据节点位置发送给客户端，最后客户端直接访问这些数据节点获取数据。在整个访问过程中，名称节点并不参与数据的传输。这种设计方式使得一个文件的数据能够在不同的数据节点上实现并发访问，大大提高了数据访问速度。

2. HDFS的存储特点

HDFS 的存储特点体现在数据冗余存储、数据存取策略，以及数据错误与恢复等方面。

1）数据冗余存储是指 HDFS 采用了多副本方式对数据进行冗余存储。通常，一个数据块的多个副本会分布在不同的数据节点。如图 2-3 所示，数据块 1 被分别存放在数据节点 A 和数据节点 C，而数据块 2 则被分别存放在数据节点 A 和数据节点 B。这种多副本方式可以加快数据传输速度，易于检查数据错误，还能保证数据的可靠性。

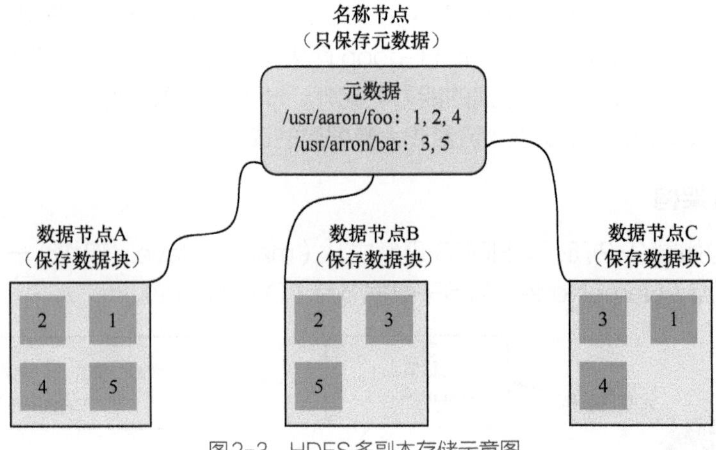

图2-3　HDFS多副本存储示意图

2）在数据存取策略方面，HDFS 针对数据存储、数据读取和数据复制等进行了精细的设计与实现，以此提升系统整体的读写响应性能。

3）在数据错误与恢复方面，HDFS具有较高的容错性，无论是名称节点或数据节点出错，还是数据出错，HDFS 都可以检测到错误并自动恢复。关于 HDFS 设计的详情，读者可查阅 HDFS 官方文档①。

3. HDFS Shell

在 Linux 命令行终端，可以使用 HDFS Shell 对 HDFS 进行操作，实现文件的上传、下载和复制等功能。HDFS Shell 的统一格式：hadoop fs [genericOptions] [command Options]。表 2-1 列举了常用的 HDFS Shell 命令。

表2-1　常用的HDFS Shell命令

命令使用方法	作用
hadoop fs -ls /dir	列出 /dir 目录下的子目录和文件
hadoop fs -ls -R /dir	迭代列出 /dir 目录下的所有目录和文件
hadoop fs -put <local> <hdfs>	将本地文件或文件夹上传到 HDFS 中
hadoop fs -get <hdfs> <local>	将 HDFS 中的文件或文件夹下载到本地
hadoop fs -rm < hdfs file >	删除文件
hadoop fs -rm -r < hdfs dir>	删除文件夹及其里面的内容
hadoop fs -mkdir <hdfs path>	创建目录
hadoop fs -mkdir -p <hdfs path>	迭代创建目录
hadoop fs -cp <hdfs> <hdfs>	复制文件或文件夹
hadoop fs -mv <hdfs> <hdfs>	重命名、移动文件或文件夹
hadoop fs -cat <hdfs file>	可以将非文本文件通过文本格式输出
hadoop fs -text <hdsf file>	输出文本文件

① 关于 HDFS 设计，可参考 Hadoop HDFS 官网，即 https://hadoop.apache.org/docs/stable/hadoop-project-dist/hadoop-hdfs/HdfsDesign.html。

此外，可以通过 HDFS 的 Web 页面查看和管理 HDFS。在配置好 Hadoop 集群后，可通过在浏览器中输入“http://[NameNodeIP]:9870”访问 HDFS。其中，[NameNodeIP] 是名称节点的 IP 地址，9870 是 Hadoop 3.0 及以上版本的默认 Web UI 端口号（之前版本的 Web UI 端口号是 50070）。

2.3.2 海量数据列式存储：HBase

HBase 是一个建立在 HDFS 之上、面向列的 NoSQL 数据库。它可用于快速读写大量数据，是一个高可靠、高并发读写、高性能、面向列、可伸缩和易构建的分布式存储系统。HBase 具有海量数据存储、快速随机访问和大量写操作等特点。

1. HBase系统架构

HBase 系统架构如图 2-4 所示。

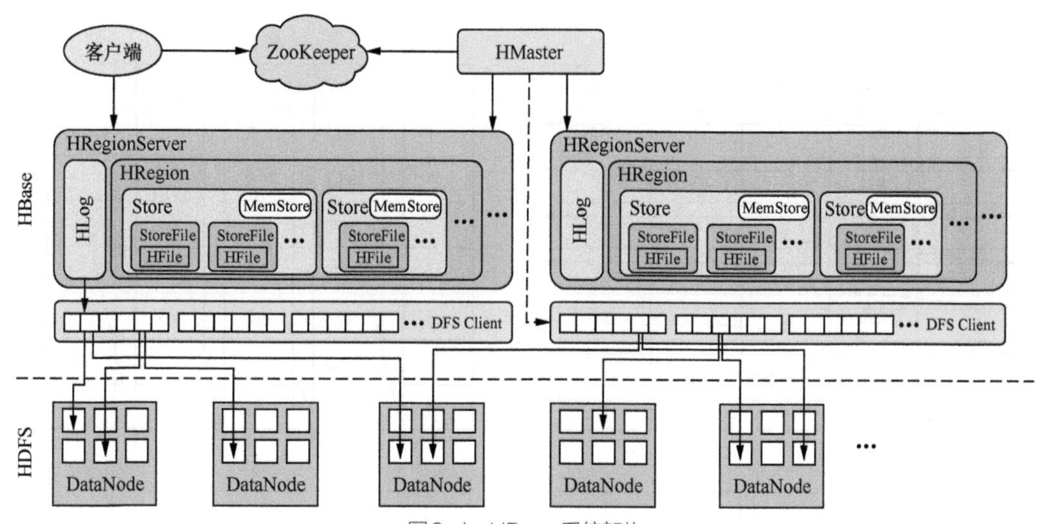

图2-4 HBase系统架构

HBase 同样采用主从架构，使用一个 HMaster 节点协调管理多个 HRegionServer 从属机。它包括以下部分。

- 客户端：包含访问 HBase 的接口，同时在缓存中维护已经访问过的 Region 位置信息，用来加快后续数据访问过程。客户端通过读取存储在主服务器上的数据，获得 HRegion 的存储位置信息，直接从 HRegionServer 中读取数据。客户端与 HMaster 通信以进行管理类操作；客户端与 HRegionServer 通信以进行数据读写类操作。
- ZooKeeper：HBase 依赖 ZooKeeper。ZooKeeper 管理一个 ZooKeeper 实例，客户端通过 ZooKeeper 才可以得到 meta 目录表的位置，以及 HMaster 的地址等信息。也就是说，ZooKeeper 是整个 HBase 集群的注册机构。另外，ZooKeeper 可以“选举”一个主节点作为集群的“总管”，并保证在任何时刻总有唯一的 HMaster 在运行，这就避免了 HMaster 的“单点失效”问题。
- HMaster：负责启动安装，将区域分配给注册的 HRegionServer，排除 HRegionServer 的故障并恢复，管理和维护 HBase 表的分区信息。HMaster 的负载很“轻”。

- HRegionServer：将表水平分裂为区域，集群中的每个节点管理若干区域。区域是 HBase 集群上分布数据的最小单位，因此存储数据的节点就构成了一个个区域服务器，称为 HRegionServer。HRegionServer 负责存储和维护分配给它的区域，响应客户端的读写请求。

从图 2-4 可以看出，HBase 底层的所有数据文件实际上都是存储在 HDFS 中的。

2. HBase的存储格式

传统关系型数据库中的数据是按行存储的，即数据按照行的顺序进行写入。对于磁盘，这种存储方式与其物理构造是比较契合的。在 OLTP（On-Line Transaction Processing，联机事务处理）类型的应用中，这种存储方式是合适的。但是，如果需要读取一列数据，那么这种存储方式就存在一定的“缺陷”（不过，通过索引机制基本可以实现读取一列数据）。

HBase 采用列存储方式。列存储是相对于传统关系型数据库的行存储而言的。通过图 2-5，我们可以看出两者的区别。

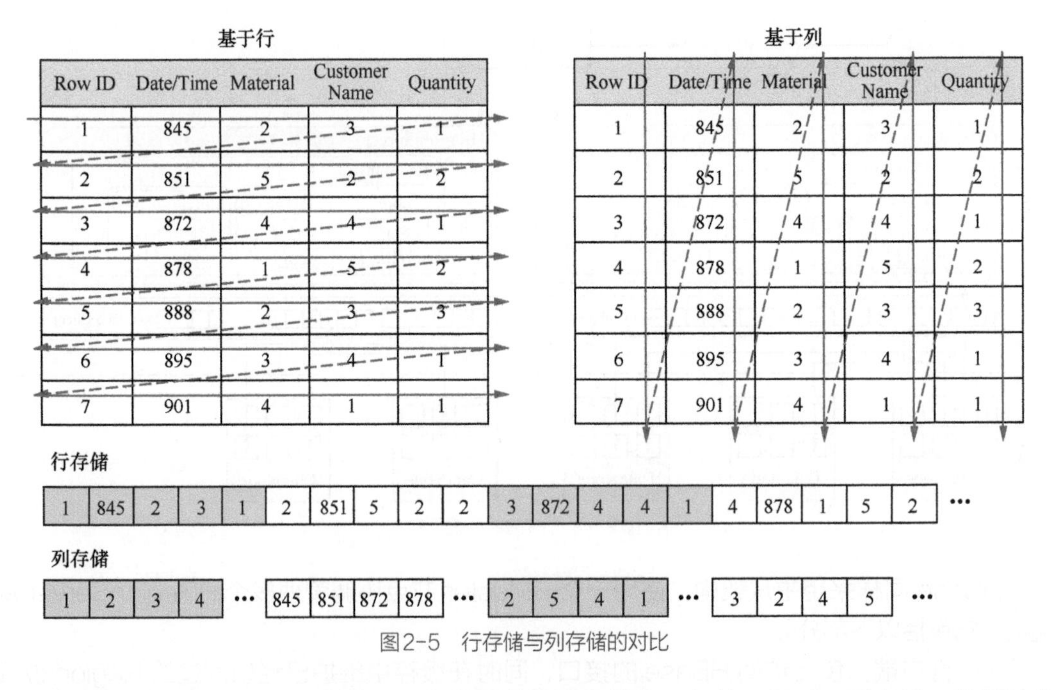

图2-5 行存储与列存储的对比

从图 2-5 可知，对于行存储，一张表的数据是存放在一起的。但对于列存储，数据被分开保存，每一列中间的“…”表示每列数据分开保存，数据不是连续的。行存储以一行记录为单位，列存储以列数据集合（或称列族（Column Family））为单位。HBase 表中的每个列都归属于某个列族。在创建表时，列族必须预先给出，而列名不需要给出。列名一般是在列族插入数据时给出的。例如“age:13”，表示向 age 列插入值 13。列名以列族作为前缀，每个列族可以有多个列成员（Column），新的列成员可以按需动态加入。

3. HBase的逻辑结构和物理存储结构

与传统的关系型数据库类似，HBase 将数据存储在一张表中，有行有列，但 HBase 本质上是一种 Key-Value 存储系统。Row Key 相当于 Key，列族数据的集合相当于 Value。与其他 NoSQL 数据库一样，Row Key 用来检索记录的主键，它必须存在且在一张表中唯一。

HBase 的逻辑结构如图 2-6 所示。HBase 的一张表由一个或多个 region 组成，记录之间按照 Row Key 的字典序排列。从图 2-6 可以看出，该 HBase 表有多个 Row Key，表被划分为 3 个 region。注意，第 2 个 region 的 row_key41 在 row_key5 前面，因为排序是按位（字典序）比较的，4 比 5 小，所以 41 排在前面。在图 2-6 中，表被划分为两个列族：class_info（包括 Name、Age 和 Class 列）和 contact_info（包括 Mobile 和 Address 列）。

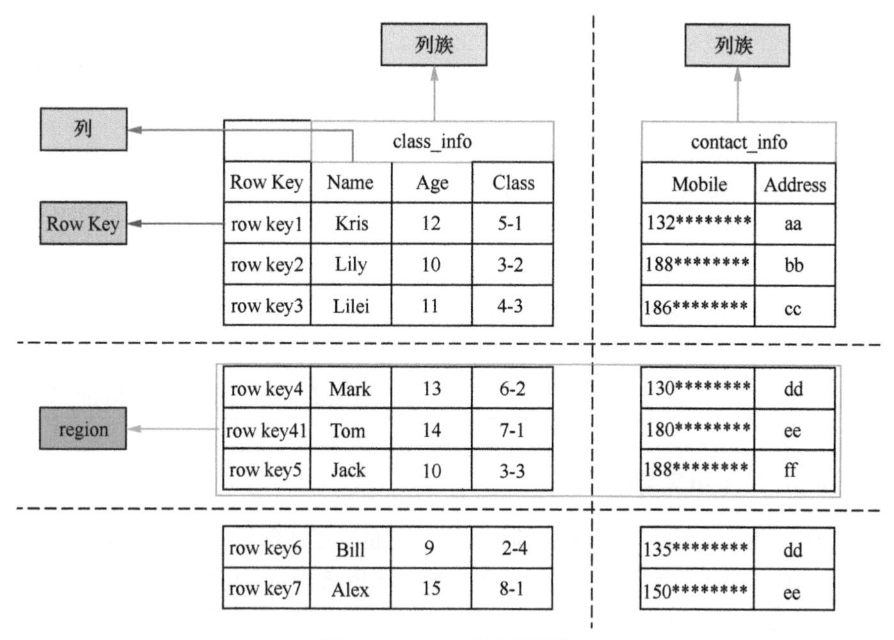

图2-6 HBase的逻辑结构

图 2-6 只展示了 HBase 的逻辑结构，HBase 实际的物理存储结构如图 2-7 所示。在图 2-7 中，Row Key 都是 row key1，Column Family（列族）为 class_info，Column Qualifier 是列限定符（对应图 2-7 中的列名），Time Stamp 是数据插入时自动生成的（当然，在插入时，我们也可以手动指定 Time Stamp），Type 中的 put 表示数据是以插入方式写入的，Value 是指该列的值。

	class_info		
Row Key	Name	Age	Class
row key1	Kris	12	5-1
row key2	Lily	10	3-2
row key3	Lilei	11	4-3

Row Key	Column Famliy	Column Qualifier	Time Stamp	Type	Value
row key1	class_info	Name	t1	put	Kris
row key1	class_info	Age	t2	put	12
row key1	class_info	Class	t3	put	5-1

图2-7 HBase的物理存储结构

4. HBase的访问接口

HBase 提供了 Native Java API、HBase shell、Thrift Gateway、REST Gateway、Pig 和 Hive 等多种访问接口。表 2-2 给出了 HBase 的访问接口的类型、特点和使用场合。

表2-2 HBase的访问接口

类型	特点	使用场合
Native Java API	常规和高效的访问方式	适合 Hadoop MapReduce 作业并行批处理 HBase 表数据
HBase Shell	HBase 的命令行工具，简单的接口	适合 HBase 管理使用
Thrift Gateway	利用 Thrift 序列化技术，支持 C++、PHP 和 Python 等语言	适合其他异构系统在线访问 HBase 表数据
REST Gateway	解除了语言限制	支持 REST 风格的 HTTP API 访问 HBase
Pig	使用 Pig Latin 流式编程语言来处理 HBase 中的数据	适合进行数据统计
Hive	简单	在需要以类似 SQL 的方式来访问 HBase 的时候

5. HBase Shell常用命令

HBase 为用户提供了使用方便的 Shell 命令，通过这些命令，可以方便地对表、列族和列等进行操作。在启动 HDFS 和 HBase 进程后，在终端输入“hbase shell”命令就可以进入命令行交互模式，然后输入“help”命令，可以查看 HBase 支持的 Shell 命令，如表 2-3 所示。

表2-3 HBase相关的Shell命令

操作类型	命令
general（通用）	status、version 和 whoami
ddl（数据定义语言）	alter、alter_async、alter_status、create、describe、disable、disable_all、drop、drop_all、enable、enable_all、exists、get_table、is_disabled、is_enabled、list、locate_region 和 show_filters
dml（数据操作语言）	append、count、delete、deleteall、get、get_counter、get_splits、incr、put、scan、truncate 和 truncate_preserve
tools（工具）	assign、balance_switch、balancer、close_region、compact、flush、major_compact、major_compact_mob、merge_region、move、normalize、normalizer_enabled、normalizer_switch、split、trace、unassign、wal_roll 和 zk_dump
replication（复制）	add_peer、disable_peer、enable_peer、list_peer、list_replicated_tables、remove_peer、start_replication 和 stop_replication
snapshot（快照）	close_snapshot、delete_snapshot、list_snapshot、restore_snapshot 和 snapshot
security（安全）	grant、revoke 和 user_permission

下文对部分常用命令的使用进行举例说明。

（1）create 命令（创建表）和 list 命令（列出 HBase 中所有的表信息）

如图 2-8 所示，使用 create 命令，创建一个表。该表的名称为 tempTable，包含 3 个列族：f1、f2 和 f3。然后，使用 list 命令列出 HBase 所有表的信息。

```
hbase(main):002:0> create 'tempTable', 'f1', 'f2', 'f3'
0 row(s) in 1.3560 seconds

hbase(main):003:0> list
TABLE
tempTable
testTable
wordcount
3 row(s) in 0.0350 seconds
```

图2-8　HBase Shell命令：create、list

（2）put 命令（向表、行和列指定的单元格添加数据）和 scan 命令（浏览表的相关信息）

如图 2-9 所示，使用 put 命令，向 tempTable 表的第 r1 行、第“f1:c1”列添加数据“hello, dblab”。然后，使用 scan 命令查看 tempTable 表的相关信息。

```
hbase(main):005:0> put 'tempTable', 'r1', 'f1:c1', 'hello, dblab'
0 row(s) in 0.0240 seconds

hbase(main):006:0> scan 'tempTable'
ROW                   COLUMN+CELL
 r1                   column=f1:c1, timestamp=1430036599391, value=hello, dblab
1 row(s) in 0.0160 seconds
```

图2-9　HBase Shell命令：put、scan

在添加数据时，HBase 会自动为新增的数据添加一个时间戳，当然，也可以在添加数据时人工指定时间戳的值。

（3）get 命令（通过表名、行、列、时间戳、时间范围和版本号来获得相应单元格的值）

如图 2-10 所示，使用 get 命令，从 tempTable表中依次获取第 r1 行、第“f1:c1”列的值，第 r1 行、第“f1:c3”列的值。

```
hbase(main):012:0> get 'tempTable', 'r1', {COLUMN=>'f1:c1'}
COLUMN                CELL
 f1:c1                timestamp=1430036599391, value=hello, dblab
1 row(s) in 0.0090 seconds

hbase(main):013:0> get 'tempTable', 'r1', {COLUMN=>'f1:c3'}
COLUMN                CELL
0 row(s) in 0.0030 seconds
```

图2-10　HBase Shell命令：get

由图 2-10 中的运行结果可以看出，tempTable 表中第 r1 行、第“f1:c3”列的值当前不存在。

（4）disable 命令（使表无效）和 drop 命令（删除表）

如图 2-11 所示，使用 disable 命令使 tempTable 表无效，使用 drop 命令删除 temp Table 表。

```
hbase(main):016:0> disable 'tempTable'
0 row(s) in 1.3720 seconds

hbase(main):017:0> drop 'tempTable'
0 row(s) in 1.1350 seconds

hbase(main):018:0> list
TABLE
testTable
wordcount
2 row(s) in 0.0370 seconds
```

图2-11　HBase Shell命令：disable、drop

2.3.3　其他数据存储技术

除传统关系型数据库、文件存储以外，目前NoSQL和NewSQL两类数据库也应用广泛。图2-12给出了传统关系型数据库，以及NoSQL和NewSQL的相关产品。其中，NoSQL包含键值数据库、文档数据库、列式数据库、图数据库，以及部分云数据库。

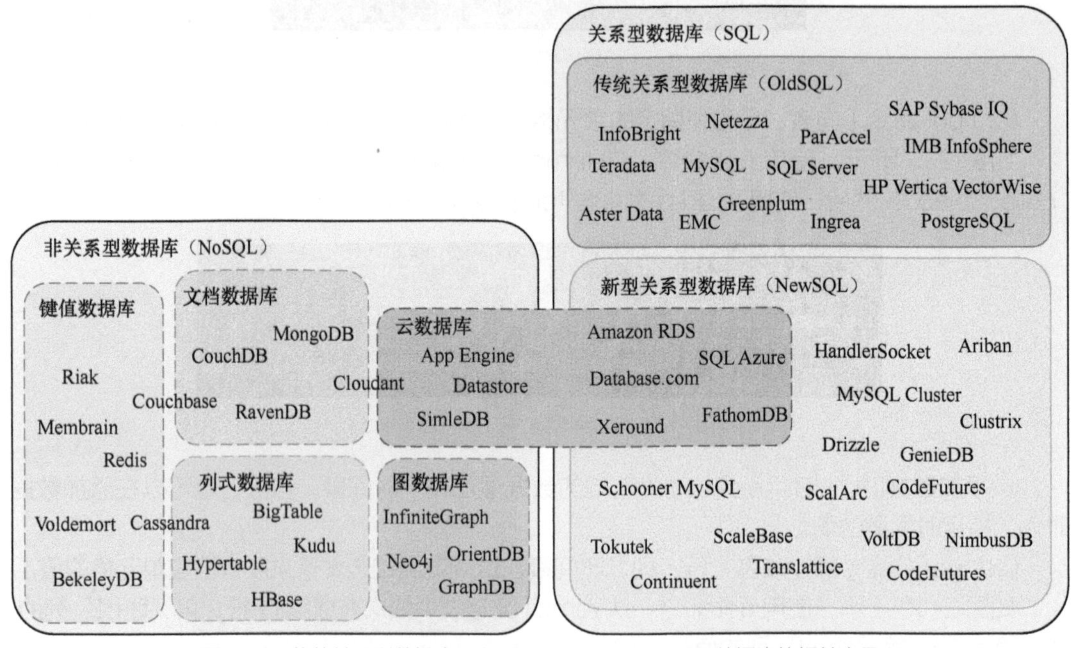

图2-12　传统关系型数据库，以及NoSQL和NewSQL数据库的相关产品

2.3.2节介绍的HBase属于NoSQL中的列式数据库。随着大数据技术的发展，Kudu数据库也逐渐流行。Apache Kudu是由Cloudera开源的存储引擎，可以同时提供低延时的随机读写和高效的数据分析能力。Kudu支持水平扩展，使用Raft协议进行一致性保证，并且与Cloudera Impala、Apache Spark等流行的大数据查询和分析工具结合紧密。在Kudu出现之前，Hadoop生态环境中的存储主要依赖HDFS和HBase。在追求高吞吐、批处理的场景中，使用HDFS，在追求低延时且随机读取的场景中，使用HBase，而Kudu正好能兼顾这两者。

与HDFS和HBase相似，Kudu使用单个Master节点来管理集群的元数据，并且使用任意数量的Tablet Server节点来存储实际数据。此外，可以通过部署多个Master节点来提高整体容错性。表2-4从几个方面对HBase与Kudu进行了对比。

表2-4　HBase与Kudu的对比

对比项	HBase	Kudu
开发语言	Java	Java、C++（核心）
数据模型	key-value系统，无模式	强类型的结构化表
系统架构	利用ZooKeeper进行Master选举，数据存储到HDFS以实现容错能力	使用Raft（分布式一致性哈希）协议实现高可用性。对于底层数据存储，使用Raft实现多副本
存储方式	列簇式存储	纯列式存储

续表

对比项	HBase	Kudu
数据分区	一致性哈希	哈希分区或范围分区
索引	支持	不支持
数据一致性	强一致	快照和外部一致性
数据读写	支持随机读写，以及删除。更新操作是插入一条新 Time Stamp 数据	支持读写、删除和更新

2.4 大数据计算分析技术

大数据计算主要实现海量数据的并行处理、分析和挖掘等面向业务的需求。大数据计算通过将海量数据分片，多个计算节点并行化执行，实现高性能、高可靠的数据处理。针对不同的数据处理需求，大数据计算主要有批处理计算、流计算、查询分析计算和图计算等多种模式，如表 2-5 所示。

表2-5 大数据计算模式及其代表产品或技术

大数据计算模式	解决的问题	代表产品或技术
批处理计算	针对大规模数据的批量处理	MapReduce、Spark、Tez 和 Pig 等
流计算	针对流数据的实时计算	Storm、Spark Streaming 和 Flink 等
查询分析计算	针对大规模数据的存储管理和查询分析	Hive、Impala、Presto 和 Clickhouse 等
图计算	针对大规模图结构数据的处理	Pregel、GraphX、Gelly 和 PowerGraph 等

2.4.1 批处理计算的基石：MapReduce

批处理计算主要解决大规模数据的批量处理问题，是日常数据分析工作中常见的一类数据处理需求。业界常见的大数据批处理计算框架有 MapReduce、Spark、Tez 和 Pig 等。其中，MapReduce 是比较具有代表性和影响力的大数据批处理计算框架。它可以并行执行大规模数据处理任务，即用于大规模数据集（大于 1TB）的并行计算。

1. MapReduce的工作流程

理解 MapReduce 的工作流程是开展 MapReduce 编程工作的前提。MapReduce 的核心思想可以用“分而治之”概括，即将一个大数据集拆分成多个小数据集，然后在多台机器上并行处理，如图 2-13 所示。

对于一个大的 MapReduce 作业，首先将它拆分成多个 Map 任务，然后在多台机器上并行执行。每个 Map 任务通常运行在数据存储的节点上。这样，在数据存储的地方进行计算，不需要额外的数据传输开销。当 Map 任务结束后，会生成许多 <key,value> 形式的中间结果。然后，这些中间结果会被分发到多个 Reduce 任务，并在多台机器上并行执行。具有相同 key 的 <key,value> 会被发送到同一个 Reduce 任务，Reduce 任务会对中间结果进行汇总并计算最后结果，然后输出到分布式文件系统（如 HDFS）。图 2-14 进一步展示了 MapReduce 工作流程中的各个执行阶段。

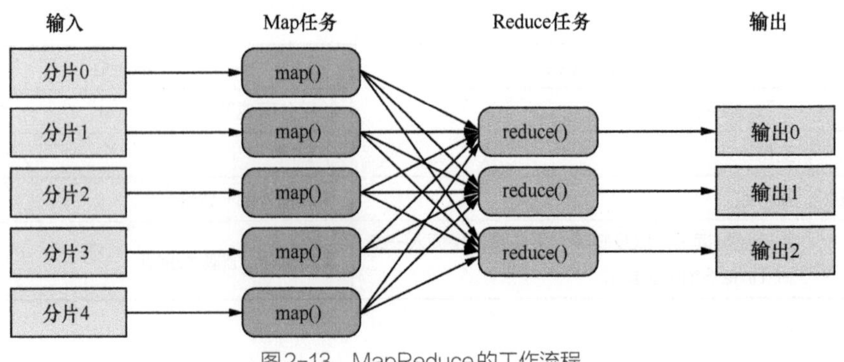

图2-13　MapReduce的工作流程

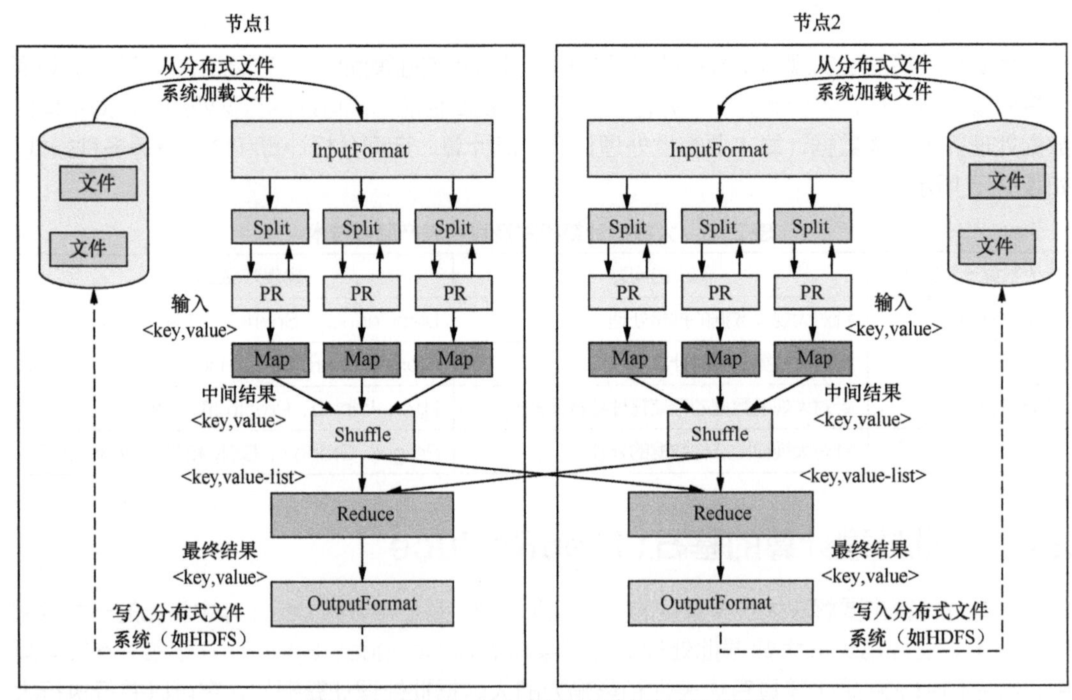

图2-14　MapReduce工作流程中的各个执行阶段

2. MapReduce的实例分析

下面结合实例阐述 MapReduce 的工作原理和程序实现，如图 2-15 所示。

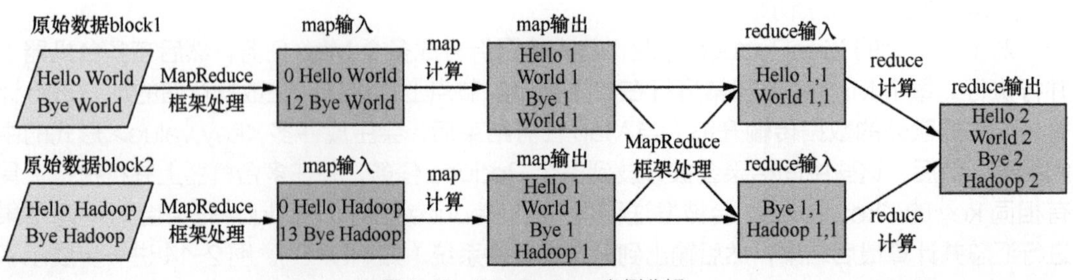

图2-15　MapReduce实例分析

假设原始数据有两个数据块（block1 和 block2），MapReduce 框架启动两个 map 进程进行处理，分别读入数据。map() 函数对输入数据进行分词处理，然后针对每个单词输出 <单词, 1> 形式的结果。接着，MapReduce 框架进行 shuffle 操作，相同的 key 发送给同一个 reduce 进程。reduce 的输入就是这样的结构，即相同 key 的 value 合并成一个 value 列表。在这个例子中，这个 value 列表就是很多个 1 组成的列表。最后，reduce() 函数对这些 1 进行求和操作，得到每个单词的词频结果。

具体的 MapReduce 程序如下。

```
1.  public class WordCount {
2.
3.    public static class TokenizerMapper
4.         extends Mapper<Object, Text, Text, IntWritable>{
5.
6.      private final static IntWritable one = new IntWritable(1);
7.      private Text word = new Text();
8.
9.      public void map(Object key, Text value, Context context
10.                     ) throws IOException, InterruptedException {
11.       StringTokenizer itr = new StringTokenizer(value.toString());
12.       while (itr.hasMoreTokens()) {
13.         word.set(itr.nextToken());
14.         context.write(word, one);
15.       }
16.     }
17.   }
18.
19.   public static class IntSumReducer
20.        extends Reducer<Text,IntWritable,Text,IntWritable> {
21.     private IntWritable result = new IntWritable();
22.
23.     public void reduce(Text key, Iterable<IntWritable> values,
24.                        Context context
25.                        ) throws IOException, InterruptedException {
26.       int sum = 0;
27.       for (IntWritable val : values) {
28.         sum += val.get();
29.       }
30.       result.set(sum);
31.       context.write(key, result);
32.     }
33.   }
```

2.4.2 流计算的代表：Storm、Spark Streaming 和 Flink

近年来，在 Web 应用、网络监控和传感监测等领域，出现了一种新的数据密集型应用——流数据，即数据以大量、快速和时变的流形式持续到达。对于流数据，数据的价值随着时间的流逝而降低，因此必须采用实时计算的方式给出秒级响应——流计算。流计算可以实时处理来自不同数据源的、连续到达的流数据，经过实时分析处理，输出有价值的分析结果。

对于流计算系统，它应当具备如下特性：高性能、海量式、实时性、分布式、易用性和可靠性等。显然，Hadoop 更加擅长批处理，不适合流计算。当前，业内已经涌现出众多流计算框架与平台来满足各自需求。开源流计算框架有 Storm、Spark Streaming 和 Flink 等。

1. Storm

Storm 集群遵循主从结构，由一个主节点（Nimbus 节点）和一个或多个工作节点（Supervisor 节点）组成。Storm 集群架构如图 2-16 所示。

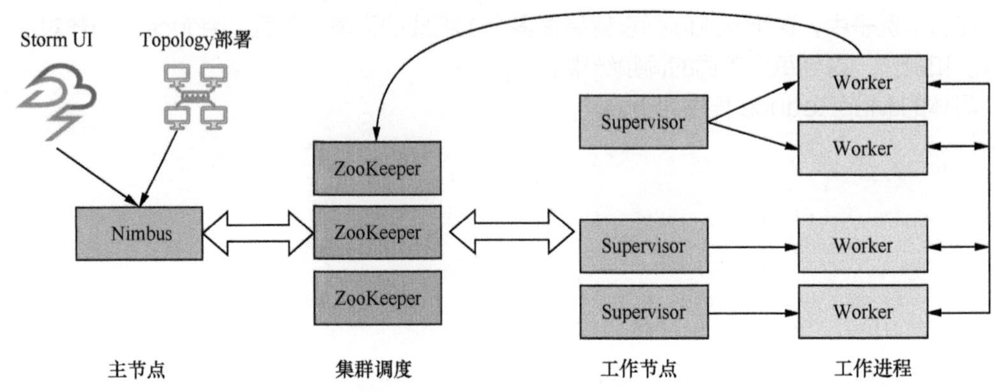

图2-16　Storm集群架构示意图

主节点负责资源分配、任务调度和代码分发，向工作节点分配计算任务并监控工作节点的状态。工作节点负责接收主节点的任务，启动和停止自己管理的工作进程。除主节点和工作节点以外，Storm 还需要一个 ZooKeeper 集群，因为主节点和工作节点之间所有的工作协调都是通过 ZooKeeper 集群完成的。关于 ZooKeeper 的介绍，见 2.5.3 节。

2. Spark Streaming

Spark 是一个基于内存的快速、通用和可扩展的大数据分析引擎。它将原始数据分片后装载到集群中，然后计算。对于数据量不太大、过程不复杂的计算，可以在秒级甚至毫秒级完成处理。Spark Streaming 巧妙地利用了 Spark 的分片和快速计算的特性，将实时输入的数据按照时间进行分段，把一段时间内输入的数据合并在一起，当成一批数据，再交给 Spark 处理。图 2-17 展示了 Spark Streaming 将数据分段、分批的过程。

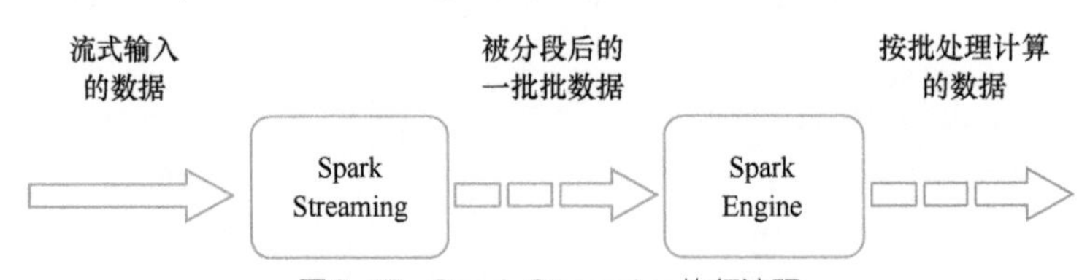

图2-17　Spark Streaming执行流程

如果分段时间足够短，每段的数据量就会比较小，加上 Spark Engine（引擎）的处理速度足够快，那么数据像是被实时处理一样。这就是 Spark Streaming 进行实时流计算的“奥秘”。

Spark 运行架构主要包含以下 4 个部分，如图 2-18 所示。

- 驱动器：运行应用的 main() 函数。
- 集群管理器：在 standalone 模式中，它为主节点，控制整个集群，监控工作节点；在 YARN 模式中，它为资源管理器。
- 工作节点：即从节点，负责控制计算节点，启动执行器或驱动器。
- 执行器：为某个应用运行在工作节点上的一个进程。

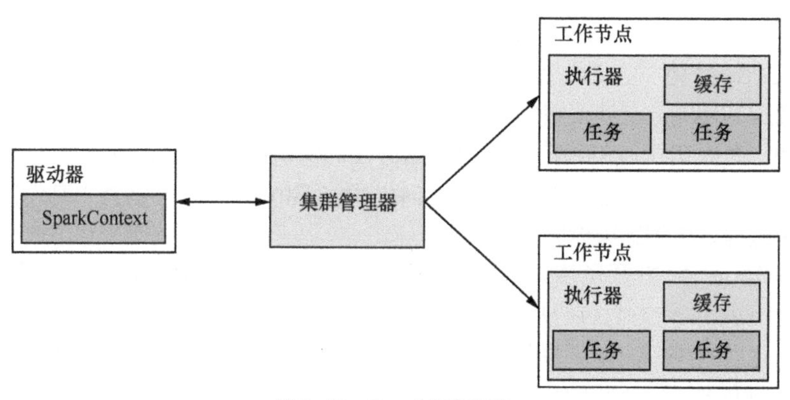

图2-18　Spark运行架构

3. Flink

Flink 是 Apache 软件基金会的一个顶级项目，是为分布式、高性能、随时可用和准确的流处理应用程序打造的开源流处理框架。它可以同时支持批处理和流计算。Flink 架构如图 2-19 所示。

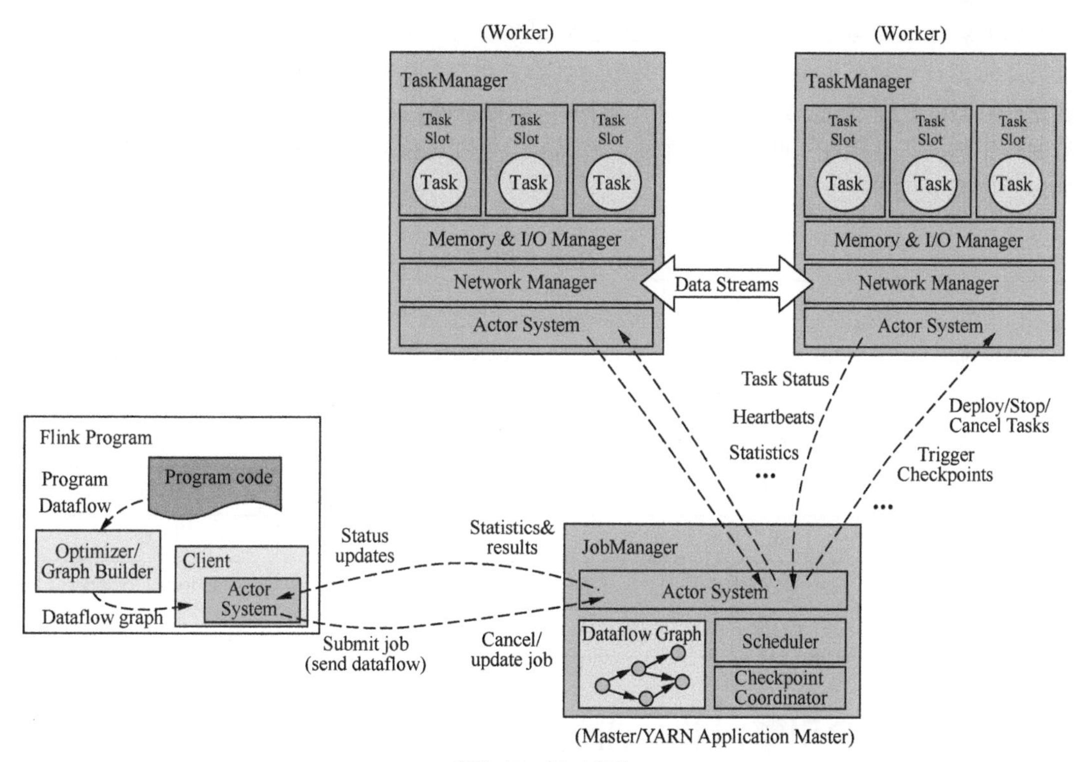

图2-19　Flink架构

JobManager 组件是 Flink 集群的管理者。在将 Flink 程序提交到 JobManager 后，JobManager 检查集群中所有 TaskManager 组件的资源利用状况，如果 TaskManager 有空闲 TaskSlot（任务槽），就将计算任务分配给它执行。

当 Flink 集群启动后，首先会启动一个 JobManger 和一个或多个 TaskManager，由

Client 提交任务给 JobManager，JobManager 再将任务调度到各个 TaskManager 去执行，然后 TaskManager 将"心跳"和统计信息汇报给 JobManager。TaskManager 之间以流的形式进行数据的传输。上述三者均为独立的 JVM 进程。

- Client 为提交 Job 的客户端，可以运行在任何机器上（与 JobManager 环境连通即可）。在提交 Job 后，Client 可以结束进程（Streaming 的任务）并返回，也可以不结束进程，直到结果返回。
- JobManager 主要负责调度 Job 并协调 Task 设置 Checkpoint，在职责上，很像 Storm 的 Nimbus。在从 Client 接收 Job 和 JAR 包等资源后，JobManager 会生成优化后的执行计划，并以 Task 的单元调度到各个 TaskManager 去执行。
- 在启动的时候 TaskManager 就设置好了槽位（Slot）数，每个 Slot 能启动一个 Task，Task 为线程。从 JobManager 处接收需要部署的 Task，部署启动后，与自己的上游建立 Netty 连接，接收数据并处理。

关于 Flink 的实时数据处理实例，见 6.3 节。

4. Storm、Spark和Flink之间的对比

在框架本身与应用场景方面，Flink 与 Storm 更相似。对于实时计算，Storm 与 Flink 的底层计算引擎是基于流的，本质上是对一条条数据进行处理，而且处理的模式是流水线模式，即所有的处理进程同时存在，数据在这些进程之间流动处理。Spark 按批对数据进行处理，处理的逻辑是在一批数据准备好之后才会进行计算。虽然 Spark 也支持流处理（它的流处理其实是一种微批处理方式。如果把 Storm 与 Flink 看作扶梯，则可以把 Spark 看作直梯），但是实时性不佳，无法用在一些对实时性要求很高的流处理场景中。Storm、Spark 和 Flink 之间的对比如表 2-6 所示。

表2-6　Storm、Spark和Flink之间的对比

特性	Storm	Spark	Flink
流模型	原生	微批处理	原生
可靠性	至少一次	严格一次	严格一次
反压机制	有	有	有
延时	很低	中等	低
吞吐量	低	高	高
容错性	Record ACKs	RDD Based Check Pointing	Check Pointing
状态	无状态	有状态（DStream）	有状态（Operators）

2.4.3　OLAP引擎：Hive、Impala和Presto

为了更好地满足企业经营需求，针对超大规模数据的存储管理和查询分析场景，需要提供准实时或实时响应。OLAP（Online Analytical Processing，联机分析处理）就属于此类大数据查询分析应用技术，它提供复杂的查询、分析操作，侧重决策支持。目前，开源 OLAP 引擎有很多，如 Hive、Impala、Presto、ClickHouse、Druid、HAWQ、Kylin 和 Greenplum 等，我们需要根据实际的业务场景进行选型。

1. Hive

Hive 由 Facebook 开源，最初用于解决海量结构化的日志数据统计问题。Hive 更多的时候是与数据仓库的概念结合在一起的。它是一个构建在 Hadoop 之上的数据仓库工具，在某种程度上，可以将它看作用户编程接口，本身并不存储和处理数据（它依赖 HDFS 存储数据，依赖 MapReduce 等模型框架处理数据）。Hive 定义了简单的类似 SQL 的查询语言——HiveQL。当将 MapReduce 作为执行引擎时，通过 HiveQL 语句，可以快速完成简单的 MapReduce 任务，因此，HiveQL 适合进行数据仓库的统计分析。

Hive 与传统数据库的区别如表 2-7 所示。

表2-7 Hive与传统数据库的区别

特性	Hive	传统数据库
查询语言	HiveQL	SQL
数据存储	HDFS	原始设备或本地文件系统
索引	支持有限索引	支持复杂索引
分区	支持	支持
处理数据的规模	大	小
执行	MapReduce、Tez 和 Spark	自身的执行引擎
执行时的延时	高（分钟级）	低（亚秒级）
事务	支持（表级和分区级）	支持
可扩展性	好	一般

Hive 系统架构如图 2-20 所示。Hive 主要包含 3 个模块：用户接口模块、驱动模块和元数据存储模块。

（1）用户接口模块

- 用户可以直接使用 Hive 提供的 CLI 工具执行交互式 SQL 语句。
- Hive 提供了纯 Java 的 JDBC 驱动，使得 Java 应用程序可以在指定的主机端口连接另一个进程中运行的 Hive 服务器。另外，Hive 提供了 ODBC 驱动，支持使用 ODBC 协议的应用程序连接 Hive。从图 2-20 中可以看出，与 JDBC 类似，ODBC 驱动使用 Thrift 服务器和 Hive 服务器进行通信。
- 用户也可以通过 Web GUI（即通过浏览器访问网页的方式）输入 SQL 语句来执行操作。

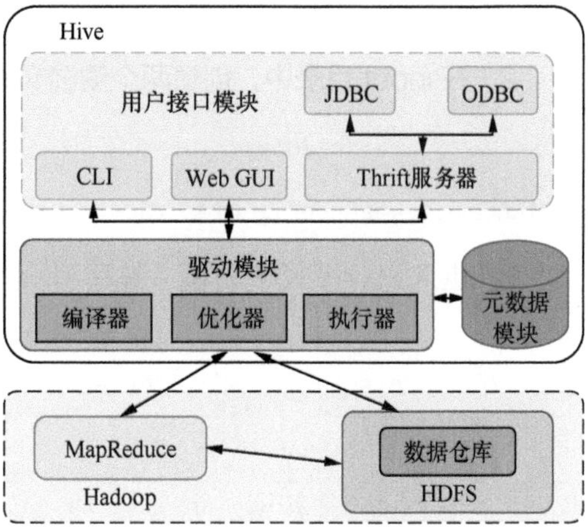

图2-20 Hive系统架构

（2）驱动模块

驱动模块包含编译器、优化器和执行器。所有命令和查询都会进入驱动模块，并通过该模块对输入内容进行解析、编译，对需求的计算进行优化，然后按照指定的步骤运行（通常启动多个 MapReduce 任务来执行）。

（3）元数据模块

Hive 的元数据存储在一个独立的关系型数据库中，通常使用 MySQL 或 Derby 数据库。元数据模块中主要保存表模式和其他系统元数据，如表的名称、表的列及其属性、表的分区及其属性、表的属性和表中数据所在位置信息等。

当 Hive 使用 MapReduce 作为执行引擎时，Hive 可以通过自身组件把 HiveQL 转换为 MapReduce 来实现。图 2-21 展示了 Hive 中 SQL 查询的 MapReduce 作业转化过程。

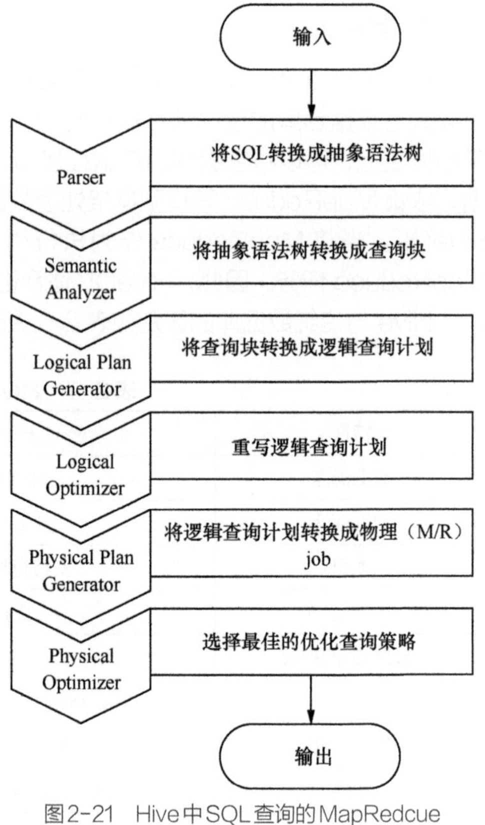

图2-21　Hive中SQL查询的MapRedcue作业转化过程

HiveQL 支持关系型数据库中的大多数基本数据类型（INT、FLOAT、DOUBLE 和 BOOLEAN 等），同时支持关系型数据库中不常用的几种集合数据类型（ARRAY、MAP 和 STRUCT 等）。关于 HiveQL 数据类型的更详细介绍，读者可以参考《Hive 编程指南》①。

接下来，我们以词频统计（Word Count）算法为示例，介绍如何使用 HiveQL 实现 Word Count 功能，详细步骤如下。

1）创建输入目录 input，命令如下。

```
cd /usr/local/hadoop
mkdir input
```

2）在 input 目录中，创建两个测试文件：file1.txt 和 file2.txt，命令如下。

```
cd  /usr/local/hadoop/input
echo "hello world" > file1.txt
echo "hello hadoop" > file2.txt
```

3）进入 Hive 命令行界面，编写 HiveQL 语句，实现词频统计算法，命令如下。

```
  $ hive
  hive> create table docs(line string);
  hive> load data inpath 'input' overwrite into table docs;
  hive> create table word_count as
        select word, count(1) as count from
        (select explode(split(line,' '))as word from docs) w
        group by word
        order by word;
```

执行上述语句，然后利用 select 语句进行查看，结果如图 2-22 所示。

① Edward Capriolo，Dean Wampler，Jason Rutherglen. Hive 编程指南 [M]. 曹坤，译 . 北京：人民邮电出版社，2013.

```
OK
Time taken: 2.662 seconds
hive> select * from word_count;
OK
hadoop  1
hello   2
world   1
Time taken: 0.043 seconds, Fetched: 3 row(s)
```

图2-22 用select语句查看运行结果

对于上述需求，若使用HiveQL实现，仅需要7行代码，若使用MapReduce实现，参考Hadoop源码中的WordCount类（$HADOOP_HOME/share/hadoop/mapreduce/hadoop-mapreduce-examples-2.7.1.jar），则需要63行Java代码。由上可知，采用Hive实现的最大优势是降低了编程成本，因为不必开发专门的MapReduce程序，使用HiveQL即可进行数据仓库的统计分析。

2. Impala

Impala是Cloudera推出的用于处理存储在Hadoop集群中的大量数据的MPP（大规模并行处理）SQL查询引擎。与其他Hadoop的SQL引擎相比，它的查询性能较高、延时较低，为访问存储在Hadoop分布式文件系统中的数据提供了较快的手段。与Hive依赖MapReduce计算不同，Impala采用基于内存的计算方式，因此，可以更快地完成计算任务。

Impala的系统架构如图2-23所示（橙色模块表示Impala的组件）。Impala包括三大核心组件：Impalad、State Store和CLI。

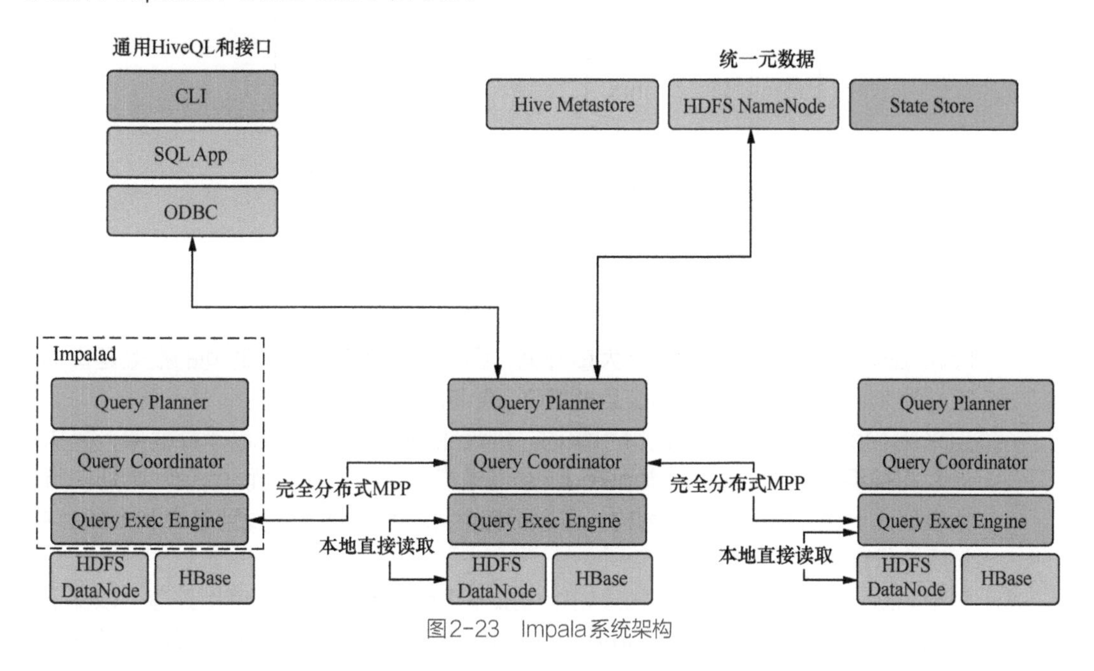

图2-23 Impala系统架构

1）Impalad是Impala的一个进程，负责协调客户端提交的查询请求，给其他Impalad分配任务，以及收集其他Impalad的执行结果并进行汇总。Impalad也会执行其他Impalad给它分配的任务，主要是对本地HDFS和HBase中的部分数据进行操作。Impalad进程主要包含Query Planner、Query Coordinator和Query Exec Engine这3个模块，与

HDFS的DataNode（数据节点）运行在同一节点上，且完全分布运行在MPP（大规模并行处理系统）架构上。

2）State Store负责收集分布在集群上的各个Impalad进程的资源信息，从而用于查询的调度。它会创建一个statestored进程，以跟踪集群中的Impalad的“健康”状态和位置信息。statestored进程通过创建多个线程来处理Impalad的注册、订阅，以及与多个Impalad保持“心跳”连接。此外，各个Impalad都会缓存一份State Store中的信息。当State Store离线后，Impalad一旦发现State Store处于离线状态，就会进入恢复模式，并进行反复注册。当State Store重新加入集群后，自动恢复正常，更新缓存数据。

3）CLI为用户提供了执行查询的命令行工具。同时，Impala提供了Hue、JDBC和ODBC的使用接口。

Impala作为开源大数据分析引擎，与Hive相比，两者既有相同点，又有不同点。它们的区别与联系如图2-24所示。

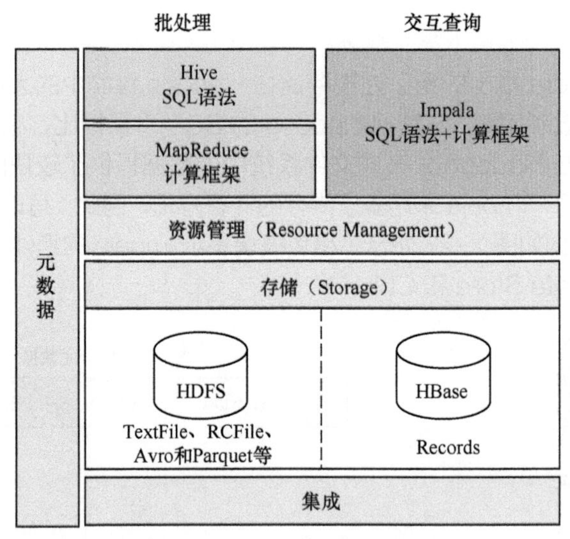

图2-24 Impala与Hive的对比

Hive与Impala的不同点总结如下。

- Hive在作业提交和调度时涉及大量开销，因此比较适合进行长时间的批处理查询分析，而Impala更加适合实时交互式SQL查询。
- 当采用MapReduce作为执行引擎时，Hive依赖MapReduce计算框架，其执行计划将被组合成管道形的MapReduce任务模式进行执行；而Impala则把执行计划表现为一棵完整的执行计划树，可以更自然地将执行计划分发到各个Impalad中，然后执行查询。
- 对于Hive，在执行过程中，如果内存中放不下所有数据，则会使用外存，以保证查询能够顺序执行完成。但是，Impala在遇到内存中放不下数据的情况时，并不会利用外存。因此，目前在处理查询方面，Impala会受到一定限制，使得它更适合处理数据较小的查询请求。

Hive与Impala的相同点总结如下。

- Hive与Impala使用相同的存储数据池，二者都支持把数据存储于HDFS或HBase。
- Hive与Impala使用相同的元数据。

- 在 Hive 与 Impala 中，对 SQL 的解释、处理相似，即通过词法分析生成执行计划。

3. Presto

Presto 是由 Facebook 开源的分布式 SQL 查询引擎，适用于交互式分析查询，支持 GB 到 PB 的数据量。Presto 的架构由关系型数据库的架构演化而来。Presto 之所以能够在众多内存计算型数据库中脱颖而出，主要得益于以下几点。

- 清晰的架构：Presto 是一个能够独立运行的系统，不依赖任何其他外部系统。
- 调度：Presto 自身提供了对集群的监控，可以根据监控信息完成调度。
- 简单的数据结构：列式存储、逻辑行。大部分数据可以轻易地转化成 Presto 所需的这种数据结构。
- 丰富的插件和接口：支持对接外部存储系统，以及添加自定义函数。

Presto 的架构是一个分布式 SQL 执行架构，具有存储与计算分离的特性。Presto 只负责计算，存储方面由数据源自身负责。Presto 依据访问此数据的分析需求来增加或缩减其计算资源以进行查询处理。

图 2-25 所示为 Presto 的架构。Presto 集群包含一个 Coordinator 节点和多个 Worker 节点。

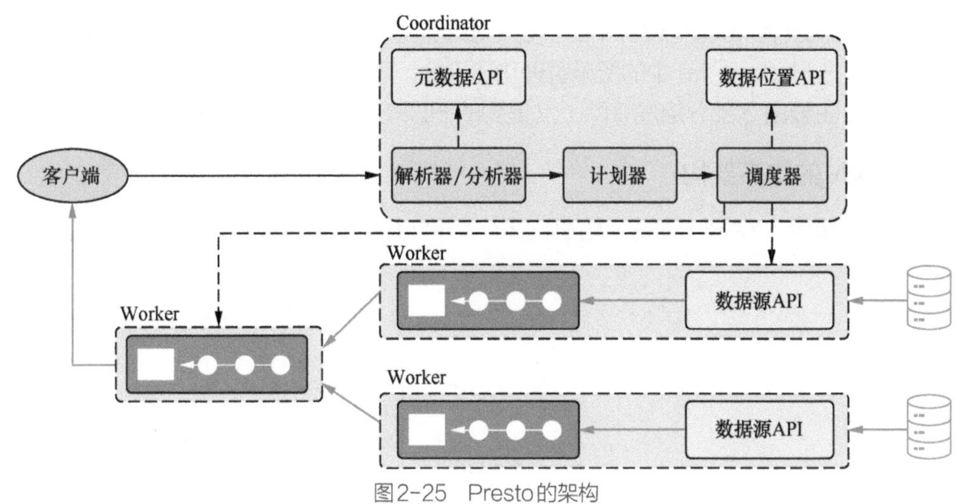

图2-25 Presto的架构

- Coordinator 节点：负责接收客户端请求，解析 SQL，生成和优化执行计划，生成和调度任务到 Worker。它是 Presto 实例的“大脑”，也负责连接客户端。Coordinator 将为一个查询生成一个包含多个阶段的逻辑模型，每个阶段拆分出多个可以并行的任务，这些任务运行在 Worker 中。Coordinator 通过 REST API 与 Worker 和客户端通信。
- Worker 节点：负责运行 Coordinator 指派给它的任务，并处理数据。Worker 节点通过连接器（connector）向数据源获取数据，并且相互之间可以交换数据。Coordinator 收集 Worker 反馈的结果，并将最终结果返回客户端。Worker 之间同样使用 REST API 通信。

Presto 是定位于数据仓库和数据分析业务的分布式 SQL 引擎，适合以下 5 种场景。

- 实时计算：Presto 性能优越，是实时查询工具的重要选择。
- Ad-Hoc 查询：用户根据自己的需求可随时调整查询条件，Presto 依据这些查询返回结果或生成报表。

- ETL：Presto 支持的数据源广泛，可用于不同数据库之间的迁移和转换，具备 ETL 处理能力。
- 实时数据流分析：Presto-Kafka 使用 SQL 语句对 Kafka 中的数据流进行清洗、分析和计算。
- 作为 MPP：Presto Connector 有非常好的扩展性，可进行扩展开发，支持其他异构非 SQL 查询引擎转换为 SQL，支持索引下推。

2.5 大数据管理调度技术

在大数据系统中，集群的资源管理和调度，以及任务的工作流调度都至关重要。本节将介绍分布式集群资源调度框架 YARN、容器集群管理系统 Kubernetes、分布式协调服务组件 ZooKeeper 和几款主流的工作流调度平台。

2.5.1 分布式集群资源调度框架：YARN

为了弥补 Hadoop 1.0 架构设计中的不足（如单点故障、资源划分等问题），Hadoop 2.0 重新进行了设计，把 Hadoop 1.0 中的资源管理功能拆分，形成了分布式集群资源调度框架 YARN。至此，Hadoop 主要由 3 部分组成，除上文提到的 HDFS、MapReduce 以外，还有 YARN。

1. YARN的体系架构

如图 2-26 所示，YARN 体系架构包含 3 个组件：ResourceManager、ApplicationMaster 和 NodeManager。

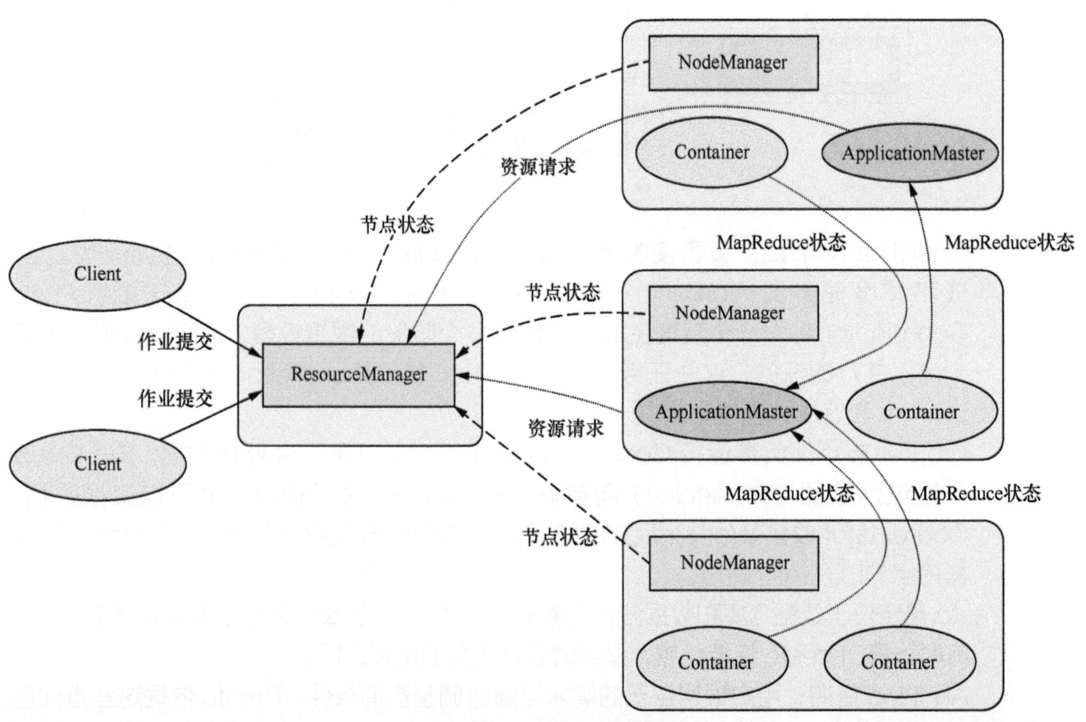

图2-26 YARN体系架构

YARN的3个组件的功能如表2-8所示。

表2-8 YARN的3个组件的功能

组件	功能
ResourceManager	1）处理Client请求； 2）启动/监控ApplicationMaster； 3）监控NodeManager； 4）进行资源分配与调度
ApplicationMaster	1）为应用程序申请资源，并分配给内部任务； 2）任务调度、监控与容错
NodeManager	1）单个节点上的资源管理； 2）处理来自ResourceManager的命令； 3）处理来自ApplicationMaster的命令

2. YARN的工作流程

我们通过一个MapReduce程序示例展示YARN的整个工作流程。从提交到完成，该流程需要经历8个步骤，如图2-27所示。

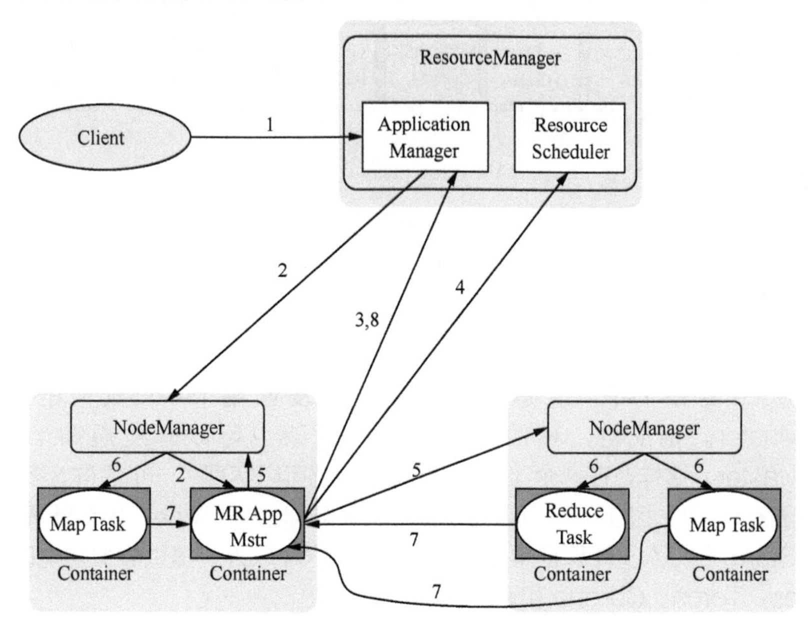

图2-27 YARN的工作流程

步骤1： 用户通过Client（客户端）向YARN提交应用程序，提交的内容包括Application Master程序、启动ApplicationMaster的命令、用户程序和相关文件等。

步骤2： YARN中的ResourceManager负责接收和处理来自Client的请求。它为应用程序分配一个Container（容器），并且与Container所在的NodeManager通信，同时要求该NodeManager在这个Container中启动应用程序对应的ApplicationMaster，即图2-27中的“MR App Mstr”（表示MapReduce程序的ApplicationMaster）。

步骤3： ApplicationMaster创建后，首先向ResourceManager注册，从而使得用户可以通过ResourceManager来直接查看应用程序的应用状态。接下来的步骤4 ~ 7是应用程序具体的执行步骤。

步骤4: ApplicationMaster采用轮询的方式通过RPC协议向ResourceManager申请和领取资源。

步骤5: ResourceManager向提出申请的ApplicationMaster分配资源，一旦申请成功，就会与该Container所在的NodeManager进行通信，要求它启动任务。

步骤6: 当ApplicationMaster要求Container启动任务（Task）时，会为任务设置好运行环境，然后将任务启动命令写到一个脚本中，最后在Container中启动任务。

步骤7: 各个任务向ApplicationMaster汇报自己的状态和进度，以使ApplicationMaster随时掌握各个任务的运行状态，从而可以在任务失败时重新启动任务。

步骤8: 应用程序运行完成后，ApplicationMaster向ResourceManager的ApplicationManager注销并关闭自己。

3. YARN的发展目标

除解决Hadoop 1.0存在的问题以外，YARN的发展目标还包括成为集群中统一的资源管理调度框架，即在一个集群中为上层的各个计算框架提供统一的资源调度服务，如图2-28所示。

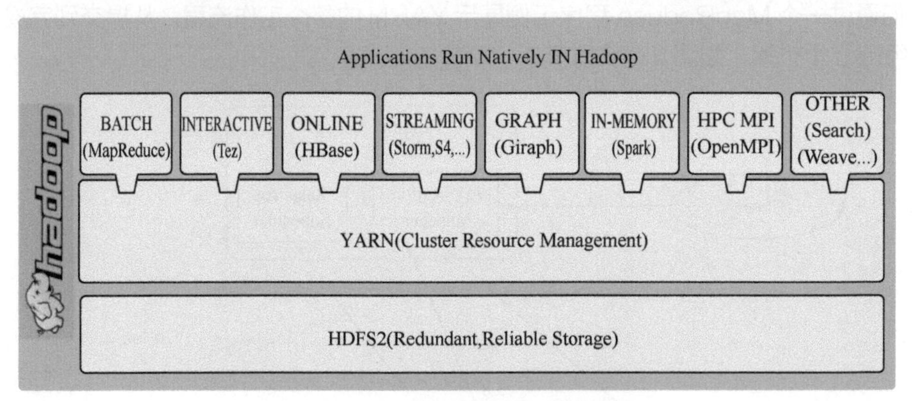

图2-28 在YARN上部署的各种计算框架

MapReduce要在YARN上运行，就需要开发遵循YARN规范的MapReduce ApplicationMaster。相应地，其他大数据计算框架也可以开发遵循YARN规范的ApplicationMaster。这样，在一个YARN集群中，就可以实现“一个集群，多个框架”。目前，可以运行在YARN上的计算框架包括批处理框架MapReduce、内存计算框架Spark、流计算框架Storm和DAG计算框架Tez等。除YARN以外，提供类似功能的资源管理框架还有Mesos、Torca、Corona和Borg等。

2.5.2 容器集群管理系统：Kubernetes

Hadoop的出现加速了大数据技术的推广和应用。传统的大数据系统以Hadoop生态为主，大多采用YARN作为核心组件来进行资源的管理和调度。然而，随着应用场景的丰富和应用规模的扩大，此类系统逐渐暴露出一些问题，如弹性扩展能力弱、资源隔离性差、资源利用率低和系统管理困难等。

近年来，随着容器化的推进，大数据原有的Hadoop YARN分布式调度模式，正在逐渐被基于Kubernetes的技术架构所取代。Kubernetes是一个容器集群管理系统，为容器化的应用程序提供运行、维护、扩展、资源调度和服务发现等功能。Kubernetes提供的强大编排能力，以及其蓬勃发展的社区生态，为大数据容器化提供了便捷的平台。Kubernetes 是主从架构，Kubernetes Master 是 Kubernetes 集群的主节点，负责与客户端交互、资源调度和自动控制。Node 是从节点，可以运行在虚拟机和物理机上，主要功能是承载 Pod 的运行，而 Pod 的创建和启停等操作则由 Node 的 kubelet 组件控制。Pod 是若干容器的组合，同一个 Pod的容器运行在同一个宿主机上，Pod是Kubernetes能够进行创建、调度和管理的最小单位。

常见的大数据技术组件一般有对应的开源项目，支持部署到 Kubernetes。大数据组件的容器化正逐渐走向成熟。例如，Flink 从 1.9 版本开始支持 Kubernetes，Spark 从 2.3 版本开始官方支持 Spark on Kubernetes 运行模式。在 Spark on Kubernetes 运行模式中，向 Kubernetes 集群提交 Spark 作业的处理流程如图 2-29 所示。

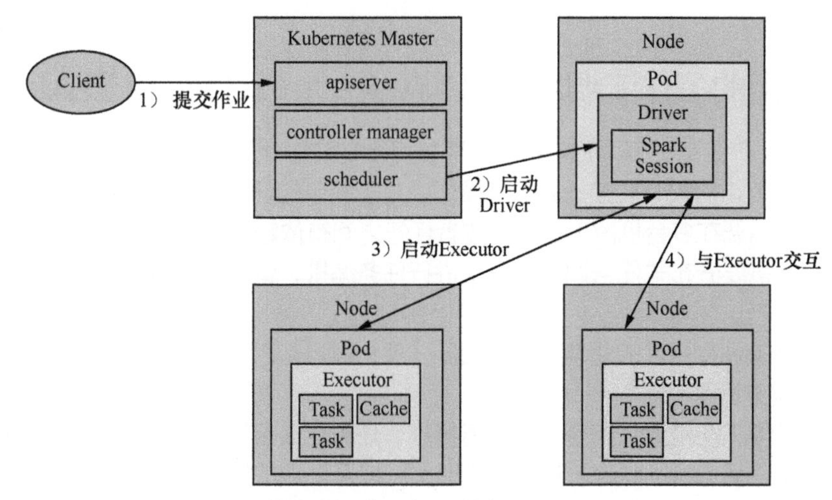

图2-29 Spark on Kubernetes

Client 向 Kubernetes Master 提交作业，scheduler（调度器）分配资源并启动 Pod 和 Spark Driver，Driver创建运行在Pod中的Executor，并开始执行应用代码。当应用终止时，Executor 所在的 Pod 也随之被销毁，但 Driver 会保留日志与“complete”状态，直到最终垃圾回收或被手动清除。

2.5.3 大数据的“动物园管理员”: ZooKeeper

在上文介绍的大数据技术组件中，多次提到 ZooKeeper。ZooKeeper(“动物园管理员”)是 Hadoop 的一个子项目，用来管理 Hadoop(“大象”)、Hive(“蜜蜂”)和 Pig(“小猪”)等。ZooKeeper 是开源的分布式协调服务组件，提供高可用、高性能和稳定的分布式数据一致性解决方案。它的应用场景很多，如数据发布 / 订阅、负载均衡、命名服务、分布式协调 / 通知、集群管理、Master 选举、分布式锁和分布式队列等。

ZooKeeper 一般以集群方式部署并提供服务。一个集群包含多个节点，每个节点对应一台 ZooKeeper 服务器，这些节点共同对外提供服务。ZooKeeper 对分布式数据的一致性提供了全面支持，具体包括以下 5 个特性。

1）顺序一致性（有序性）: 从同一个客户端发起的请求，最终将严格按照其发送顺序进入 ZooKeeper。

2）原子性: 所有请求的响应结果在整个分布式集群环境中具备原子性，即要么整个集群中所有机器都成功地处理了某个请求，要么都没有处理，绝对不会出现集群中一部分机器处理了某个请求，而另一部分机器没有处理的情况。

3）单一性：无论客户端连接ZooKeeper集群中的哪个服务器，每个客户端看到的服务端模型都是一致的，不可能出现两种不同的数据状态，因为ZooKeeper集群中每台服务器之间会进行数据同步。

4）可靠性：一旦服务端数据的状态发生变化，就会立即存储，除非此时有另一个请求对其进行变更，否则数据一定是可靠的。

5）实时性：当某个请求被成功处理后，ZooKeeper仅保证在一定的时间段内，客户端最终一定能从服务端读取最新的数据状态，即ZooKeeper保证数据的最终一致性。

关于ZooKeeper的核心概念、工作原理和常用命令等内容，读者可通过ZooKeeper官网了解[①]。

2.5.4　常用的工作流调度平台：Azkaban、Oozie和Airflow

在企业的很多业务处理场景中，需要在后台定期执行任务，如数据ETL（Extract-Transform-Load，抽取-转换-加载）操作。对于简单的任务调度，可通过Linux Crontab管理，但当任务需要在多台机器上执行，或者任务之间有依赖关系时，Crontab便不能完全满足需求，此时，需要分布式任务调度系统来进行任务编排，管理任务依赖，调度任务工作流和监视任务执行状态。

不同的工作流调度平台的功能不完全相同，但一般具备以下基本功能。

（1）任务编排管理

调度系统的基本功能是任务定义和任务编排。任务定义是指确定数据计算、数据加工的逻辑和规则，包括任务执行的频次、具体执行时间，以及对应的执行脚本和参数等。而任务编排是指确定不同任务的先后关系，从而确保每个任务有序执行。任务编排的输出结果一般是一个有向无环图（Directed Acyclic Graph，DAG）。DAG是一种图结构，信息必须沿特定方向在顶点间传递，但信息无法通过循环返回起点。

（2）任务重跑

任务执行完成后，若结果数据存在异常，经过定位分析，确定需要对数据进行重新处理，此时就需要使用任务重跑功能。在一般情况下，重跑只让当前任务重新执行一次。在特殊场景下，当前任务重跑成功后会紧接着重跑该任务后续的其他任务，保证所有可能受到影响的任务都能得到正确结果。此外，调度系统还需要支持任务终止、任务暂停等常用操作。

（3）历史补数

任务创建完成后，调度系统会根据其定义的执行频次和具体时间规则，自动处理新数据。对于任务创建前已经产生的历史数据，则需要使用历史补数功能。例如，在指定需要处理的数据范围（如前一个月），以及处理这些数据需要使用的任务后，调度系统会自动根据逻辑将历史数据处理完成。

（4）日志查看

调度系统会及时收集、保存任务执行过程中的日志信息。日志查看功能有利于我们快速检索和查看任务执行的信息，便于问题的排查和定位。

（5）运行监控

使用运行监控功能，便于我们及时掌握任务的执行状态，从而快速地对异常进行干预和处理。

---

① 若读者想要了解ZooKeeper的更多内容，可浏览Apache ZooKeeper官网。

监控的方式和策略多种多样，但一般而言，需要包括任务执行错误告警和执行延迟告警这两种模式。

在业务的实际应用场景中，可以优先考虑采用业界常用的开源调度平台，如 Azkaban、Oozie 和 Airflow 等。

1. Azkaban

Azkaban 是由 LinkedIn 开源的一个批量工作流任务调度器，使用 Java 语言编写。它用于在一个工作流内以一个特定顺序运行一组工作和流程。Azkaban 定义了一种名为 KV 的文件格式来建立任务之间的依赖关系，并提供了一个易于使用的 Web 用户界面来维护和跟踪工作流。Azkaban 通过 Web 浏览器在 GUI 中进行基于时间的调度，将所有正在运行的工作流的状态保存在其内存中。

它具备以下特点：

1）与任何版本的 Hadoop 兼容，模块化，可插入每个 Hadoop 生态系统；

2）简单的 Web 和 HTTP 工作流程上传；

3）跟踪用户操作，身份验证和授权；

4）为每个新项目提供一个单独的工作区；

5）提供有关 SLA（Service-Level Agreement，服务等级协议），失败和成功的电子邮件警报；

6）允许用户重试失败的作业。

2. Oozie

Oozie 是一个基于 Hadoop 的企业级工作流调度框架。Oozie 是由 Cloudeara 贡献给 Apache 的，是 Apache 的顶级项目。它关注灵活性和创建复杂的工作流程，允许由时间、事件或数据可用性触发作业，可以通过命令行、Java API、Web 浏览器和 GUI 操作。它以 XML 形式写调度流程，支持调度 Hadoop MapReduce、Hive、Spark 和 Jar 等多种任务类型。Oozie 使用数据库保存所有正在运行的工作流状态，仅将内存用于状态事务。相比 Azkaban，Oozie 属于重量级的任务调度工具。

它具备以下特点：

1）为 MapReduce、Pig、Hive、Sqoop 和 DistCp 提供“开箱即用”的支持；

2）相同的工作流程可以参数化并行运行；

3）允许批量“杀死”、挂起或恢复作业；

4）高可用性。

3. Airflow

Airflow 是一个灵活、可扩展的工作流自动化和调度系统。它是一种基于 DAG 的调度器，可编译和管理数百 PB 数据。Airflow 最初由 Airbnb 创建，之后提交为 Apache 的顶级项目。Airflow 可以轻松地协调复杂的计算工作流程，通过智能调度、数据库和依赖关系管理，以及错误处理和日志记录等方式，可以自动化从单个服务器到大型集群的资源管理。该项目是用 Python 开发的，具有高度可扩展性，能够运行用其他语言开发的任务，支持多种体系集成，如 AWS S3、Docker 和 Kubernetes 等。据悉，Airflow 目前正被 400 多个企业和组织机构使用，包括 Adobe、Twitter 等。

它具备以下特点：

1）丰富的 CLI 和用户界面，支持可视化依赖关系、进度、日志和相关代码等；

2）模块化，高度可扩展；

3）使用 Jinja 模板引擎构建参数化脚本；

4）可以与 Hive、Presto、MySQL、HDFS、PostgreSQL 和 AWS S3 进行交互。

关于 Airflow 的应用示例，见 10.3.2 节。

2.6　大数据商业产品

目前，大数据的发展已经进入成熟期，大数据的技术和应用的各垂直领域也在逐渐细分，并有越来越多的商业公司进入，继大数据技术生态之后，大数据商业生态也逐渐成型。大数据商业产品可以划分为 4 类：大数据解决方案提供商、大数据云计算服务商、大数据 SaaS 服务商和大数据开发平台[1]。

1. 大数据解决方案提供商

Hadoop 作为开源大数据产品，提供了丰富的组件。但是，在企业的实际应用中，企业的技术体系如何与 Hadoop 集成，如何部署和维护 Hadoop 环境，以及如何快速接入 Hadoop，都是企业需要解决的问题。在这种背景下，大数据解决方案提供商应运而生。

Cloudera 是业界领先的企业级 Hadoop 技术服务提供商。它成立于 2008 年，除向企业提供商业解决方案以外，还提供技术咨询服务，为企业向大数据转型提供技术支持。Cloudera 有众多商业产品，其中比较重要的是 CDH（Cloudera Distribution Hadoop）。CDH 是一个大数据集成平台，集成了很多主流大数据产品。借助 CDH，企业可以一站式部署整个大技术栈。CDH 的架构分层，如图 2-30 所示，从底至上分别是系统集成层（INTEGRATE）、大数据存储层（STORE）、统一服务层（UNIFIED SERVICES），以及过程、分析与计算层（PROCESS, ANALYZE, SERVE）。

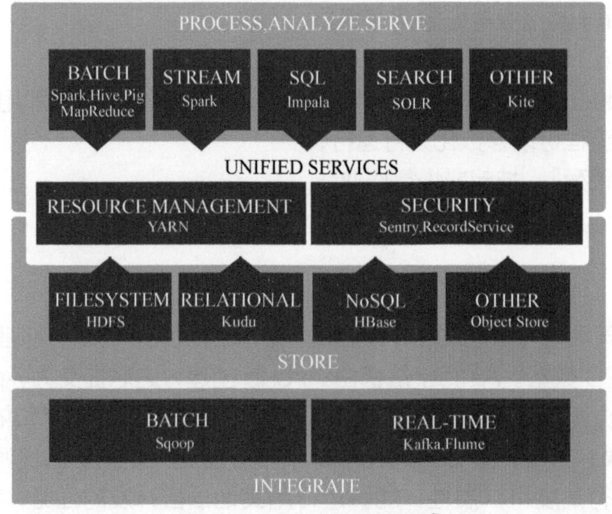

图2-30　CDH的架构分层①

① Cloudera CDH 的更多介绍见 Cloudera 官网。

1）系统集成层：对于数据库的导入和导出，使用 Sqoop；对于日志的导入和导出，使用 Flume；对于其他实时数据的导入和导出，使用 Kafka。

2）大数据存储层：对于文件系统，采用 HDFS；对于结构化数据，采用 Kudu；对于 NoSQL 存储，采用 HBase。此外，还有其他存储类型，如对象存储。

3）统一服务层：对于资源管理，采用 YARN；对于安全管理，通过 Sentry 和 RecordService 细粒度地管理对不同用户数据访问的权限。

4）过程、分析与计算层：对于批处理计算，使用 MapReduce、Spark、Hive 和 Pig 等；对于流计算，使用 Spark Streaming；对于快速 SQL 分析，使用 Impala；对于搜索服务，使用 Solr。

国内的星环科技的商业模式与 Cloudera 类似。星环科技主要为政府相关机构和传统企业向大数据转型提供技术支持。星环科技的核心产品是 TDH（Transwarp Data Hub），如图 2-31 所示。

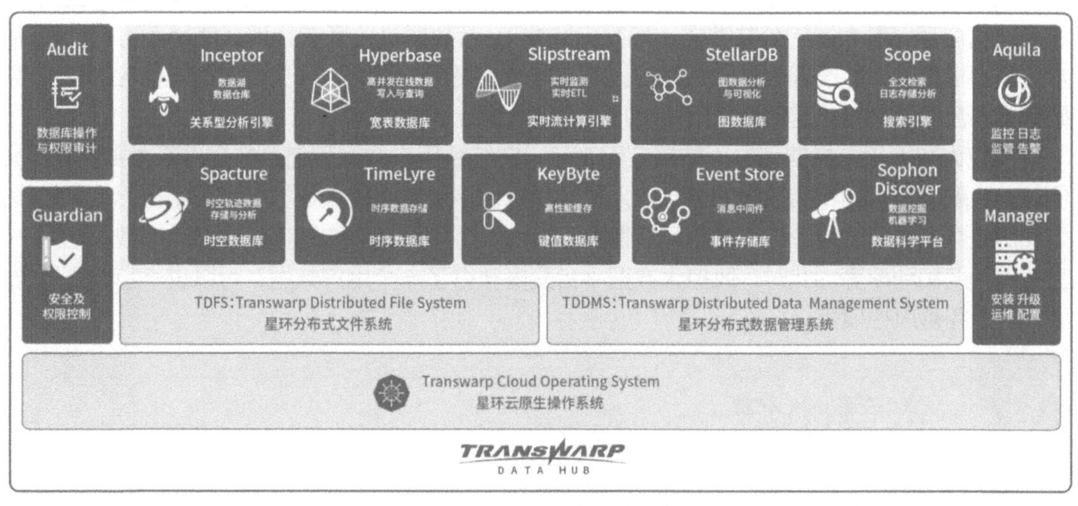

图2-31 TDH的核心功能[①]

2. 大数据云计算服务商

目前，主流云计算厂商都会提供大数据云计算服务。云计算厂商将大数据平台的各项基本功能以云计算服务的方式向用户提供，如数据的导入和导出，数据的存储与计算，以及数据展示等。下面以阿里云为例，介绍其提供的主要的大数据服务。

1）数据集成：提供大数据同步服务，并通过提供 reader 和 writer 插件，可以将不同数据源（文本、数据库和网络端口）的数据导入、导出。

2）E-MapReduce：它是构建在阿里云云服务器 ECS 上的开源 Hadoop、Spark、HBase、Hive 和 Flink 生态大数据 PaaS 产品。它提供用户在云上使用开源技术建设数据仓库、离线批处理、在线流式处理、即时查询和机器学习等场景下的大数据解决方案。

3）AnalyticDB 数据库：提供快速、低延时的数据分析服务，类似 Cloudera 的 Impala。

4）实时计算 Flink 版：这是阿里云基于 Apache Flink 构建的企业级、高性能实时大数据处理系统，由 Apache Flink 创始团队出品，完全兼容开源 Flink API，提供丰富的企业级增

① 星环科技 TDH 的更多介绍见星环科技官网。

值功能。

3. 大数据 SaaS 服务商

大数据的采集、分析和可视化存在技术门槛和一定的难度，针对此类需求，一些相关服务商提供了解决方案。对于友盟、神策这类大数据 SaaS 服务商，接入者只需要在系统中调用数据采集 SDK，就可以自动采集各种数据。这些数据将自动传输到服务商所提供的大数据平台上，各种数据统计分析报告也可自动生成，接入者可直接查看并分析。在此过程中，接入者几乎不需要进行任何开发工作，就可以快速实现数据的采集、分析和可视化需求。

除开箱即用以外，部分大数据 SaaS 服务商也支持定制化需求，开发者可以使用 API 等方式进行二次开发。

4. 大数据开放平台

大数据开放平台并不为用户提供典型的数据处理服务，它自身就有大量数据，如一些金融和商业机构存储着大量的公共数据（如客户数据）。若数据是公开的，那么使用者可将计算请求提交到相应的大数据开放平台并进行计算。若数据是不公开的，那么可申请与相应的企业或研究机构合作，使用特定系统接口对接方式提交数据计算请求。

风控大数据平台是典型的大数据应用产品，它结合用户数据和自身数据进行大数据计算。例如，金融借贷机构将借款人的信息输入风控大数据平台，风控大数据平台根据自己的风控模型和历史数据进行风险分析，输出风险指数。之后，金融借贷机构根据这个风险指数决定用户贷款的额度和利率等。此时，风控大数据平台又多获得了一个用户数据，可以进一步丰富数据源，从而完善风控模型。

2.7 本章小结

大数据技术发展迅猛，催生了多种技术组件，同时丰富了大数据生态体系。本章首先对大数据技术生态进行了分层，便于读者从框架层面建立对大数据技术的基本认识；接着从数据采集、数据存储、计算分析和管理调度 4 个方面对业界典型的开源技术组件进行了介绍；最后对大数据的商业生态和相关产品进行了介绍。下文将对大数据技术的选型和应用进行分析与实践。

第 3 章　数据仓库的设计与构建

在互联网时代，数据及其分析已经成为企业保持竞争力不可或缺的一部分。作为企业 IT 架构中的重要组成部分，数据仓库长期以来在规范和统一数据标准，以及支持用户分析决策等方面扮演着重要角色。依托于大数据技术，数据仓库有了跨越式发展。基于大数据技术构建的数据仓库，逐渐向数据类型多样和应用场景丰富等方向发展。

3.1　数据仓库概述

数据仓库由来已久，它是 BI（Business Intelligence，商业智能）、报表和数据挖掘等应用的基础。本节首先介绍数据仓库的定义和发展历程，然后介绍数据仓库与数据集市、数据湖、数据中台的区别。

3.1.1　什么是数据仓库

数据仓库之父 William H. Inmon（昵称为 Bill Inmon）在 *Building the Data Warehouse* 一书中将数据仓库描述为面向主题的（subject-oriented）、集成的（integrated）、相对稳定的（nonvolatile）、反映历史变化的（time-variant）数据集合，用以支持管理决策[2]。这一定义被业界广泛认同。

根据上述定义可知，数据仓库有如下 4 个主要特点。

- 面向主题。主题是一个在较高层次上对数据进行整合、分析归类的抽象概念，代表一个宏观的分析领域所涉及的对象。例如，针对电商平台的销售分析，可以有用户主题（分析用户的购买情况、商品搜索或商品收藏情况等）、店铺主题（分析店铺中各类商品的销售趋势、某商品销售的地域分布情况等）等。
- 集成性。数据仓库中的数据有多种来源，如业务数据库、埋点日志和外部数据源等。对于不同的数据源，数据的编码、命名规范等一般有差异，如对于性别的描述，在 A 数据库中，分别用 male 和 female 表示男性和女性，而在 B 数据库中，用 0 和 1 表示。数据仓库的集成性是指把不同数据源中的数据经过统一编码、规范命名和转换字段类型等操作，整合到数据仓库，以确保数据的一致性。
- 稳定性。业务数据库中的数据通常会根据业务场景需要进行实时更新，而加载到数据仓库中的数据主要供查询和分析使用，一般会被长期保留，不会进行修改、删除等操作。
- 反映历史变化。业务系统会持续产生新数据，如新增数据库的记录，新产生的数据会被定期集成导入并存储到数据仓库。数据仓库中的数据记录带有时间戳或交易日期等时间标记，以表明该记录产生的准确时间点。例如，在电商平台，用户每产生一次购买行为，数据库中就会有相应的购买行为信息，这些信息被集成导入到数据仓库，从而数据仓库中包含该用户以往所有的购买行为数据。

从上述数据仓库的4个特点可以看出，业务系统中的数据是数据仓库中的数据的来源，数据仓库中的数据用于支撑查询分析。因此，从功能上来说，数据仓库至少需要具备数据获取、数据存储和数据访问3个核心功能，这3个功能的实现过程是数据从数据源到最终决策应用的流转过程。图3-1为数据仓库的数据流转过程。

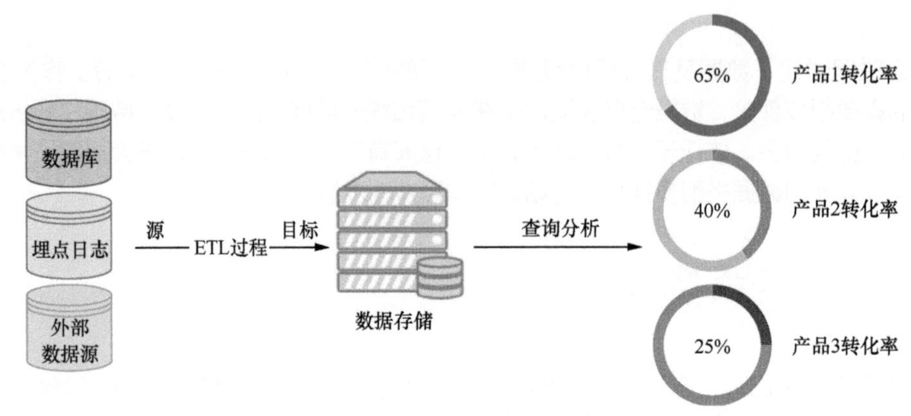

图3-1　数据流转过程

- 数据获取：对存储在不同系统中的不同存储形式的数据进行规范化处理，对问题数据进行统一修复，并最终集成到数据仓库。
- 数据存储：将数据按照数据仓库中的建模方式进行转换，并统计相应指标进行存储。数据仓库的存储方案包括传统关系型数据库（如MySQL、Oracle等）、大规模并行处理库（如Teradata、Greenplum等）和基于大数据技术的Hive。对于选择哪种存储方案，主要取决于应用架构、查询效率和兼容性等方面的要求。
- 数据访问：在经过上述过程后，便可以对数据仓库中的相关数据进行诸如即席查询、数据分析、数据挖掘和BI报表制作等访问操作。

数据获取和数据存储这两个功能是由ETL工具支撑的。ETL是指从数据源提取数据，经过清洗、转换等过程，并最终存储到目标数据仓库的过程。如图3-2所示，ETL过程有3个步骤。

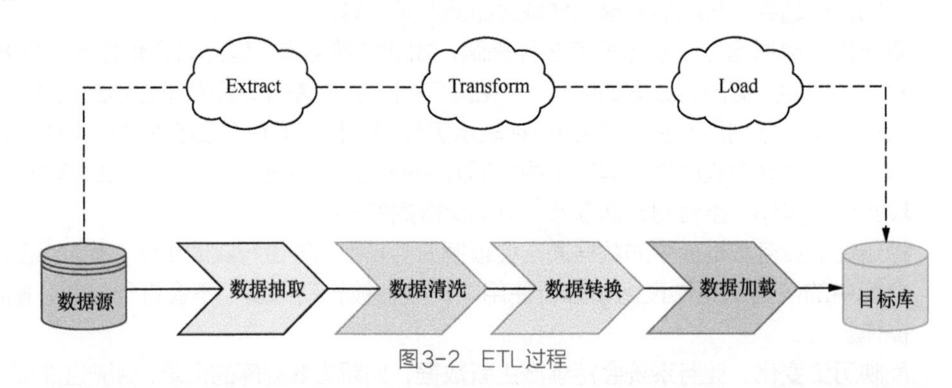

图3-2　ETL过程

- 数据抽取。在数据抽取阶段，主要做两件事，一是调研数据源，确认各数据源之间的关系、字段含义等；二是确定数据抽取的方法，即确认是由源系统主动推送还是数据仓库主动抽取，确认是全量抽取还是增量抽取，以及确认抽取频率等。
- 数据清洗和数据转换。数据清洗是对数据源中的问题数据进行修正、过滤的过程。问题数据主要包括 3 类：第 1 类是不完整数据，如必要字段信息缺失；第 2 类是错误数据，如日期格式不正确、插入了多余的特殊字符（如空格键、回车键）等；第 3 类是重复数据，如由于抽取逻辑问题导致存在两条完全一致的记录等。数据转换是将数据按照一定的标准规范统一组织的过程。数据转换主要包括统一数据标准，数据的关联与替换（关联可靠信息表，保证数据完整性），业务规则或自定义规则计算，以及数据粒度转换等。

- 数据加载。数据加载是指将清洗、转换后的数据按照既定的建模方式（下文会介绍数据仓库的建模方式）进行聚合、合并并加载到对应的目标库中。

3.1.2 数据仓库的发展过程

数据仓库的发展过程可划分为 8 个阶段[3]，如图 3-3 所示。

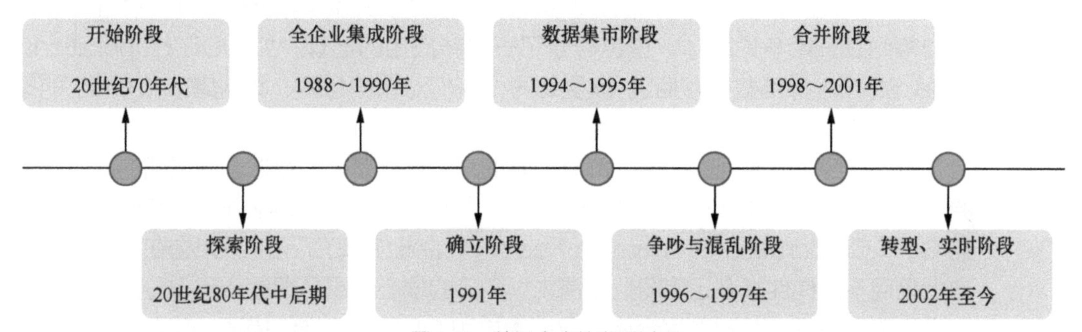

图 3-3 数据仓库的发展过程

- 开始阶段：数据仓库的概念最早可追溯到 20 世纪 70 年代。当时，MIT（Massachusetts Institute of Technology，麻省理工学院）的研究员认为业务处理系统和分析系统在信息处理方式上具有显著差别，因此致力于研究将业务处理系统和分析系统分离的技术架构。由于技术限制，该研究仅停留在理论层面。
- 探索阶段：在 20 世纪 80 年代中后期，DEC 公司结合 MIT 的研究结论，建立了 TA2（Technical Architecture 2）规范，该规范定义了分析系统的 4 个组成部分：数据获取、数据访问、目录（帮助用户在网络中找到想要的信息）和用户服务（支持对数据的直接交互）。这是系统架构的一次重大转变，因为第一次明确提出分析系统架构并将其运用于实践。
- 全企业集成阶段：1988 年，为了解决不断增加的信息孤岛导致的全企业集成问题，IBM 公司第一次提出了信息仓库（Information Warehouse）这个概念，即“一个能支持最终用户管理全部业务的结构化的环境”。1991 年，在 DEC 公司建立的 TA2 的基础之上，IBM 公司加入信息仓库这个概念，并称之为 VITAL（Virtually Integrated Technical Architecture Lifecycle）规范。在 VITAL 规范中，定义了 85 种信息仓库组件，包括数据抽取、数据转换、有效性验证和图形化查询工具等。但是，这种超前的概念只被用于市场宣传，IBM 公司并未将其付诸实际的架构设计。至此，数据仓库的基本原理、技术架构，以及分析系统的主要原则都已确定，数据仓库初具雏形。1988 ～ 1990 年，一些前沿公司开始建立数据仓库。
- 确立阶段：1991 年，随着第一本关于数据仓库的书——*Building the Data Warehouse* 的出版，数据仓库的概念正式确立。该书定义了数据仓库的概念，并提供了建立数据仓库的指导意见和基本原则。这本书奠定了 Bill Inmon“数据仓库之父”的地位。

- 数据集市阶段：1994 年前后，由于企业级数据仓库的设计、实施困难，实施数据仓库的公司大多以失败告终。随着 Ralph Kimball 编写的第一本书——*Data Warehouse Toolkit* 的出版，数据集市的概念被提出并大范围应用。数据集市是面向用户的数据市场，可以看成数据仓库的一部分，或者部门级别的小型数据仓库。由于数据集市的实施难度大大降低，并且能够满足公司内部部分业务部门的迫切需求，因此在初期获得了很大的成功。
- 争吵与混乱阶段：随着数据集市不断增多，这种架构的缺陷也逐步显现。对于公司内部独立建设的数据集市，由于遵循不同的标准和建设原则，因此分别有不同的 ETL，数据也不完全一致。为了保证系统的性能，有些数据集市甚至删除了历史数据，这与 Bill Inmon 制订的准则相悖。以 Bill Inmon 和 Ralph Kimball 为代表的两大派系，就建立企业级数据仓库还是部门级数据集市，以及建立关系型数据模型还是多维 OLAP 模型等问题开始争论不休。这也导致了一些新应用的出现，如 ODS（Operational Data Store，操作数据存储）。直至此时，人们对数据仓库、数据集市和 ODS 的理解还是非常模糊，经常将它们混为一谈。
- 合并阶段：经过长时间的争论，解决问题的方法只能是回归数据仓库最初的基本建设原则。1998 年，Bill Inmon 提出了新的 BI（Business Intelligence，商业智能）架构 CIF（Corporation Information Factory，企业信息工厂），新架构在不同架构层次上采用不同构件来满足不同业务需求。CIF 的核心思想是把整个架构分成不同层次以满足不同需求，并对数据仓库、数据集市和 ODS 进行详细描述。现在，CIF 已经成为数据仓库的框架指南。
- 转型、实时阶段：在数据仓库的发展过程中，出现了很多优秀的数据仓库，如 Teradata 等，这些数据仓库建立在传统数据库之上，可以称之为“传统数据仓库”。随着互联网时代的到来，数据量呈爆炸式增长，传统数据仓库的局限性日益凸显。随着大数据技术的发展，业界开始使用大数据工具代替传统数据仓库中的工具。例如，对于存储，使用 HDFS 代替传统数据库；对于计算，开始使用 Hive（MapReduce）代替传统数据仓库中的 Kettle 等 ETL 工具。此时，数据仓库一般在离线环境下批量处理数据。图 3-4 所示为离线数据仓库架构。

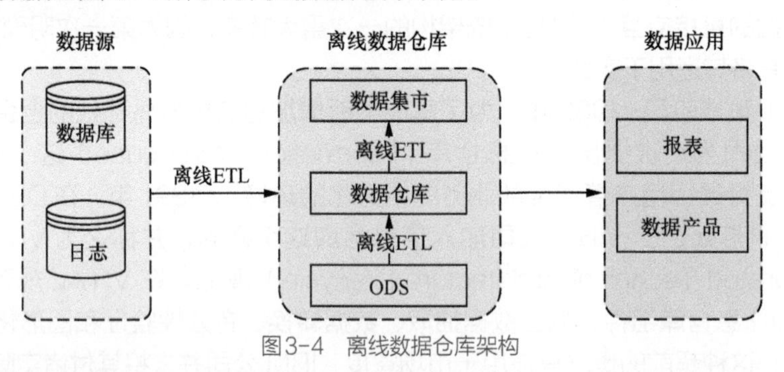

图3-4　离线数据仓库架构

随着业务实时性要求的不断提高，Lambda 架构应运而生。图 3-5 所示为 Lambda 架构。Lambda 架构在原来离线数据仓库的基础上增加一个实时计算链路，并对数据源做流式改造（即把数据发送到消息队列），实时订阅消息队列，完成对指标增量的计算，并推送到下游数据服务中，由数据服务层完成离线与实时结果的合并。

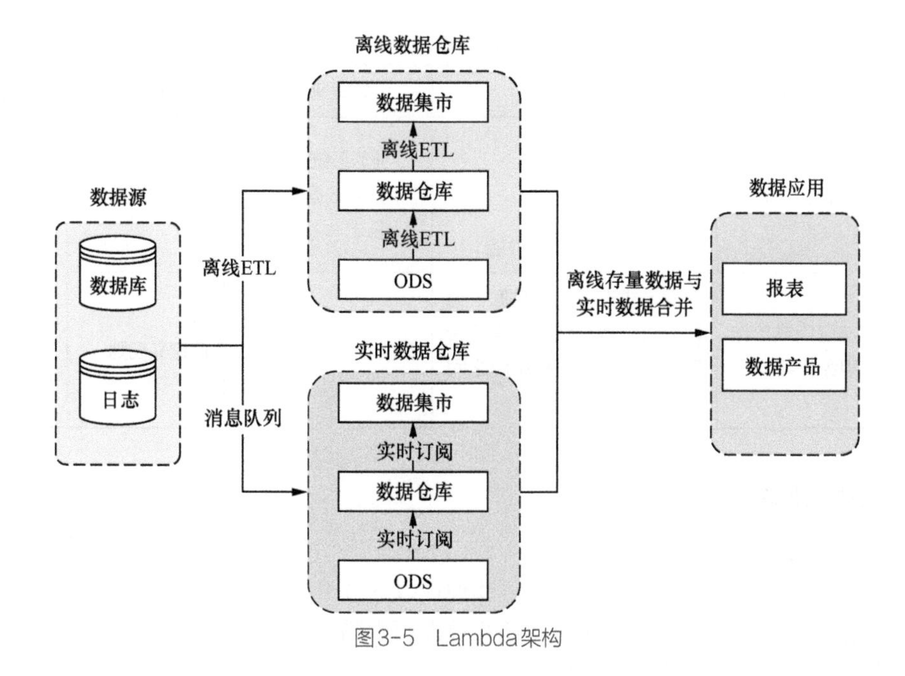

图3-5 Lambda架构

Lambda 架构需要同时维护两套代码，即实时流处理和离线批处理，在进行离线存量数据和实时数据合并时，也需要做大量的比对和校验。随着实时性需求的剧增，实时处理成为主要需求，且伴随着 Flink 等流处理引擎的出现，LinkedIn 的 Jay Kreps 提出了 Kappa 架构。我们可以把 Kappa 架构看成 Lambda 架构的简化版（在 Kappa 架构中，移除了 Lambda 架构中的离线数据仓库）。Kappa 架构如图 3-6 所示。

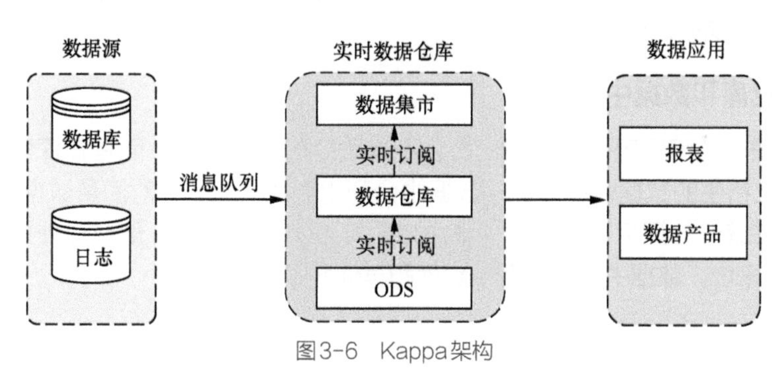

图3-6 Kappa架构

3.1.3 数据仓库与数据集市、数据湖、数据中台的区别

提到数据仓库，很多人会想到数据集市、数据湖和数据中台等概念，那么，数据仓库与它们有什么区别？下面将介绍数据仓库与数据集市、数据湖、数据中台的区别。

1. 数据仓库和数据集市

数据仓库面向企业全局业务，而数据集市面向部门级业务。数据集市可以分为两种，一种是具有自己的数据源和 ETL 架构的独立型数据集市，我们可以将这种数据集市理解为一种小型数据仓库；另一种数据集市来源于数据仓库，可以将其理解为数据仓库的一个子集。数据仓库与数据集市的区别如表 3-1 所示。

表 3-1　数据仓库与数据集市的区别

对比项	面向对象范围	主要工作	数据来源	数据设计规则	主要关注点
数据仓库	企业全局业务	1）统一数据标准； 2）消除数据孤岛； 3）消除数据冗余； 4）提高存储与检索性能	1）业务系统数据库； 2）外部数据源； 3）日志	三范式原则	数据有效性、数据精确性
数据集市	部门级或工作组级业务	根据需求选取相关数据，组建分析主题，获取数据组合后的新数据。分析主题之间相互独立，互不影响	数据仓库	自定义规则	数据可用性、数据相关性

2. 数据仓库和数据湖

数据湖是 Pentaho 的首席技术官 James Dixon 提出的一种数据存储理念，用于存储各种原始数据。数据湖与数据仓库的区别主要体现在以下 3 个方面。

- 数据存储结构：数据仓库主要存储和处理历史的结构化数据，而数据湖能够存储结构化和非结构化所有格式的数据。
- 数据转换处理：数据仓库需要对原始数据进行清洗、转换等预处理，以和定义好的数据模型相吻合，而数据湖是从源系统导入数据，无数据流失，且随取随用，只有在使用时才进行数据转换等处理。
- 应用场景：数据仓库通常充当商业智能系统、数据仪表盘等可视化报表服务的数据源角色，支持历史分析；数据湖则可以作为数据仓库或数据集市的数据源，且更适合进行数据的挖掘、探索和预测。

3. 数据仓库和数据中台

数据中台最先由阿里巴巴公司提出，它不是既定的专业术语，而是在探索如何让数据产生价值的道路上衍生的数据管理理念。数据中台利用大数据技术，对海量数据统一进行采集、计算和存储，并统一数据标准和口径，最后依据标准数据资产库，形成对外提供数据服务的 API。从本质上来说，数据中台包括数据仓库和其他服务中间件。

3.2　数据仓库设计

若读者想要进一步了解数据仓库的工作原理，就必须了解数据仓库设计方面的知识。那么，如何设计数据仓库呢？下面将通过架构分层设计与数据建模设计两个方面来介绍如何设计数据仓库。

3.2.1　架构分层设计

在上文介绍数据仓库时，我们提到了 ODS、数据仓库和数据集市等概念，其实这些概念涉及数据仓库的分层。数据仓库一般分为多个数据层，每一层都表示在上一个数据层处理的结果。为什么数据仓库要分层呢？主要原因有如下 5 点。

- 用空间换时间：数据经过层层预处理，可以避免用户直接对原始数据进行统计、计算，从而提高查询效率。
- 使数据结构更清晰：每一个数据层的作用域都被清晰定义，便于理解和使用。
- 支持复用，减少重复开发：如有需求变更，可以复用中间层的通用数据，而不需要从头开发。
- 复杂问题简单化：通过分层，一个复杂的任务被拆解成多个步骤，每个步骤只负责处理单一的逻辑，且当某个中间步骤出现问题时，只需要从该处开始修复。
- 增强兼容性：通过分层，可以更好地兼容业务变更。

可见，数据仓库分层可以帮助我们更好地进行数据的管理和开发。数据仓库的每一层都有其特定的含义和标准。如图 3-7 所示，数据仓库通常可分为数据接入层、数据明细层、数据汇总层、数据集市层、数据应用层、临时层和公共维度层等。其中数据明细层和数据汇总层又合称为数据仓库层。

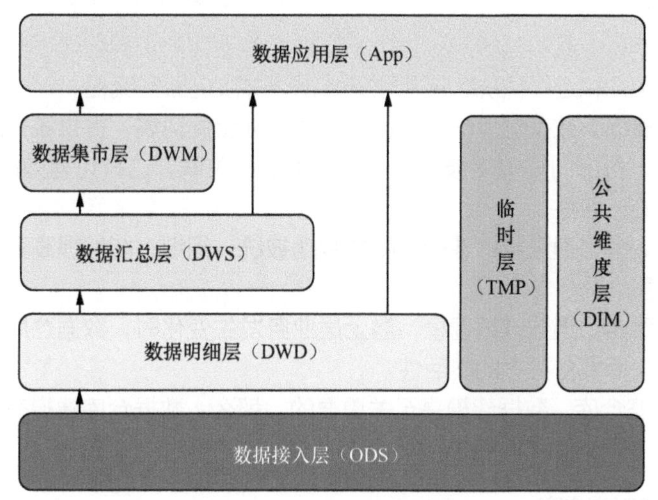

图3-7 数据仓库分层示意图

- 数据接入层（Operation Data Store，ODS）：也称为贴源层，它和源业务系统在数据上是同构的，通常是从业务系统数据库直接导入，无须过多的校验处理，而且这一层数据的粒度是最细的。
- 数据明细层（Data Warehouse Detail，DWD）：该层是业务数据与数据仓库的隔离层，主要进行去除“脏”数据、去重、去噪、异常数据处理、规则转换、维度补全和数据标准化等操作，并对数据进行一定程度的整合，将相同主题的数据汇总。
- 数据汇总层（Data Warehouse Service，DWS）：对各个表进行 JOIN 操作，产生业务所需的完整数据。该层主要存放明细事实宽表、聚合事实宽表等。
- 数据集市层（Data Warehouse Market，DWM）：该层是面向主题组织数据的，数据组织结构通常呈星状或雪花状。从数据粒度来讲，该层数据是轻度汇总级别的数据，已经不存在明细数据了，而从广度来说，它包含了所有业务数据。
- 数据应用层（App）：在该层中，数据高度汇总，数据粒度较大，但不一定涵盖所有业务数据，可能只是数据集市层数据的一个子集。

- 临时层（TMP）：临时存放一些中间数据计算结果。
- 公共维度层（DIM）：该层主要负责一致性维度建设，存放诸如地点区域表、时间维度表和商品类目等维度数据，数据仓库的各层均可使用该层数据。

上面的数据仓库分层结构只是一个参考，读者可以根据业务的具体情况，设计适合的分层结构。

3.2.2　数据模型设计

数据模型是对现实世界的抽象描述，即将现实事物进行抽象，并转化成计算机可识别的数据信息。数据模型包含 3 个部分——数据结构、数据操作和数据约束。数据结构主要描述数据的类型、内容，以及数据间的联系等，数据操作和数据约束建立在数据结构之上，是指数据结构间数据的操作方式和依存关系。简单来说，数据模型就是如何描述、组织和操作数据。

数据模型对数据仓库的构建有决定性的意义。数据模型的创建主要能够达到以下目的。

- 改进业务流程。数据建模的过程也是梳理业务流程的过程。通过数据建模，有利于了解业务的架构和运行情况，规范业务数据，并改进业务流程。
- 消除数据孤岛。数据仓库的模型创建针对企业全局环境，提供统一的数据视角。通过数据建模，各部门的数据被统一规划、组织和关联，这样可有效解决数据差异问题，保证数据的一致性。
- 提高使用效率。通过数据建模，相关数据被统一组织，能够提高查询效率，减少数据 I/O 吞吐量。
- 保证系统稳定。通过数据建模，当上层业务发生变化时，数据仓库可以保持稳定和快速扩展，从而具备更高的灵活性。

可见，对于数据仓库，数据建模是至关重要的，那么，数据仓库建模有哪些步骤呢？建模方法有哪些？下文将一一揭晓。

1. 数据仓库建模流程

与数据库建模相同，数据仓库建模也可以分为概念模型设计、逻辑模型设计和物理模型设计 3 个步骤。

（1）概念模型设计

在概念模型设计阶段，需要对数据源（如业务数据库、日志等）进行分析，了解各数据源中的数据内容，以及数据的组织和分布情况等，便于从全局来抽象数据的关系模式。在这个阶段，需求一般并不明确，而概念模型设计的目的就是根据数据源中的数据状况，确定需求范围、主题域划分，以及主题域之间的关系。

（2）逻辑模型设计

在逻辑模型设计阶段，主要进行如下 4 个方面的工作。

- 主题域分析。对划分好的主题域进行进一步分析，确定要装载到数据仓库的主题，并对主题涉及的实体进行定义。
- 数据粒度划分。粒度是指数据仓库中保存数据的细化和综合程度的级别。合适的粒度划分是数据仓库设计成功的关键。关于粒度的划分，需要参照数据量的评估，以及用户实际的查询需求。
- 数据分割。数据分割是把数据仓库中的细节数据划分成小的物理单元，以确保查询访问的灵活性。数据分析策略、数据量和粒度划分是数据分割时需要用户考虑的重要因素。数据分割有很多标准，如可以依据时间线、地理位置和组织机构等进行数据分割。

- 关系模式定义。关系模式定义就是要对当前主题进行模式划分，形成多个数据表，并确定这些表之间的关系。这样一来，主题相关的数据表通过依靠公共码键联系在一起，形成一个完整主题。

（3）物理模型设计

在物理模型设计阶段，对逻辑模型中各种实体表具体化。在该阶段，需要考虑的重要问题是数据的存储结构、索引策略、存储策略和存储分配优化等，以确保数据仓库的数据存取耗时少、空间利用率高和维护代价小。

2. 数据仓库建模方法

数据仓库建模方法主要有范式建模、维度建模和实体建模等。下面介绍一下这 3 种建模方法。

（1）范式建模

范式是数据库逻辑模型设计的基本理论，在数据仓库中也有广泛应用。一个关系模型可以从第一范式到第五范式进行无损分解，这个过程也可称为规范化。目前，在数据仓库的模型设计中，一般采用第三范式。第三范式需要满足下列条件：

- 表中字段属性唯一（原子性），不具有多义性，即不可拆分，也称为无重复列，如联系方式属性要么指手机号码，要么指固定电话号码，不能包含手机号码和固定电话号码两种；
- 表中非主属性完全依赖主键，不能部分依赖主键或依赖主键之外的属性；
- 表中非主属性不依赖主键之外的属性，否则表中存在传递依赖关系，需要将表进行拆分。

（2）维度建模

维度建模是经典的面向分析的数据仓库建模方法。维度表示在对数据进行分析时使用的度量。例如，在分析某银行的信用卡申请情况时，可以抽取近 10 年的信用卡申请数据，分析年申请趋势，也可以按照地域，分析各地区的信用卡申请情况等。这里提到的时间（年）、地域（省份、城市）就是维度。

在维度建模中，经常出现实体表、维度表和事实表等。实体表用于存放客观实体数据。例如，对于一件商品，从它被生产出来以后，就是客观存在的。商品有生产日期、生产厂商等属性，实体表用于存放商品的属性信息。维度表是按照某个分析维度来组织的事实描述。例如，如果分析某商品最近半年来每月的下单量，则表中一定存在时间字段属性；如果分析某商品在全国各地的下单量，则表中要存在地域属性。事实表是维度表各个维度的交点，如某商品在某地某月的销售额。

维度建模主要有星形模式、雪花模式和星座模式等。

1）星形模式（Star Schema）是数据仓库维度建模中比较简单和常用的建模方式。图 3-8 为星形模式的结构关系图，维度表围绕事实表呈星形分布。

此外，维度表之间不存在关联关系，且每一个维度表都有唯一的单列属性作为主键，并通过主键连接到事实表，即事实表是各维度表在各维度上的交点。图 3-9 所示为具体示例，将订单作为事实表，将日期、商品、地域和用户作为维度表。

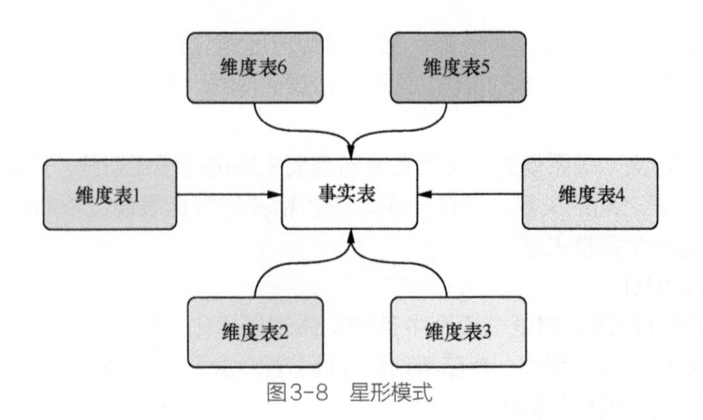

图3-8　星形模式

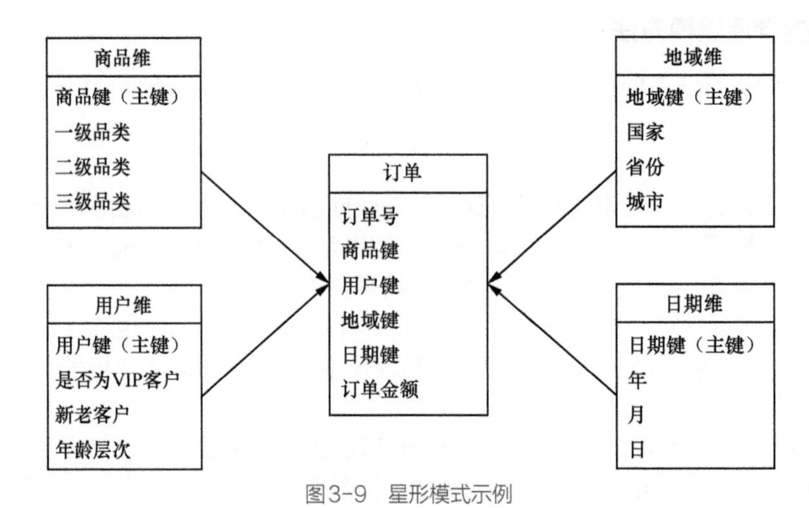

图3-9　星形模式示例

2）雪花模式（Snowflake Schema）是对星形模式的扩展，如图 3-10 所示。与星形模式的区别在于，雪花模式的维度表可以进一步关联子维度表，或者说拆分成子维度表。

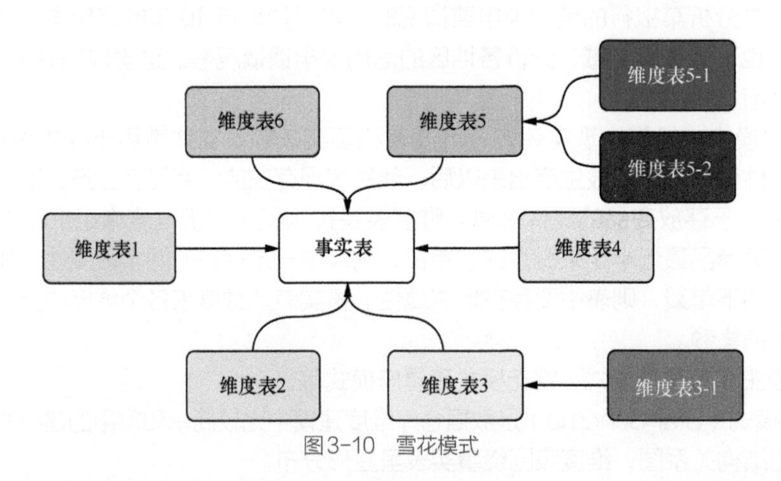

图3-10　雪花模式

雪花模式将维度进行了进一步拆分，层次理念更加清晰。但是，因为关联关系更加复杂，使得查询效率降低。图 3-11 所示为雪花模式的示例。

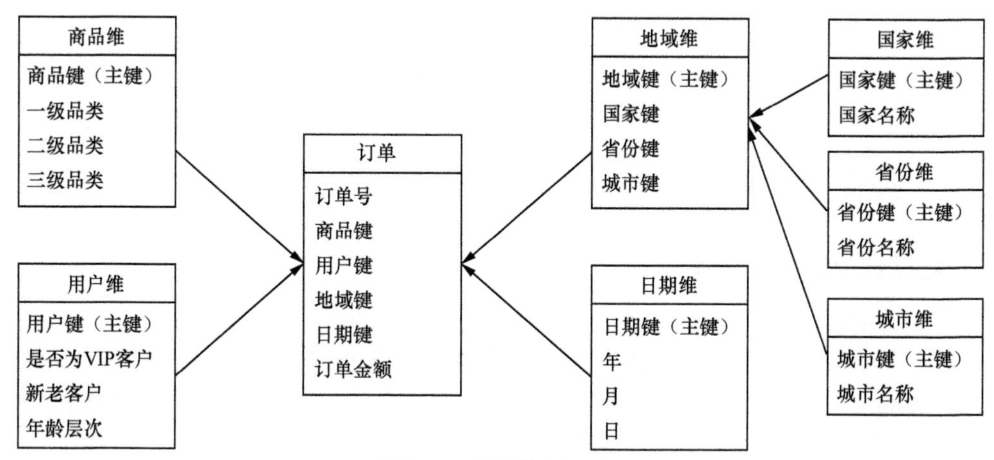

图3-11 雪花模式的示例

3）星座模式（Fact Constellation Schema）也称为事实星座模式或星系模式，它也是星形模式的扩展。图 3-12 为星座模式的结构关系图。

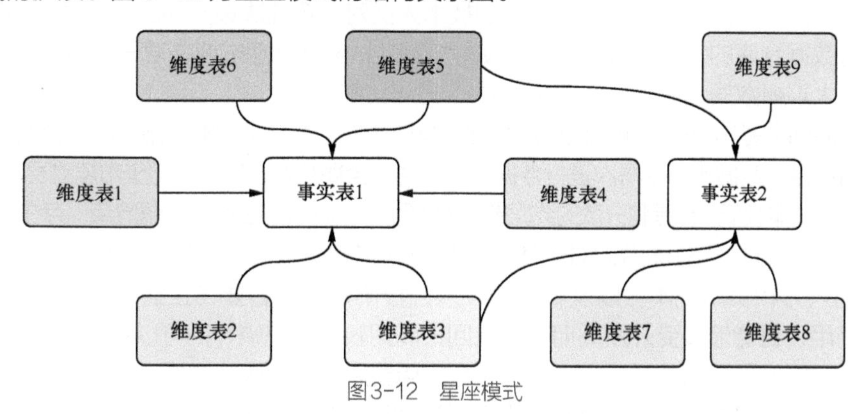

图3-12 星座模式

星座模式与星形模式、雪花模式明显的区别在于，星座模式具有多个事实表。此外，星座模式的一个维度表可能会被多个事实表关联。

星形模式与雪花模式、星座模式的关系如图 3-13 所示。

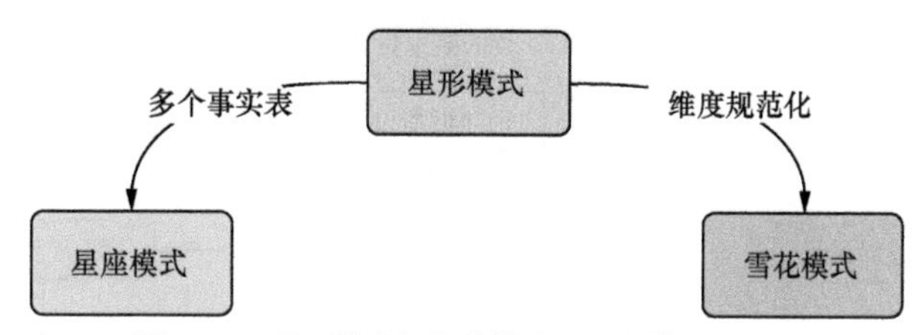

图3-13 星形模式与雪花模式、星座模式的关系

雪花模式是将星形模式的维度表进一步划分，使各维度表均满足规范化设计。而星座模式则是允许出现多个事实表。

（3）实体建模

实体建模在数据仓库建模中并不常见，它的理论依据是世界由一个个实体，以及实体之间的关系组成。例如老师讲课，“老师”和“课”都是实体，“讲”是两个实体的关系。在数据建模设计中，实体建模只适用于业务建模和领域概念建模阶段。

3.3 数据仓库构建

3.3.1 数据仓库的构建方法与评价标准

1. 数据仓库的构建方法

数据仓库的构建方法（也称技术路线）主要包括“自顶向下”和“自底向上”。

- 自顶向下是指从整体上把控数据仓库规模、数据粒度级别和元数据管理等，建立企业级的全局数据仓库，然后在全局数据仓库的基础上，抽取必要的相关数据建立部门级别的局部数据仓库或数据集市。这种方法对于维护全局数据的一致性非常有利。所有数据在进入全局数据仓库后都进行了清洗和整理，然后才分发到各个局部数据仓库中。对于数据的一致性，只需要在全局数据仓库的入口处做工作。但是，在实际工程中，企业现有的业务系统很多，并且在建立数据仓库之初，企业人员很难提出比较清晰的需求，而负责建立数据仓库的技术人员对于企业决策方面的知识了解不够，这使得数据仓库的需求难以确定。即使需求确定，对于大型企业，要一步建立一个全局级的大规模数据仓库，项目的实施周期长，难度较大。
- 自底向上是指首先基于部门局部数据建立一个或少数几个数据集市（局部数据仓库），然后从各个数据集市中再次进行数据抽取，建立全局数据仓库。数据集市建立灵活，而且人力等成本较低，但是将分散的数据集市集成到一个统一的企业全局数据仓库，存在一定难度。

这两种构建方式各有优劣。对于使用哪种方式构建数据仓库，取决于企业当前的数据环境，投入的人力和资源成本，以及期望的投入回报周期等。若要在企业范围内统一数据的标准、查询使用，且能够接受开发周期和投入回报周期较长等弊端，则可以考虑采用自顶向下的方式建立全局级的数据仓库。反之，则更适合采用自底向上的构建方式。

无论采用哪种构建方式，数据仓库构建过程都可以分为如图 3-14 所示的 5 个步骤。基于 BI 报表、数据挖掘等应用需求，首先参照 3.2.1 节中的数据仓库架构进行适当的分层设计，并根据业务数据情况按照概念模型设计、逻辑模型设计和物理模型设计的步骤进行维度建模，然后按照数据仓库标准进行 ETL 过程开发，最后就是结果的交付和应用。

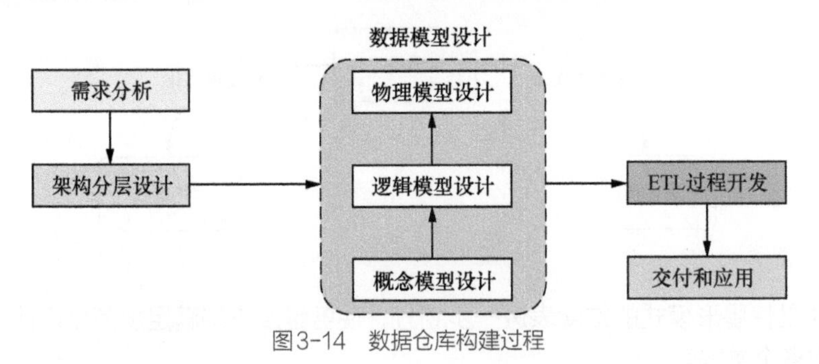

图3-14 数据仓库构建过程

2. 数据仓库的评价标准

数据仓库中的数据的质量一直是数据开发人员关注的重点。当一个数据仓库构建完成后，如何对数据仓库进行评价呢？我们主要从以下几个方面进行评价。

- 功能完善。一个完善的数据仓库系统需要具备很多功能，如支持对数据表、字段信息的血缘关系的管理，便于数据表改动的影响范围评估；支持权限管理，相关人员只能访问权限范围内的数据，确保数据安全；支持复杂的数据模型和 ETL 逻辑，并给用户提供统一的查询接口等。
- 性能。数据仓库随时有大量 ETL 任务执行，同时有用户通过接口访问数据，而且，随着实时性需求的增多，数据加载和数据查询等的性能便成为数据仓库性能的瓶颈。一个好的数据仓库需要保证数据处理各阶段的响应速度。
- 稳定性。我们需要保证某服务机器出现问题后整个数据服务系统的可用性，以及具备出现问题后快速定位和解决问题的途径。
- 易用性。通过对接常用软件，如 Excel、Tableau 等，方便各类用户使用。此外，一个好的数据仓库要能够针对频繁的业务需求快速迭代开发，如在数据模型中修改、添加或删除一个字段，最好是在不影响现有模型的基础上进行。这些都取决于数据仓库在架构分层、维度管理和业务主题划分等方面是否合理。
- 可扩展性。在数据量和用户数量快速增长后，升级硬件的成本低且升级方便。

3.3.2 数据仓库实例

在本节中，我们通过一个简单的实例介绍数据仓库对数据的处理过程。假设有一家连锁超市，它有多家分店。每一个分店都有很多种类的商品，包括日用品、肉类、冷冻食品、烘焙食品和花卉等。所有产品在整个连锁超市环境下有一个唯一的产品编号。图 3-15 为一张顾客结账清单。

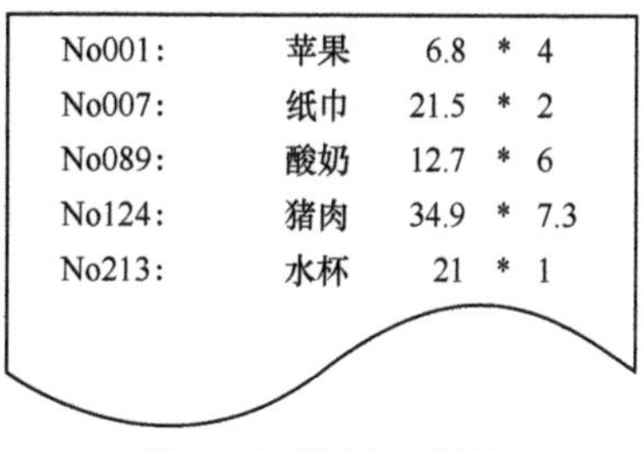

No001: 苹果 6.8 * 4
No007: 纸巾 21.5 * 2
No089: 酸奶 12.7 * 6
No124: 猪肉 34.9 * 7.3
No213: 水杯 21 * 1

图3-15 顾客结账清单

在经过一段时间的商品销售后，连锁超市积累了大量销售数据。如图 3-16 所示，超市分店具有分店名、分店地址和开店时间属性，商品有商品类别、商品价格、唯一编号和生产地址属性。当然，地址可以进一步拆分为省、市等。

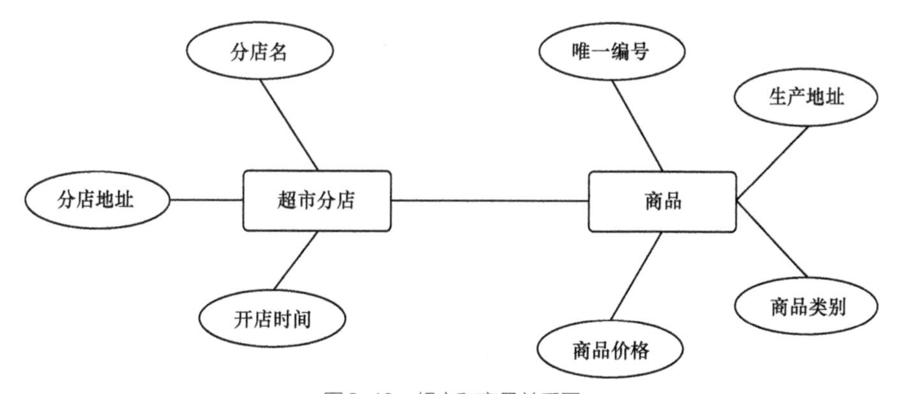

图3-16 超市和商品关系图

假设对商品 A 进行促销，如发放代金券、降价等，现在分析促销活动对商品 A 销售量的影响。为了简便，本实例统计超市分店中商品 A 每天的销售量、到店消费人数和购买商品 A 的消费者的比例。

我们在 3.2.1 节提到过，数据仓库分为数据接入层、数据明细层、数据汇总层和数据集市层等。数据接入层负责将业务系统中的商品相关销售数据导入；数据明细层负责对数据接入层的数据进行预处理，过滤“脏”数据等；数据汇总层将数据按照订单进行汇总；数据集市层负责聚合计算相应的指标。

由于要对商品在时间、地点等维度的指标进行汇总计算，因此，我们在数据仓库层使用维度建模方式建表。显然，我们对日期、超市分店（地址）和商品等维度比较感兴趣。图 3-17 所示为商品的维度模型。实际的建模过程比这复杂。以日期维度为例，在实际建模中，时间维度表一般会有当天是一个月中的哪一天，当天是一年中的哪一天，当前周是一年中的哪一周，当前季度是一年中的哪一季度，以及时间在财务计算周期的表示等字段，方便将销售指标在各种时间点上进行同比。

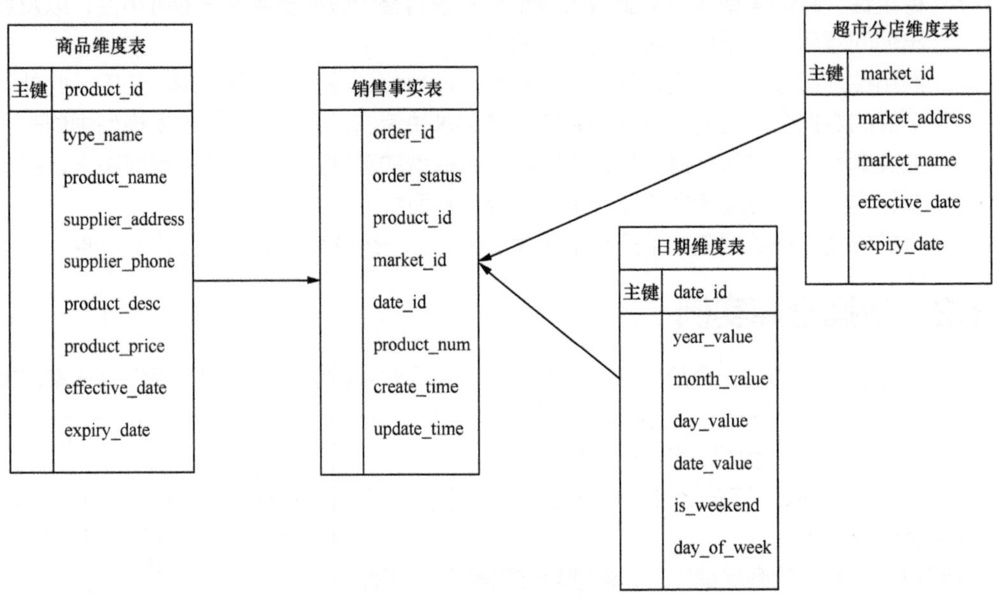

图3-17　商品的维度模型

假设超市业务系统中的销售数据是以实际购物清单拆分的形式存放，即在购物清单中，含有商品 ID、商品价格和交易时间（清单创建时间）等信息，则超市业务系统的数据库中会有图 3-18 所示的表关系。

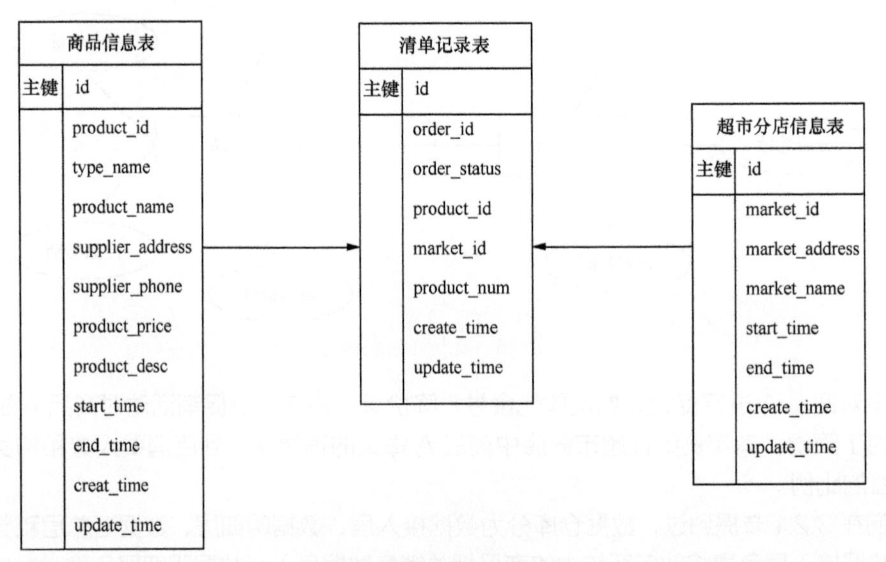

图3-18　业务数据库表关系

由于商品信息表和超市分店信息表的数据量不大，且基本无改动，因此可以选择全量更新的方式将数据加载到数据仓库。而来自各超市分店的商品销售清单的数据量很大，且每天会有新插入的数据记录，因此，在将数据加载到数据仓库时，可以选择增量加载方式。

在本实例中，对于数据仓库的存储，采用HDFS和Hive，在ETL过程中，使用HiveQL。图 3-19 为各级数据表的关系。

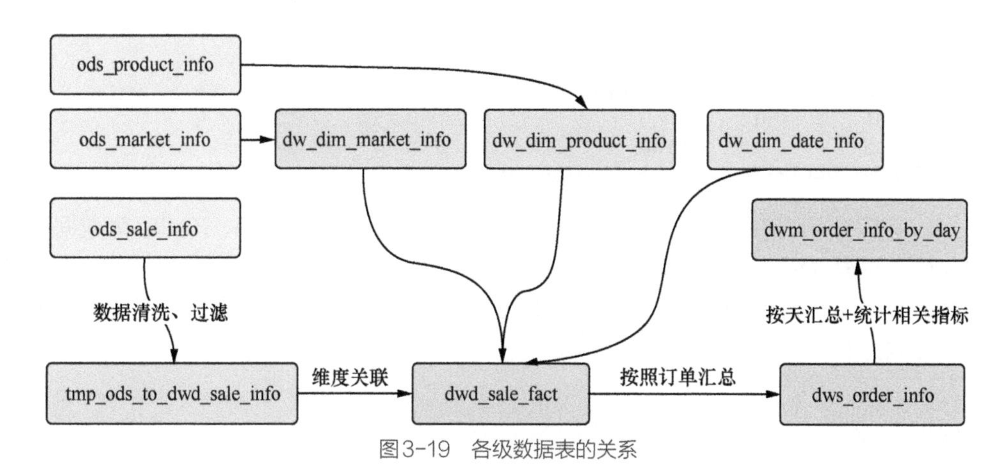

图3-19 各级数据表的关系

首先，在 Hive 中，创建数据接入层对应的表，代码如下。

```
1.  --创建超市分店信息表
2.  DROP TABLE IF EXISTS ods_market_info;
3.  CREATE TABLE ods_market_info (
4.      'market_id' string COMMENT '超市分店编号',
5.      'market_address' string COMMENT '超市分店地址',
6.      'start_time' string COMMENT '有效期起始时间',
7.      'end_time' string COMMENT '有效期终止时间',
8.      'market_name' string COMMENT '超市分店名称',
9.      'create_time' string COMMENT '创建时间',
10.     'update_time' string COMMENT '更新时间'
11. ) COMMENT '超市分店信息表'
12. PARTITIONED BY (dt string)
13. ROW FORMAT DELIMITED FIELDS TERMINATED BY '\t' ;
14.
15.
16. --创建商品信息表
17. DROP TABLE IF EXISTS ods_product_info;
18. CREATE TABLE ods_product_info (
19.     'product_id' int COMMENT '商品id',
20.     'type_name' string COMMENT '类别名',
21.     'supplier_phone' string COMMENT '供应商手机号',
22.     'supplier_address' string COMMENT '供应商地址',
23.     'product_price' string COMMENT '商品价格',
24.     'product_desc' string COMMENT '商品说明',
25.     'start_time' string COMMENT '有效期起始时间',
26.     'end_time' string COMMENT '有效期终止时间',
27.     'product_name' string COMMENT '商品名称',
28.     'create_time' string COMMENT '创建时间',
29.     'update_time' string COMMENT '更新时间'
30. ) COMMENT '商品信息表'
31. PARTITIONED BY ('dt' string)
32. ROW FORMAT DELIMITED FIELDS TERMINATED BY '\t' ;
33.
```

```
34.
35. --创建清单记录表
36. DROP TABLE IF EXISTS ods_sale_info;
37. CREATE TABLE ods_sale_info (
38.     'order_id' string COMMENT '清单号',
39.     'order_status' string COMMENT '清单状态',
40.     'market_id' string COMMENT '超市分店编号',
41.     'product_num' int COMMENT '商品数量',
42.     'product_id' int COMMENT '商品id',
43.     'create_time' string COMMENT '创建时间',
44.     'update_time' string COMMENT '更新时间'
45. ) COMMENT '清单记录表'
46. PARTITIONED BY ('dt' string)
47. ROW FORMAT DELIMITED FIELDS TERMINATED BY '\t' ;
```

然后，将业务系统中的数据导入 Hive 表。这里，可以采用 Sqoop、Kettle 等数据集成工具，具体用法不再介绍。由于误操作等原因，数据接入层可能存在“脏”数据，因此，在将数据接入层的数据加载到数据明细层之前，需要进行数据的清洗、过滤等操作。以清单记录表中存在重复数据为例，处理过程如下。

```
1.  DROP TABLE IF EXISTS tmp_ods_to_dwd_sale_info;
2.  CREATE TABLE tmp_ods_to_dwd_sale_info
3.  AS SELECT
4.      a.order_id,
5.      a.order_status,
6.      a.market_id,
7.      a.product_num,
8.      a.product_id,
9.      a.create_time,
10.     a.update_time
11. FROM
12.     (
13.     SELECT
14.         order_id,
15.         order_status,
16.         market_id,
17.         product_num,
18.         product_id,
19.         create_time,
20.         update_time
21.         ROW_NUMBER() OVER(DISTRIBUTE BY order_id, market_id,product_id SORT BY
    create_time DESC) rn
22.     FROM ods_sale_info
23. ) a
24. WHERE a.rn=1;
```

在数据仓库层，采用星形模式创建超市分店维度表、商品维度表、日期维度表和销售事实表。

```
1.  --创建超市分店维度表
2.  DROP TABLE IF EXISTS dw_dim_market_info;
3.  CREATE TABLE dw_dim_market_info (
4.      'market_id' string COMMENT '超市分店编号',
5.      'market_address'string COMMENT '超市分店地址',
6.      'market_name' string COMMENT '超市分店名',
7.      'effective_date' string COMMENT '有效期起始时间',
8.      'expiry_date' string COMMENT '有效期终止时间'
9.  ) COMMENT '超市分店维度表'
```

```
10. PARTITIONED BY (dt string)
11. ROW FORMAT DELIMITED FIELDS TERMINATED BY '\t' ;
12.
13.
14. --创建商品维度表
15. DROP TABLE IF EXISTS dw_dim_product_info;
16. CREATE TABLE dw_dim_product_info (
17.     'product_id' int COMMENT '商品id',
18.     'product_name' string COMMENT '商品名'
19.     'type_name' string COMMENT '类别名',
20.     'supplier_phone' string COMMENT '供应商手机号',
21.     'supplier_address' string COMMENT '供应商地址',
22.     'product_price' string COMMENT '商品价格',
23.     'product_desc' string COMMENT '商品说明',
24.     'effective_date' string COMMENT '有效期起始时间',
25.     'expiry_date' string COMMENT '有效期终止时间'
26. ) COMMENT '商品维度表'
27. PARTITIONED BY (dt string)
28. ROW FORMAT DELIMITED FIELDS TERMINATED BY '\t' ;
29.
30. --创建日期维度表, 日期维度表的数据可以提前创建并初始化
31. DROP TABLE IF EXISTS dw_dim_date_info;
32. CREATE TABLE dw_dim_date_info (
33.     'date_id' string COMMENT '日期id',
34.     'year_value' string COMMENT '年',
35.     'month_value' string COMMENT '月',
36.     'day_value' string COMMENT '日',
37.     'date_value' string COMMENT '年-月-日',
38.     'is_weekend' string COMMENT '是否周末',
39.     'day_of_week' string COMMENT '一周中的周几'
40. ) COMMENT '日期维度表'
41. PARTITIONED BY (dt string)
42. ROW FORMAT DELIMITED FIELDS TERMINATED BY '\t' ;
43.
44.
45. --创建销售事实表
46. DROP TABLE IF EXISTS dwd_sale_fact;
47. CREATE TABLE dwd_sale_fact (
48.     'order_id' string COMMENT '清单号',
49.     'order_status' string COMMENT '清单状态',
50.     'market_id' string COMMENT '超市分店编号',
51.     'date_id' string COMMENT '日期id',
52.     'product_num' int COMMENT '商品数量',
53.     'product_id' int COMMENT '商品id',
54.     'create_time' string COMMENT '创建时间',
55.     'update_time' string COMMENT '更新时间'
56. ) COMMENT '销售事实表'
57. PARTITIONED BY (dt string)
58. ROW FORMAT DELIMITED FIELDS TERMINATED BY '\t' ;
```

在维度表中，将数据接入层的商品信息表、超市分店信息表的数据导入即可，若无变动，无须重复加载。日期维度表可以事先创建并初始化。销售事实表需要与日期维度表进行关联。

```
1. --将数据插入超市分店维度表
2. INSERT INTO dw_dim_market_info
3. SELECT
4.     market_id,
5.     market_address,
6.     market_name,
7.     start_time AS effective_date,
```

```
8.      end_time AS expiry_date
9.  FROM ods_market_info;
10.
11. --将数据插入商品维度表
12. INSERT INTO  dw_dim_product_info
13. SELECT
14.     product_id,
15.     product_name,
16.     type_name,
17.     supplier_phone,
18.     supplier_address,
19.     product_price,
20.     product_desc,
21.     start_time AS effective_date,
22.     end_time AS expiry_date
23. FROM ods_product_info;
24.
25.
26. --将数据插入销售事实表
27. INSERT INTO  dwd_sale_fact
28. SELECT
29.     a.order_id,
30.     a.order_status,
31.     a.market_id,
32.     b.date_id,
33.     a.product_num,
34.     a.product_id,
35.     a.create_time,
36.     a.update_time
37. FROM tmp_ods_to_dwd_sale_info a
38. INNER JOIN
39. dw_dim_date_info b
40. ON a.create_time = b.date_value;
```

由于我们要统计商品 A 的销售量，以及商品 A 的购买比例，因此，在数据汇总层，对销售数据按照清单号进行汇总，并添加 include_product_a 字段，用于标识该清单是否包含商品 A。处理过程如下。

```
1.  --创建DWS层清单记录表
2.  DROP TABLE IF EXISTS dws_order_info;
3.  CREATE TABLE dws_order_info (
4.      'order_id' string COMMENT '清单号',
5.      'order_status' string COMMENT '清单状态',
6.      'market_id' string COMMENT '超市分店编号',
7.      'include_product_a' int COMMENT '是否包含商品A',
8.      'date_id' string COMMENT '日期id',
9.      'a_num' int COMMENT '商品A数量',
10.     'product_info' string COMMENT '商品id',
11.     'create_time' string COMMENT '创建时间',
12.     'update_time' string COMMENT '更新时间'
13. ) COMMENT '清单记录表'
14. PARTITIONED BY (dt string)
15. ROW FORMAT DELIMITED FIELDS TERMINATED BY '\t' ;
16.
17. --创建中间表，添加is_product_a字段
18. DROP TABLE IF EXISTS tmp_dwd_to_dws_order_info;
19. CREATE TABLE tmp_dwd_to_dws_order_info
20. AS SELECT
21.     order_id,
22.     order_status,
```

```
23.     market_id,
24.     date_id,
25.     CASE WHEN product_id=10001 THEN 1
26.     ELSE 0
27.     END AS is_product_a, --是否为商品A
28.     CASE WHEN product_id=10001 THEN product_num
29.     ELSE 0
30.     END AS a_num, --商品A的数量
31.     product_id,
32.     product_num,
33.     create_time,
34.     update_time
35. FROM dws_sale_fact;
36.
37.
38. --按照清单号进行清单数据汇总
39. INSERT INTO dws_order_info
40. SELECT
41.     order_id,
42.     order_status,
43.     market_id,
44.     date_id,
45.     CASE WHEN SUM(is_product_a)>0 THEN 1
46.     ELSE 0
47.     END AS include_product_a, --清单中是否包含商品A
48.     CONCAT_WS ('\007',COLLECT_LIST(CONCAT_WS('\004',
49.         CAST(product_id AS string),
50.         CAST(product_num AS string),
51.         )))
52.     AS order_info, --商品信息
53.     SUM (a_num) AS a_num,
54.     create_time,
55.     update_time
56. FROM tmp_dwd_to_dws_order_info
57. GROUP BY order_id;
```

在数据集市层，需要对相关指标进行聚合计算，处理过程如下。

```
1.  DROP TABLE IF EXISTS dwm_order_info_by_day;
2.  CREATE TABLE dwm_order_info_by_day
3.  AS SELECT
4.      COUNT (DISTINCT a.order_id)AS consumption_num,
5.      SUM(c.a_num) AS day_num,
6.      SUM (c.include_product_a)/COUNT (distinct c.order_id) AS buy_a_rate
7.  FROM
8.      (
9.      SELECT
10.         a.order_id AS order_id,
11.         a.a_num AS a_num,
12.         a.include_product_a AS include_product_a,
13.         b.year_value AS year_value,
14.         b.month_value AS month_value,
15.         b.day_value AS day_value
16.     FROM dws_order_info a
17.     LEFT JOIN dw_dim_date_info b
18.     ON a.date_id=b.date_id
19.     ) c
20. GROUP BY c.day_value;
```

以上就是数据从数据源经过 ETL 处理最终加载到数据仓库的整个过程。在实际的业务过

程中，数据规模庞大、业务逻辑复杂，需要生成大量的 ETL 处理任务，因此，在数据仓库设计过程中，需要考虑中间层数据的通用性。在调度系统（如 Airflow、Azkaban 等）的调度下，这些 ETL 任务分批有序执行，最终生成报表等应用所需的数据。

3.4　本章小结

大数据技术是在传统数据仓库建设的理论基础上发展起来的。在大数据技术的推动下，数据仓库也进入了新的发展阶段。本章首先介绍了数据仓库的相关概念，然后深入讲解了数据仓库的架构分层、建模方法等，最后通过一个简单的实例来说明数据仓库的构建流程。数据仓库通常作为大数据项目的重要组成部分，与其他组件或服务共同构成一个完整的大数据项目。在第 4 章中，我们将介绍大数据项目开发流程。

第 4 章　大数据项目开发流程

在前面的章节中，我们介绍了大数据的发展与应用，大数据技术生态，以及数据仓库的设计与构建等。那么，在实际的大数据项目中，大数据开发工程师如何利用大数据技术实现业务需求呢？本章将对大数据项目开发流程进行阐述。

4.1　大数据项目开发概览

一个完整的大数据项目架构可以分为数据采集层、数据存储层、数据计算层、数据接入层、数据应用层和基础服务层，如图 4-1 所示[4]。

- 数据采集层：主要支持离线数据采集、实时数据采集、互联网数据资源采集（网络爬虫）和第三方数据采集。
- 数据存储层：主要支持存储不同结构的数据，包括结构化数据、半结构化数据和非结构化数据。
- 数据计算层：通常包括批量计算、流式计算和混合式计算。
- 数据接入层：当数据存储完成后，还需要支持海量数据的读写操作，才能应用数据。
- 数据应用层：应用数据来实现业务需求，如 BI 报表、用户画像、智能推荐和欺诈识别等。
- 基础服务层：对上述分层提供基础服务，包括开发管理（开发工具、开放 API）、数据管理（元数据、数据质量）和运维管理（报警检测、系统监控）。

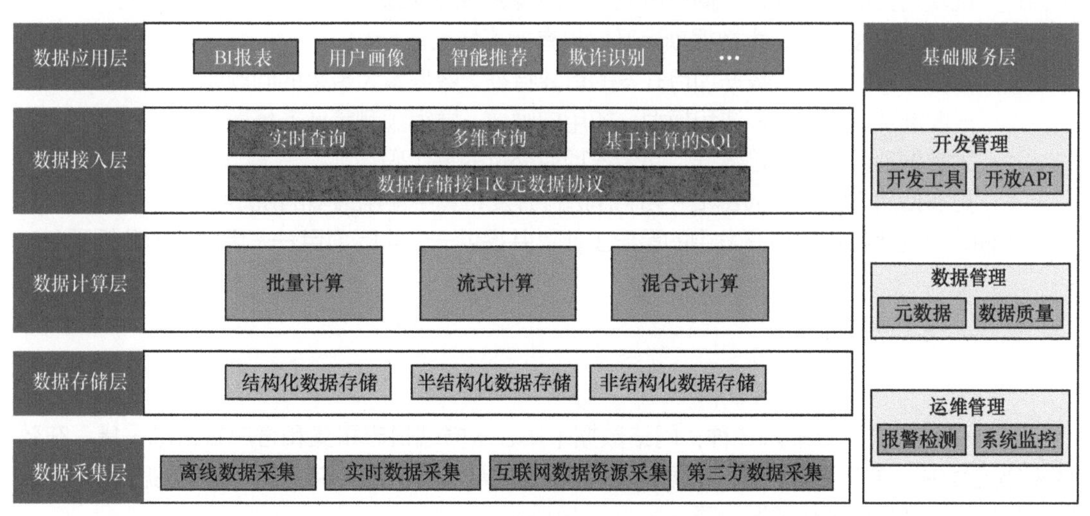

图 4-1　大数据项目的分层架构

从上述分层架构可以看出，大数据项目开发是比较复杂的。但是，正如第 2 章提到的，在大数据技术领域，已有较多开源技术方案。合理地选择并应用这些开源技术方案，能避免重复造轮子，有效减少大数据开发工程师的工作量，使其将更多精力投入业务开发中。根据大数据项目的分层架构的自底向上的顺序（同时也是数据流转的顺序），大数据开发工程师更加关注下面这些重要功能的开发。

（1）数据的采集与存储

无论是互联网服务还是企业的业务系统，每时每刻都在产生大量数据，因此，我们需要有针对性地开发网络爬虫、日志收集、埋点数据收集和数据同步等功能，以自动地获取和汇总源数据。

在数据采集的过程中，我们需要考虑数据结构和业务应用场景的特点，选择合适的存储方案。

（2）大数据计算

在选择合适的存储方案后，需要通过对大数据的计算来实现各种业务应用，如数据分析和 BI 报表等。在大数据项目中，数据的计算方式、硬件环境等与传统的数据处理有所区别，如大数据项目会使用服务器集群的方式来提高计算能力、减少任务时间。根据不同的业务场景，大数据计算可分为离线计算和实时计算。离线计算一般是 T+1 方式，即当日期 T 的数据全部汇总后，第二天才进行计算。与实时计算相比，离线计算对数据的计算具有一定的滞后性。实时计算是针对海量数据的实时计算（一般最低要求为秒级），其采用了实时流式计算框架，可以提供数据的实时分析与反馈。因此，根据业务场景的特点，设计并实现大数据计算，是大数据项目开发的重中之重。

此外，大数据项目开发通常不是一蹴而就的，因为新数据不停产生，并且数据处理过程是相互依赖的。因此，我们需要开发、配置调度任务来保证执行的顺序和时间，从而实现数据的正确更新。通过任务调度工具自动、有序地进行数据的处理与更新，可以降低维护成本，减少数据错误。

（3）大数据监控

在大数据项目上线后，需要持续关注大数据服务的运行状态。因此，我们还需要开发相关监控，配置对应报警条件，以便尽可能早地发现并解决问题。

与传统项目开发相比，大数据项目开发具有如下特点。

- 数据量大：这是大数据项目开发的首要特征。数据量大带来的问题就是资源消耗多。
- 一般涉及机器学习算法和模型，如用户画像、营销预测等业务场景。
- 大数据项目交付的是数据，而传统项目交付的是代码。
- 更多使用 SQL、Java 和 Python 进行开发，其中使用最多的是 SQL。

下面将介绍大数据项目开发中的重要工作，并提供一个实际项目——用户行为分析平台。

4.2 数据的采集与存储

数据采集方式主要分为 3 种：网络数据采集、服务端日志采集和客户端日志采集。在数据采集过程中，通常还需要进行数据的同步、汇总操作。最终，将这些采集的数据进行存储，以支持后续的数据处理与数据计算。

互联网蕴藏海量、丰富的数据资源。网络爬虫是一种快速获取数据的方式。网络爬虫，又称网页蜘蛛、网络机器人，它的基本实现原理就是模拟人的行为去访问各个网站，并获取与网站交互所产生的数据。网络爬虫是随着搜索引擎的兴起而出现的，如雅虎、Google 和百度等搜索引擎，需要使用大量的网络爬虫来获取用于搜索的数据资源。网络数据采集和网络爬虫不是本章关注的内容，此处不再赘述。下面我们将重点介绍服务端日志采集、客户端日志采集、数据同步和大数据存储。

4.2.1　服务端日志采集

服务端日志是重要的数据来源，它可以支持业务问题排查、业务数据分析等。图 4-2 是常见的服务端日志架构。客户端通过 API（Application Programming Interface，应用程序编程接口）向服务端发送请求，服务端会在服务器本地记录日志文件。日志文件可能包括 Nginx 访问日志、Linux 系统日志和业务日志等。这些日志会被服务端日志采集服务收集、同步并分发给日志服务器，以便后续使用。

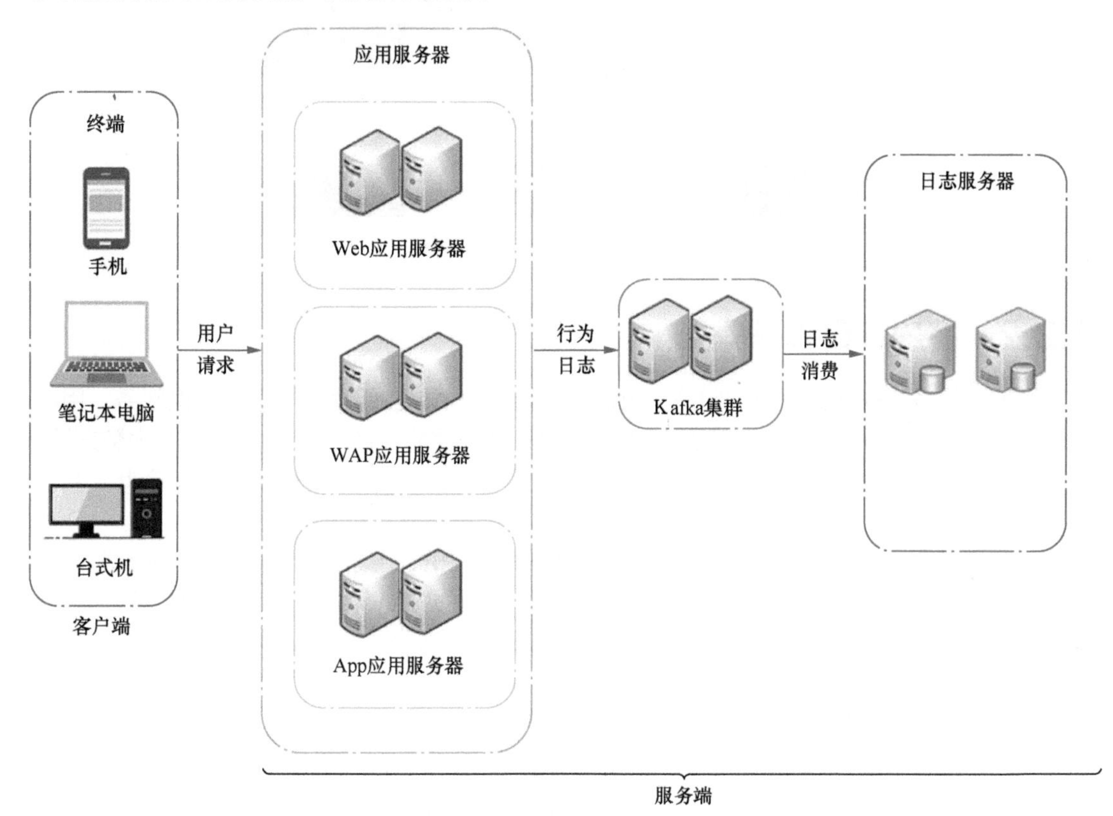

图4-2　服务端日志架构示意图

一个完整的服务端日志采集流程如图 4-3 所示。

1）在客户端向服务端发送请求后，服务端会在服务器本地记录请求日志或业务日志。此外，服务端会通过服务直接向 Kafka 推送日志。

2）服务器的本地日志在写入的同时，还会通过 Flume 等工具进行持续收集，并推送到 Kafka 集群中指定的主题。在收集、推送的过程中，会进行一些日志数据处理工作，如请求头信息解析、接口参数提取和日志信息格式化等。

3）我们可以使用 Spark Streaming 实时消费处理 Kafka 消息，并将处理好的数据写入指定的数据库中，如 MySQL、Redis 等。此种方式可以提供实时的服务端日志应用，如错误日志监控报警等。对于 Spark Streaming 处理完的数据，将继续推送到 Kafka，供其他业务方使用。

4）我们也可以使用 Flume 消费 Kafka 的消息，并将处理好的数据写入 HDFS，为后续的离线使用提供数据基础。

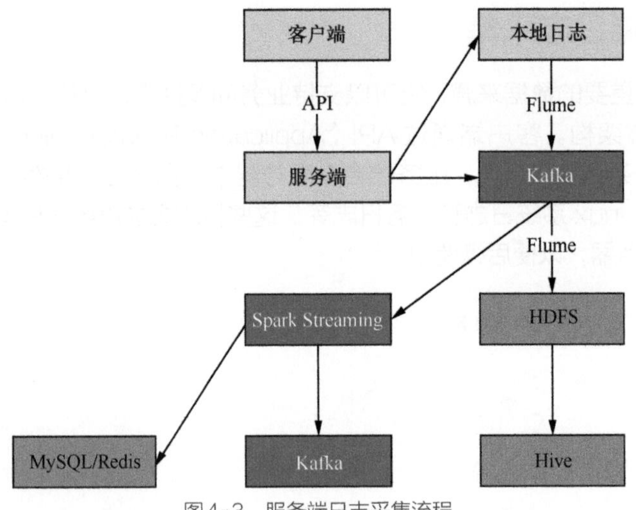

图4-3　服务端日志采集流程

4.2.2　客户端日志采集

目前，很多互联网企业通过网站、App（Application，应用程序）形式提供服务，用户在访问和使用它们的过程中，将产生大量业务数据，如页面浏览数据、App 操作行为数据等。这些数据蕴含着巨大的商业价值，因此，相关企业会采用多种技术手段进行采集。在此，我们将客户端日志采集分为浏览器页面日志的采集和移动客户端日志的采集。

浏览器页面日志的采集主要包括页面浏览日志采集和页面交互日志采集。页面浏览日志是在一个页面被浏览器加载并呈现时采集的日志，是浏览量（Page View，PV）和访问量（Unique Visitors，UV）的统计基础。页面交互日志是当页面加载和渲染完成后，用户在页面上的各种操作记录，用来分析用户的兴趣并优化用户体验。

关于页面浏览日志采集，我们先简单了解通过浏览器访问页面的流程，如图 4-4 所示。

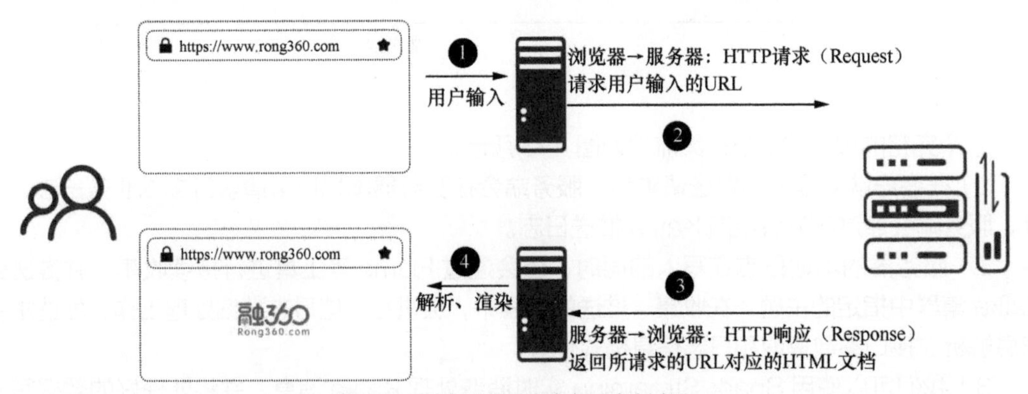

图4-4　浏览器页面的请求和响应过程

1）用户在浏览器的地址栏中输入 URL（Uniform Resource Locator，统一资源定位器）。

2）浏览器解析用户的输入，按照 HTTP（Hyper Text Transfer Protocol，超文本传输协议）中约定的格式转化为 HTTP 请求，并发送给 URL 所对应的服务器。

3）服务器接收请求后，进行相应的逻辑处理，然后将结果以 HTTP 响应的方式返回浏览器，其中页面 HTML（Hyper Text Markup Language，超文本标记语言）文档会封装在响应正文中。

4）浏览器接收响应，然后按照 HTML 文档规范解析内容并进行渲染，最终将页面展现在浏览器中。

在上述的步骤 1）和步骤 2）中，请求尚未到达服务器，步骤 3）完成后无法确保用户打开了页面，因此页面浏览日志采集的动作在步骤 4）中进行。在 HTML 响应文档的适当位置，添加日志采集节点，当浏览器解析采集节点时，会自动触发特定的 HTTP 请求发送到日志采集服务器。日志采集服务器接收请求后，就可以确认浏览器成功接收并打开了页面，即实现了页面浏览日志采集。此外，在页面浏览日志采集中，一般使用 Cookie 信息作为设备的唯一标识。图 4-5 展示的是页面浏览日志采集的流程。

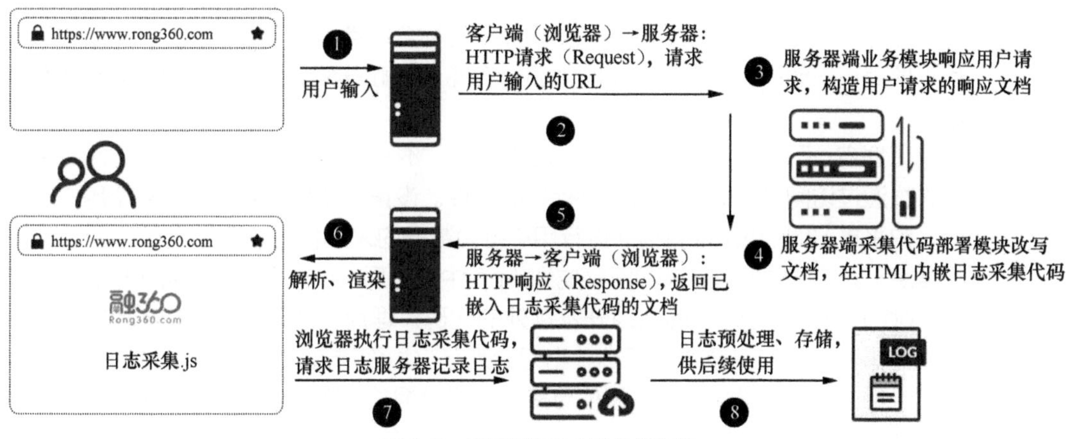

图 4-5 页面浏览日志采集的流程

页面交互日志采集与页面浏览日志采集类似，都是基于 HTTP 的日志服务。页面交互日志采集的流程如下。

1）业务方通过交互采集系统注册具体要采集的交互日志业务、场景和采集点，系统生成日志采集代码。

2）业务方将交互日志采集代码植入目标页面，将采集代码与互动响应代码进行绑定。

3）用户在指定页面操作，采集代码和正常的互动响应代码一起被执行。

4）在采集动作完成后，日志通过 HTTP 请求发送到日志服务器。原则上，该步骤不做解析，只做简单转存。

在浏览器页面日志采集过程中，我们还需要注意以下问题。

1）需要识别流量攻击、网络爬虫和流量作弊，进行合法性检验和算法规则过滤。

2）对数据中缺失的部分进行补充。

3）删除无效数据，如配置不当、业务变更导致的失效和冗余数据。

4）基于数据安全或业务特性考虑日志隔离分发。

下文将对移动客户端日志采集进行讲解。移动客户端主要分为以下两种。

- Native App：一种基于智能移动设备的本地操作系统，并使用原生程式编写运行的第三方应用程序，如使用 Java（基于 Android 系统）和 Objective-C（基于 iOS 系统）开发的应用程序。

- Hybrid App：在具备 Native App 的同时，还有 HTML、CSS 和 JavaScript 语句等嵌入，即在 Native App 的框架上加入了 Web 内容。

Hybrid App 中的 HTML、CSS 和 JavaScript 语句嵌入的日志采集与浏览器页面日志采集相同。

Native App 可通过埋点 SDK（Software Development Kit）来完成日志上报。埋点其实是互联网应用中的一个俗称，学名为事件追踪（Event Tracking），主要是针对特定用户行为或事件进行捕获、处理和发送的相关技术和实施过程。不同的用户行为可划分为不同的事件。"事件"是移动客户端中用户行为的最小单位，常见的有页面事件（即页面浏览）、控件事件（即页面交互）等。页面事件包含设备及用户信息、访问页面信息和用户访问路径。控件事件包含设备信息、用户信息、页面名称、控件名称和控件携带业务参数等。埋点 SDK 对日志进行格式化后，先写入客户端本地文件，在满足日志上报触发条件时，将本地日志上报到日志服务器，并清理本地日志文件以减少对本地存储的占用。

埋点方式包括代码埋点、可视化埋点和无埋点（也称全埋点）。

- 代码埋点：主要由客户端开发工程师编码实现，在触发某个动作后，程序会自动发送数据。
- 可视化埋点：开发人员除集成采集 SDK 以外，不需要额外编写埋点代码，而是由业务人员通过访问分析平台设置所需捕捉的控件。设置完毕后，会同步到各个用户的终端，由采集 SDK 按照配置自动进行用户行为数据的采集和发送。
- 无埋点：开发人员将埋点 SDK 集成到 App 中，之后 SDK 便可直接捕捉和监控用户在 App 上的操作行为，而无须开发额外的代码。埋点 SDK 一般通过 3 种接口来支持页面事件采集，以及发送日志，它们分别是：页面展现接口，在进入页面时调用，以记录相关状态信息；页面扩展信息接口，记录相关参数信息；页面退出接口，在点击返回、退出控件时调用。

4.2.3 数据同步

在大数据业务场景中，我们往往无法直接对在线系统中的数据进行检索和计算。在线系统一般使用关系型数据库、缓存数据库，这些数据存储方式并不适合分析型（OLAP）查询。再者，直接使用分析型查询可能影响在线服务的稳定性。此外，从数据仓库建设的角度出发，数据仓库依赖稳定且规范的数据源，数据需要经过采集加工才能真正被数据仓库使用。推动数据同步的服务化，才有可能从源头规范数据的产出。数据同步服务可以类比为"高速公路"，它连接在线系统和离线系统。一个好的数据同步工具能在较大程度上提升数据开发的效率。

数据同步场景主要有：

- 主数据库与备份数据库间的数据备份；
- 主系统与子系统间的数据更新；
- 在同类型中，不同集群数据库间的数据同步；
- 不同区域、不同类型数据库间的数据传输交换。

针对不同的数据类型和业务场景，我们可以选择不同的数据同步方式，如直连同步、数据文件同步和数据库日志解析同步。

1. 直连同步

直连同步是指通过 API 和动态链接库的方式直接连接业务数据库，如 ODBC、JDBC 等标准接口。其优点是配置简单、实现容易，比较适合操作型业务系统的数据同步，缺点是对源系统的性能影响较大，当执行大批量数据同步时，会降低源系统的性能。如果业务数据库采取主备策略，则可以从备份数据库抽取数据，避免对主数据库的性能产生影响。直连同步过程如图 4-6 所示。

2. 数据文件同步

数据文件同步是先对文件的编码、大小和格式等进行约定，直接从源系统生成数据的文本文件，再通过文件服务器（如 FTP 服务器）传输到目标系统，最后加载到目标系统中。当源系统中包含多个异构的数据库（如 MySQL、Oracle、SQL Server 和 DB2 等）时，这种同步方式比较简单、实用。日志类数据通常以文本文件形式存在，适合数据文件同步方式。数据文件同步过程如图 4-7 所示。

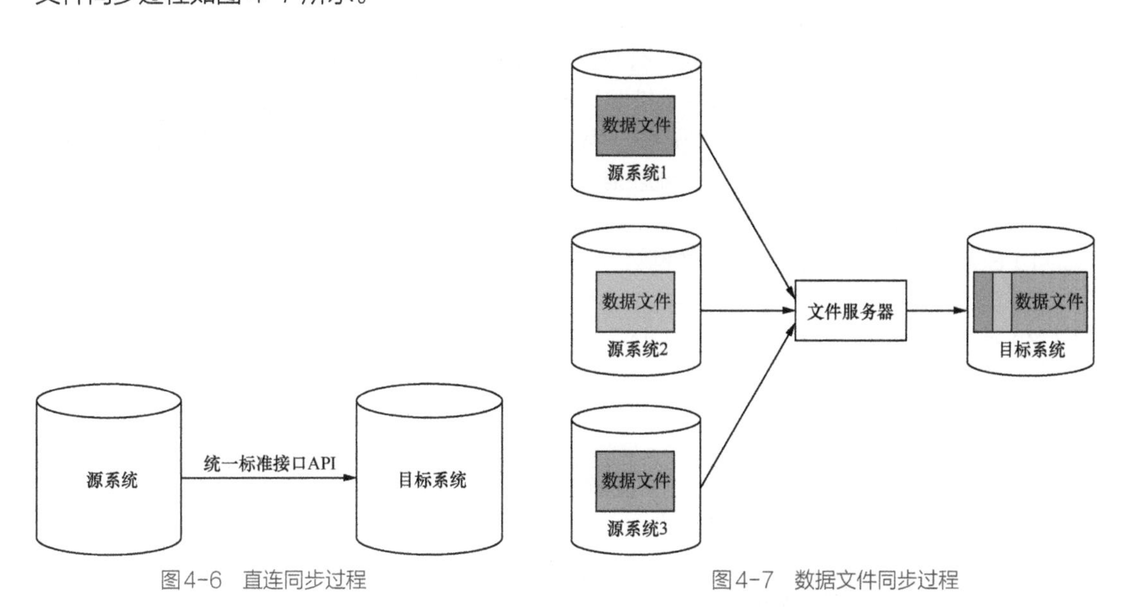

图4-6　直连同步过程

图4-7　数据文件同步过程

通过文件服务器进行上传、下载，可能丢包或出现错误。为了确保数据文件同步的完整性，除上传数据文件本身以外，通常还会上传一个校验文件。校验文件记录了数据文件的数据量和文件大小等校验信息，以供下游目标系统验证数据同步的准确性。在源系统生成数据文件的过程中，可以先进行压缩和加密处理，传输到目标系统后，再对数据进行解压缩和解密，这样能极大提高文件传输的效率和安全性。

3. 数据库日志解析同步

数据库日志解析同步是通过解析日志文件获取发生变更的数据，从而满足增量数据同步的需求。日志文件信息丰富，数据格式稳定，目前广泛应用于从业务系统到数据仓库的增量数据同步。

下面以 MySQL 数据库为例简单地介绍数据库日志解析同步的实现过程。

- 通过源系统的进程，读取归档日志文件，用来收集变化的数据信息。

- 判断日志中的变更是否属于被收集对象，并将其解析到目标文件中。这种读操作是在操作系统层面完成的，不需要通过数据库，不会影响源系统的性能。
- 通过网络协议，实现源系统和目标系统间的数据文件传输。相关进程可以确保数据文件的正确接收和网络数据包的正确顺序，并提供网络传输冗余，确保数据文件的完整性。
- 数据被传输到目标系统后，可通过数据加载模块完成数据导入，从而实现数据从源系统到目标系统的同步。

这种同步方式的优点是性能好、效率高，实现了实时与准实时同步，并且对源系统的性能影响比较小。但其缺点也很明显，可能存在的缺点如下。

1）数据延迟。例如，源系统做批量补录可能会使数据更新量超出系统处理能力的峰值，导致数据延迟。

2）成本较高。需要在源系统与目标系统间部署一个新的系统，以便实施数据抽取。

3）数据的漂移和遗漏。这一般是针对增量表而言的，指该表的某个日期的数据包含了前一天或后一天的数据，或者丢失了当天的变更数据。

数据库日志解析同步一般是获取所有数据记录的变更（除删除以外的变更），之后落库到目标表，并根据主键重新进行倒排序（按照日志事件），以获取最后状态的变化情况。Sqoop 是一个主流的数据同步工具，其广泛应用于数据库日志解析同步。图 4-8 给出了使用 Sqoop 将数据从 RDBMS（Relational Database Management System，关系数据库管理系统）同步到 HDFS 的流程。

1）Sqoop 从 RDBMS 抽取元数据。

2）当 Sqoop 得到元数据后，会将任务切分到多个 Map。

3）每个 Map 完成任务并输出到 HDFS。

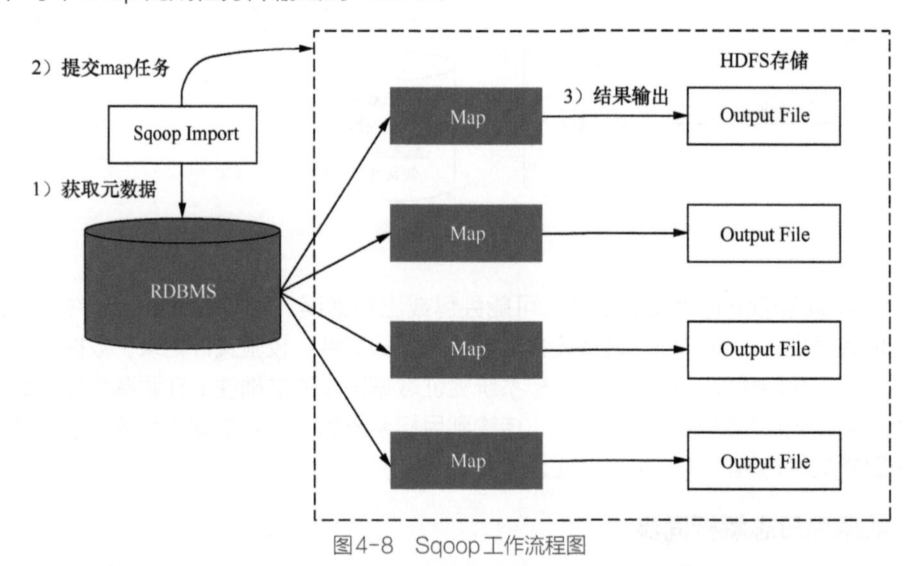

图4-8　Sqoop工作流程图

4.2.4　大数据存储

大数据存储主要指海量数据的存储。传统的关系型数据库（如 MySQL）和文件系统（如 Network File System，即网络文件系统）在存储容量、扩展性和容错性等方面存在限制，很难适应大数据业务场景。在实际场景中，数据采集服务将数据源不断地发送到中央化存储系统。这对大数据存储的扩展性、容错性，以及存储模型等有较高要求。

- 扩展性：在实际应用中，数据量会不断增加，现有系统的存储能力极有可能达到上限，这就需要增加新的服务器来扩充存储，即要求存储系统具备较好的扩展能力。
- 容错性：考虑到成本等因素，大数据存储通常构建在廉价服务器上，这就要求存储本身需要良好的容错机制，即确保在服务器故障时不丢失数据。
- 存储模型：由于数据具有多样性，因此大数据存储应支持多种数据模型，以确保结构化和非结构化的数据能够被保存。

对于大数据存储选型，需要从存储成本、数据规模、数据访问特征和查询性能等方面进行考虑。表 4-1 列举了不同场景下的大数据存储选型。

表4-1 不同场景下的大数据存储选型

分类	存储成本	数据规模	数据访问特征	查询性能	常见的数据类型	典型产品
关系型数据库	高	中	强一致性事务，关联查询	高。支持 SQL、关联查询和索引加速，对复杂条件过滤查询和检索的支持较弱	交易、账单和应用元数据等关系数据	Oracle、MySQL
高速缓存	极高	小	低延时，Key-Value 随机查询	极高。支持高速 Key-Value 形式结果数据查询，或者高速的内存数据交换通道	复杂结果数据，或者需要通过内存高速交换的数据	Redis
搜索引擎	高	大	多字段联合条件过滤，全文检索	高。对复杂条件过滤查询和检索的支持较好，支持数据相关性排序，也支持轻量级数据分析	面向搜索查询的数据	Elasticsearch、OpenSearch
非结构化大数据存储	低	大	读取单个数据文件，或者大批量扫描文件集	为在线查询和离线计算提供高吞吐的数据读取，提供高吞吐的数据写入	图片和视频数据，数据库归档数据	OSS、HDFS
结构化大数据存储	低	大	单行随机访问，或者大批量范围扫描	支持数据高吞吐写入和大规模存储，且对数据缓存和索引提供高并发、低延时的数据访问，还面向离线计算提供高吞吐的数据扫描	通常作为关系型数据库的补充，存储历史归档数据。非关系模型数据，如时序、日志等	HBase、Cassandra、Kudu 和 Tablestore（OTS）

4.3 大数据计算

在对数据进行采集、存储后，我们需要对数据进行一系列的处理与计算操作。针对不同的业务场景，对数据计算的要求也不同。在有些场景中，对实时性要求不高，但要求系统吞吐量高，此时，离线处理便可以满足需求，如搜索引擎索引的离线构建；在有些场景中，需要对数据进行实时分析，要求对每条数据处理的延时尽可能低，此时则需要进行实时计算，典型的实时应用如实时广告推荐系统。此外，在第 2 章中，我们提到了批量计算与流式计算。离线计算、批量计算、实时计算和流式计算的区别见表 4-2。习惯上，我们会认为离线计算和批量计算等价，实时计算和流式计算等价，其实这种观点并不完全正确。离线计算与实时计算更多的是从业务角度出发，是指数据计算的延时，而批量计算与流式计算是从技术实现的角度出发，是指数据计算的方式。

表4-2　离线计算、批量计算、实时计算和流式计算的区别

	离线计算	批量计算	实时计算	流式计算
分类维度	计算延时	计算方式	计算延时	计算方式
执行延时	延时不敏感，计算耗时很长（如需要数天、数周，甚至数月）	延时不敏感，计算时间较长（小时级）	延时敏感，计算时间通常为秒级、分钟级	延时敏感
数据规模	大规模数据	较大规模数据	小规模数据	小规模流式数据
应用场景	大数据分析、复杂的AI模型训练（如神经网络）	分布式排序、倒序索引构建等	通信网络质量监控、电商促销实时大盘等	每天的报表统计、持续多天的促销活动效果分析等

当前，业界使用的大数据计算主要是离线计算和实时计算，下面将详细介绍它们。

离线计算是指在计算开始前已知所有输入数据（输入数据不再发生变化）的情况下进行的计算，并且要求计算结束后立即得出结果。离线计算通常是指对延时较高的静态数据进行计算的过程。离线计算适用于实时性要求不高的场景，如离线报表、数据分析和数据挖掘等，延时一般在小时级别以上。离线计算使用的多数场景是周期性地执行一个Job任务，执行周期可以是小时、天，甚至月，如有些互联网企业会在每天凌晨对前一天用户的海量数据进行统计分析。离线计算应用中常见的是离线ETL处理。

第2章中提到的MapReduce就是一个离线计算框架，它通过开发Map和Reduce脚本，可以实现数据的各种复杂逻辑计算，如海量邮件社交关系分析、大型网络图中寻找公共联系人及其路径的计算。目前，以Hadoop为代表的大数据解决方案表现优异。Hadoop技术生态中的组件不断丰富，已经实现传统BI的功能，解决了存储容量和计算性能的瓶颈。图4-9举例说明了应用大数据离线计算的工作流程，数据来自DBMS（Database Management System，数据库管理系统）、各类文件和网页等，通过离线ETL进行离线计算处理。然后进行存储，最终供实际应用方使用。

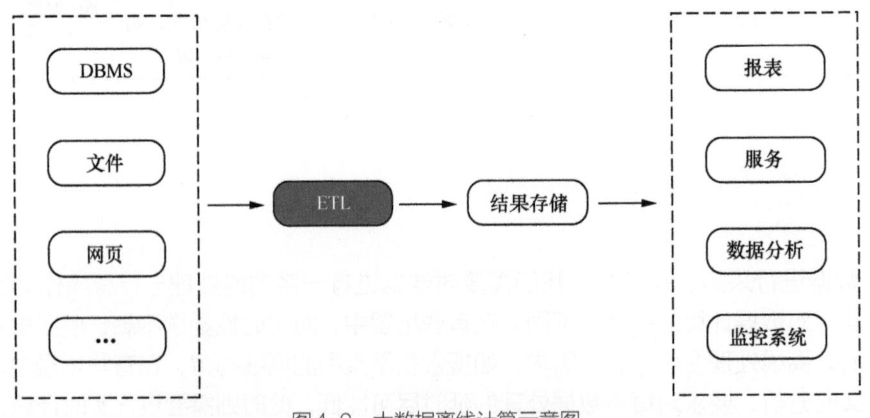

图4-9　大数据离线计算示意图

由此可见，对于离线计算，需要上下游各组件合作。离线计算的特点如下。

- 数据量巨大且数据保存时间长。
- 对大量数据进行复杂的批量运算。
- 数据在计算之前已经完成落库并且不再发生变化。
- 能够方便地查询批量计算的结果。

在离线计算的应用中，一般会由多个任务单元组成（HiveQL、Shell和MapReduce等），并且每个任务单元完成特定的数据处理逻辑。多个任务单元之间往往存在强依赖关系，上游任务执行成功，下游任务才可以执行。例如，上游任务结束后生成A结果数据，下游任务需要结合A结果数据才能产出B结果数据，因此，下游任务一定是在上游任务成功运行且生成结果之后才可以开始。由于数据量庞大、数据处理计算任务前后依赖关系错综复杂，因此，通过人工来管理调度并不现实。基于此场景，大数据开发工程师需要开发和使用工具来实现任务的管理与自动调度。

对于企业数据开发过程，一个完整且高效的工作流调度系统将起到至关重要的作用。操作系统级的单机任务调度工具（如Linux中的crontab）很难满足大数据项目的需求，可以通过使用一些分布式任务调度系统（如Apache Airflow、Azkaban等）来快速解决问题。分布式任务调度系统涉及3个关键内容：分布式（系统采用分布式部署方式，各节点之间可以无状态和无限地水平扩展）、任务调度（涉及任务状态管理，任务调度请求的发送与接收，具体任务的分配，以及任务的具体执行）和配置中心（可以感知整个集群的状态和进行任务信息的注册）。

图4-10展示了一种自动调度的数据同步解决方案。该方案基于Airflow、Celery、Redis和MySQL。首先，在Airflow原始的任务类型基础上，定制了多种任务，包括基于MySQL中的BINLOG的数据导出任务、Hive导出Email任务和Hive导出Elasticsearch任务等。一方面，通过Airflow提供的Pool + Queue + Slot方式，实现任务并发个数的管理，将未能马上执行的任务放入队列中并排队。另一方面，通过Celery，可以实现任意多个worker的分布式水平扩展部署。然后，在Airflow本身支持的优先级队列调度基础之上，根据任务的上下游关系标记重要的任务节点，通过全局DAG（Directed Acyclic Graph，有向无环图）计算每个节点的全局优先级。此全局优先级将作为调度任务的优先级，这样就可以保证重要的任务会优先调度，确保重要任务产出时间的稳定性。最后，Airflow自带的Web展示功能可以友好地提供图形界面化交互。

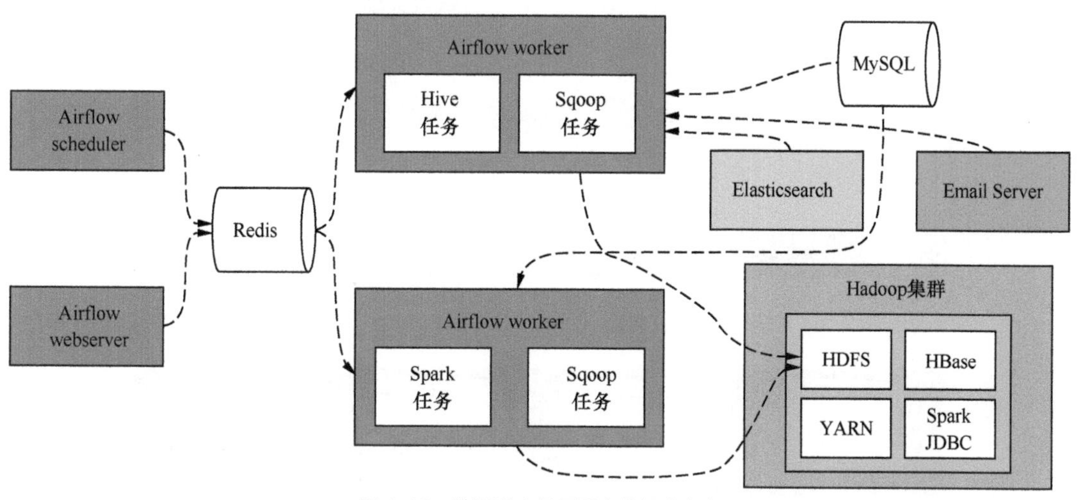

图4-10 数据同步任务调度的解决方案

尽管大数据使用离线计算在一定程度上能满足数据处理的日常需求，但是这种处理方式具有一定的滞后性。对于时效性要求更高的场景，如电商实时统计大盘、信贷实时风控预警等，离线计算难免显得有些“力不从心”。因此，我们需要一种可以降低整个数据处理链路延时的计算方式来弥补离线计算的不足。

实时计算表示实时或低延时的流数据处理过程。实时计算通常应用在实时性要求高的场景，如实时 ETL、实时监控等，延时一般为毫秒级，甚至更低。一般来讲，我们通过使用流式计算来实现实时计算。流式计算这种数据处理引擎在设计时考虑了无边界的数据集。另外，流式计算与批处理不同，批处理的 Job 与数据的起点和终点有关，并且 Job 在处理完有限数据后结束，而流式计算用于处理连续数天、数月、数年，或者永久实时的无界数据。目前，比较流行的实时框架有 Spark Streaming 与 Flink。

图 4-11 展示的是一个大数据计算平台架构，其中包含离线计算和实时计算。该架构的底层是数据，这些数据可能来源于各类数据库、日志文件等。数据库中的数据会通过数据采集服务进行采集并实时写入消息中间件，其中部分日志文件是通过数据采集 SDK 直接上报消息中间件的。离线计算通过使用 Hadoop 生态技术对数据进行离线计算与处理，并将结果存入 Hive 离线存储系统。实时计算通过使用 Flink 将数据进行实时计算与处理，并将结果存储至 Elasticsearch、HBase 和 Kudu 等实时查询性能更高的存储系统，以支持实时查询。此外，实时计算还会将数据实时写入离线 HDFS，供离线计算处理，以及进行数据备份。最终，离线存储、实时存储都为大数据应用产品提供数据查询服务。

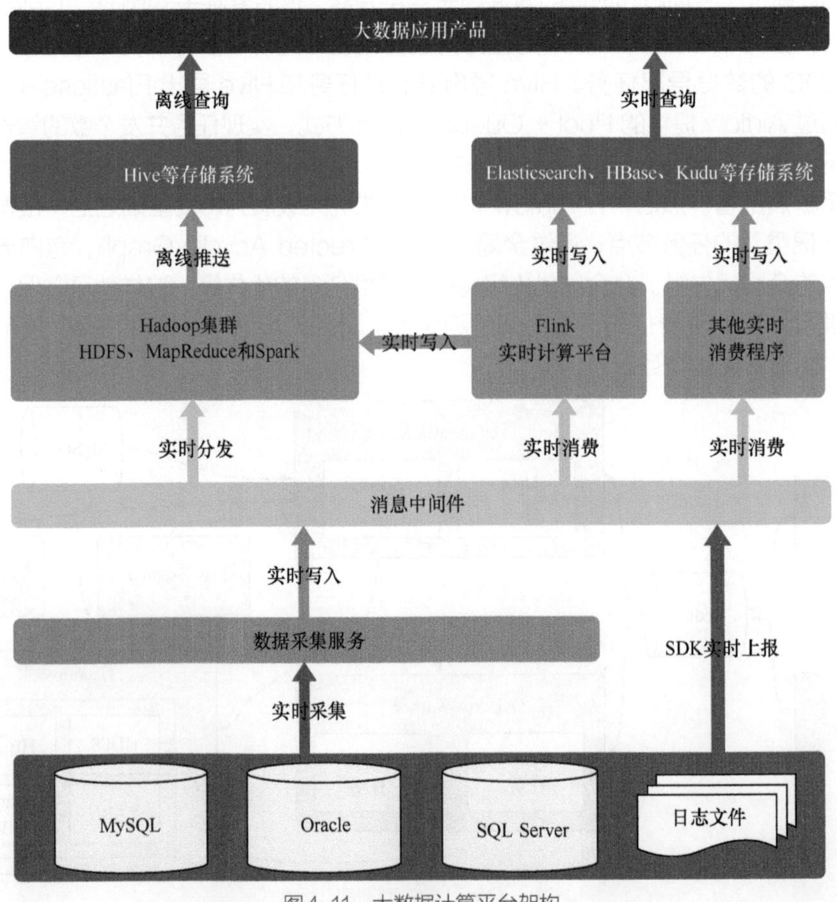

图4-11　大数据计算平台架构

4.4 大数据监控

在对大数据进行采集、存储和处理后，下面便是项目的上线和日常运行。在项目的日常运行过程中，监控与报警非常重要。合理的监控与报警策略不但可以帮助我们快速发现和定位故障，而且可以智能化地预测可能发生的问题。数据作为大数据项目的核心，需要进行监控。我们可根据业务规则制订重点监控指标，保证数据具备高质量。此外，大数据项目的各个环节的处理都依赖运维方面的基础设施，因此，需要提升运维监控的稳定性。

4.4.1 数据监控

从数据使用者的角度来看，高质量的数据是指能够充分满足用户使用要求的数据，因此，在大数据监控中，对数据质量进行监控是最为直接的。监控方可以根据不同的业务特点对数据制订监控规则。

数据监控的本质是根据业务特点总结描述数据质量的指标，并对比这些指标的过去值与当前值。在当前值与过去值出现偏差时，需要排查和定位原因。为了量化描述数据的质量，我们可以主要关注以下 4 点：完整性、准确性、一致性和及时性。

- 完整性是指数据的记录和信息是否完整，是否存在缺失的情况。
- 准确性是指数据中记录的信息是否准确，是否存在异常或错误信息。
- 一致性是指同一指标在不同地方的结果是否一致。
- 及时性是指要保证数据能够及时产出，这样才能体现数据的价值。

基于上述 4 点，下面介绍一些常见的数据监控内容。

1）以时间维度对数据记录数进行监控。图 4-12 是以天为维度的数据记录数，其中的记录数出现了大幅度波动（甚至降为 0），可以确定系统某处出现了问题，我们应当及时定位和解决问题。造成这种状况的原因有数据采集失败、数据没有导入等。

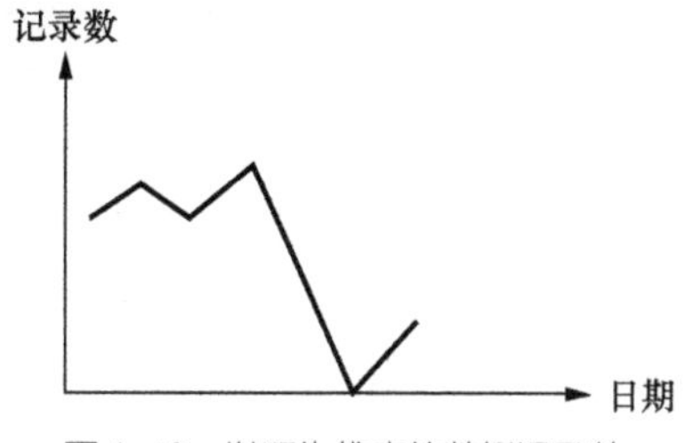

图4-12 以天为维度的数据记录数

2）对数据中的 NULL 和 0 值进行监控。在业务和系统的流程正常的情况下，NULL 和 0 值在数据中的比例相对来说是稳定的。当出现大的波动时，可能是存在转换错误或原业务系统出现了异常。

3）对数据的值域进行监控。当数据中的某字段出现了合理值域以外的值，我们便可以肯定系统出现了问题，如年龄字段中出现了负值。

4）对数据的重复度进行监控。例如，对于电商业务、社交业务或物联网设备系统，在正常情况下，上报的数据不会出现两条完全一样的记录（所有字段的值完全一样的两条数据记录），如表 4-3 中的第二条和第三条数据，因为同一用户不会在某一时间点多次进行购买（唯一 ID 也相同）。因此，在某些业务中，对数据的唯一性进行监控是有必要的。

表 4-3 数据记录存在重复的情形

ID	Time（时间）	Name（姓名）	Age（年龄）	Gender（性别）	Is_buy（是否购买）
132153414415	2021-06-03 12:13:54	Tom Hanks	39	Male	False
132135954637	2021-06-03 12:13:55	Leonardo DiCaprio	27	Male	True

续表

ID	Time （时间）	Name （姓名）	Age （年龄）	Gender （性别）	Is_buy （是否购买）
132135954637	2021-06-03 12:13:55	Leonardo DiCaprio	27	Male	True
132154980885	2021-06-03 12:13:58	Jennifer Lawrence	25	Female	True

5）对数据中的时间字段进行监控。业务系统中的数据可能带有时间戳，而这个时间戳应该比当前的时间戳早。但是，由于采集数据或业务系统出现异常，数据中会出现“未来时间”，亦称之为“数据穿越”。表 4-4 中的第二条数据：“2100-03-01”就是未来时间。如果我们使用这样的异常数据进行数据分析，那么可能得到错误结论。

表 4-4 存在“未来时间”问题的数据记录

ID	Time （时间）	Name （姓名）	Age （年龄）	Gender （性别）	Is_buy （是否购买）
132153414415	2021-06-03 12:13:54	Tom Hanks	39	Male	False
132135954637	2100-03-01 11:12:41	Leonardo DiCaprio	27	Male	True
132154980885	2021-06-03 12:13:58	Jennifer Lawrence	25	Female	True

更多与数据监控相关的内容可参考 9.4 节。

4.4.2 运维监控

在当前的大数据项目中，使用服务器集群方式支撑业务已成为常态，管理成千上万台服务器在一些互联网企业更是屡见不鲜。通过手工方式管理数量如此之多的服务器变得越来越不现实，开发自动化的运维监控系统非常有必要。

图 4-13 展示了大数据运维监控中需要重点关注的监控对象。其中主机监控是指对服务器、网络设备等硬件或虚拟硬件运行过程中产生的状态数据进行监控。主机监控通常有对应的协议或规范，如 SNMP（Simple Network Management Protocol，简单网络管理协议）、IPMI（Intelligent Platform Management Interface，智能平台管理接口）等。通过服务器的数据，我们可以准确地掌握业务承载平台的基本运行状态，如 CPU、内存、磁盘、网络流量和系统进程等资源的使用情况。这些是运维监控领域常用的数据来源，各类开源和商业监控产品（如 Open-Falcon、Zabbix 等）。对此类数据的处理大同小异，我们还需要对各大数据生态组件进行监控，如 ZooKeeper 节点可用性和集群读写 TPS（Transaction Per Second，每秒事务处理完成数量），YARN 资源空闲状况、Kafka 消息的堆积情况，以及 Spark Job 完成进度等。大数据项目还会使用其他一些服务，为了保证项目稳定运行，同样需要对它们进行监控，如监控 Nginx 的延迟、端口状态等。

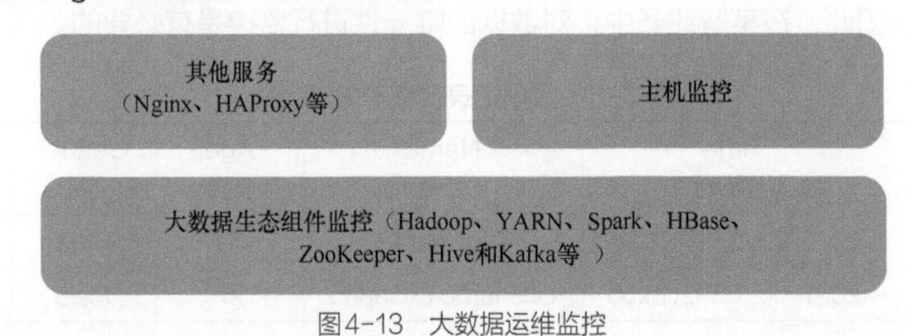

图 4-13 大数据运维监控

图 4-14 是对大数据生态组件进行监控的流程。首先，通过数据采集工具 Telegraf，收集各个大数据生态组件的运行信息、资源状态，并存入高性能的分布式时间序列指标数据库，如 InfluxDB；然后，通过可视化平台工具 Grafana，将信息直观展示；最后，需要配置邮件或即时通信工具的报警，即监控发现问题，立即通知监控方，从而快速解决问题与及时止损。

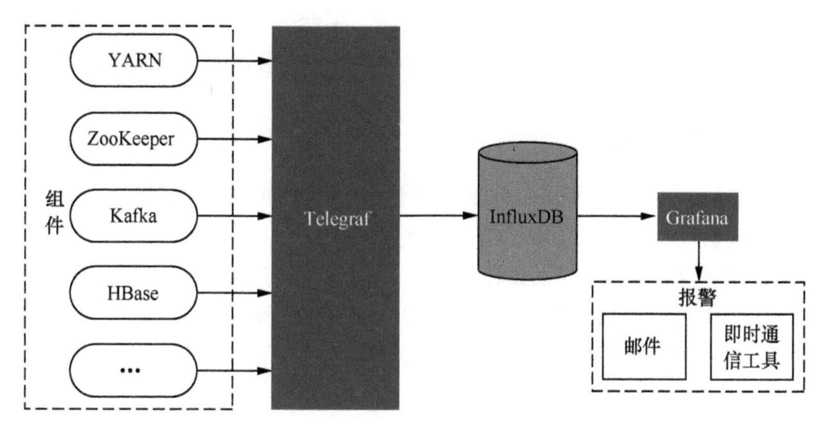

图4-14 大数据生态组件监控流程

4.5 大数据项目开发案例

数据分析平台是一类重要的大数据应用，广泛应用于互联网金融、银行、电子商务和在线教育等领域。数据分析平台通常需要实时计算、查询并借助可视化平台展示数据。通过数据分析平台，用户可以更加直观、高效和全面地了解数据分布情况，观察数据变化趋势，最终达到数据驱动业务决策的目标。与单纯的数据可视化类平台或 BI 报表相比，数据分析平台的链路更长，除最终的可视化数据展示以外，还包括源头的数据采集；而 BI 报表通常只是对数据的汇总和查询展示，不涉及数据采集、数据存储等环节。

如图 4-15 所示，根据不同的数据分析类型，数据分析平台可分为如下几类：用户行为类、App 分析类、应用市场监控类、流量分析类和广告效果监控类等。

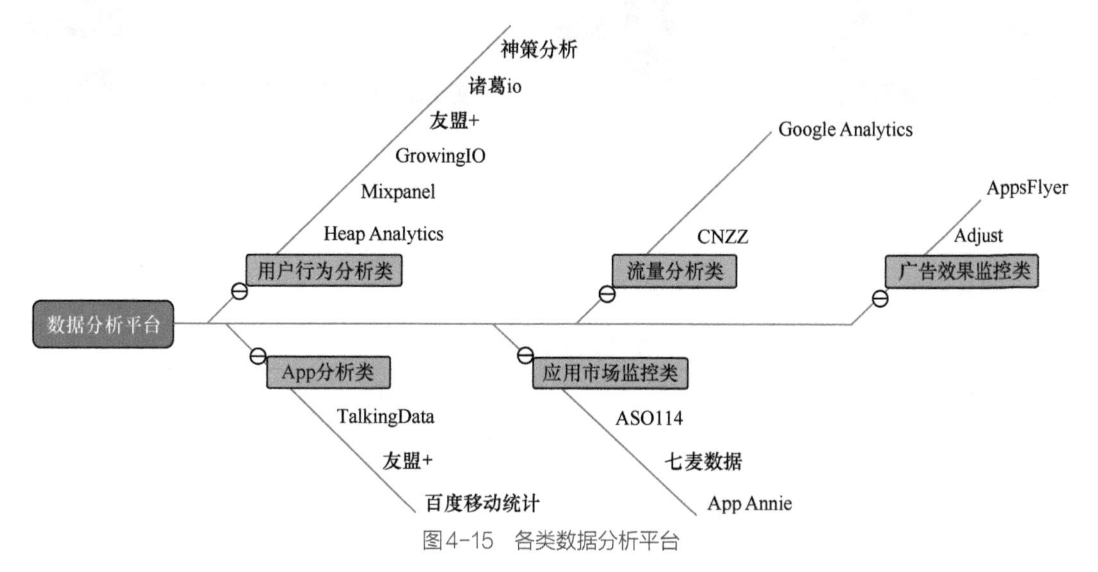

图4-15 各类数据分析平台

在数据分析平台的众多应用类别中，用户行为类的应用比较多。用户行为分析通过获取用户行为数据，进行多维度、精细化的行为分析，从而还原用户使用场景。用户行为分析是企业实现数据驱动的前提，丰富的用户行为数据为企业的营销策略制订、运营改进、产品优化和商业决策打下基础。目前，数据分析平台以移动 App 场景下的用户行为分析为主。此外，用户行为分析平台是典型的大数据分析可视化类的项目，平台的工作流程涵盖较全。因此，我们以某用户行为分析平台（用户行为类数据分析）平台为例，介绍如何开展大数据项目的开发工作。

4.5.1　项目背景介绍

随着各类手机 App 用户数量和交易规模的快速增长，相关的用户行为数据量也在呈爆炸式增长。用户在手机 App 上的行为数据的重要性愈发凸显，亟需建立一套针对手机 App 用户行为的分析系统，进行行为数据的采集和分析。通过掌握用户的行为数据（如操作轨迹、登录习惯、关注的产品功能等）重现用户的使用过程，更好地了解用户的需求，解决用户操作流程中的痛点，进而明确产品改进和优化的方向，实现精准营销和精细化运营等。

4.5.2　项目需求分析

与传统应用开发相同，在进行大数据项目开发前，首先要明确项目的需求。用户行为分析平台需要提供多种数据采集方式，通过对埋点数据的采集、处理、建模和存储，进行深度分析和应用，帮助企业高效获取海量数据，并进行多维、实时和准确的数据分析，还原真实业务场景。用户行为分析平台的业务流程包括数据采集、数据处理、数据建模、数据存储、数据管理、智能分析和基础看板。图 4-16 是用户行为分析平台的业务流程。

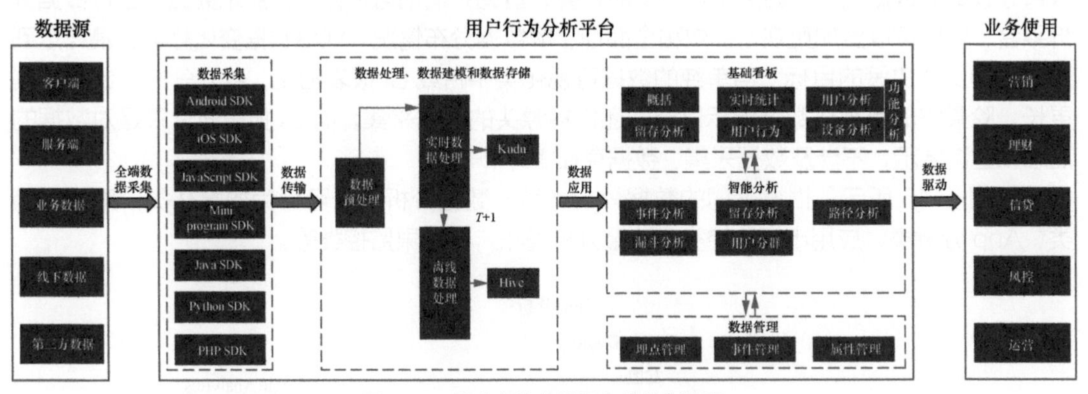

图4-16　用户行为分析平台的业务流程

用户行为分析平台主要包括两大功能：“基础看板”和“智能分析”。其中“基础看板”主要提供了基础指标的展示功能，“智能分析”为平台使用者提供了可自定义的分析功能。两大功能的具体内容可分别参考表 4-5 和表 4-6。

表4-5　“基础看板”功能介绍

功能模块	子模块	功能描述
概括	实时统计	实时统计中包括在线人数和启动次数。在线人数：截至各个整点时刻的当日活跃用户数。启动次数：打开 App 的次数（完全退出或后台运行超过 30 秒后再次进入应用时视为一次新启动）

续表

功能模块	子模块	功能描述
概括	整体趋势	展示昨日、近 7 日和近 30 日的概况，包括活跃用户数、新增用户数、活跃设备数、人均在线时长和新增用户次日留存数
实时统计	在线人数	以 1 分钟或 1 小时的时间粒度展示在线人数
	启动次数	以 1 分钟或 1 小时的时间粒度展示 App 被启动的次数
用户分析	用户增长	用户增长中包括新增用户数和新增设备数。新增用户数：首次登录 App 的用户数量。新增设备数：首次安装 App 的设备数（卸载后再安装并启动不会被算作新增设备）。新增用户数和新增设备数均支持按日期、渠道、App 版本和手机系统（Android、iOS）进行交叉筛选
	用户活跃	用户活跃中包括活跃用户数和活跃设备数。活跃用户数：对于启动 App 且为登录状态的用户，记为一个活跃用户。活跃设备数：启动过 App 的设备数。活跃用户数和活跃设备数均支持按日期、渠道、App 版本和手机系统（Android、iOS）进行交叉筛选
	用户忠诚度	在所选时间点的近 5 周有连续活跃行为的用户统计数，还可展示连续活跃成分，统计不同活跃天数（7 天、14 天和 21 天等）的活跃用户数
	版本分布	版本分布中包括新增用户、活跃用户、启动次数和闪退量。新增用户：首次登录 App 的用户数。活跃用户：启动过 App 的用户数。启动次数：启动 App 的总次数。闪退量：发生闪退情况的次数。新增用户、活跃用户、启动次数和闪退量都可按日期范围、版本进行交叉筛选
留存分析	留存用户	留存率：时间范围内的新增用户（活跃用户）经过一段时间后又继续使用该 App 的比例。留存量：时间范围内的新增用户（活跃用户）经过一段时间后又继续使用该 App 的用户数
	流失用户	流失用户中包括回流用户数和非常不活跃用户数。回流用户数：上周未登录 App，本周登录过 App 的用户。非常不活跃用户数：连续 90 天及 90 天以上没有登录 App 的用户
用户行为	在线时长	从用户启动 App 到关闭 App 的时间间隔，并以一定的时间间隔对用户数量进行分组统计，如在线时长为 0~59 秒的用户数、在线时长为 60 ~ 119 秒的用户数，依此类推
	使用频率	App 被启动的总次数，并以一定的启动次数对用户数量进行分组统计，如日启动 1 ~ 2 次的用户数、日启动 3 ~ 4 次的用户数，依此类推
	页面访问	App 页面被访问的数量，并以一定的页面量对用户数量进行分组统计，如访问 1 ~ 3 个页面的用户数、访问 4 ~ 6 个页面的用户数，依此类推
设备分析	设备统计	从操作系统和机型两个维度分别统计活跃用户数和启动次数。操作系统如 Android 11、iOS 13 和 iOS 14 等，机型如华为 P40、小米 11 和 iPhone 12 等
	网络与运营商	从网络环境和运营商两个维度分别统计活跃用户数和启动次数。网络环境如 4G、5G 和 WiFi 等，运营商如中国移动、中国联通和中国电信
功能分析	页面指标	页面指标是指不同页面名称，以及其对应的页面 UV 指标和页面 PV 指标

表 4-6　“智能分析”功能介绍

功能模块	子功能	功能描述
行为洞察	漏斗分析	根据平台使用者的配置，展示单位时间内 App 中重要业务流程的用户转化率，如从“商品浏览”到“提交订单”，再到“支付订单”的流程中，各节点的用户转化率

续表

功能模块	子功能	功能描述
行为洞察	事件分析	为平台使用者提供事件条件筛选、分组和聚合的多维数据分析。事件分析是以事件为粒度进行的分析，当用户的行为触发 App 的某个反馈时，即被记录为一个事件。如用户打开某 App，浏览某基金的详情页，那么诸如事件名、打开时间和基金的属性等信息都是所要展示的内容
	路径分析	分析用户实际行为的流向变化，选定目标事件后可获取该事件的来源行为、后续行为，分析用户的浏览习惯。例如，平台使用者可以查看用户是通过哪个活动页面的引流进入当前购买页面的
	留存分析	分析用户的参与情况和活跃程度，可以计算时间区间内用户的留存率，展现 App 中用户的留存情况，如计算和展示某日的新增用户在 7 天、14 天和 30 天的留存率
用户行为	用户分群	通过设置一定的行为事件条件，对用户进行筛选和划分，以方便后续分析

此处，我们仅以“实时统计活跃用户数和启动次数”为例，对用户行为分析平台的功能进行举例说明，如图 4-17 所示。

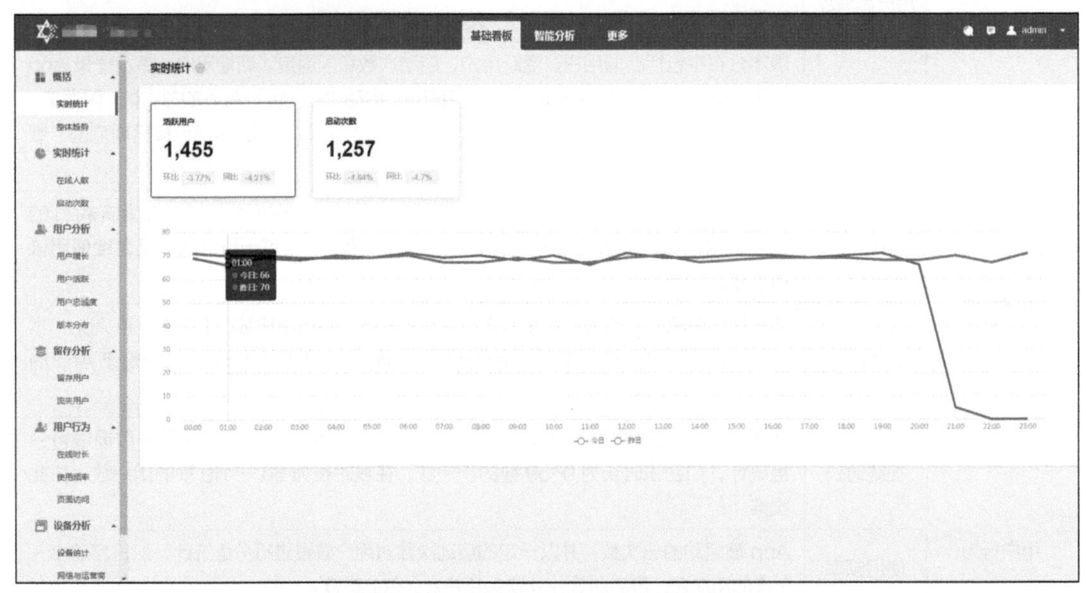

图 4-17　用户行为分析平台举例说明

4.5.3　项目开发流程

大数据项目的完整流程如图 4-18 所示。为了保证项目高效推进，我们建议依次进行需求评审，技术评审，大数据开发，测试用例设计，大数据测试，发布上线与验收，以及数据监控。

在进行大数据项目开发时，首先，大数据开发工程师需要根据产品需求文档进行架构设计、模型设计和调度设计，产出架构设计文档、ETL 设计文档和调度设计文档；然后，项目相关人员（包括测试人员）需要对这些设计进行评审，尽早发现与解决存在的问题；在设计评审通过后，大数据开发工程师根据设计文档进行相应功能的开发，产出项目代码和操作文档；在完成充分自测和代码评审后，便可以提测，即提交给测试人员进行测试。图 4-19 为大数据项目开发流程。下面介绍模型设计和调度设计时需要注意的问题。

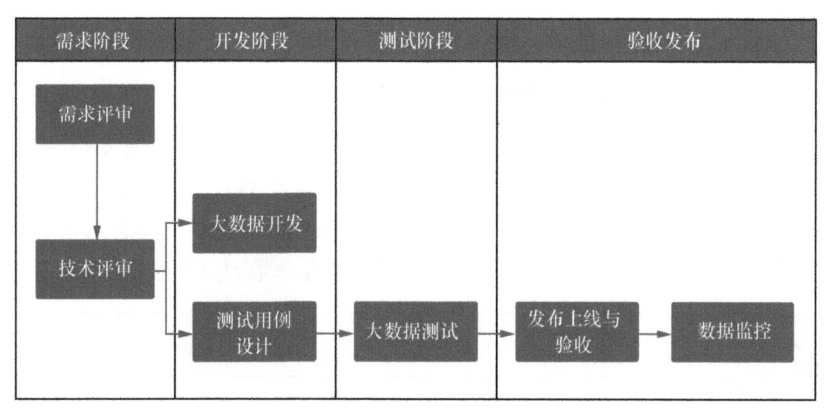

图4-18 大数据项目的完整流程

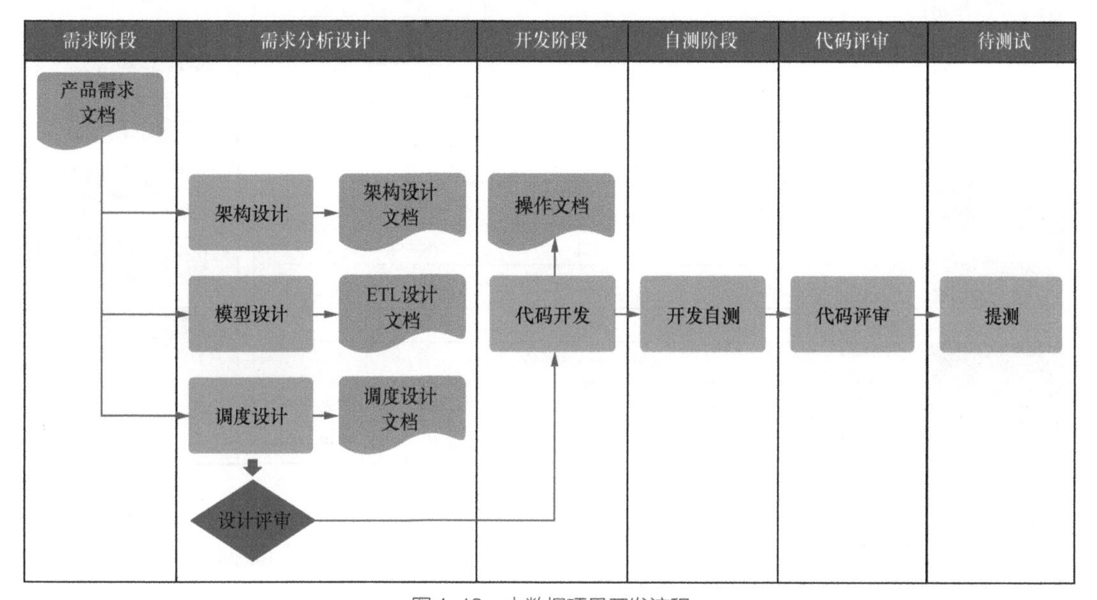

图4-19 大数据项目开发流程

在进行模型设计时，需要注意以下几点。

- 确定主题。确定数据分析或前端展现的某一方面的主题，如分析某年某月某一超市的销售额情况。主题需要体现某一方面的各种分析角度（维度）和统计数值型数据（度量）。
- 确定度量。考虑要分析的技术指标（一般为数值型数据），如对每日销售金额进行汇总，统计每日销售次数，以及计算它们的最大值、最小值等。
- 确定事实数据粒度。我们需要采用“最小粒度原则”，将度量的粒度设置为最小。例如，按照时间对销售额进行汇总。如果数据最小记录是天，那么不能在 ETL 时将数据进行按月或年汇总，而是需要同样保持到天，以便后续以天为维度进行分析。
- 确定维度。维度是分析的角度。例如，我们按照时间、地区和产品分别进行分析，那么它们就是相应的维度。基于不同的维度，我们可以得到各度量的汇总情况，也可以基于所有的维度进行交叉分析。
- 创建事实表。创建关于某一主题的事实记录表，如详细的生产记录、交易记录等。这些事实表是后续使用的数据基础。

在进行调度设计时，我们需要注意命名规范、调度运行周期和任务依赖关系。

下面以用户行为分析平台为例，介绍其架构设计、模型设计和调度设计。

1. 用户行为分析平台的架构设计

根据平台需求的特点，在架构设计时，将用户行为分析平台拆分为 4 个服务：数据采集与预处理服务（log_service），数据处理服务（实时数据处理服务（real-task）使用 Flink，离线数据处理服务采用 Azkaban 进行任务调度），数据查询服务（DAS），以及数据管理服务（DMS），如图4-20所示。数据从源数据到可视化展示需要从下至上经过这些服务的处理。

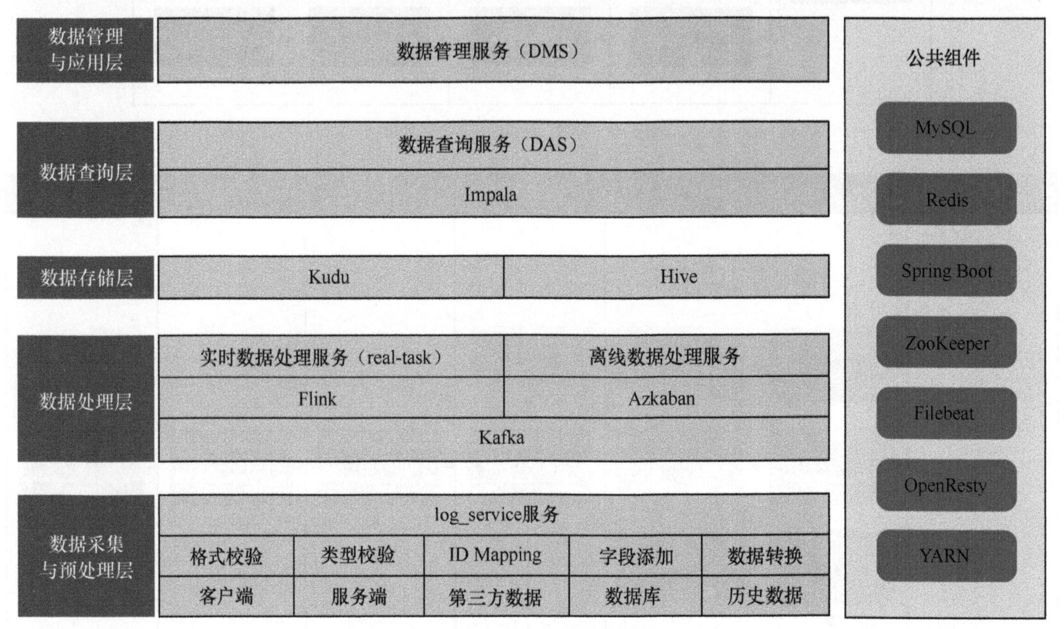

图4-20　用户行为分析平台架构图

用户行为分析平台的核心是数据处理，即从数据采集到数据应用的数据流转，如图 4-21 所示。

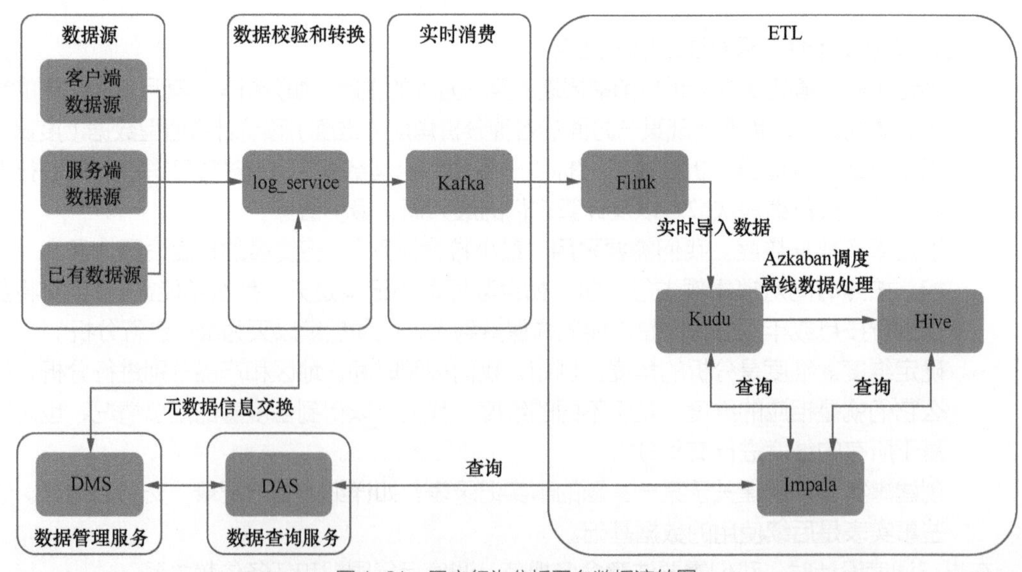

图4-21　用户行为分析平台数据流转图

（1）数据采集与预处理层

用户行为数据采集是用户行为分析中至关重要的一个环节，其直接决定了数据的深度、广度和质量，进而影响后续所有环节。

用户行为分析平台当前采用全埋点和代码埋点（可视化埋点待接入）两种方式进行用户数据采集，采集的数据源包括客户端数据源、服务端数据源和其他已有数据源。客户端采集支持iOS、Android、Web/H5、微信小程序等多个平台，其数据主要用于UV、PV、点击量等基本指标的分析。服务端采集覆盖服务器中的业务日志。而其他已有数据源是指第三方数据、历史数据和业务数据库等。

无论何种数据被采集，首先会经过 log_service 模块进行数据校验和转换，包含格式校验、类型校验、数据转换和ID Mapping，然后统一推送到消息队列Kafka中，等待后续处理。

（2）数据处理层

数据处理包括实时数据处理和离线数据处理。Kafka 作为消息传输队列，是一个分布式、高吞吐量、易于扩展的基于主题发布 / 订阅的消息系统。在现今企业级开发中，Kafka 和 Flink 已成为构建一个实时数据处理系统的首选。实时数据处理模块通过 Flink 实时消费 Kafka 中的数据，并落盘到 Kudu 中进行存储。这些实时数据会通过 Azkaban 调度系统利用 T+1 方式离线同步至 Hive 中。同步至 Hive 中的是用户行为明细数据，离线数据处理服务会将明细数据进行计算汇总，转换成可直接用于查询的数据再进行落盘。用户行为分析平台的数据处理流程如图 4-22 所示。

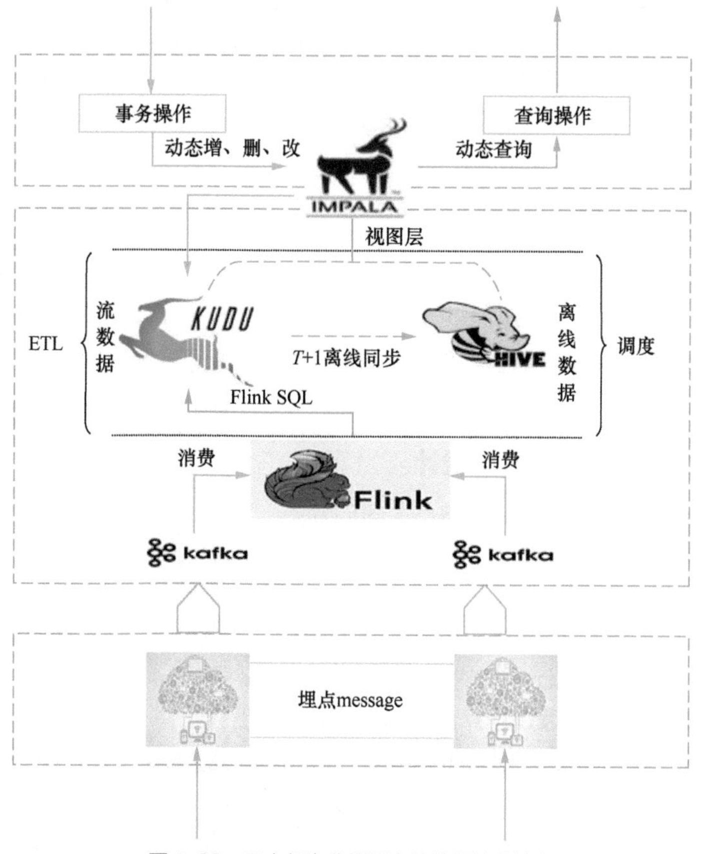

图4-22 用户行为分析平台的数据处理流程

（3）数据存储层

实时数据存储在Kudu中，离线数据存储在Hive中（本质上是以Parquet文件形式存储在HDFS中）。Kudu表中当天分区增量与Hive历史数据进行UNION ALL操作以创建视图，对外提供查询，如图4-23所示。

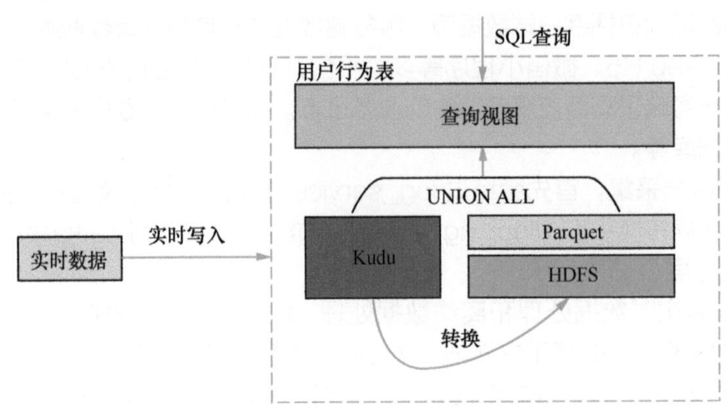

图4-23 用户行为分析平台的数据存储层

（4）数据查询层

在这里，我们将数据查询和数据计算都归为数据查询层。通常，数据管理与应用层会将需要查询计算的SQL相关参数（如表名、字段名、分组字段和查询条件等）传递给数据查询层。部分复杂功能在数据查询层会预置查询模板，数据查询层接收SQL相关参数后，会与模板进行拼接和组装，组装完成后的SQL再进行查询，查询完成后，将查询结果返回数据管理与应用层。查询操作通过查询引擎Impala查询视图实现。除查询操作以外，用户在数据管理与应用层进行某些操作还会触发动态增、删、改数据，这些数据操作动作也是在数据查询层实现的。

（5）数据管理与应用层

数据管理与应用层主要用于用户平台化的界面操作和数据可视化展示。数据的所有前置处理都是为这一层服务的。该部分包括图4-16中的基础看板、智能分析和数据管理。基础看板是数据自动更新的可视化展示，用户可以通过分析工具触发数据查询计算。数据管理是使用分析工具的前置准备工作。数据管理与数据模型密切相关。下面将介绍用户行为分析平台的模型设计。

2. 用户行为分析平台的模型设计

根据用户行为分析平台的功能和特点，我们需要设计能够满足其应用需求的数据仓库架构。图4-24是一个数据仓库架构方案。

1）KRB层（实时层）：KRB的全称是Kudu Real Base，该层的表全部为未统计汇总的实时明细数据，如krb.trs_app_event_log表是埋点日志事件表。

2）KRS层（实时汇总层）：KRS的全称是Kudu Real Sum，该层的表全部为统计汇总的实时明细数据，如krs.trs_app_user_open_dh表是App用户活跃统计表（以小时为单位进行分区）。表名的结尾

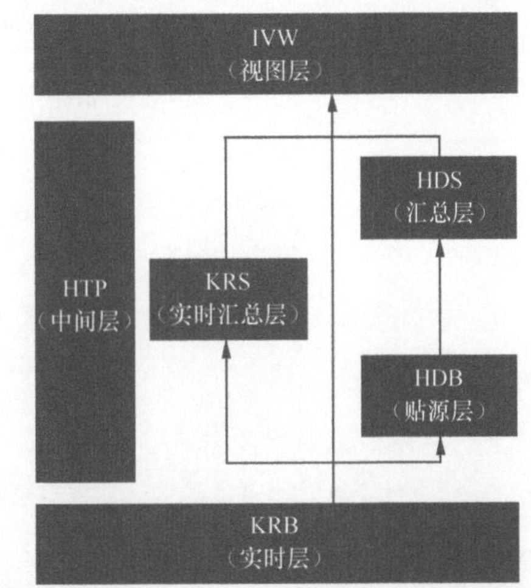

图4-24 用户行为分析平台数据仓库架构方案

后缀用于表明该表分区的时间单位，如本例中的 dh 表示以小时进行分区。

3）HDB 层（贴源层）：HDB 的全称是 Hive Data Base，该层的表全部为未统计汇总的离线明细数据。该层数据是通过 Impala 从 KRB 层同步过来的，如 hdb.tdb_app_equm_install_info 表是 App 安装设备信息表。

4）HDS 层（汇总层）：HDS 的全称是 Hive Data Stat，该层的表全部为统计汇总的离线明细数据，如 hds.tds_app_user_open_facts 表是 App 用户活跃概况表。

5）HTP 层（中间层）：HTP 的全称是 Hive Temporary，该层的表全部为数据处理过程中生成的中间临时数据，如 htp.tmp_skynet_user_retention_d 表是日用户留存分析中间表（以天为单位进行分区）。

6）IVW 层（视图层）：IVW 的全称是 Impala View，该层的表全部为 Impala 操作的视图表，如 ivw.trs_app_event_log 表是 KRB 层（实时层）中提到的 krs.trs_app_event_log 表的视图。

在后续测试案例中，我们会使用实时层中的埋点日志事件表 krb.trs_app_event_log，这里只举例说明该表的结构设计。表 4-7 汇总了该表的重点字段，其他表和字段不再给出。

1）以 log_id 作为主键。

2）以 log_id 作为 hash 分区，以 log_dt 作为 range 分区。

3）历史数据分区和最新数据分区一直保留。

4）只新增数据，增量分区，使用 Flink SQL 写数据。

表4-7 krb.trs_app_event_log表的结构设计

英文字段名称	中文字段名称	字段类型	字段含义	备注
log_dt	日志日期	string	日志生成时间	
log_id	日志编号	string	唯一标识，日志 ID	推送 Kafka 前生成
user_id	平台用户编号	string	用户在平台的唯一编号	
login_user_id	登录用户编号	string	唯一标识了一个已登录用户，这是有意义的业务的 ID	
evt_tm	事件时间	bigint	事件发生的实际时间戳，精确到毫秒	
evt_dt	事件日期	string	事件发生的日期	写入 Kudu 时生成
evt_name	事件名	string	事件名必须是合法的变量名，即不能以数字开头，且只能包含大小写字母、数字和下画线	
is_wifi	是否使用 WiFi	boolean	是否通过 WiFi 上网	
country	国家	string	根据 IP 地址解析获得所在国家名称	
city	城市	string	根据 IP 地址解析获得所在城市名称	
app_name	App 名称	string	App 名称	
log_tm	日志时间	timestamp	记录日志时间戳	
kafka_partition	Kafka 分区	string	该条埋点日志来自的 Kafka 分区	
kafka_partition_offset	Kafka 分区 offset	string	该条埋点日志来自的 Kafka 分区偏移量	

续表

英文字段名称	中文字段名称	字段类型	字段含义	备注
ext_syll1	扩展字段1	string		预留字段
ext_syll2	扩展字段2	string		预留字段

此外，根据用户行为分析平台的功能和特点，HDS层存储比较齐全的离线数据，因此，我们仅介绍该层部分数据表的设计，如表4-8所示。

表4-8　用户行为分析平台HDS层数据表设计

数据表名称	数据表介绍
hds.tdm_app_platform_version_source	App名称平台版本渠道码表
hds.tds_app_user_open_facts	App活跃用户概况
hds.tds_app_active_user_keep_stat_d	App活跃用户留存统计
hds.tds_app_newadd_user_keep_stat_d	App新增用户留存统计
hds.tds_app_newadd_user_keep_stat_w	App新增用户留存统计按周分析
hds.tds_app_newadd_user_keep_stat_m	App新增用户留存统计按月分析
hds.tds_app_user_analyze_stat_d	App用户分析统计
hds.tds_app_user_analyze_stat_w	App用户分析统计按周分析
hds.tds_app_user_analyze_stat_m	App用户分析统计按月分析
hds.tds_app_user_lost_stat	App用户流失统计
hds.tds_app_page_analyze_stat	App页面指标分析统计

3. 用户行为分析平台的调度设计

上面列出的HDS层数据表位于用户行为分析平台的离线数据存储层。对于离线数据的处理，具有周期性、重复性的特点，因此，我们使用调度工具Azkaban提供的可靠计划来处理数据。根据各数据表中数据的前后依赖关系，用户行为分析平台的调度设计如图4-25所示。由图4-25可知，为了提高项目的可读性，子任务节点的命名与表名保持形式上的统一（子任务节点生成与之名称对应的数据表中的数据）。

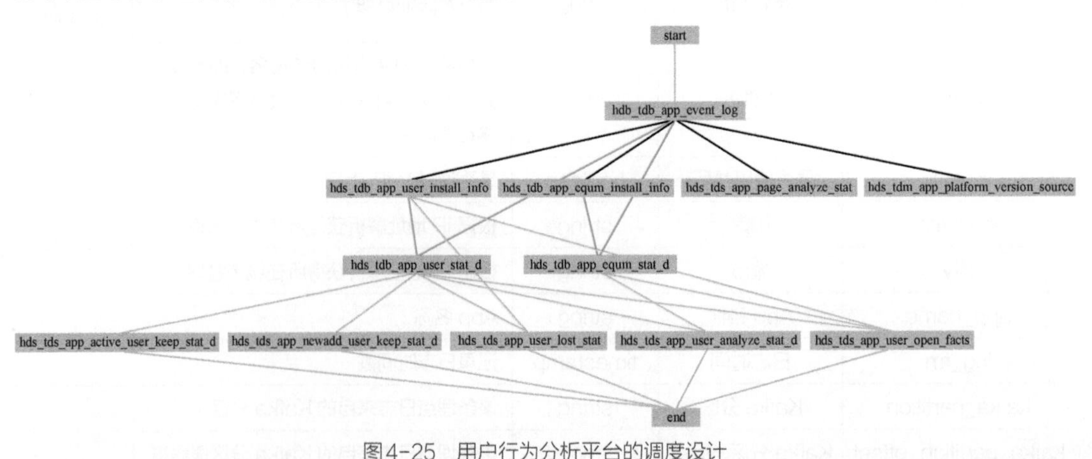

图4-25　用户行为分析平台的调度设计

在完成用户行为分析平台的架构设计、模型设计和调度设计后，开发人员便可以根据它们进行相应的代码开发。通过对用户行为分析平台项目的介绍，我们不难发现，项目中需要开发的功能多、业务流程复杂，需要测试人员的参与来保证平台质量。在第 6 章中，我们继续以用户行为分析平台作为案例，详细讲解如何开展大数据项目的测试。

4.6 本章小结

本章首先介绍了大数据项目的分层架构，使读者可以从全景了解大数据项目包含的功能模块；然后，从数据的采集、同步、存储、计算和监控等环节，介绍了在大数据项目中需要开发的重要功能，帮助读者了解大数据项目开发的具体工作内容；最后，通过对用户行为分析平台项目的介绍，从流程、设计和开发等方面帮助读者具体了解如何开展一个完整大数据项目的开发工作。我们不难发现，无论是工程开发的质量还是数据的质量，对大数据项目的最终效果都起到至关重要的作用。在本书的后续章节中，我们将介绍与大数据测试和质量保障相关的内容。

第 5 章　大数据测试方法

在第 1 章中，我们已经了解到，大数据已渗透到多个行业并得到广泛应用。面对各种大数据项目，如何高效地开展测试？本章将介绍大数据测试的定义、类型、流程，以及大数据基准测试和大数据 ETL 测试。

5.1　大数据测试概述

5.1.1　什么是大数据测试

大数据测试通常是指对采用大数据技术的系统或应用的测试。大数据测试可以分成两个维度，一个维度是数据测试，另一个维度是大数据系统测试和大数据应用产品测试。

1. 数据测试

数据测试主要关注数据的完整性、准确性和一致性等，是大数据测试中非常重要的一环。若数据测试不够严格，则后续所有的数据应用都可能出现偏差甚至错误，因此，做好数据测试很关键。关于数据测试的常用方法，我们将在 5.2 节介绍。

2. 大数据系统测试和大数据应用产品测试

这里的大数据系统一般指使用 Hadoop 生态组件搭建的或自主研发的大数据系统。自主研发的大数据系统主要包括数据的存储、计算和分析等应用。

大数据系统测试主要包括功能、基准、安全和可靠性等测试。其中，功能测试主要是对数据的采集和传输、数据的存储和管理、数据计算、数据的查询和分析，以及数据的可视化等功能的测试。基准测试主要用于对比和评估大数据框架组件的性能指标等。关于基准测试的详细介绍，见 5.4 节。

大数据应用产品比较丰富，典型的有 BI 报表、数据挖掘产品和数据分析平台等。构建大数据应用产品，通常依赖数据仓库数据和 ETL 过程。由此可见，ETL 过程的数据质量尤为重要。关于 ETL 测试的详细介绍，见 5.5 节。对于不同的大数据应用产品，如何进行测试？第 6 章给出了典型的大数据测试实践案例。

5.1.2　大数据测试与传统数据测试

在讲解大数据测试方法之前，我们先了解一下大数据测试与传统数据测试的差异。如表 5-1 所示，大数据测试与传统数据测试在数据量级、数据结构、验证工作和环境要求等方面存在差异。

表 5-1 大数据测试和传统数据测试的对比

对比项	大数据测试	传统数据测试
数据量级	需要处理的数据量级较高	涉及的数据量级较低
数据结构	处理的数据包括结构化数据、非结构化数据和半结构化数据	以结构化数据为主
验证工作	验证环节多，数据量大，较复杂	抽取数据来验证，相对简单
环境要求	依赖 HDFS、YARN 和 ZooKeeper 等集群环境	依赖传统数据库
测试工具	依赖 Hadoop 生态系统组件和 ETL 测试工具	依赖传统数据库和部分测试工具
测试人员	技能门槛高，需要测试人员掌握大数据相关技能	技能门槛相对较低

5.2 大数据测试类型

与其他类型的测试一样，大数据测试也需要遵循既定的策略和方法。从测试类型角度划分，大数据测试分为功能测试、性能测试和其他非功能性测试（兼容、安全等）。如果按数据生命周期的不同阶段来划分，那么大数测试分为数据采集测试、数据处理测试、数据计算测试和应用展示阶段测试。下面将详细介绍功能测试、性能测试和其他非功能性测试。

5.2.1 功能测试

功能测试主要覆盖数据质量、数据维度、数据处理和数据展示等多个方面。功能测试常用的测试方法有数据完整性测试、数据一致性测试、数据准确性测试、数据及时性测试、数据约束检查、数据存储检查、SQL 文件检查、数据处理逻辑验证、Shell 脚本测试和调度任务测试等。接下来，我们对常用的功能测试方法进行详细介绍。

在数据质量方面，主要包括 4 种测试方法，如图 5-1 所示。

1. 数据完整性测试

数据完整性是指数据记录和信息完整，不存在缺失情况。数据缺失主要包括记录缺失和记录中某个字段信息缺失，两者都会导致统计结果不准确。我们通常关注两点：数据不多和数据不少。

（1）数据不多

一般检查全表数据、重要枚举值数据是否重复，以及主键是否唯一。

（2）数据不少

一般检查全表数据或业务相关的重要字段（如日期、品牌、类目和枚举值等）是否缺失。如果我们知悉数据量，如表中的品牌字段有 x 条数据，则检查品牌字段的是否有 x 条数据即可。反之，如果数据规模本身变动较大，我们不能提前知晓，则一般通过对比历史数据条数来评估数据波动是否正常。

2. 数据一致性测试

数据一致性主要包括数据记录规范一致、数据逻辑一致和多节点数据一致。数据记录规范一致是指数据编码和数据格式，如订单 ID，从业务来源表到数据仓库每一层中的表都应该是同一种数据类型，且长度需要保持一致。数据逻辑一致是指多数据间的逻辑处理一致，如访问用户和注册用户的关系，页面的 PV 和 UV 等。我们可以通过数据的 diff 测试来验证数据的一致性。数据来源可以是历史真实数据，也可以是手动构造有代表性的数据。

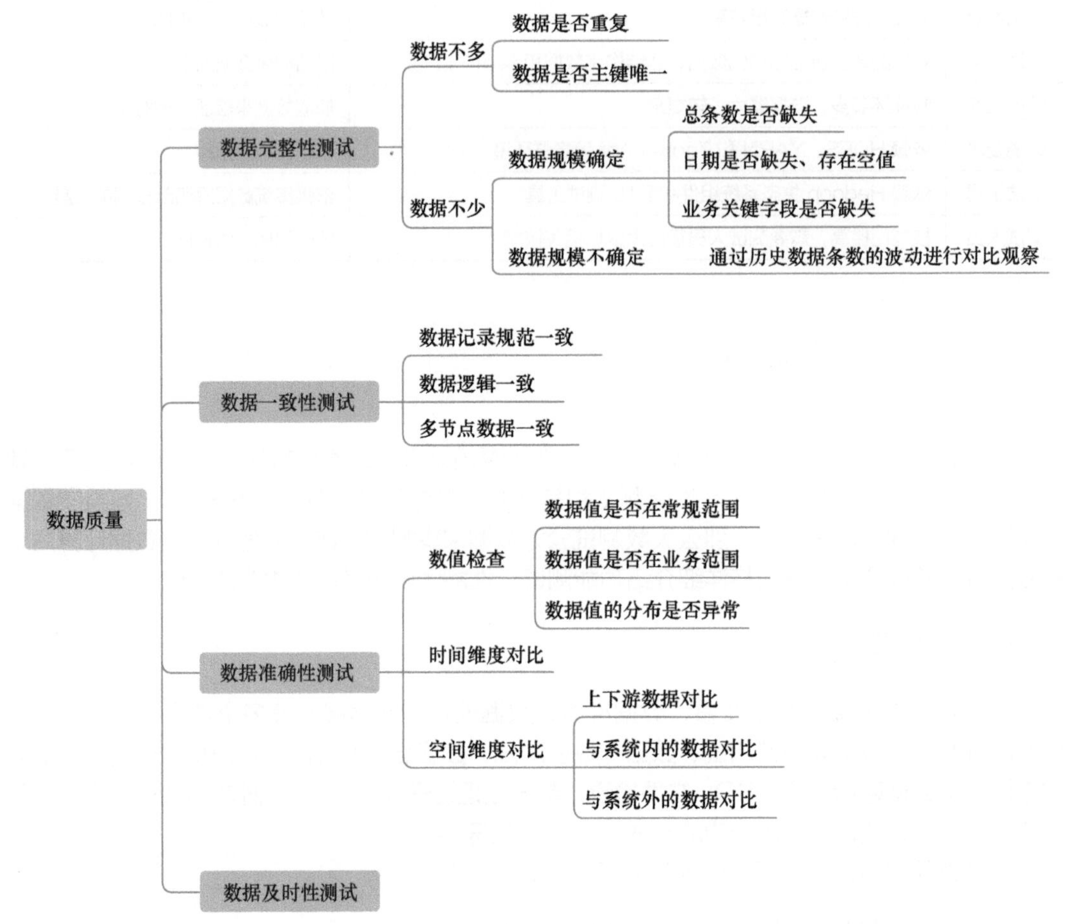

图5-1 数据质量测试方法

3. 数据准确性测试

数据准确性测试主要包括数值检查、时间维度对比和空间维度对比。

数值检查通常需要验证数据值是否在常规范围，如人数比例，理论上位于 [0,1]。此外，需要验证数据值是否在业务范围，这依赖于对数据业务规则的理解。例如，对于某产品的搜索人数，如果触发渠道唯一，那么理论上该产品的搜索人数大于或等于该产品的购买人数。

时间维度对比，即对比同一组数据在不同时间的波动情况。例如，将 ds=20200901、ds=20200902 和 ds=20200903 等不同日期的数据进行对比。

空间维度对比，即固定时间维度，将当前数据与其他数据进行对比，进一步保证准确性。空间维度对比主要有以下 3 种思路。

1）上下游数据对比。检查重要字段数据在上下游的加工过程中是否丢失。

2）与系统内的其他数据对比。例如，与同一数据源的关联表进行对比，或者与不同数据源中的表进行对比。在同一数据源中进行对比的例子：A 表包含某个一级类目的销售数据，B 表包含该一级类目下二级类目的销售数据，则 B 表中的二级类目的销售数据总和应等于 A 表中的一级类目的销售数据。在不同数据源中进行对比的例子：将源数据从行式数据库同步到列式数据库并进行计算，则列式数据库中的数值与行式数据库中的数值应该相等。

3）与系统外的数据对比。例如，与业务系统、BI 系统的数据进行对比。

4. 数据及时性测试

数据及时性是指数据从产生到可以查看的时间间隔（也称数据的延时时长）在可接受的范围。及时性对大数据离线项目的影响不大，但对大数据实时项目有很大影响。例如，在用户行为分析平台中，以 1 分钟间隔展示 App 当前在线人数，如果对于每次查询，需要 2 分钟才能返回数据，那么返回的当前时刻的在线人数其实是不准确的。对于查询返回时长，通常需要控制在秒级甚至毫秒级，这样才有意义。

上述 4 种测试方法主要针对数据质量，下面我们将对其他常用的功能测试方法进行讲解。

1. 数据约束检查

数据约束检查主要检查数据类型、数据长度、索引和主键等是否符合要求。其中，数据类型比较丰富，测试过程中需要覆盖所有的数据类型，对于不支持的数据类型也需要关注是否有异常处理。此外，还需要检查目标表中的约束关系是否满足设计期望。

2. 数据存储检查

数据存储检查主要检查数据的存储是否合理、正确，具体内容如下。

1）评估是否需要以压缩文件形式存储。

2）Hive 表类型选择是否合理（内部表、外部表、分区表和分桶表）。

3）代码中读取和写入的文件及目录是否正确。

3. SQL 文件检查

SQL 文件检查主要是指对开发规范、SQL 语法进行检查。

（1）开发规范检查

企业通常有自己的开发规范。下面列出某互联网公司的 HiveQL 开发规范的部分内容。

HiveQL 开发规范文档

一、注释

① 所有 select 后面的字段都需要进行注释说明。

② 每条 SQL 都需要进行注释，说明处理目的。

③ 建表时所有字段都需要使用 comment 注释。

④ SQL 文件头需要备注开发和修改相关信息，方便后期进行管理和维护。

二、字段

① select 后面的每个字段都需要单独占一行，不允许多个字段放在同一行。

② 在涉及两个以上表的操作时，select 后面的字段需要指明来源于哪张表。

③ 不允许使用 * 来代替全部字段，需要单独指明选出的每一个字段名称。

④ 禁止出现一个字段多种命名方式，字段内容和字段名称必须一致。

三、表名

① 每日生成的分区表以 _d 结尾，月表以 _m 结尾，周表以 _w 结尾，依此类推。

② 临时表命名需要符合表 _tmp_01、表 _tmp_02 这样的规范，存多个临时表时，序号

依次递增。

四、中间表

① 尽量少用子查询，子查询嵌套不能超过3层。多使用中间表，可以提高运行效率，便于排查错误。

② 禁止使用 create table 和 drop table 方式生成中间表数据，统一采用 insert overwrite table 方式进行数据写入（关于是否使用分区表，由业务决定）。

③ 一个脚本中的中间表不能超过3个，否则需要单独编写一个新脚本。

五、“脏”数据处理

① 所有 key 过滤掉 ‘NULL’ 和 ‘null’，过滤掉 key is not null。

② 时间格式“脏”数据，如 ‘1970-01-01’，这个数据正常情况下是不应该出现的。

六、join 操作

① 建议先进行过滤操作，去掉无用数据后再进行 join 操作。

② 建议将小表放在 join 左边，因为 join 左边的表会首先加载进内存，这样可以有效降低内存溢出错误发生的概率。

七、其他

① 尽量少使用 distinct 操作，因为 distinct 操作比较消耗资源。

② SQL 关键字全部小写，如 distinct、between 和 group by 等。

基于上述开发规范，我们可以对提测的 HiveQL 文件进行检查，以便发现不符合规范的地方。

（2）SQL 语法检查

SQL 语法检查主要检查 SQL 是否存在语法问题，即检查 SQL 连接方式、函数、聚合和关键字的使用是否正确，举例说明如下。

1）需要考虑不同表的不同加载方式，合理使用 INSERT INTO 和 INSERT overwrite。

2）确认 UNION 和 UNION ALL 的使用是否正确。

3）合理使用 ORDER BY、DISTRIBUTE BY、SORT BY、CLUSTER BY 和 GROUP BY。

在开发 HiveQL 时，除关注基本语法问题以外，还需要考虑表中数据的问题。例如，在下面的 SQL 代码中，没有考虑 test.user_f_kv_d_renc 表和 test.user_f_kv_d_hash 表的 md 列存在大量重复值，直接将两个表通过 md 和 etl_dt 字段关联并进行外连接操作（FULL OUTER JOIN）。在执行时，会导致关联后的大量数据写入结果表 test.user_f_kv_d_mid，产生数据膨胀问题。在 SQL 检查过程中，我们需要考虑统计行的 SQL 语句是否合理，提前查看数据量和数据情况并评估影响。代码示例：

```
1.  INSERT overwrite TABLE test.user_f_kv_d_mid PARTITION ( etl_dt ) SELECT
2.  nvl ( a.md, b.md ) AS md,
3.  a.KEY AS renc,
4.  b.KEY AS HASH,
5.  a.etl_dt
6.  FROM
7.   test.user_f_kv_d_renc a
8.   FULL OUTER JOIN test.user_f_kv_d_hash b ON a.etl_dt = b.etl_dt
9.   AND a.md = b.md;
```

4. 数据处理逻辑验证

数据处理逻辑验证主要关注以下内容。

1）验证过程是否符合业务逻辑，运算符和函数的使用是否正确。

2）对异常值、“脏”数据、极值、特殊数据（0 值、负数等）的处理是否符合预期。

3）字段类型与实际数据是否一致，主键构成是否合理。

4）去重记录，是否按照去重规则进行去重处理。

5）数据的输入和输出是否符合规定格式。

5. Shell 脚本测试

在测试过程中，还涉及 Shell 脚本测试。常见的测试点如下。

1）验证脚本中的 JAR 包引入是否正确。

2）验证脚本中 Mapper 文件、Reducer 文件、MapReduce 依赖文件和 MapReduce 输入 / 输出文件等的路径是否正确，MapReduce 运行配置参数是否合理。

3）验证脚本执行是否正确，过程中的日志输出是否符合预期。

6. 调度任务测试

对于大数据平台中的调度任务测试，我们通常关注以下 4 个方面。

1）任务本身是否支持“重跑”。

2）依赖的父任务是否配置合理。

3）任务依赖层次是否合理。

4）任务是否在规定时间内完成。

5.2.2 性能测试

在大数据应用系统中，数据处理可能会涉及多个节点且需要在较短时间内完成，如果应用系统的性能较差，那么它的性能会随着数据量的增长而下降，甚至在达到一定规模时直接崩溃。因此，性能测试在大数据应用中非常重要。

1. 性能测试的类型

如图 5-2 所示，性能测试可以分为以下 6 种类型。

（1）基准测试

大数据基准测试是对大数据应用系统基础能力的测试，这是大数据应用系统基础能力的重要保障。我们将在 5.4 节具体介绍大数据基准测试。

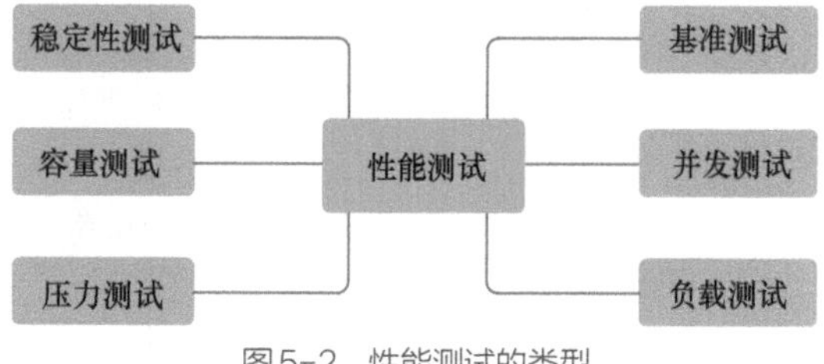

图 5-2 性能测试的类型

（2）并发测试

并发测试是指测试多个用户并发访问同一个应用、模块和数据时是否产生隐藏的并发问题，如内存泄露、线程锁和资源争用等问题。几乎所有的性能测试都需要进行并发测试。

（3）负载测试

负载测试是指通过逐渐增加负载来测试系统性能的变化，并最终确定在满足性能指标的情况下系统所能承受的最大负载量，保证应用在需求范围内正常工作。

（4）压力测试

系统的负载能力是有上限的，当系统过载时，可能出现性能下降、功能异常和拒绝访问等问题。压力测试是验证在较大压力（包括数据多客户端、高 OPS（每秒操作次数）和高吞吐量）下，系统是否仍然能够正常运行，功能是否正常，以及资源消耗是否正常。

（5）容量测试

容量测试是通过测试预先分析并得到反映软件系统应用特征的某项指标的极限值（如最大并发用户数、数据库记录数等），确定系统在其极限状态下没有出现任何软件故障或能够保持主要功能正常运行。容量测试还将确定测试对象在给定时间内能够持续处理的最大负载或工作量。容量测试能让用户了解该系统的承载能力或提供服务的能力，如某个电子商务网站所能承受的同时进行交易或结算的在线用户数。

（6）稳定性测试

稳定性测试是指对系统的长期稳定运行能力进行测试。在系统运行过程中，对系统施压，观察系统的各种性能指标，以及服务器资源指标。

对于大数据应用系统的性能测试，我们还需要关注组件和数据处理过程的性能，如消息消费、MapReduce 任务和数据查询等的性能。

2. 性能测试的步骤

对于大数据应用系统的性能测试，我们需要基于数据类型、业务场景等制订不同的性能测试方案。具体的测试步骤如图 5-3 所示。

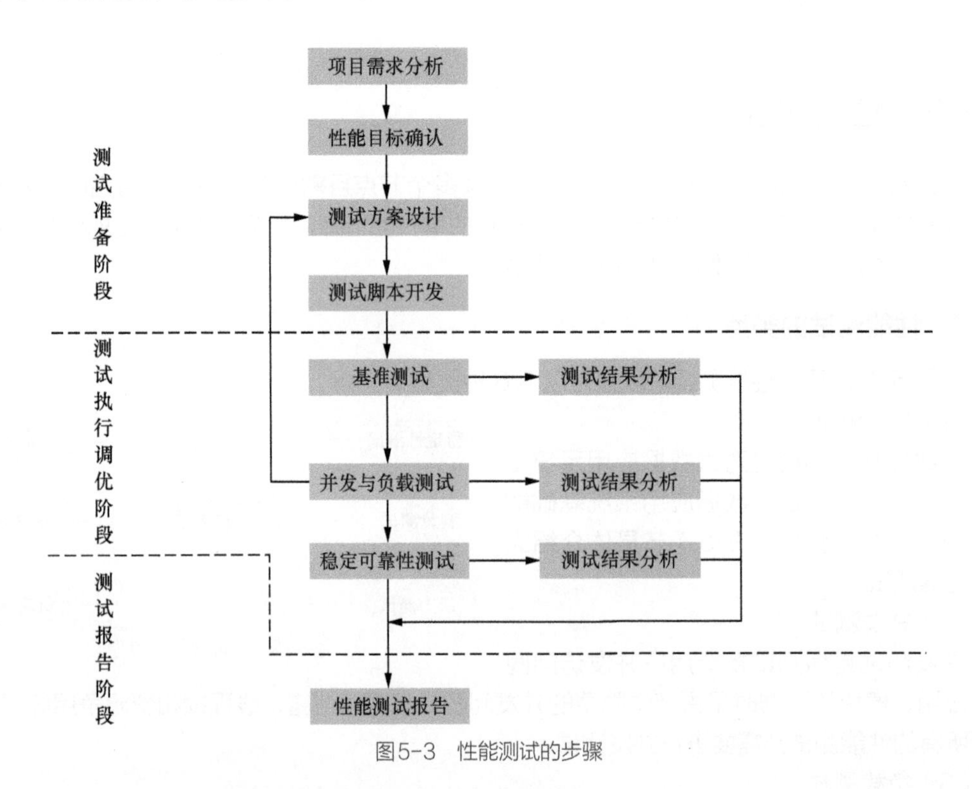

图5-3　性能测试的步骤

由图 5-3 可知，性能测试主要包含以下 3 个阶段。

（1）测试准备阶段

在测试准备阶段，我们需要先进行项目需求分析，并明确性能测试的目标，再根据具体目标和业务场景设计性能测试方案，还要根据不同场景准备相关数据。然后，开发相关的性能测试脚本。

（2）测试执行调优阶段

在性能执行调优阶段，若有指标异常，则需要分析相关异常问题并进行性能调优（优化代码和配置）。然后，重新进行测试，直到各项指标满足系统要求。

（3）测试报告阶段

最后，我们对整个性能测试过程和结果进行总结，并输出性能测试报告。

3. 大数据性能测试案例

以 4.5 节中的用户行为分析平台为例，采用 YCSB 工具，对平台底层的 Kudu 进行性能测试。

（1）YCSB 简介

YCSB（Yahoo! Cloud Serving Benchmark）是雅虎开源的一款性能测试工具，可以对各种 NoSQL（泛指非关系型数据库）产品进行性能测试和评估，如 HBase、MongoDB 等。YCSB 的安装和使用非常简单，下载后直接解压缩就可以使用，无须编译和安装。图 5-4 是 YCSB 的客户端架构图。

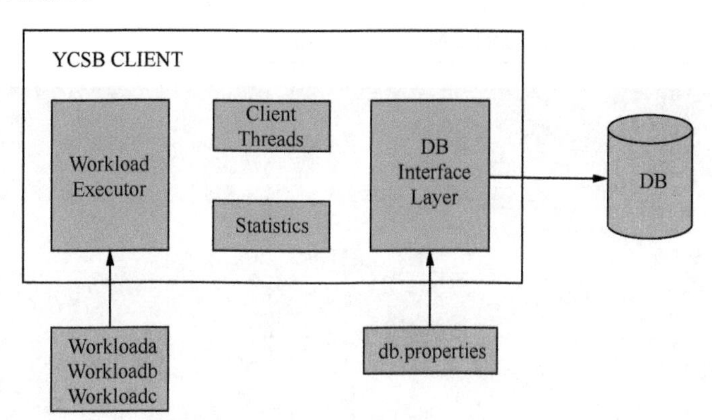

图5-4 YCSB的客户端架构图

其中 DB Interface Layer 负责与存储服务进行交互，对记录执行 read、update、delete、scan 和 insert 等操作。针对具体的数据库，需要实现自定义的 DB Interface Layer。Workload Executor 用来产生 Workload，可通过配置文件灵活定义，如读写比例、每条记录的大小、每个字段的大小和并发数量等。

（2）场景设计

用户行为分析平台的主要功能是收集用户行为数据，并实时写入、消费和分析相关数据。在用户行为分析平台中，数据的写入操作较为频繁，而读取和更新操作则较少。在场景设计中，我们以高并发的插入操作为主，分别设计不同负载下的插入、读取和更新操作。性能测试的场景如表 5-2 所示。

（3）测试结果

执行 YCSB 的 load 命令，将返回各个场景的结果信息。在单线程中，运行 100 万条插入数据的结果如图 5-5 所示。

表5-2 性能测试的场景

场景编号	并发线程	数据量	执行脚本
1	1	100万条插入数据	bin/ycsb load kudu -P workloads/workloada -p kudu_master_addresses=**** -p recordcount=1000000
2	16	100万条插入数据	bin/ycsb load kudu --P workloads/workloada -p kudu_master_addresses=**** -p recordcount=1000000 -threads 16
3	50	100万条插入数据	bin/ycsb load kudu --P workloads/workloada -p kudu_master_addresses=**** -p recordcount=1000000 -threads 50
4	100	100万条插入数据	bin/ycsb load kudu --P workloads/workloada -p kudu_master_addresses=**** -p recordcount=1000000 -threads 100
5	200	100万条插入数据	bin/ycsb load kudu --P workloads/workloada -p kudu_master_addresses=**** -p recordcount=1000000 -threads 200
6	500	100万条插入数据	bin/ycsb load kudu --P workloads/workloada -p kudu_master_addresses=**** -p recordcount=1000000 -threads 500
7	16	50万条读取数据、50万条更新数据	bin/ycsb load kudu --P workloads/workloadb -p kudu_master_addresses=**** -p operationcount=1000000 -threads 16
8	50	50万条读取数据、50万条更新数据	bin/ycsb load kudu --P workloads/workloadb -p kudu_master_addresses=**** -p operationcount=1000000 -threads 50
硬件环境	Tablet server：3台。Master：3台。硬盘：8TB×12，转速为7200转/分。Hard memery：32GB。Block_cache Memery：8GB		

```
YCSB Client 0.17.0

Loading workload...
Starting test.
DBWrapper: report latency for each error is false and specific error codes to track for latency are: []
[OVERALL], RunTime(ms), 753773
[OVERALL], Throughput(ops/sec), 1326.6593523514373
[TOTAL_GCS_PS_Scavenge], Count, 500
[TOTAL_GC_TIME_PS_Scavenge], Time(ms), 771
[TOTAL_GC_TIME_%_PS_Scavenge], Time(%), 0.10228543606629582
[TOTAL_GCS_PS_MarkSweep], Count, 0
[TOTAL_GC_TIME_PS_MarkSweep], Time(ms), 0
[TOTAL_GC_TIME_%_PS_MarkSweep], Time(%), 0.0
[TOTAL_GCs], Count, 500
[TOTAL_GC_TIME], Time(ms), 771
[TOTAL_GC_TIME_%], Time(%), 0.10228543606629582
[CLEANUP], Operations, 1
[CLEANUP], AverageLatency(us), 1685.0
[CLEANUP], MinLatency(us), 1685
[CLEANUP], MaxLatency(us), 1685
[CLEANUP], 95thPercentileLatency(us), 1685
[CLEANUP], 99thPercentileLatency(us), 1685
[INSERT], Operations, 1000000
[INSERT], AverageLatency(us), 749.378418
[INSERT], MinLatency(us), 565
[INSERT], MaxLatency(us), 321791
[INSERT], 95thPercentileLatency(us), 863
[INSERT], 99thPercentileLatency(us), 941
[INSERT], Return=OK, 1000000
```

图5-5 YCSB单线程100万条插入数据测试结果

其中，[OVERALL]区显示了测试的总体情况，包括运行时间和吞吐量（每秒操作数）。[TOTAL_GC*]区显示垃圾回收情况，可以通过这部分数据收集垃圾回收的耗时。其余显示了相关操作的统计结果。各场景运行结果对比如表5-3所示。

通过压力测试结果，我们可以看出，在高并发线程下，对于100万条的插入数据，最快可在39s完成，并且各项性能指标在合理范围，整体满足业务的增长要求。

表5-3 YCSB压力测试Kudu各场景运行结果

场景编号	运行时间/s	QPS	GC	GC Time/ms	95%延时/ms
1	753	1326	500	771	0.8
2	70	14224	124	261	1.4
3	43	23019	30	115	3
4	39	25360	20	118	7
5	39	25352	30	170	19
6	41	24333	29	240	62
7	95	10513	162	343	Read：3 Update：2
8	68	14647	121	292	Read：9 Update：5

5.2.3 其他非功能性测试

除功能测试、性能测试以外，大数据测试还包含其他非功能性测试，如图5-6所示。

（1）易用性测试

易用性测试主要检查数据是否易于理解和使用。易于理解是指数据的定义符合行业规定，不同角色理解一致，没有歧义。易于使用是指数据简单、易读和易用。例如，数据精度需要统一，不能出现类似12.12345678912345这样不易读、不易处理的数据。另外，在数值过大时，使用合适的单位进行换算。

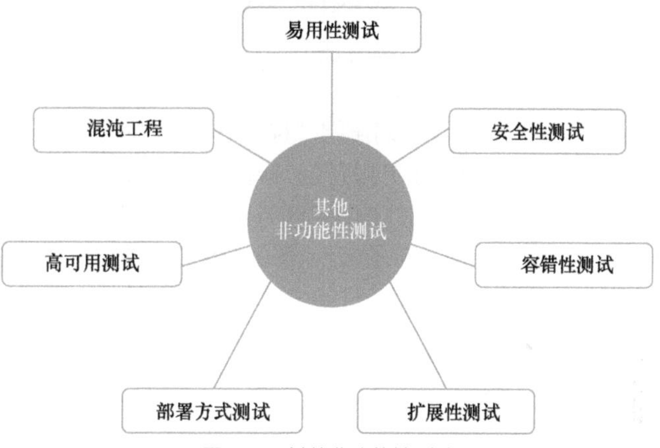

图5-6 其他非功能性测试

（2）安全性测试

安全性测试在面向大数据系统的应用中非常重要，我们通常需要考虑架构、数据、代码和业务安全等方面。数据安全性测试主要验证数据来源的合法性、整个生命周期内的数据是否安全（是否在传输过程、日志和最终的存储容器中进行了加密处理）、数据是否进行过合规处理，以及数据是否符合公司规定、地区政策和相关保密规范等。

（3）容错性测试

容错性是指当故障发生时，系统能够在进行恢复的同时继续以可接受的方式进行操作。容错性测试需要根据应用场景来设计解决方案和具体部署策略。

（4）扩展性测试

对于大数据系统，弹性扩展能力尤为重要。扩展性测试主要测试系统弹性扩展能力（扩展、回缩），以及扩展对系统带来的性能影响，验证系统是否具有线性扩展能力。

（5）部署方式测试

针对不同的应用和解决方案，系统部署方式会有显著不同。部署方式测试需要测试不同场景下的系统部署方式，包括自动安装配置、集群规模、硬件配置（服务器、存储和网络）和自动负载均衡等。

（6）高可用测试

本质上，高可用测试是在测试架构。在测试前期，我们需要充分调研被测系统的架构设计，包括系统的内部组件和外部依赖等。例如，系统中某个部分或节点出现故障，不影响系统整体向外部提供服务。模拟故障发生后系统的处理情况；模拟故障排除后系统的处理情况。

（7）混沌工程

混沌工程最早由 Netflix 及相关团队提出，是指在分布式系统上进行由经验指导的受控实验，观察系统行为并发现系统弱点，以建立人们对系统应对突发事件的能力的信心。混沌工程是一门在分布式系统上进行实验的学科，我们同样可以将混沌工程应用于大数据系统或应用产品的测试中。实施混沌工程的好处主要体现在以下 4 个方面。

1）验证系统健壮性：架构容灾、分布式弹性。

2）验证故障修复：故障回归测试、修正经验值。

3）验证系统依赖：业务依赖梳理、强弱依赖分析。

4）验证业务连续性：监控有效性、故障响应能力和稳定性保护措施。

混沌工程的一般实验步骤如下。

1）寻找系统正常运行状态下的可度量指标，作为基准的“稳定状态”。

2）假设实验组和对照组都能继续保持这个“稳定状态”。

3）对实验组进行事件注入，如服务器崩溃、错误响应、硬盘故障、流量尖峰和网络连接断开等。

4）比较实验组和对照组“稳定状态”的差异。

混沌工程典型的应用场景：模拟系统依赖的分布式存储不可用，验证系统的容错能力；模拟调度节点不可用，测试调度任务是否可以自动迁移到可用节点；模拟 Kafka Broker 故障恢复后，数据是否丢失或重复；模拟主备节点故障，验证主备切换是否正常；向 Flink 节点注入故障，使其服务不工作，任务失败，故障恢复后，验证流式链条中的数据一致性等。

5.3 大数据测试流程

大数据测试流程与传统测试流程相似，主要分为 5 个步骤，如图 5-7 所示。

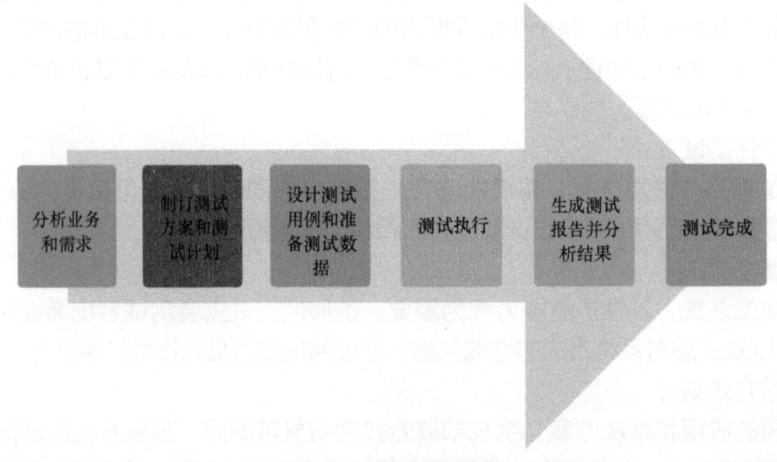

图5-7　大数据测试流程

接下来，我们详细讲解大数据测试流程中的每个步骤。

1. 分析业务和需求

在测试过程中，理解业务和需求非常重要。如果我们不了解需求背景，那么较难保证产品质量。对于这个步骤，需要产品、开发、测试等人员相互合作。因此，在测试前，我们需要充分理解业务背景，这对提高测试有效性有较大意义。

2. 制订测试方案和计划

通过参与技术评审，了解技术架构设计、模块设计和数据模型设计等，再根据不同业务场景和技术架构制订测试方案，并参考项目排期、人力资源情况和项目风险制订测试计划。

3. 设计测试用例和准备测试数据

测试用例常用的设计方法有等价类、边界值、场景分析法和分支覆盖法等，这些方法同样适用于设计大数据测试用例。表 5-4 列举了部分大数据测试用例。

表5-4　测试用例设计

测试点	测试用例
映射文档验证	• 验证映射文档中是否提供了相关信息； • 检查每个映射文档中的更改日志是否进行了维护
源数据和目标数据验证	• 对照相应的映射表验证源表和目标表的结构； • 验证源数据类型和目标数据类型是否相同； • 验证源数据和目标数据的长度； • 对照映射文档验证列名
数据一致性验证	检查完整性约束是否正确使用
数据完整性验证	• 确保按预期将数据从源传输到目标； • 比较源和目标的记录计数； • 检查数据是否在目标表的列中有被截断现象； • 检查被拒绝的记录； • 检查边界值； • 检查加载数据的唯一键属性
约束验证	验证是否按预期为特定表定义了约束
数据正确性验证	• 检查数据是否已记录或拼写是否正确； • 检查 NULL，以及非唯一超出范围的数据
数据转换验证	检查数据是否已转换为正确格式

在测试用例设计完成后，我们需要根据测试用例和场景准备不同类型的测试数据。在这个过程中，我们需要考虑真实业务数据的来源（数据库、Web 日志等），同时需要注意数据类型、数据逻辑和数据量等。在准备测试数据时，可用的方法如下。

1）基于 GUI（Graphical User Interface，图形用户界面）构造数据。

基于 GUI 构造数据是原始的数据构造方法，构造的数据来自真实的业务流程，最大程度保证了数据的正确性和完整性。在很多手工测试的场景中，普遍采用这种方法。

2）使用批量数据生成工具构造数据。

在测试过程的部分场景中，需要构造海量测试数据。这时，我们可以选择一些比较成熟的批量数据生成工具来构造数据，如 DataFactory、PL/SQL Developer 和 Toad 等。

3）通过数据库（SQL 语句等）生成数据。

向数据库中直接插入数据是常用的构造测试数据的方法。具体做法：将创建测试数据的 SQL 语句封装成一个个测试数据生成函数，当需要创建测试数据时，直接调用这些封装好的函数即可。这种方法生成测试数据的效率非常高，可以短时间内向数据库中插入大量的测试数据。

4）基于真实业务的数据脱敏后导入测试环境。

对于部分大数据处理需求，需要多种不同形态的数据，直接构造不能保证数据的多样性。这时，我们可以将部分已有的离线数据同步到线下测试集群，并在进行严格脱敏处理后使用，保证测试过程中数据的丰富性和真实性。

5）基于测试数据平台构造数据。

目前，我们可以将测试数据准备的工作进行平台化，这会逐渐成为测试数据准备工作发展的方向。对于已经有测试数据平台的公司，可以直接从平台申请生成系统化的数据。

6）基于中间件构造数据。

在微服务架构中，通常需要通过消息中间件将多个服务进行解耦，为了减少对测试工作的依赖，通常会向 Kafka 中构造测试数据。例如，在用户行为分析平台中，实时数据处理模块通过 Flink 实时消费 Kafka 中的数据并最终落盘到 Kudu 中进行存储。对应的实时流数据就可以通过编写 Kafka 的 producer 代码，向 Kafka 中生产测试所需的测试数据。具体做法与通过数据库构造测试数据类似，将 Kafka 的 producer 代码封装成测试数据生成函数，当我们创建测试数据时，直接调用这些封装好的函数即可。

在实际工作中，数据的准备是比较重要且复杂的环节，测试数据需要尽量和实际数据保持一致，如时间的值是精确到天还是秒、金额保留几位小数等。

4. 测试执行

我们需要参考测试用例执行测试，发现并评估数据问题。在测试过程中，我们需要避免“污染”生产数据，注意业务代码中的数据库和表名称（一般是业务生产环境中的数据库和表），并保证测试的全面性。

5. 生成测试报告并分析结果

对测试过程进行总结，梳理测试中的问题，并分析测试结果，最后生成测试报告。测试报告中主要包括需求覆盖率、开发自测通过率、用例覆盖率、bug 数量和千行 bug 率等。

在大数据测试中，我们需要以流程规范为依托，以方法、策略为指引，对各个环节做好质量把控，提前发现问题，保证项目正常交付和应用。

5.4　大数据基准测试

随着大数据的发展，不断有新的大数据架构、大数据平台和大数据工具出现。在实际业务场景中，我们应该如何对它们进行评估和选择？这依赖于大数据基准测试。本节首先简单介绍大数据基准测试，然后介绍大数据基准测试的步骤，最后介绍几款常用的大数据基准测试工具。

5.4.1 大数据基准测试简介

大数据基准测试的主要目的是对各种大数据产品进行测试，评估它们在不同硬件平台、不同数据量和不同计算任务下的性能表现。大数据基准测试需要参考特定的评测基准测试集。图 5-8 展示了部分基准测试集的发布时间。TPC（事务性能管理委员会）是知名的数据管理系统评测基准标准化组织。该机构发布了多个数据库评测基准测试集，如 TPC-A、TPC-D、TPC-H、TPC-DS、TPCx-BB 和 TPCx-HS，它们在业界得到了广泛应用。

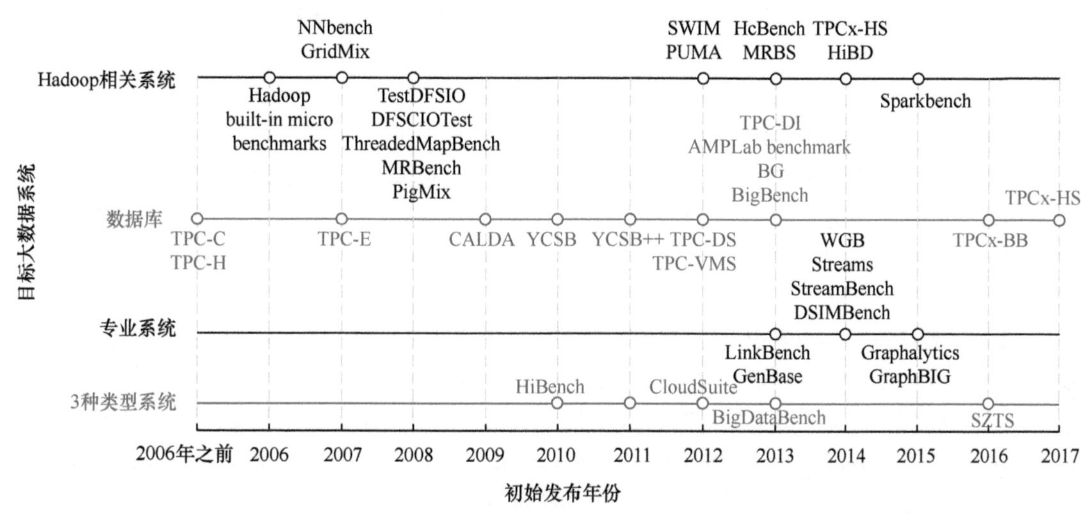

图5-8 部分基准测试集的发布时间

大数据测试基准大多是在传统的测试基准的基础上进行裁剪、扩充和综合。下面对常见的基准测试集 TPC-DS 进行简单介绍。

TPC-DS 采用星形、雪花形等多维数据模式。它包含 7 张事实表和 17 张维度表，平均每张表含有 18 列。TPC-DS 的工作负载包含 99 个 SQL 查询，覆盖 SQL99 和 SQL2003 的核心部分，以及 OLAP。这个测试集包含对大数据集的统计、报表生成、联机查询和数据挖掘等复杂应用，测试用的数据是有倾斜的，与真实数据一致。可以说，TPC-DS 是与真实场景非常接近的一个测试集，也是使用难度较大的一个测试集。Hadoop 等大数据分析技术对海量数据进行大规模的数据分析和深度挖掘，包含交互式联机查询和统计报表类应用，大数据的数据质量较低，数据分布是真实而不均匀的。因此，TPC-DS 成为客观衡量多个不同 Hadoop 版本和 SQL on Hadoop 技术的最佳测试集。

5.4.2 大数据基准测试的步骤

大数据基准测试主要有 3 个步骤，即数据准备、负载选择和指标度量，如图 5-9 所示。

图5-9 大数据基准测试的步骤

简单来说，数据准备主要是构造满足大数据特点的各类型的数据；负载选择是通过选择合适的负载以运行数据产生结果；指标度量主要是确定衡量的维度，以便从不同方面评估大数据系统。

（1）数据准备

因为真实数据的敏感性和局限性，所以大数据基准测试通常借用工具合成数据。这个过程分为数据筛选、数据处理、数据生成和格式转换。

例如，通过分析某应用和负载需求，我们需要准备1TB文本数据。首先，我们选择维基百科作为数据源，以此数据源为样本。然后，利用开源的数据生成工具提取数据的特征，并根据数据特征和需要扩展的数据量（这里是1TB）来生成数据集，这样就能得到基于实际应用数据扩展的数据集。最后，根据负载需要的输入格式对数据集的格式进行转换。

（2）负载选择

负载是大数据基准测试需要执行的具体任务，用来处理数据并产生结果。负载将大数据平台的应用抽象成一些基本操作。由于行业和领域的不同，因此其应用有很多不同的特点。从系统资源消耗方面来说，负载可分为计算密集型任务、I/O密集型任务和混合密集型任务。例如，对于运营商的话单查询，需要多次调用数据库，这是典型的I/O密集型任务；对于互联网中的聚类过程，需要大量迭代计算，这是典型的计算密集型任务；对于搜索引擎中的PageRank算法，既需要数据交换，又需要不断地进行迭代计算，这属于混合密集型任务。

对于负载选择，有两种策略。第一种是从企业的应用场景出发，模拟企业应用流程，采用应用中的真实数据进行测试。例如，对于一家从事搜索的企业，其应用场景可以基本抽象为Nutch、Index和PageRank 3种负载；对于银行，典型应用有账单查询、账目更改等，可以将它们抽象为对数据库表的查询和更改。第二种是从通用的角度来考量，从测试整个大数据平台的角度出发，选择负载时需要覆盖分布式计算框架、分布式文件系统和分布式存储等大数据处理平台的主要组件。以Hadoop平台为例，负载主要需要测试Hadoop（包括HDFS和MapReduce）、数据仓库（Hive）和NoSQL数据库的性能。测试负载需要覆盖多种应用领域并考虑任务的资源特点，如表5-5所示。

表5-5 测试负载示例

负载	应用领域	资源特点	测试组件
TeraSort	文本排序	I/O密集型	Hadoop
PageRank	通过社交图谱计算网页排名	混合密集型	Hadoop
NaiveBayes	分类算法	计算密集型	Hadoop
Join Query	表连接	计算密集型	Hive
Read/Write/Scan	NoSQL数据操作	I/O密集型	HBase

（3）指标度量

一般，我们从用户和系统架构两个角度选取测试指标。从用户角度（注重直观化）出发，可行选取每秒执行请求数、请求延时和每秒执行操作数等测试指标。从系统架构角度（需要考量系统架构的能力，比较系统性能的差异）出发，可以选取每秒浮点计算次数、每秒数据吞吐量等测试指标。在实际的大数据测试中，我们通常从性能、能耗、性价比和可靠性4个维度进行度量。

5.4.3 大数据基准测试工具

目前，大数据基准测试工具种类丰富，大致可以划分为3类：微型负载专用工具、综合类测试工具和端到端的测试工具。表 5-6 列举了这 3 类中的常用基准测试工具。

表 5-6 常用基准测试工具

分类	工具名称	测试场景	备注
微型负载专用工具	TeraSort	文本数据排序	Hadoop 自带的工具
	Gridmix	Hadoop 集群性能	Hadoop 自带的工具
	YCSB	NoSQL 数据库性能	Yahoo
	LinkBench	存储社交图谱和网络服务的数据库	Facebook
	sysbench	MySQL 基准测试工具	开源工具
	TestDFSIO	HDFS 基准性能测试	Hadoop 自带的工具
	PerformanceEvaluation	HBase 性能测试	HBase 自带的工具
	NNBench	Namenode 硬件加载过程	Hadoop 自带的工具
	MRBench	MapReduce 小型作业的快速响应能力	Hadoop 自带的工具
综合类测试工具	HiBench	微型负载搜索业务、机器学习和分析请求	英特尔
	BigDataBench	搜索引擎、社交网络和电子网络	中科院计算所
	CloudBM	云数据管理系统基准测试	CloudBM Web Solutions
	AMP Benchmarks	实时分析类应用场景	UC Berkeley Lab
	TPCx-HS kit	在 MapReduce 或 Spark 流基础上的实时分析	TPC
端到端的测试工具	BigBench	大数据离线分析	TPC

1）微型负载专用工具只测试大数据平台的某个特定组件和应用，包括 GridMix（面向 Hadoop 集群的测试基准）、TeraSort（针对文本数据的排序）、YCSB（对比 NoSQL 数据库的性能）、LinkBench（专门用于测试存储社交图谱和网络服务的数据库）等。

2）对于综合类测试工具，模拟几类典型应用，覆盖大数据平台的多个功能组件。例如 HiBench，它是一款针对 Hadoop 和 Hive 平台的基准测试工具，其负载按照业务可以分为微型负载、搜索业务、机器学习和分析请求。

3）端到端的测试工具可应用到具体领域。例如 BigBench，它应用于大数据离线分析场景。

这 3 类基准测试工具各有各的应用场景，其中微型负载专用工具的应用场景较单一，但效率高、成本低，另外，它无法整体衡量大数据平台的性能；综合类测试工具的场景覆盖面比较广，能够较全面地考量大数据平台执行不同类型任务的性能，也就是通用性好；端到端的测试工具实现了对企业特定业务的模拟，与企业的应用场景结合紧密，可以满足企业大数据业务全流程的模拟和测试。接下来，我们选取典型的两款工具进行简单介绍。

（1）BigBench

BigBench 是一款面向商品零售业的端到端的基准测试工具，它扩展了 TPC-DS，综合考虑多种数据模态，增加了半结构化数据 Web Log 和非结构化数据 Reviews。其负载的生成是 TPC-DS 定制化的版本。BigBench 包含 30 个查询。BigBench 的基本数据模型如图 5-10 所示。

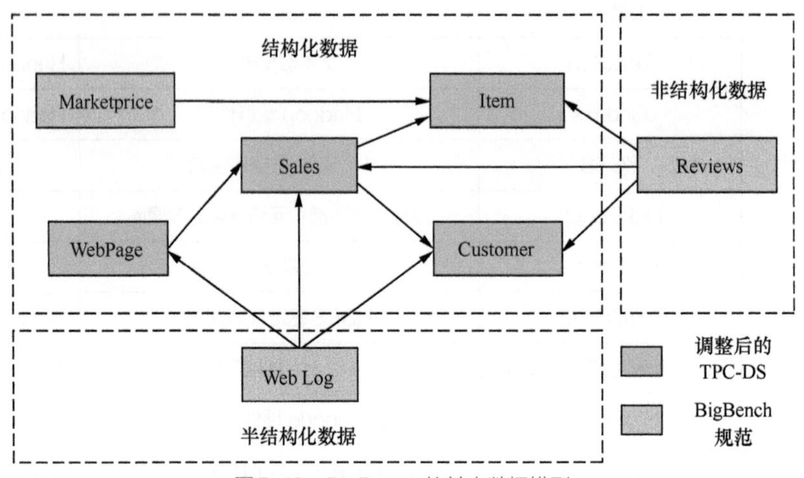

图5-10　BigBench的基本数据模型

（2）HiBench

HiBench 是英特尔（Intel）推出的一款大数据基准测试工具，用来测试各种大数据框架的处理速度、吞吐量和系统资源利用率等。HiBench 内置了若干大数据计算程序作为基准测试的负载，如 Sort、WordCount、TeraSort、Bayes 分类、K-means 聚类、逻辑回归算法和典型的查询 SQL 等。它支持的大数据框架包括 Hadoop、Spark、Storm、Flink 和 MapReduce 等，是一个非常好用的测试大数据平台工具。HiBench 的使用非常简单，只需要以下 3 步。

- 配置：配置要测试的数据量、大数据运行环境和路径信息等基本参数。
- 初始化数据：生成准备计算的数据。
- 执行测试：运行对应的大数据计算程序。

5.5　大数据ETL测试

通过第 3 章中对 ETL 的介绍，我们了解到 ETL 主要涉及关联、转换、调度和监控等几个方面。ETL 过程可以分为实时 ETL 和离线 ETL。多个 ETL 的操作时间、顺序和成败对数据仓库中信息的有效性非常重要，因此，做好 ETL 测试至关重要。

ETL 测试是一个以数据为中心的测试过程，用于验证数据是否已按预期方式转换并加载到目标中。在实际工作中，我们经常需要根据不同的业务需求定制不同的数据，如何验证提供的业务数据最终的正确性，这就涉及 ETL 测试。本节将从 ETL 测试类型、ETL 测试场景和 ETL 测试工具这 3 个方面对 ETL 测试进行详细介绍。

5.5.1　大数据ETL测试类型

ETL 测试贯穿整个数据处理阶段，涉及多种测试类型，如图 5-11 所示。

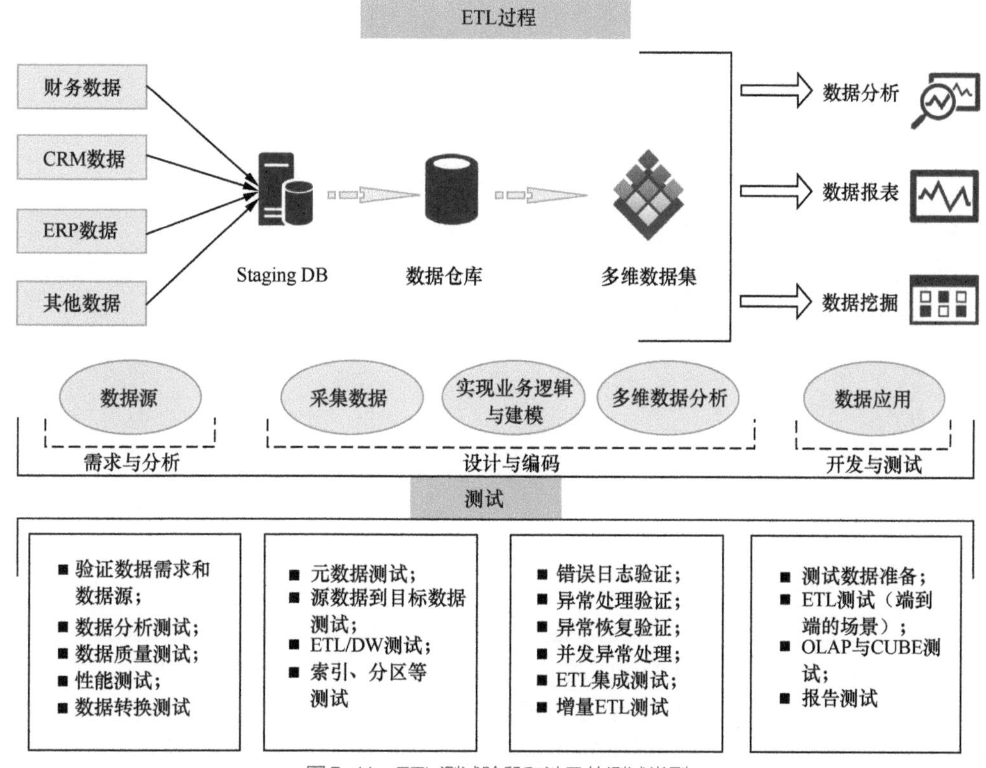

图5-11 ETL 测试阶段和涉及的测试类型

接下来，我们对 6 种常见的 ETL 测试类型进行介绍。

1. 元数据测试

元数据测试是指验证表定义是否符合数据模型和应用程序的设计规范，包括对数据类型，数据长度，索引和约束，元数据命名规范等进行检查。

1）数据类型检查是指验证表和列的数据类型定义是否符合数据模型的设计规范。例如，数据模型列定义为number类型，而数据库列的数据类型为string或varchar，则不符合规范。

2）数据长度检查是指验证数据库列的长度是否符合数据模型的设计规范。例如 fst_name 列，数据模型规定的长度为 100 个字符，但相应的数据库表的列的长度仅为 80 个字符。

3）索引和约束检查是指验证在数据库表中是否按照设计规范定义了适当的约束和索引。例如，某一列被定义为 NOT NULL，但根据设计规范，它允许为 NULL。又如，在数据库表中未定义外键约束，导致在子表中产生孤立记录。

4）元数据命名规范检查是指验证数据库的元数据（如表、列和索引）的名称是否符合命名规范。例如，事实表的命名规范为以“_F”结尾，但某些事实表的名称以“_FACT”结尾。

2. 数据完整性测试

数据完整性测试的目的是验证是否已将所有预期数据从源加载到目标中。数据完整性测试的主要测试内容：比较源与目标之间的计数，如最小值、最大值、总和、均值和实际数据量。

当测试的数据量非常大时，无法对所有数据进行一一验证，我们通常采取以下方式进行综合验证。

- 比较源和目标之间一列中的唯一值。
- 比较列的最大值、最小值、均值、最大长度值和最小长度值，具体比较的类型取决于列的数据类型。
- 比较源和目标之间的列中的空值。
- 对于重要列，比较源和目标之间的列中的数据分布（频率）。

```
1.  示例：根据映射，将列计数与每个列的源和目标之间的值（非NULL值）进行比较
2.  源查询：
3.  SELECT
4.     count( row_id ), count( fst_name ), count( lst_name ), avg( revenue )
5.  FROM
6.     customer
7.  目标查询：
8.  SELECT
9.     count( row_id ), count( fst_name ), count( lst_name ), avg( revenue )
10. FROM
11.    customer_dim
```

3. 数据转换测试

数据转换是 ETL 的关键步骤，它决定了转换后的数据是否可以适用目标系统，因此，对数据转换进行测试至关重要。我们可以通过白盒测试和黑盒测试对数据转换进行测试。

1）白盒测试主要检查程序结构并从程序逻辑和代码中获取测试数据。对于转换测试，这涉及检查映射设计文档和 ETL 代码中的转换逻辑。下面列出白盒测试需要遵循的步骤。

- 查看源到目标映射设计文档以了解转换设计。
- 使用 SQL 或过程语言（如 PL/SQL）对数据进行转换。
- 将转换后的测试数据的结果与目标表中的数据进行比较。

2）黑盒测试是指直接校验应用程序的功能，无须查看应用程序的内部结构和工作方式。对于转换测试，这涉及从映射设计文档中了解转换逻辑，以适当地设置测试数据。黑盒测试的优点在于，在测试期间，不需要重新实现转换逻辑，但测试人员需要为每种转换方案设置测试数据，并手动提出转换数据的期望值。例如，在某一家金融公司中，某个储蓄账户所赚取的利息取决于该账户当月的每日余额。在源系统中，针对各种日常账户余额场景设置测试数据，将目标表中的转换数据与测试数据的期望值进行比较。

4. 增量 ETL 测试

我们通常将 ETL 过程设计为在完全模式或增量模式下运行。在完全模式下运行时，ETL 需要从源系统重新加载所有（或大部分）数据。增量 ETL 仅使用某种变更捕获机制来识别变更，只加载源系统中变更的数据。增量 ETL 对减少 ETL 运行时间至关重要，它是数据定期更新数据的一种方法。增量 ETL 测试的目的是验证源上的更新是否已正确加载到目标系统中。常用的增量 ETL 测试方法如下。

1）重复数据检查：在更新源记录时，增量 ETL 应该能够在目标表中查找现有记录并进行更新。我们需要确保更新后的目标表中没有重复项。例如，业务需求中表明，名字、姓氏、中间名和出生日期数据的组合应该是唯一的。我们可以通过如下代码进行查询以识别重复项。

```
1.  SELECT
2.   fst_name, lst_name, mid_name, date_of_birth, count( 1 )
3.  FROM
```

```
4.    Customer
5.  GROUP BY
6.    fst_name, lst_name, mid_name, date_of_birth
7.  HAVING
8.    count( 1 ) >1
```

2）比较数据值：验证源中更改的数据值是否正确反映在目标数据中。通常，ETL 过程更新的记录由运行 ID 或 ETL 运行日期标记，该日期可用于标识目标系统中最近更新或插入的记录。或者，可以根据增量 ETL 运行频率比较源和目标中最近几天更新的所有记录。

5. ETL 集成测试

一旦数据通过 ETL 过程转换并加载到目标系统中，它就会被目标系统中的另一个应用程序或流程所使用。在数据集成项目中，通常定期在两个不同的应用程序之间共享数据。ETL 集成测试的目标是对 ETL 流程和使用的应用程序中的数据执行端到端测试。ETL 过程和相关应用程序的集成测试涉及以下步骤。

- 在源系统中，设置测试数据。
- 执行 ETL 过程以将测试数据加载到目标中。
- 查看或处理目标系统中的数据。
- 验证数据和使用该数据的应用程序的功能。

6. ETL 性能测试

ETL 过程的性能是我们在任何 ETL 项目中关注的问题之一。对于不同的数据量，ETL 过程中的行为可能有所不同。

1）当数据量较小时，查询会比较快，但当数据量较大时，查询可能出现瓶颈，从而减慢 ETL 任务的执行速度。

2）一个增量 ETL 任务正在更新比预期的记录更多的记录。当目标表中的数据量较小时，增量 ETL 任务的性能很好，但当数据量变大时，会极大地降低增量 ETL 的速度。

ETL 过程和相关应用程序的性能测试涉及以下步骤。

- 估计未来 1 ~ 3 年 ETL 的每个源表中的预期数据量。
- 通过生成样本数据或制作生产（清理）数据的副本来设置用于性能测试的测试数据。
- 执行完整的 ETL 过程以将测试数据加载到目标中。
- 查看每个单独的 ETL 任务（工作流）的运行时间和 ETL 的执行顺序。重新访问并排列 ETL 任务，以便让任务尽可能并行执行。
- 为增量 ETL 过程设置测试数据，并在增量 ETL 期间按预期的数据更改量进行设置。
- 执行增量 ETL。通过查看 ETL 任务加载时间和任务的执行顺序，发现性能瓶颈。

5.5.2 大数据 ETL 测试场景

常用的大数据 ETL 可以分为实时数据 ETL 和离线数据 ETL，本节重点介绍实时数据 ETL 和离线数据 ETL 流程及其过程中的质量保障。

1. 实时数据 ETL 和测试

实时数据是指实时接入的数据，一般是指分钟级别以下的数据。通常，对于实时数据的处理，可以分为实时计算、实时存储、实时展示和实时分析等。实时数据流转路径如图 5-12 所示。

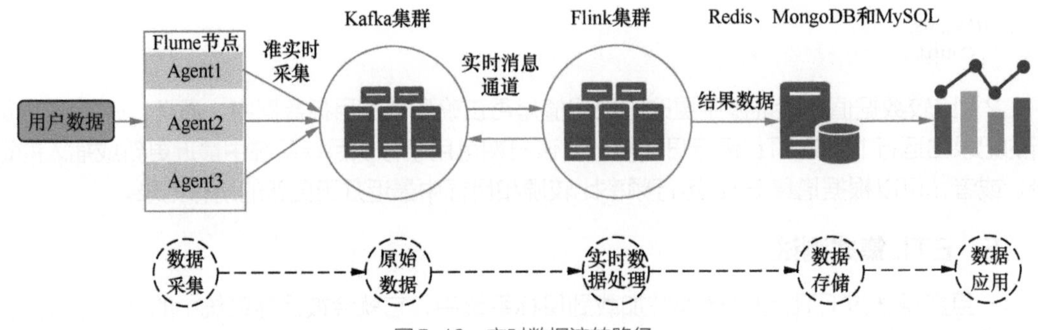

图5-12　实时数据流转路径

- 原始数据：可以理解为上游原始数据。对于整个上层消费应用，除数据本身以外，其他都是“黑盒”，即不可见。目前，对于接入的数据源，常见的提供数据的方式有 Kafka、MQ 等。
- 实时数据处理：这是整个数据流转路径的核心，负责根据业务需求对原始数据进行处理并转发。常见的处理实时数据的应用框架有 Flink、Storm 和 Spark Streaming 等。
- 数据存储：用于保存处理后的数据。对于业务功能，可以在这里获取需要使用的数据。在这里，我们一般使用基于内存的 key-value 数据库 Redis，以及列式数据库：ClickHouse、MongoDB 和 HDFS 等。另外，我们可以将数据转发至另一个数据通道。
- 数据应用：数据的具体使用。在这里，我们可以对数据进行业务层面的处理、数据的可视化展示。

根据实时数据的应用场景和实时数据相关的业务链路，在测试实时数据应用时，我们可以着重考虑如图 5-13 所示的几个要点。

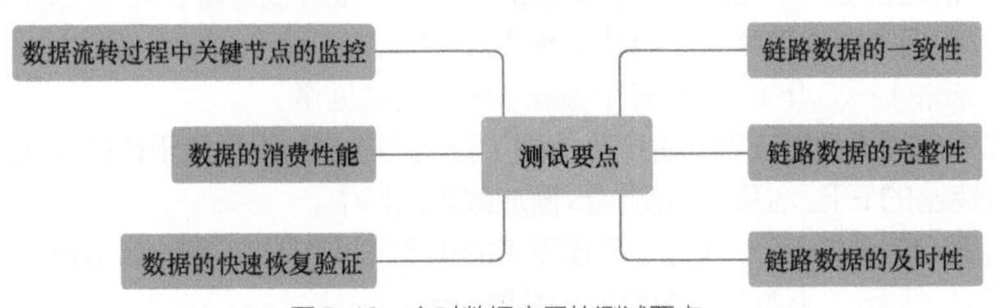

图5-13　实时数据应用的测试要点

下面对图 5-13 所示的测试要点进行详细说明。

（1）链路数据的一致性

一致性测试主要是验证每个链路节点数据消费的一致性，重点在于确保整个链路的各个节点的数据处理和消费情况一致，即通过对数据消费的分时、分频率的比对完成一致性验证。首先，通过采取不同的数据流频率将数据输送实时链路进行消费，然后，取不同的抽样间隔并对数据进行计算分析，确保数据的一致性。实时数据流一致性验证方法如图 5-14 所示。

（2）链路数据的完整性

对于目标有效数据从源头到处理，再到前端展示，不能因为数据处理逻辑权限、存储异常和前端展现异常等导致数据丢失。

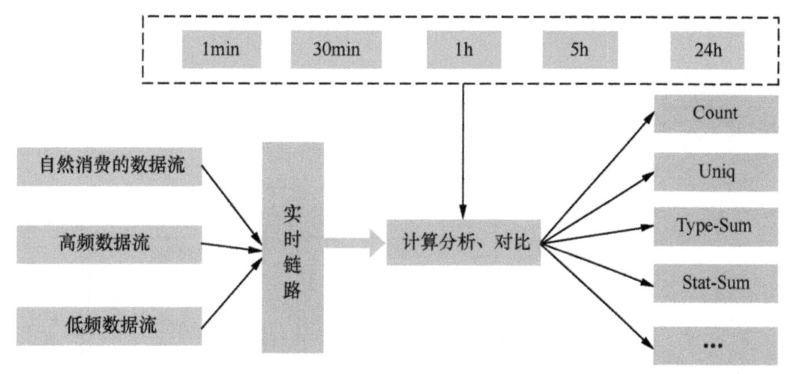

图5-14 实时数据流一致性验证方法

- 在原始数据中，若出现"背压"，就会导致数据源头（MQ、Kafka 等）消息积压。若积压严重，就会导致资源耗尽，进而导致数据丢失。
- 在数据处理阶段，若数据未按照需求进行处理，就会导致目标有效数据丢失。
- 在数据存储阶段，若存储容量已满，就会导致新数据无法继续写入，最终导致数据丢失。

（3）链路数据的及时性

根据实时链路的流式特性和多实体多次更新的特性，在测试数据及时性（时效性）时，我们需要关注两个核心问题。

1）如何跟踪并确认一个唯一的消息在整个链路的消费情况?

2）如何以低成本方式获取每个节点过程的数据链路时间?

我们可以获取链路过程的每个节点的时间，包括传输时间和处理时间，并约定统一的规范和格式。这样，我们就很容易获取任意信息。我们也可以通过抽样计算一些统计指标以衡量时效。对于时效性有明显异常的数据，可以筛选出来，进行持续优化。

（4）数据的快速恢复验证

在数据流转过程中，若因系统异常中断，那么会停留在某一个环节。在系统恢复后，我们需要确认停止的数据可以快速恢复流转，且处理正确，无数据遗漏和数据重复消费。例如，在数据处理阶段，消费程序出现问题，导致程序崩溃，重启后，数据消费正常。在数据处理阶段，出现性能问题，导致消息积压，在问题解决后，消息积压情况可以逐步缓解，直至恢复正常。

（5）数据的消费性能

实时数据处理本身是一套全链路数据计算服务，性能测试是比较重要的一环。此类业务压力测试用到的业务数据就是链路过程中的消息，通常可以通过两种方式准备数据以进行压力测试。一种方式是尽可能模拟真实的消息，只需要获取消息内容并进行程序自动模拟；另一种方式是采用真实的业务数据引流，进行流量回放。基于数据链路的特性，在施压的过程中，可以将发送消息的服务开发成一个接口，即转变为普通的接口进行测试。我们也可以利用 Flink 的消息回追机制，重复消费历史消息以进行压力测试。

（6）数据流转过程中关键节点的监控

在测试时，我们需要确认是否对数据的关键节点进行了监控。若已进行监控，那么可以方便我们及时发现问题。例如，我们可以对原始数据和数据处理阶段的消息积压情况，数据存储阶段的主从一致性，以及业务层的系统存活情况等进行监控。

2. 离线数据 ETL 和测试

离线数据处理一般采用 $T+1$ 模式，即每天凌晨处理前一天的数据。对于离线数据的处理，一般使用 Sqoop、Flume 和 MapReduce 等。图 5-15 为离线数据平台的架构图。

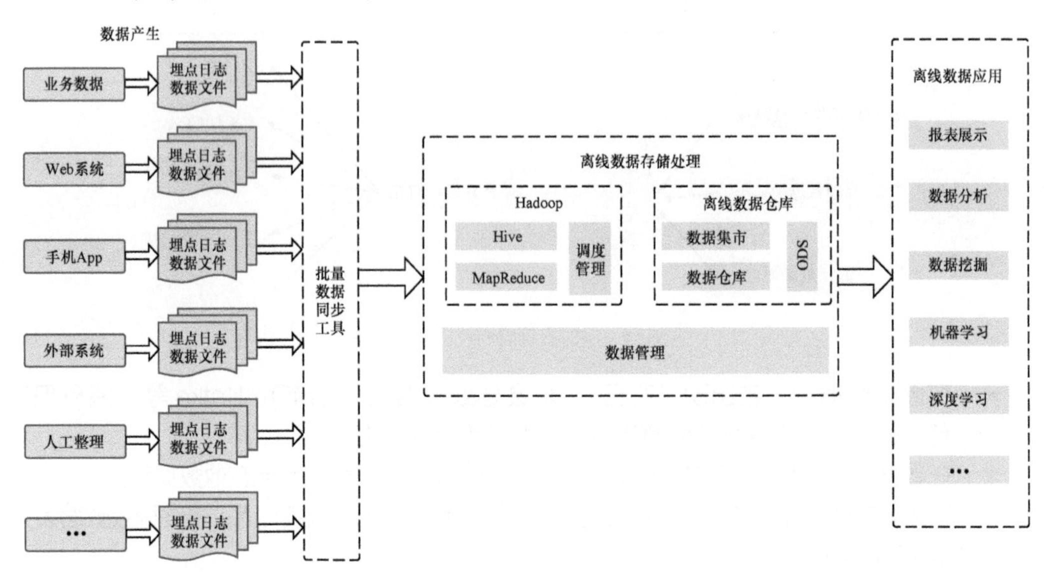

图 5-15　离线数据平台的架构图

离线数据 ETL 过程主要集中在离线数据仓库。通过第 3 章中对数据仓库架构分层的介绍，我们了解到数据仓库的每一层都有其特定的含义和标准，因此，针对每一层级结构，有不同的测试重点，如表 5-7 所示。

表 5-7　数据仓库分层测试重点

数据仓库层级	测试目标	测试范围	测试重点
数据接入层	数据完整性、数据正确性	表、字段	1）表命名规范检查； 2）字段信息检查； 3）数据质量检查（包括字段空值率、零值率、主键唯一性和字段值域等）； 4）数据完整性检查
数据明细层	数据完整性、数据正确性和数据清洗逻辑	表、字段	1）表命名规范检查； 2）字段信息检查； 3）数据质量检查（包括字段空值率、零值率、主键唯一性和字段值域等）； 4）数据完整性检查； 5）数据清洗逻辑检查（包括数据填充、噪声数据去除等）
数据汇总层	业务逻辑性	表、重点字段	1）表命名规范检查； 2）字段信息检查； 3）指标计算、勾稽（内在逻辑对应关系）逻辑检查
数据集市层	业务逻辑性	表、重点字段	1）表命名规范检查； 2）字段信息检查； 3）指标计算、勾稽逻辑检查

针对离线数据处理的相关应用，在测试过程中，我们主要关注数据处理任务脚本、离线 SQL 统计脚本和数据处理存储结果等。我们可以结合上文介绍的 ETL 测试类型和数据仓库分层测试重点来保证测试整体的质量。

5.5.3 大数据ETL测试工具

在遵循合适的测试流程和测试方法的基础上，我们还可以借助测试工具进行 ETL 测试，如实现 ETL 测试自动化，提升工作效率。图 5-16 展示了常见的 ETL 测试工具。

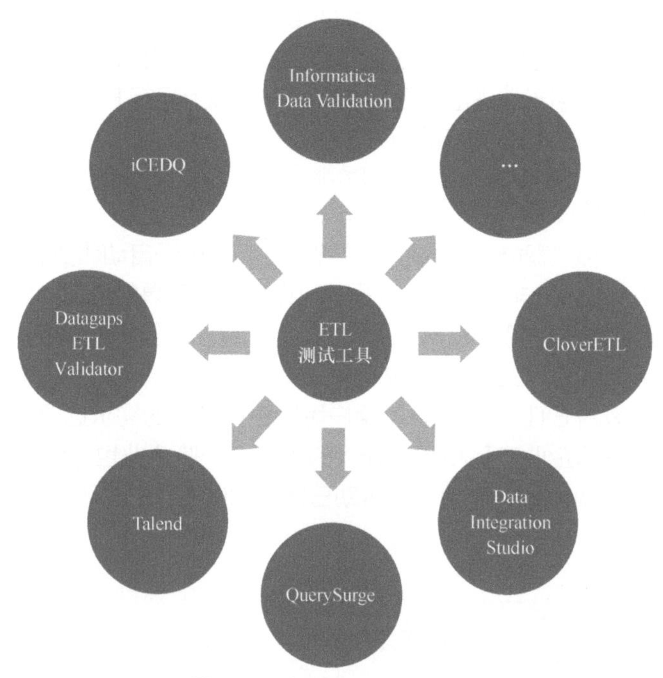

图5-16 常见的ETL测试工具

下面对部分 ETL 测试工具进行介绍。

1. Informatica Data Validation

Informatica Data Validation 是一个基于 GUI 的 ETL 测试工具。该测试工具的测试内容包括数据迁移前后表的比较，确保数据正确加载并以预期格式进入目标系统。它降低了在转换过程中引入错误的风险并避免将错误数据转移到目标系统。它拥有直观的用户界面和内置操作，不需要用户使用任何编程技巧，降低了对使用技术的要求和可能导致的业务风险。它可以为用户节省 50% ~ 90% 的成本和工作量，为数据验证和数据完整性验证提供了很好的解决方案。

2. iCEDQ

iCEDQ 是一个自动化 ETL 测试工具，专门针对数据中心项目（如数据仓库、数据迁移等）所面临的问题而设计，支持各种数据库，可以比较数百万行数据（或文件）。它支持 ETL 过程的规则引擎，可以识别数据集成错误，无须任何自定义代码。iCEDQ 在源系统和目标系统之间进行验证和协调。它确保迁移后数据的完整性，并避免将错误数据加载到目标系统中。

3. Datagaps ETL Validator

Datagaps ETL Validator 工具是专门为 ETL 测试和大数据测试而设计的，是数据集成项目的解决方案。它预先打包一个 ETL 引擎，该引擎能够在并行执行测试用例的同时从多个数据源中提取和比较数百万条记录。它还具有一个独特的带有拖放功能的 Visual Test Case

Builder 和一个查询生成器，该查询生成器无须手动输入即可定义测试。它的主要功能包括平面文件测试、数据配置文件测试、基准测试、数据质量测试和数据库元数据测试。

4. Talend

Talend 的 ETL 测试功能体现在其开源的 Open Studio for Data Integration 和基于订阅的 Talend Data Integration 中。Talend Data Integration 不但包括与开源解决方案相同的 ETL 测试功能，而且提供用于促进团队合作，在远程系统上运行 ETL 测试作业的企业级交付机制，以及用于定性和定量 ETL 指标的审核工具。

5. QuerySurge

QuerySurge 是一种“智能的”数据测试解决方案，用于自动化数据仓库，以及 ETL 过程的验证和测试。新手或经验丰富的团队成员都可以通过该工具的查询向导集合验证数据。此外，它支持用户编写自定义代码。该产品通过分析对比数据的差异，确保从数据源提取的数据在目标数据仓库中保持完整。QuerySurge 还可与领先的测试管理解决方案集成。

业界还有很多优秀的 ETL 测试工具，用户可以根据自己的需求选取适合的工具。除应用一些商业工具以外，根据企业产品和测试介入的程度，一些企业也会设计一些适合自己需求的 ETL 测试工具或大数据自动化平台，以协助日常的测试工作。关于相关工具或平台的开发，见第 8 章。

5.6　大数据测试总结

在上文中，我们对大数据测试的范围、方法和流程，以及大数据基准测试和大数据 ETL 测试等进行了系统介绍。本节将介绍大数据测试中的典型问题和面临的挑战。

5.6.1　大数据测试中的典型问题

1. 数据质量问题和数据处理过程中的问题

我们需要关注数据本身的质量问题，以及数据处理过程中各种处理方式和结果是否满足预期，是否与业务逻辑不相符，是否影响后续业务的使用等问题，这些问题通常发生在数据的 ETL 阶段。常见的问题如下。

- 数据记录不唯一。
- 数据流转过程中 Null 值被自动替换的问题。
- 数据处理过滤条件不正确。
- 处理前后的数据不一致或有部分数据丢失。
- 处理前后的数据列顺序错误。
- 数据的约束关系不正确。

数据测试是一个比较枯燥、烦琐的过程。通常，我们会考虑将一些特定的问题进行规则化配置，应用数据质量平台和自动化脚本进行检测，方便快速发现问题。当然，规则化配置并不能完全解决上述问题，我们还需要通过 CodeReview 等手段补充确认，保证底层数据的准确性。

2. 数据SQL问题

SQL 测试是大数据测试中不可或缺的环节，在数据收集和数据处理过程中，涉及较多的 SQL 任务，我们需要关注 SQL 语法、应用场景和检索结果等是否正确。常见的问题如下。

（1）SQL 未对异常数据进行处理

若对空数据的处理不当，那么会导致数据统计结果不正确。例如，在统计某款 App 每天的用户登录数量时，直接使用 SELECT COUNT(DISTINCT user_id) FROM ***，在这个场景中，忽略了数据表中的 user_id 存在空值等异常数据，未对异常数据进行处理，导致统计结果不正确。在进行 SQL 测试的过程中，我们要结合真实的数据场景进行确认，查看数据中是否存在非标准的异常数据。

（2）左右连接使用不正确

左连接是指首先取出左表中所有数据，然后加上与条件匹配的右表数据，不匹配的直接给空。右连接是指首先取出右表中所有数据，然后加上与条件匹配的左表数据，不匹配的直接给空。在测试过程中，我们需要根据具体的业务逻辑判断左右连接使用是否正确。

（3）数据库索引问题

在数据库中，合理添加索引和正确使用索引能够加快数据库的查询速度。验证字段索引应用是否合理是对 SQL 测试时必须进行的一个常规工作。

（4）SQL 函数使用不当

在测试过程中，我们需要关注 SQL 语句中的函数使用是否正确，SQL 执行结果是否符合业务逻辑要求。

3. Hadoop应用相关问题

随着分布式计算技术的推广，越来越多的大数据计算任务迁移到 Hadoop 平台上进行，Hadoop 应用也越来越多，下面列举一些项目中常见的问题。

（1）数据倾斜

数据倾斜是指在计算数据的时候，数据的分散度不够，导致大量数据集中到了一台或几台机器上进行计算，这些数据的计算速度远远低于平均计算速度，导致整个计算过程过慢。在 Spark、Hive 应用中，数据倾斜常常发生在 GROUP、JOIN 等需要数据 shuffle 的操作中。在这些阶段，需要按照 key 值进行数据汇集处理，若 key 值过于集中，那么大部分数据将汇集到相同机器，从而导致数据倾斜。数据倾斜不但导致无法充分利用分布式带来的好处，而且可能导致内存消耗过大，超过负载，直接导致任务延迟或失败。典型的数据倾斜业务场景如下。

1）空值产生的数据倾斜。

场景：在日志中，经常会出现信息丢失的问题，如日志中的 user_id 可能存在一定的缺失率。如果取日志中的 user_id 和用户表中的 user_id 关联，那么会发生数据倾斜问题。

解决方法 1：user_id 为空时不参与关联。

```
1.  SELECT
2.   *
3.  FROM
4.   log a
5.   JOIN users b ON a.user_id IS NOT NULL
6.   AND a.user_id = b.user_id UNION ALL
7.  SELECT
8.   *
9.  FROM
```

```
10.  log a
11. WHERE
12.  a.user_id IS NULL;
```

解决方法2：赋予空值新的值。

```
1.  SELECT
2.   *
3.  FROM
4.   log a
5.   LEFT OUTER JOIN users b ON
6.  CASE
7.   WHEN a.user_id IS NULL THEN
8.   concat( ' hive', rand( ) ) ELSE a.user_id
9.  END = b.user_id;
```

结论：解决方法2比解决方法1效率更高，因为不但IO少了，而且作业数也少了。在解决方法1中，log读取两次，job数是2，而在解决方法2中，job数是1。这个优化适合无效id（如-99、''和NULL等）产生的数据倾斜问题。我们把空值的key变成一个字符串并加上随机数，就能把倾斜的数据分到不同的Reducer上，从而解决数据倾斜问题。

2）不同数据类型关联产生数据倾斜。

场景：用户表中的user_id字段为int类型，log表中的user_id字段可能是string类型或int类型。当按照user_id进行两个表的JOIN操作时，默认的Hash操作会按照int类型的id来进行分配，这样会导致所有string类型的id的记录都分配到一个Reducer中。

解决方法：把int类型转换成string类型。代码示例如下。

```
1.  SELECT
2.   *
3.  FROM
4.   users a
5.   LEFT OUTER JOIN log b ON b.user_id = cast( a.user_id AS string )
```

3）少量key值重复数据量特别大，需要group by。

场景：统计table2中key值出现的次数，且要求这些key值必须出现在table1中。在很多业务中，会用到该场景。统计代码示例如下。

```
1.  SELECT
2.   a.key AS key,
3.   b.pv AS pv
4.  FROM
5.   ( SELECT key FROM table1 WHERE ds = '20200518' ) a
6.   JOIN ( SELECT key, count( 1 ) AS pv FROM table2 WHERE ds = '20200518' GROUP
    BY key ) b ON a.key = b.key
```

其中，table1有1000条数据，table2有1亿条数据。在优化前，这个任务运行了接近1个小时。在查看日志后，我们发现有一个Reducer运行时间非常久，而其他Reducer都能在1分钟之内完成，推断可能发生了数据倾斜。

不考虑数据本身，从代码层面来分析，table2中的某个key值可能存在大量重复。在统计Top10 key值后，我们发现确实有部分key值大量重复。此时，有以下两种解决方案。

- 如果统计的Top10 key值不是业务需要的key值，那么直接过滤掉。
- 如果统计的Top10 key值在table2中有很多，而且都是业务需要的key值，那么考虑加入随机数。

代码示例：

```
1.  SELECT
2.   a.key AS key,
3.   b.pv AS pv
4.  FROM
5.   ( SELECT key FROM table1 WHERE ds = '20200518' ) a
6.   JOIN (
7.  SELECT key
8.   ,
9.   sum( pv ) AS pv
10. FROM
11.  (
12. SELECT key
13.  ,
14.  round( rand( ) * 1000 ) AS rnd  --加入随机数，将原来的一组强制拆成多组，增加并发度
15.  count( 1 ) AS pv
16. FROM
17.  table2
18. WHERE
19.  ds = '20200518'
20. GROUP BY
21.  KEY,
22.  rnd
23.  ) tmp
24. GROUP BY
25. key
26.  ) b ON a.key = b.key
```

在处理数据倾斜问题时，我们要对数据倾斜的原因进行分析并得出处理方法，要么将Reducer端的隐患在Mapper端解决，要么对key操作，减缓Reducer端的压力。大量经验表明，数据倾斜的原因是人为的建表疏忽或不清楚业务逻辑。在工作中，一些导致数据倾斜的业务逻辑是必需的，如果我们确认业务需要这样倾斜的逻辑，那么可以考虑以下优化方案。

- 对于JOIN，在判断小表不大于1GB的情况下，使用MAP JOIN。对于GROUP BY或DISTINCT，设定HIVE.GROUPBY.SKEWINDATA=TRUE（决定GROUP BY操作是否支持倾斜数据）。
- 尽量使用上述的SQL语句进行优化。

（2）Worker资源分配问题

当处理的数据量很大时，任务会被分成很多task，虽然每个task运行时间较短，但当任务启动时，如果集群默认分配的Worker比较少，那么将导致即使集群资源空闲，运行该任务的Worker数仍然很少，运行时间还是会很长。若处理的数据量很大，那么，在任务启动的时候，一定要指定资源参数，否则按照系统默认值，分配的Worker会很少。对于大数据量，该限制会大大降低性能。在任务启动的时候，我们可以通过监控页面查看该任务运行的Worker数。

（3）Worker内存分配过小

在日常测试中，我们经常会使用小数据量进行测试。在小数据量测试通过后，再进行大数据量测试时，平台会“杀死”该任务。针对这种问题，我们需要关注以下情况。

- 在集群进行大数据量测试时，若被平台“杀死”，那么查看日志，确认是否因为内存超出而被平台“杀死”。
- 在本地运行MapReduce程序，查看程序内存占用情况。根据内存占用情况推断配置数据是否符合业务场景和线上使用预期，避免上线后出现较大风险。

4. 性能问题

性能问题也是日常测试中经常遇到的问题，如脚本 / 任务耗时不符合预期、资源消耗过大等。对于这类问题，通常需要结合真实的业务场景。对于任何类型项目的测试，我们都需要充分考虑可能存在的性能问题，并对当前的性能表象进行分析，然后，在权衡整体消耗的前提下，考虑是否需要进一步优化以提升服务的性能，直到达到最终的要求。

5.6.2 大数据测试经验总结

在众多的大数据测试场景中，两类场景比较典型：一类是开发全新的大数据系统或应用；另一类是对原有大数据系统或应用进行修改。对于这两种不同的大数据项目，我们会有侧重地安排测试内容。

如果项目是对全新的大数据系统或应用进行开发，则意味着数据是全新的（新增表或新增字段）。对于此类项目的测试，我们更侧重大数据分布测试。如果项目是对原有的大数据系统或应用进行维护开发，则意味着对旧数据的修改，我们更侧重大数据对比测试。大数据分布测试和大数据对比测试的具体内容如表 5-8 所示，其中大数据对比测试中的统计类指标需要根据不同的字段类型，使用不同的统计类指标，如数值型字段使用总和、最值、均值、方差和分位点等指标；枚举型字段使用种类数、种类占比等指标。

表 5-8　大数据分布测试与大数据对比测试

测试类型	常用核心测试点	项目开发类型			
		新增表	新增字段	修改旧字段	修改表逻辑
大数据分布测试	表级测试——总数据量	√	√		
	表级测试——是否存在重复数据	√	√		
	表级测试——主键唯一性	√	√		
	表级测试——空值量	√	√		
	表级测试——空值率	√	√		
	表级测试——去重数据量	√	√		
	表级测试——有效值数据量	√	√		
大数据对比测试	表级测试——总数据量对比			√	√
	表级测试——全量数据对比			√	√
	字段级测试——去重数据量对比			√	√
	字段级测试——统计类指标对比			√	√

上述都是针对数据本身进行的测试，在大数据处理的过程，我们还需要对大数据处理逻辑进行测试，包括 UDF（User Defined Function，用户自定义函数）。大数据分布测试、大数据对比测试和大数据逻辑测试在大数据测试流程中所处的位置如图 5-17 所示。

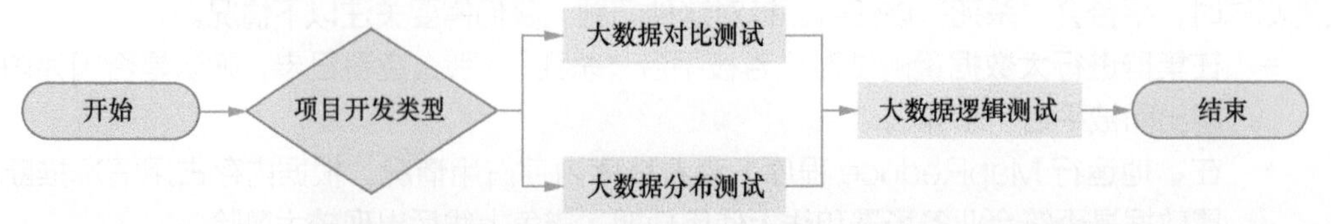

图 5-17　大数据测试流程中的大数据分布测试、大数据对比测试与大数据逻辑测试

5.6.3 大数据测试面临的挑战

与传统项目相比，大数据项目系统庞大，测试场景复杂。上文介绍了一些大数据测试的方法和经验等，但在具体的实践过程中，面对复杂的系统流程，依然存在一些挑战。

（1）大数据应用对测试技术的要求越来越高

大数据项目往往涉及“长数据流”，从数据的源头到数据的消费，横跨公司多个部门，体系架构复杂，信息量远超个人能够掌握的范畴。例如，对于用户行为分析平台，从获取整个互联网的页面内容信息，到最终将分析结果提供给用户使用，途经页面内容提取，页面权重计算，去重与反作弊，用户操作分析，数据存储，以及数据计算等一系列动作，要求测试团队积累体系化的工具与能力，方能有效地追踪和覆盖跨多业务团队的问题。

技术的多样化、复杂化，使得我们面对不同的大数据解决方案，需要掌握不同的技术和定制不同的测试解决方案，对测试技术的要求越来越高。我们可以从以下几点继续深入研究。

1）对于测试技术，需要由单一测试技术向多元测试技术综合应用发展。多元化测试技术包含两个方面的含义：已知测试方法的综合应用和在传统测试方法的基础上研究新的测试方法。

2）搭建大数据测试平台。为了在不断的摸索中寻找可以使结构化数据和非结构化数据测试的工作变得更加轻松的方式，测试人员可以在日常的工作中不断积累测试方法，逐渐搭建可以满足特定需求的大数据测试平台，提升工作效率。

（2）对于大数据性能测试，需要不断积累经验

目前，业界暂无通用的标准的大数据性能测试工具。针对大数据应用涉及的技术、环境的复杂性，对于问题的诊断和调优，需要测试人员根据不同的大数据应用解决方案自行开发或整合多种相关工具，这需要测试人员有比较丰富的技术储备和经验积累。

（3）数据安全将是一个重大挑战

在大数据项目中，各种数据来源之间的无缝对接，以及越来越精准的数据挖掘技术，使得大数据拥有者能够掌控丰富的用户信息，用户的隐私数据会越来越多地融入各种大数据中。由于系统故障、黑客入侵和内部泄密等原因，数据泄露随时可能发生，从而造成难以预估的损失。因此，因数据而产生的安全保障问题、隐私问题非常严峻，需要建立健全的数据安全保障体系。

5.7 本章小结

在本章中，我们首先对大数据测试进行了概述，让读者对大数据测试有了初步的了解和认识。然后，我们对大数据测试的方法与流程进行了详细介绍。接着，我们对大数据基准测试、大数据 ETL 测试进行了具体介绍。最后，我们对大数据测试中的典型问题和面临的挑战进行了介绍。在后续章节中，我们会从大数据测试实践和大数据质量等方面进行展开介绍。

第 6 章　大数据测试实践

在大数据时代，数据成为驱动业务决策的重要指标。企业通过数据采集、数据传输、数据加载转换、数据建模和数据可视化等方式，实现海量、多维的数据分析和预测，从而驱动业务决策和产品向智能化发展。在本章中，我们将以大数据在商业智能、数据挖掘和数据分析可视化中的典型应用为例，讲解如何使用大数据测试方法进行测试实践。本章介绍的 3 个典型应用分别是 BI 报表、风控模型和用户行为分析平台。

6.1　BI报表测试

6.1.1　BI工具简介

BI（Business Intelligence，商业智能）是一套完整的解决方案，其可以有效地集成企业现有的数据，快速且准确地提供报表，为企业决策提供依据。实现 BI 方案的工具统称为 BI 工具。BI 报表是 BI 工具的基本实体。BI 报表只是 BI 的一部分，BI 应用的结果通常会通过 BI 报表形式呈现，以便用户能够通过下钻、对比和关联分析等功能实现对数据自由且灵活地进行对比查看。

在 BI 工具出现前，我们通常使用以 Excel 为代表的编辑类软件绘制报表。虽然使用这类软件能够制作复杂的报表，但在报表绘制前，我们需要提前准备好数据，且无法实现数据动态加载，制作的报表是静态的、固化的。对于数据 T+1 周期更新，报表需要同步更新的需求，Excel 更是无法满足。另外，当数据达到十万条、百万条，甚至上千万条时，Excel 就会变得卡顿。

在 Excel 之后，相继出现了多种报表系统，如 FineReport、CrystalReport 等。这些报表系统一般是先将数据套用到提前固化好的模板，再通过前端进行展示。虽然它们实现了固定报表的自动化更新，如日报、周报和月报这样的重复性报表，但在数据展示灵活性、深层下钻分析和实时数据展示方面却无法得到保证和支持。

BI 工具的出现弥补了以 Excel 为代表的编辑类软件和报表系统的不足。BI 工具支持多种数据源连接，数据动态和实时加载更新，以及多维分析和下钻分析等功能。这里，我们将以 Excel 为代表的编辑类软件和报表系统归为普通报表工具。普通报表工具和 BI 工具的对比如表 6-1 所示。

表6-1　普通报表工具和BI工具对比

对比项	普通报表工具	BI工具
典型代表	Excel、FineReport和CrystalReport等	Tableau、FineBI、PowerBI、WonderBI、Superset 和 Redash 等
任意分析维度	支持多维度数据展示，无法支持任意维度组合	支持通过拖拽方式进行任意维度动态组合

续表

对比项	普通报表工具	BI工具
任意分析路径	不支持	支持多维度数据进行联动、钻取和维度切换等
实时分析	不支持	支持
数据及其规模	处理的数据量小、数据来源简单、工程相对简单、实施周期短和见效快	处理的数据量大、数据来源广泛、工程较复杂、实施周期长但效果比较好
使用体验	制作维护麻烦、交互体验一般	制作维度简单、支持拖拽操作
数据挖掘相关	不支持	支持数据挖掘和未来趋势预测

目前，业界 BI 工具有很多，各产品侧重点不同。下面重点介绍 5 款主流的开源和商业 BI 工具。

1）Redash：一款开源 BI 工具。它侧重于提供基于 Web 的数据库查询和数据可视化功能，简单实用。Redash 支持超过 35 种数据源，包括常用的主流数据库，以及 Impala、Hive、Presto、Elasticsearch、Google Spreadsheet 和 Google Analytics 等。

2）Superset：一款由 Airbnb 数据团队开源的轻量级 BI 产品。Superset 支持约 27 种数据源，包括常用的主流数据库，以及 Elasticsearch、Redshift、Drill、Hive、Impala 和 Druid 等。Superset 提供了 Dashboard 和多维分析两类功能，提供了直接使用 SQL 查询生成图表的方式（SQL Lab）来强化临时分析。Superset 的可视化效果非常出色，支持几十种图形展示。此外，它还支持通过开发插件对接任意可视化库，如 HighCharts、ECharts、AntV 和 D3 等。综合来看，Superset 非常值得一用。

3）Tableau：一款国际知名的 BI 商业软件。Tableau 被称为人人可用的数据可视化分析工具，简单易用，学习门槛较低。它的操作以拖拽式为主，用户可通过单击或拖动感兴趣的维度和度量值来实现 Tableau 的可视化效果。Tableau 可以连接几乎所有常用数据源，优点众多，缺点是价格昂贵且对于超千万条数据的分析的硬件要求高。

4）FineBI：帆软推出的一款商业自助 BI 工具。它支持亿级数据的秒级呈现，FineDirect（直连数据引擎）与 FineIndex（多维数据库引擎）双模式搭配，可灵活应对企业大数据量处理需求。在精准的数据权限管控下，它支持数据分析结果安全分享和分享数据实时更新。FineBI 的文档资源比较充足，用户可从其官网下载或观看视频进行学习。

5）WonderBI：它是一款国内知名的商业 BI 工具，也是面向业务人员的自助式数据分析平台。它提供了数据导入、数据预处理、自动建模和数据可视化分析于一体的解决方案。它支持灵活的自由式布局、组件化的统计图、丰富的数据统计函数、灵活的筛选功能和智能的图表联动，用户只需要通过简单的拖拽，就可以快速制作一张敏捷看板。此外，它还支持百亿数据秒级响应的敏捷分析、灵活的数据预处理、智能化建模和智能图表推荐等功能。

基于对当前业内 BI 工具使用情况的分析，我们发现 Tableau 的使用比较广泛，且其功能具有代表性，因此，本节的 BI 报表测试案例中将使用 Tableau。

6.1.2 Tableau简介

下面对 Tableau 的产品和使用流程进行介绍。

1. Tableau产品家族

1）Tableau Desktop：它分为个人版和专业版。个人版可以免费试用，但不能连接到

Tableau Server。企业正式使用的是专业版，专业版可以连接到 Tableau Server。

2）Tableau Server：用于发布和管理 Tableau Desktop 制作的仪表板（工作表）。Tableau Server 是基于浏览器的，它没有客户端。通常，我们会使用 Tableau Desktop 制作图表，然后发布到 Tableau Server，以供相关人员查看。

3）Tableau Prep：数据源的预处理工具。在连接分析数据之前，可能需要对源数据进行预处理，包括异常值清洗、源数据合并等。在使用该工具时，可以通过可视化的方式查看“脏”数据，并快速完成清洗操作。

4）Tableau Online：Tableau Online 与 Tableau Server 功能基本一致，可以理解为基于 Tableau Server 的托管版本。

5）Tableau Public：适合所有想在 Web 上讲述交付故事的用户。发布到 Tableau Public 上的数据是公开的，任何人都可以对数据进行筛选、查看。

6）Tableau Reader：用于浏览 Tableau 的可视化结果。对于在 Tableau Desktop 中制作的仪表板（工作表），除通过浏览器访问 Tableau Server 查看以外，还可以使用 Tableau Reader 进行浏览、过滤、查询和筛选。如果用户没有足够的预算购买 Tableau Server，那么可以下载并使用 Tableau Reader。

2. Tableau的使用流程

Tableau 的使用流程主要分为 5 个步骤，如图 6-1 所示。

图6-1　Tableau的使用流程

下面以某网店的销售数据为例对 Tableau 的使用流程进行详细介绍。

步骤 1: 连接数据源。Tableau Desktop 支持连接的数据源丰富。数据源连接页面如图 6-2 所示。

图6-2　Tableau支持连接的数据源

本案例选择 Microsoft Excel，上传使用的数据文件。在选择数据源后，可以通过点击数据来查看数据情况。

步骤 2： 数据源预处理。该步骤主要包括元数据信息变更、字段操作、数据提取、数据合并和数据连接等，如图 6-3 所示。

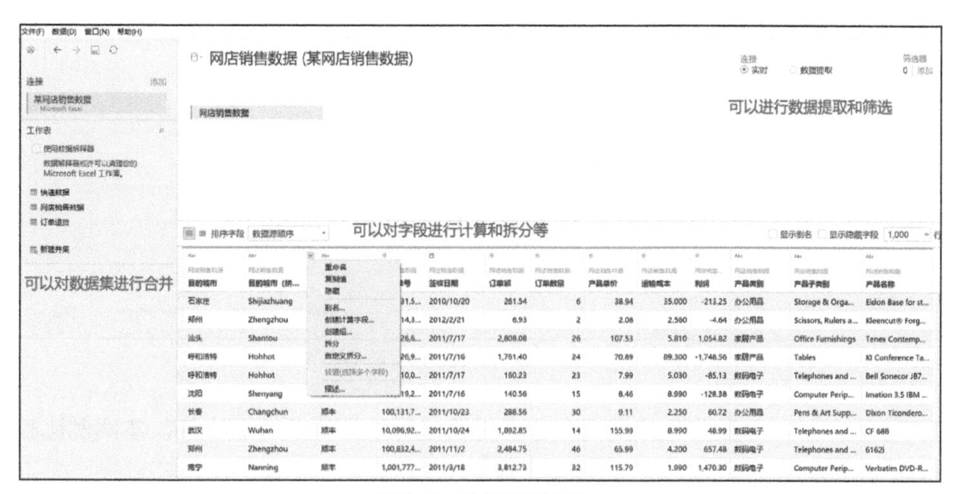

图6-3　数据源预处理

- 元数据信息变更。在连接数据源后，Tableau 会获取数据源的元数据详细信息，如表的字段名称和字段类型等，如图 6-3 所示。用户可对元数据进行修改，如重命名字段、隐藏字段和给字段起别名等。Tableau 会将该数据源中的每个字段分配为维度或度量，具体情况视字段的数据类型而定。用户也可以变更维度字段为度量，变更度量字段为维度。
- 字段操作。可以对字段进行排序、拆分，也可以通过组合两个字段来创建一个字段。
- 数据提取。可以对数据源进行数据提取来创建数据子集，这有助于通过应用过滤器来提高性能。
- 数据合并。通过新建并集可以实现数据合并。并集是指将一个表中的几行数据附加到另一个表来合并两个或更多表的一种方法。在理想情况下，合并的两个或多个表必须具有相同的字段数，并且这些字段必须具有匹配的名称和数据类型。
- 数据连接。基于表间的相关列可以将两个或多个表进行连接。Tableau 的数据连接类型有 4 种，如表 6-2 所示。

表6-2　Tableau的数据连接类型

连接类型	结果	图例
内部连接	返回两表的公共数据	内部
左侧连接	返回左侧表中的所有值和右侧表中的对应匹配项。当左侧表中的值在右侧表中没有对应匹配项时，返回NULL值	左侧
右侧连接	返回右侧表中的所有值和左侧表中的对应匹配项。当右侧表中的值在左侧表中没有对应匹配项时，返回NULL值	右侧
完全外部连接	返回两个表中的所有值。当任一表中的值在另一个表中没有匹配项时，返回NULL值	完全外部

表6-2对应的Tableau操作图如图6-4所示。

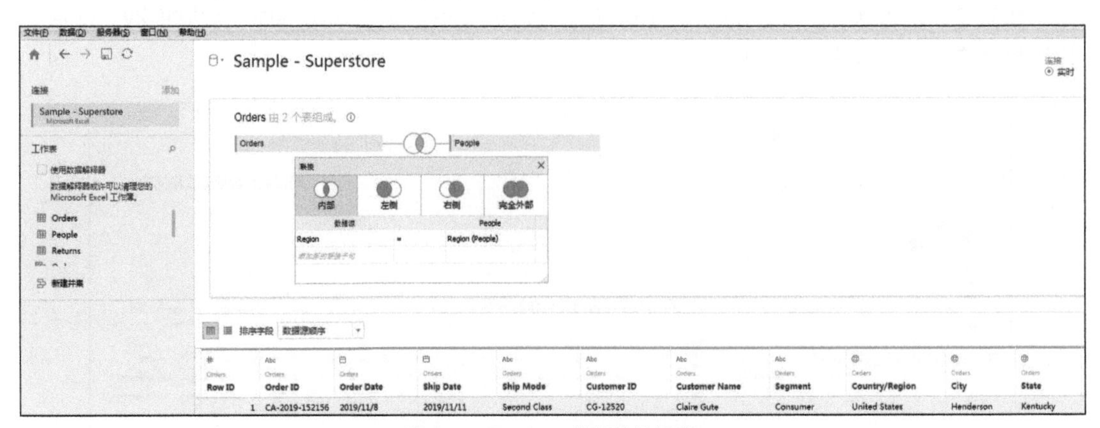

图6-4　Tableau数据连接操作

在实际操作时，可根据源数据情况考虑是否进行数据源预处理操作。本案例比较简单，不进行数据源预处理，连接数据源后直接进行下一步操作——创建工作表。

步骤3： 创建工作表。Tableau使用的是工作簿和工作表文件结构，这与Microsoft Excel类似。工作簿包含工作表，后者可以是工作表、仪表板或故事。单击Tableau主界面左下角工作簿底部的新建工作表图标按钮 ，可以创建工作表。一个工作表包含单个视图及其侧栏中的功能区、卡和图例，以及“数据”和“分析”窗格。新建工作表，将“产品类别”拖拽到列，将“利润”拖拽到行，可以看到度量字段“利润”自动聚合成各个产品类别的利润总和，如图6-5所示。

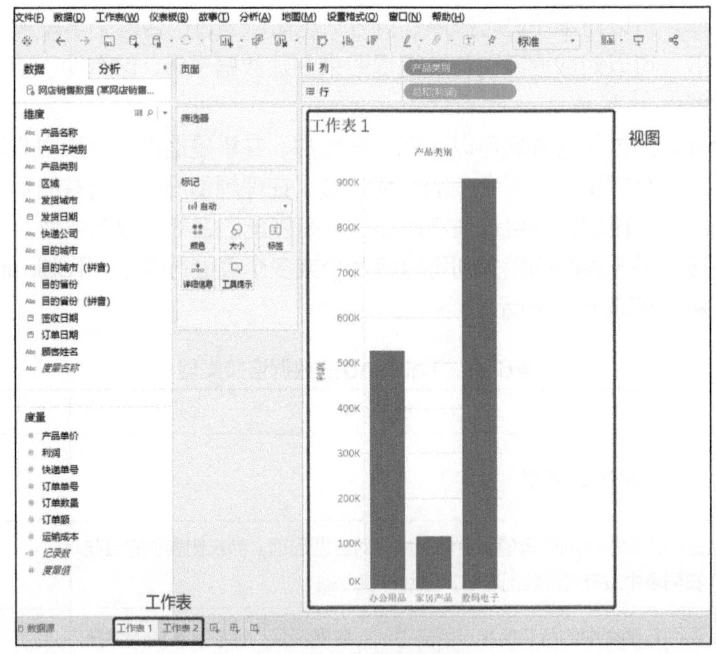

图6-5　创建工作表

由图6-5可以看出，Tableau将所有字段分为维度和度量。维度包含定量值（如名称、日期和地理数据等），用户可以使用维度进行分类、分段，以及揭示数据中的详细信息。维度影响视图中的详细级别。度量包含可以测量的数字定量值。度量可以聚合。在将度量拖拽到视图中时，默认情况下，Tableau 会向该度量应用一个聚合。

我们可以对工作表的视图进一步处理，以使图例更直观，如图 6-6 所示。我们将“产品类别”拖拽到“颜色”上，可以看到 3 种类别的产品由原来统一的蓝色分别变成了蓝色、橙色和红色。我们将“产品类别”拖拽到“标签”上，可以看到 3 个柱上增加了产品类别提示文字。我们将“利润”拖拽到“大小”上，可以看到柱的粗细发生了变化，总和(利润)越大，柱越粗。

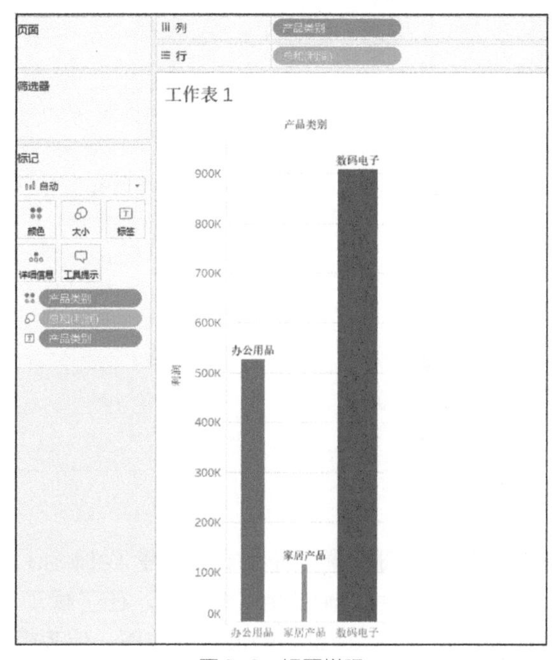

图6-6 视图增强

步骤 4： 创建仪表板。单击图 6-5 所示界面左下角的新建仪表板图标按钮可以创建仪表板。一个仪表板是多个工作表中的视图的集合。“仪表板”和“布局”窗格可在 Tableau 主界面的侧栏中找到。如图 6-7 所示，我们创建了仪表板 1，并将工作表 1 和工作表 2 拖拽到了仪表板 1 中。

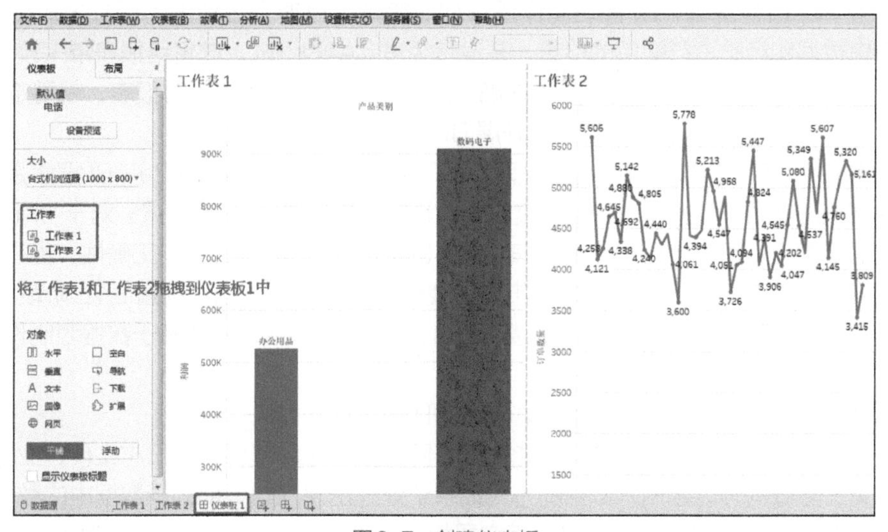

图6-7 创建仪表板

步骤 5：创建故事。单击左下角的新建故事图标按钮可以创建故事。故事包含一系列共同作用以传达信息的工作表或仪表板。“故事”和“布局”窗格可在 Tableau 主界面的侧栏中找到。如图 6-8 所示，我们创建了故事 1，并将工作表 1、工作表 2 和仪表板 1 拖拽到了故事 1 中。由此可以看出，仪表板是对工作表的汇总，而故事是对仪表板和工作表的汇总。

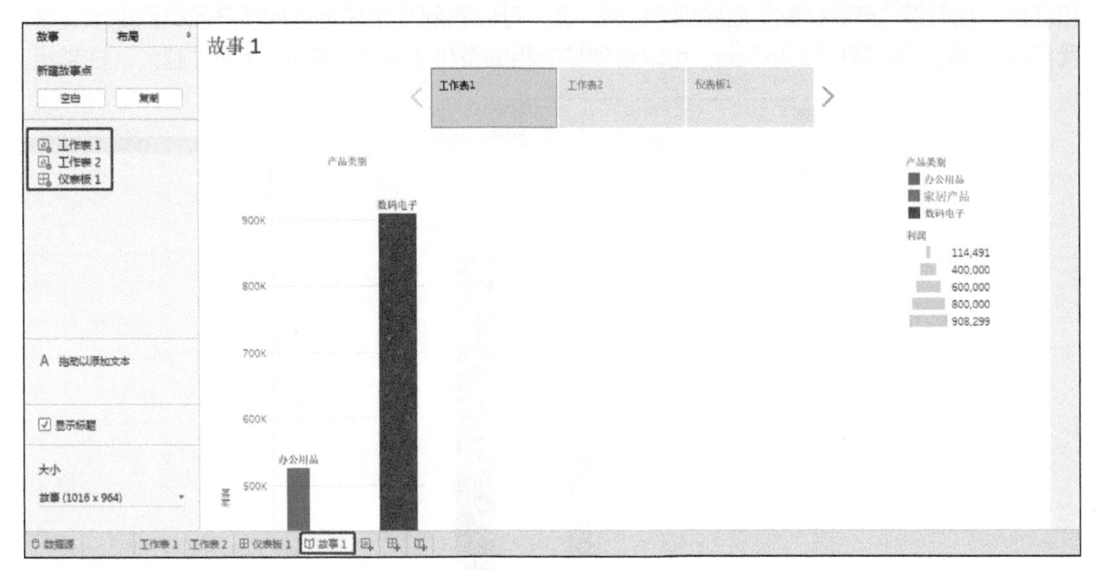

图6-8　创建故事

上述是 Tableau 使用流程的详细步骤，所有操作均在 Tableau Desktop 上演示，感兴趣的读者可下载、安装并试用 Tableau Desktop 个人版。在了解了 Tableau 的产品和使用流程后，下面将详细讲解如何对 Tableau 绘制的报表（故事、仪表板和工作表的统称）进行测试。

6.1.3　BI 报表测试实践

BI 报表测试是指对 BI 工具制作的报表进行测试，以确保 BI 报表的准确性，提高业务决策的可靠性。一般情况下，BI 报表制作逻辑相对简单，且很多企业没有建立报表测试方法，仅参考历史数据和经验进行简单的检查，并没有经过完整的测试。这将给报表带来较大的质量风险，无法保证报表的格式和数据是否准确，尤其对于复杂报表和实时报表，就更难保证了。本节将以 Tableau 报表为例，讲解如何开展 BI 报表测试。

由图 6-9 可知，BI 数据管道可分为两个不同阶段（阶段 1 和阶段 2），BI 报表是 BI 数据管道的最终输出结果。数据管道的复杂度在一定程度上影响 BI 报表的质量。对于 BI 报表测试，我们通常需要关注从数据源到最终 BI 报表阶段（即阶段 2）数据流转的正确性。当 BI 报表工具接入的数据源来自数据仓库或数据集市时，我们还需要关注数据源前置 ETL 阶段（即阶段 1）的数据处理的正确性。如果无法保证数据源的数据符合预期，那么基于数据源制作的 BI 报表大概率会出现错误。

阶段 1：源数据到数据仓库或数据集市的 ETL 阶段。

- 源数据。阶段 1 中的源数据可能来自不同的源和应用程序，如日志文件、业务数据和第三方数据等。若输入数据的方式或系统处理出现问题，那么源数据中的数据可能会存在问题。例如，业务代码对某字段填充错误（默认值为 0 但填充为 1），这种错误数据将传输到 BI 报表。由于 BI 报表制作人员对源数据没有控制权且无法全面了解所有字段口径，因此此类数据问题很难被发现。因此，从源头上保证阶段 1 中的数据的正确性至关重要。

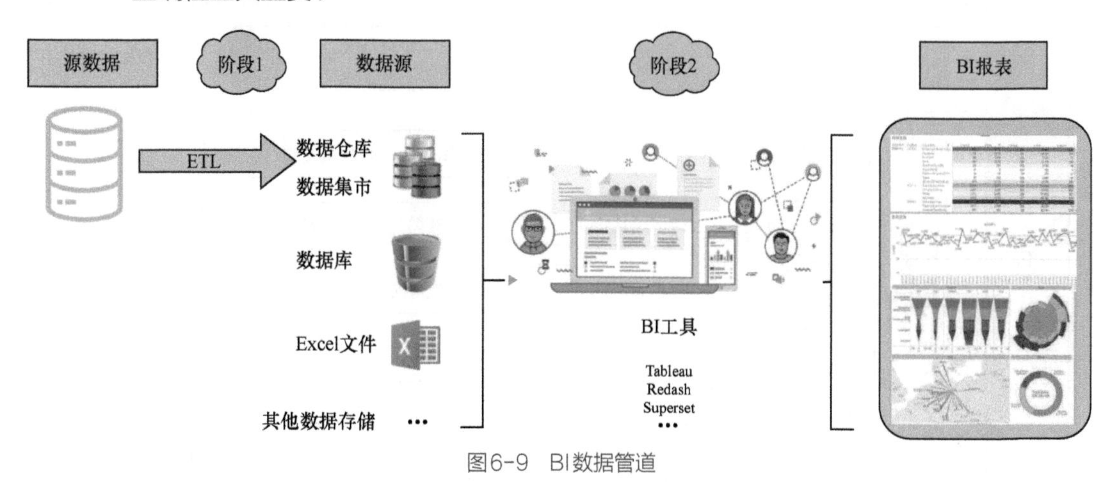

图6-9 BI数据管道

- ETL。ETL 处理过程涉及较多业务规则转换，如聚合、汇总、派生、重复数据删除、重组和集成等。这些转换容易出现逻辑错误、函数使用错误、计算错误和计算精度丢失等问题。例如，用户缴费状态预期转换："正常缴纳"状态转换为 1，"补缴"状态转换为 2，"断缴"状态转换为 3。然而，在进行 SQL 处理时，可能将"正常缴纳"状态转换为 3，"断缴"状态转换为 1，后续使用时仍按照 1 作为"正常缴纳"、3 作为"断缴"进行处理，这会导致缴费状态统计错误。由此可以看出，需要通过全面的 ETL 测试来避免此类问题。

阶段 2：数据源到 BI 报表阶段。在该阶段，我们应重点关注数据层、工作表和仪表板的测试。

- 数据层。数据层（也称为元数据层）提供了易于用户使用和访问的高级对象，其主要由维度、度量、查找、计算指标、连接和层次结构等组成。这些对象派生自数据库，是一种软数据转换。在制作报表时，若使用这些对象，可能会发生错误，因此，需要对数据层进行测试。
- 工作表。工作表由图表、过滤器组成。这两项中的任何一项都可能由于不符合技术规范或操作错误而出现问题，因此，需要对工作表进行严格测试。
- 仪表板。仪表板是多个可视化数据工作表的组合。Tableau 的故事与仪表板功能类似，不再单独说明。在大多数情况下，仪表板是企业使用的最终报表，因此对其进行测试也非常重要。

阶段 1 的 ETL 测试实践，见 6.2 节。阶段 2 的 BI 报表测试主要包括对数据层、工作表和仪表板的测试，如图 6-10 所示。下文将分别阐述数据层测试、工作表测试和仪表板测试的方法与实践，并给出自动化测试示例。

1. 数据层测试

几乎所有的 BI 工具都为用户提供了数据层。数据层的作用是提高数据访问的易用性，该层通过提供对象和类来隐藏数据库物理结构的复杂性。这些对象和类将数据库中的源数据结构映射为分析人员使用的业务术语，帮助分析人员进行数据查询分析，使得用户不必担心数据库中的基础数据结构发生改变。

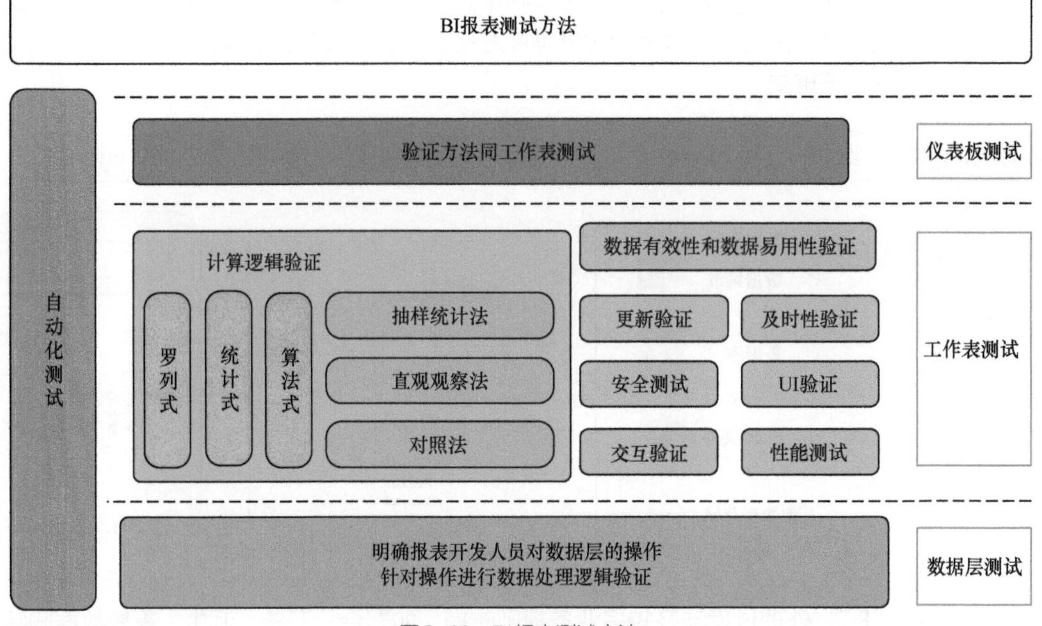

图6-10 BI报表测试方法

举例说明，如图 6-11 所示，在数据源连接后，用户可以单击“订单数量”字段来创建计算字段，新增计算字段的计算公式为“[订单额]/[订单数量]”，得到新字段“单笔订单金额”。该字段是虚拟字段，由此可以看出，数据层提供了计算字段，并在数据库上层创建了虚拟层。

网店销售数据 订单额	网店销售数据 订单数量	计算 单笔订单金额	网店销售数据 产品单价	网店销售数据 运输成本	网店销售数据 利润	网 产
261.54	6	43.59	38.94	35.000	-213.25	办
6.93	2	3.47	2.08	2.560	-4.64	办

单笔订单金额

[订单额]/[订单数量]

计算有效。

应用 确定

图6-11 创建计算字段

数据层的处理是为 BI 报表绘制做准备的，数据处理得越到位，BI 报表绘制就越轻松。数据层测试的关键是清楚报表开发人员在数据层进行了哪些数据处理操作，然后针对处理前后的数据，验证数据处理逻辑的正确性。下面通过两个示例来讲解如何对数据层进行测试。

示例 1： 对于图 6-11 中新增的“单笔订单金额”计算字段，在测试时，我们需要关注该字段的计算公式是否正确、计算后字段类型是否正确。Tableau 默认会给新增字段分配一个字段类型，但该类型可能与实际需求类型不一致，因此，我们需要再次检查确认。例如，示例中的订单额存在小数且计算公式为除法，因此，在默认情况下，“单笔订单金额”应为数字（小数）类型，如图 6-12 所示。若需求类型与该字段类型一致，则符合预期。反之，则字段类型可能存在问题。

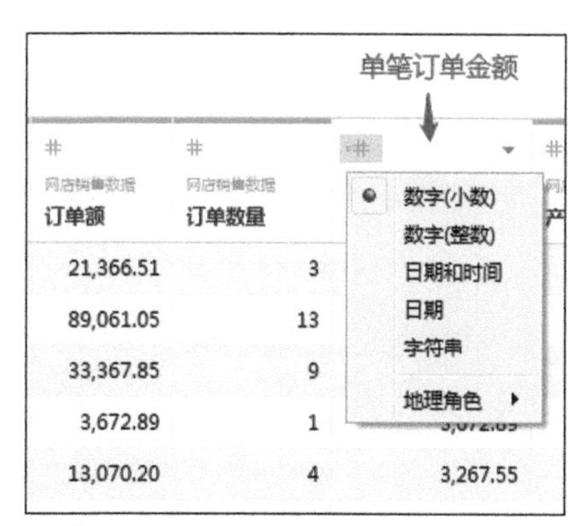

图6-12 单笔订单金额默认类型

示例 2：上述示例中的源数据来自 Excel 文件，而实际业务场景的源数据大多来自常用的主流数据库，以及大数据相关的 Impala、Hive 和 Presto 等。此时，源数据不再是一个文件，而是数据库表或开发人员编写的自定义 SQL，如图 6-13 所示。针对开发人员编写的自定义 SQL，在测试时，我们需要检查 SQL 逻辑是否正确、“脏”数据是否过滤和数据计算精度是否正确等。

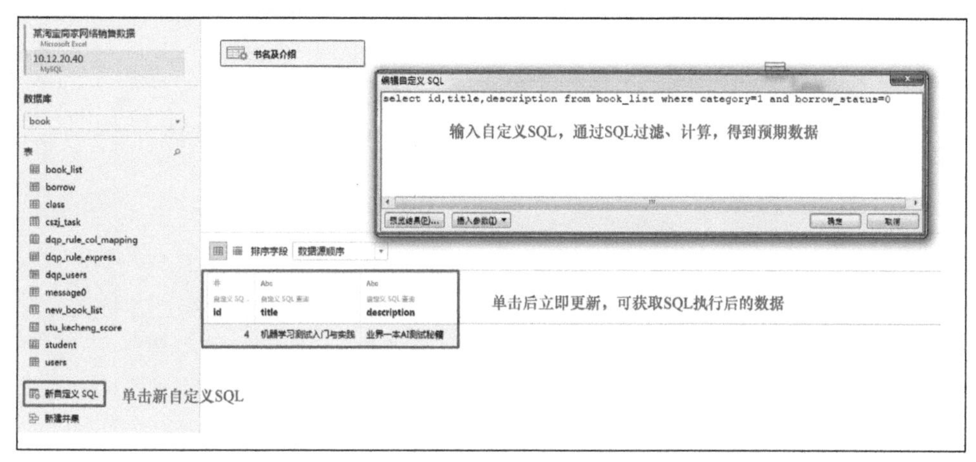

图6-13 自定义 SQL

2. 工作表测试

工作表的测试点如下。

（1）计算逻辑验证

在验证报表计算逻辑之前，我们需要了解报表的制作方式，通常分为 3 类。

1）罗列式。罗列式报表是非常简单的报表，它只是将源数据根据规则进行罗列，不涉及任何计算。如图 6-14 所示，源数据中只有“订单月份”和“退货订单数量”两列，且“订单月份”列值唯一。我们将“订单月份”拖拽到“行”，将“退货订单数量”拖拽到标记的“文本”，即可得到每月的退货订单数。视图中工作表 1 的数据与源数据完全一致，没有进行任何计算，如图 6-15 所示。

订单月份	退货订单数量
2020-01	24
2020-02	2
2020-03	10
2020-04	12
2020-05	3
2020-06	5
2020-07	6
2020-08	5
2020-09	2
2020-10	15
2020-11	18
2020-12	20
2021-01	13

图6-14 Excel文件源数据

罗列式报表的测试重点是检查罗列项是否与需求一致（不缺项、不多项），罗列项的顺序是否正确，以及是否可通过罗列方式正确获得预期数据。如图 6-15 所示，源数据的两列都进行了展示，第一列是“订单月份”，第二列是“退货订单数量”，而且报表的数据与源数据完全一致，符合预期。

2）统计式。统计式报表指统计值是由单个源数据经过简单的加减乘除、求和（对一列数据的累加）、求平均值等计算方法得到的报表。如图6-16所示，报表中统计了每个产品子类别的利润总和、订单额总和与运输成本总和。

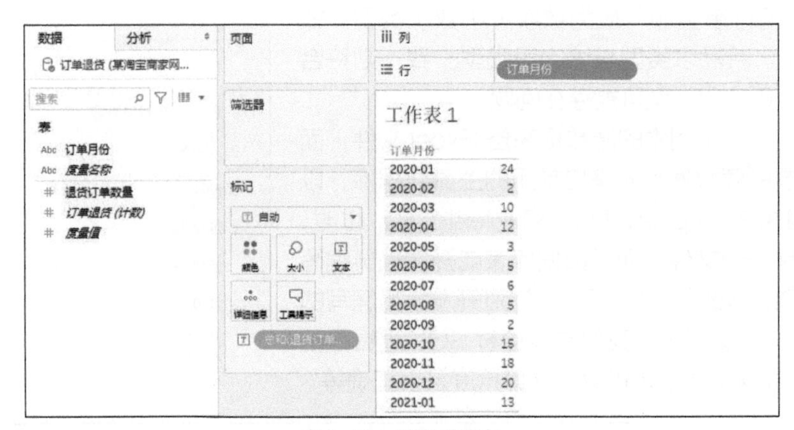

订单月份	
2020-01	24
2020-02	2
2020-03	10
2020-04	12
2020-05	3
2020-06	5
2020-07	6
2020-08	5
2020-09	2
2020-10	15
2020-11	18
2020-12	20
2021-01	13

图6-15　罗列式报表

产品类别	产品子类别	利润	订单额	运输成本
办公用品	Appliances	100,258	731,754	6,834
	Binders and Binder Accessories	306,455	1,004,466	6,756
	Envelopes	49,203	173,235	1,688
	Labels	13,753	39,059	290
	Paper	46,494	447,681	8,083
	Pens & Art Supplies	8,061	166,464	2,067
	Rubber Bands	-77	14,906	225
	Scissors, Rulers and Trimmers	-7,954	71,147	668
	Storage & Organization	10,068	1,097,300	9,963
家居产品	Bookcases	-35,850	790,853	9,001
	Chairs & Chairmants	146,338	1,796,163	16,172
	Office Furnishings	104,009	696,863	8,862
	Tables	-100,006	1,885,732	20,815
数码电子	Computer Peripherals	94,659	793,090	4,177
	Copiers and Fax	176,189	1,151,890	2,496
	Office manchines	318,648	2,011,156	7,337
	Telephones and Communication	318,802	1,870,804	4,893

图6-16　统计式报表

如果统计式报表的源数据是文件，则可以使用抽查验证方法。例如，对某一个产品子类别的利润进行求和计算，将求和值与其对应的报表数值对比，若相等，则证明报表结果正确。在测试时，我们还应考虑数据的多样性和偶然性问题，如子类别“Appliances”的利润验证一致，但“Paper”的订单额验证不一致。出现这种问题的原因可能是，“Appliances”的利润在错误的计算情况下，也得到了与预期一致的值。因此，在测试时，我们需要进行多种情况组合抽样验证。例如，可以抽样验证办公用品“Appliances”的利润、家居产品“Tables”的订单额和数码电子产品“Office manchines”的运输成本。

如果源数据来自数据库，则可使用SQL查询验证。验证时的伪SQL代码如下。

```
SELECT 产品类别,产品子类别,SUM(利润),SUM(订单额),SUM(运输成本) FROM 订单表 GROUP BY 产品类别,产品子类别 ORDER BY 产品类别,产品子类别;
```

我们可以通过对比软件验证SQL查询结果数据是否与报表数据一致。如果数据一致，则表明报表数据正确。相关测试流程如图6-17所示。

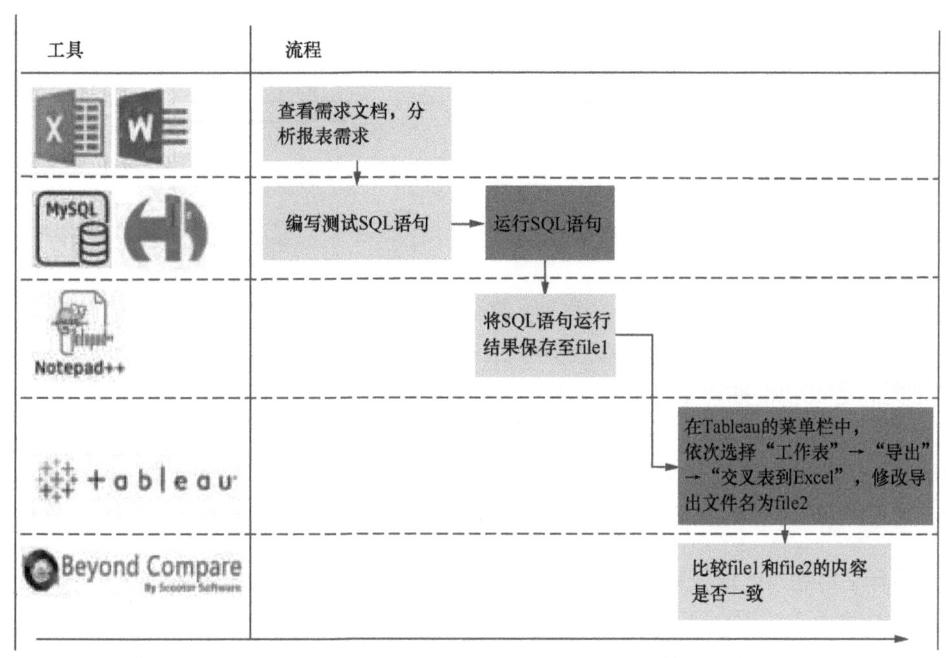

图6-17　基于SQL查询验证的测试流程

3）算法式。算法式报表指统计值是由一个或多个源数据，根据一定的公式计算汇总得到的报表。此类报表涉及多数据源、多表和多业务流程，是报表测试的难点。在测试时，我们需要重点关注数据来源、业务含义和计算逻辑等，可采用抽样统计法、直观观察法和对照法。下文以单数据源为例进行讲解，多数据源的测试方法类似，不再举例说明。

抽样统计法介绍如下。

由图 6-18 可以看出，报表中绘制了 3 条折线，由上至下分别是每个发货月份的订单额走势图（命名为折线 1）、环比图（命名为折线 2）和同比图（命名为折线 3）。

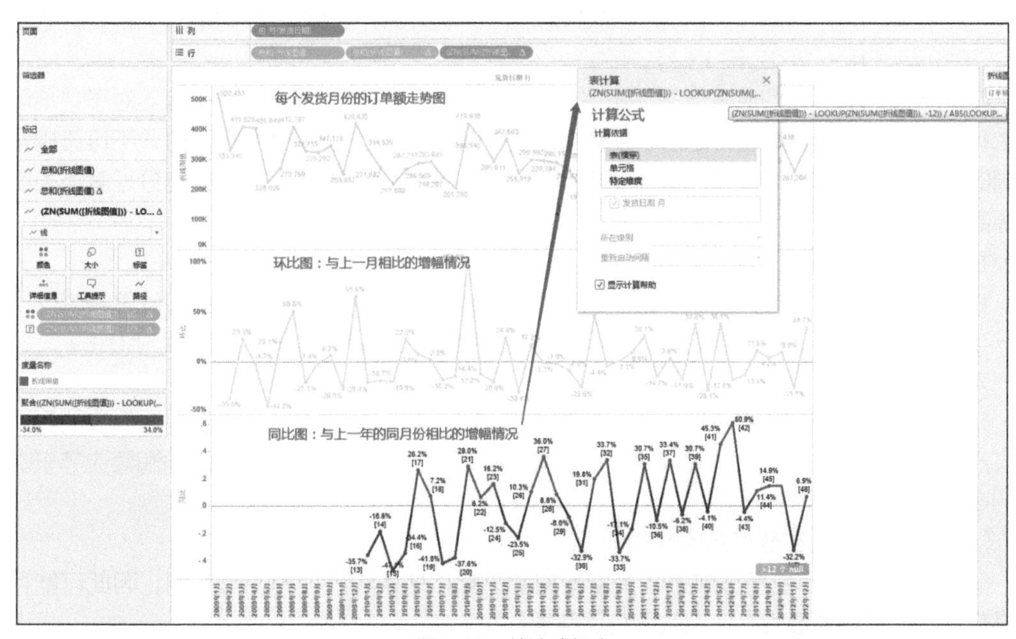

图6-18　算法式报表

对于折线1的测试，其实并不难，我们可采用Tableau自带的功能，将可视化折线数据导出为Excel文件。如图6-19所示，在Tableau的菜单栏中，依次选择“工作表”→“导出”→“交叉表到Excel”。导出后，通过对比源数据与Excel文件数据即可验证折线数据的正确性。

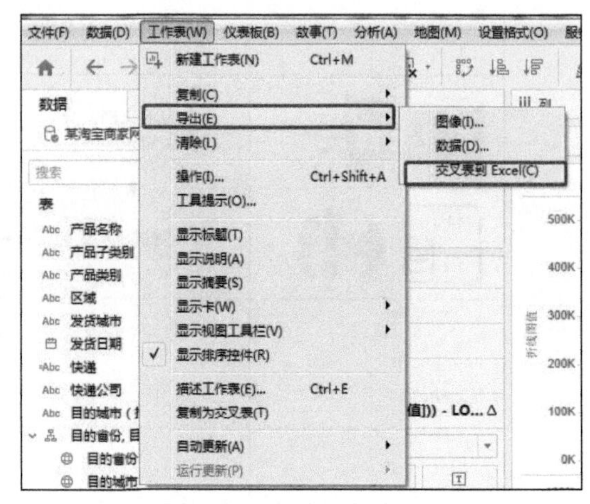

图6-19　导出交叉表到Excel

对于折线2和折线3的验证，虽然步骤略微复杂，但是，由于每个月份的报表数据计算方法相同，因此我们抽查验证折线2和折线3的点即可。这里将2009年1月的订单额表示为P_{0901}，即$P_{年份月份}$，基于折线1的值，验证折线2和折线3的首尾点。

2009年2月的环比增长率：$\dfrac{P_{0902}-P_{0901}}{P_{0901}}=\dfrac{333910-520453}{520453}\times100\%\approx-35.8\%$

2012年12月的环比增长率：$\dfrac{P_{1212}-P_{1211}}{P_{1211}}=\dfrac{351756-261206}{261206}\times100\%\approx34.7\%$

2010年1月的同比增长率：$\dfrac{P_{1001}-P_{0901}}{P_{0901}}=\dfrac{334535-520453}{520453}\times100\%\approx-35.7\%$

2012年12月的同比增长率：$\dfrac{P_{1212}-P_{1112}}{P_{1112}}=\dfrac{351756-328898}{328898}\times100\%\approx6.9\%$

上述手动计算结果与折线2和折线3上的值一致，符合预期。除通过手动计算验证以外，还可以通过折线上的数据分布情况进行验证。由于折线1是2009年1月~2012年12月的统计数据，折线2是滞后一个月的统计数据，因此，环比数据范围一定是2009年2月~2012年12月。同理，因为折线3是滞后一年的统计数据，所以折线3的数据范围一定是2010年1月~2012年12月。

在验证指标时，我们应重点关注派生指标的计算，如总计、同比和环比等。对于“不可汇总求和”指标，不能直接进行汇总。例如，在对“当月库存”指标进行计算时，不可直接累加每周的库存并作为“当月库存”值。对于多类型或复杂的源数据，我们需要充分理解报表字段与源数据的关系。

直观观察法介绍如下。

由图6-18可以看出，折线1中2009年2月的订单额比2009年1月的订单额减少了将近一半，由此可知，计算得到的2009年2月的环比增长率必然是负数且接近-50%。

对照法介绍如下。

对照法验证相同数据在不同报表中等效维度是否一致。如图6-20所示，左侧表的利润额对应产品子类别，右侧表的利润额对应产品类别。因此，右侧表的产品类别利润额应等于左侧表的产品子类别利润额的总和。

（2）数据有效性和数据易用性验证

1）数据有效性。由于源数据会受到数据的采集、转换和处理等因素影响，因此可能存在异常数据，这将导致报表出现无效的统计结果。

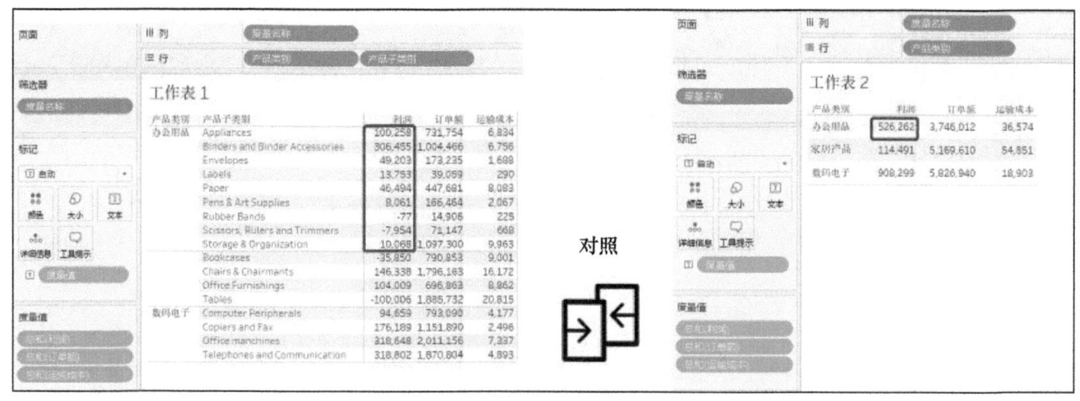

图6-20 对照法

2）数据易用性。数据易用性是指报表数据能否被用户直观理解。例如数据精度统一，避免出现不易理解、不易处理的数据（如 12.12345678912345）；时间格式统一；数据换算单位准确；数值单位统一；四舍五入的保留位统一等。

（3）UI 验证和交互验证

1）UI 验证：主要是指对界面功能、交互设计的验证。根据需求文档和样式表，验证报表页面布局样式、表格格式、字体格式、颜色搭配、报表标题和文案等。

2）交互验证：主要包括对翻页、过滤器、提示、参数、上钻 / 下钻、多表联动、排序和导出等功能的验证。参数验证是指对于具有参数的报告，创建包含合理数量的多个参数测试。过滤器验证是指通过筛选指定不同条件过滤得到预期结果。多表联动验证主要是验证不同视图间是否能正确切换且依赖关系正确。

（4）更新验证

在源数据出现更新后，验证报表数据是否更新正确。

（5）及时性验证

这主要是指针对实时报表生成的及时性验证，验证在及时性方面是否满足业务需求。

（6）安全测试

检查报表系统的用户权限、数据安全设置等是否合理。

（7）性能测试

这主要是针对数据响应时间、报表生成耗时等性能指标进行测试，验证是否符合预期。

3. 仪表板测试

本质上，仪表板是多个工作表的集合，并提供了汇总报表的概览视图。工作表的测试方法可直接应用于仪表板的测试，此处不再赘述。

4. 自动化测试

报表的数据量大，单纯依靠手动测试显然不现实且容易出错。在企业中，手动测试的数据量可能只占全部数据量的 1%，手动测试的覆盖率很低。因此，我们需要依靠自动化工具来解决这一问题。关于报表的自动化测试，主要是指通过自动化工具对报表数据和预期数据进行一致性对比。业内主流的报表自动化测试工具有 QuerySurge、ETL Validator 和 iCEDQ 等。

我们以 QuerySurge 为例，简单介绍一下如何实施报表的自动化测试。在 QuerySurge 中，新建 QueryPair。QueryPair 的配置如图 6-21 所示。

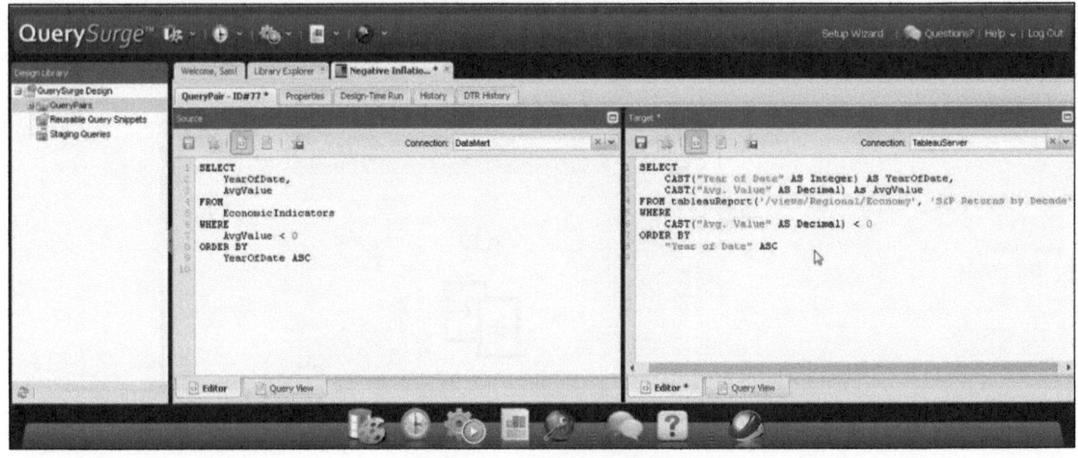

图6-21　QueryPair的配置

其中，Source 连接的是源数据，Target 连接的是 Tableau Server 的报表数据。通过封装，QuerySurge 使得用户可以通过 SQL 形式获取 Tableau Server 的数据。在配置完成后，单击“运行”图标按钮运行该 QueryPair。运行后的测试报告如图 6-22 所示。

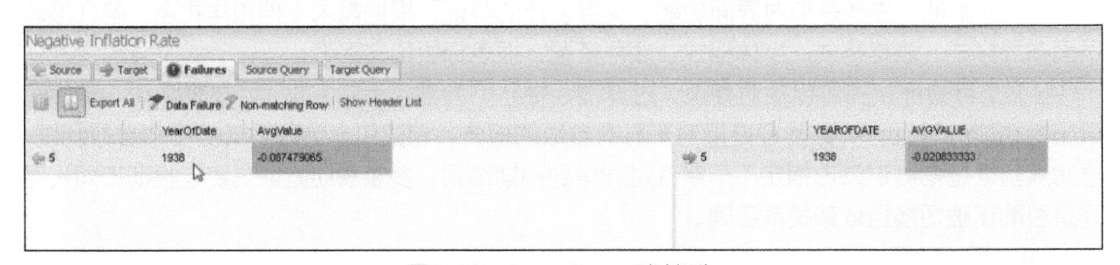

图6-22　QuerySurge测试报告

通过查看上述测试报告，我们可以发现 Source 和 Target 中不一致的数据，即预期测试结果与报表中不一致的数据。关于该工具的更多讲解，见 8.3.1 节。

6.2　数据挖掘产品测试

6.2.1　数据挖掘的定义和流程

数据挖掘（Data Mining）是指从大量数据中挖掘隐含的、先前未知的且具有潜在价值的信息的过程。数据挖掘是一种商业信息处理技术，其主要特点是对数据库中的大量业务数据进行抽取、转换、分析和模型化处理，并从中提取辅助商业决策的关键信息。典型的数据挖掘流程如图 6-23 所示。

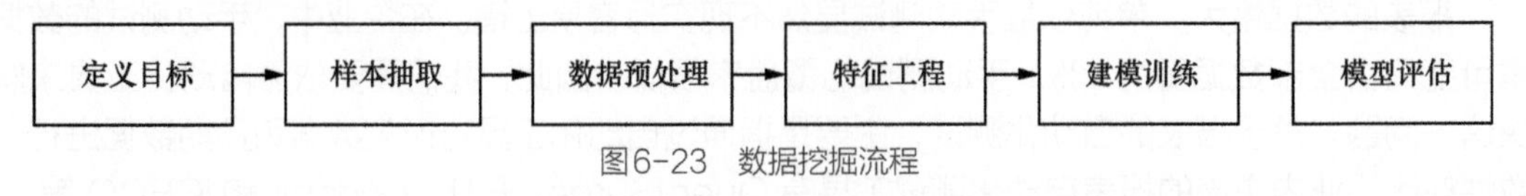

图6-23　数据挖掘流程

（1）定义目标

在进行数据挖掘前，首先要明确挖掘目标，熟悉数据挖掘的业务背景，并对挖掘目标有清晰且明确的定义。

（2）样本抽取

在明确数据挖掘目标后，需要从大量数据中抽取与挖掘目标相关的样本集。可以通过随机取样、分层取样、等距取样、分类取样和顺序取样等方法进行样本抽取。样本抽取应遵循相关性、可靠性和有效性原则。

（3）数据预处理

数据预处理主要包括数据探索、数据清洗和数据转换等步骤。数据探索主要是发现数据中的规律和趋势，评估哪些数据可应用于特征工程。数据清洗主要是对数据中的异常值和缺失值进行清洗。数据转换是指对数据进行某种转换操作。

（4）特征工程

原始数据不能直接入模训练，需要通过特征工程来生成特征。特征工程就是将原始数据转换为表示模型预测问题的特征的过程。特征工程包括特征预处理、特征构建和特征选择等。特征预处理主要包括异常值处理、缺失值处理和无量纲化等。特征构建是指通过转换和聚合来生成新特征。特征选择是指在入模前需要对特征进行选择，排查无效、冗余的特征，挑选相关性高的特征。

（5）建模训练

建模训练是数据挖掘过程中的核心步骤，同时也是一个反复的过程。模型的实质是一个函数表达式，我们希望模型可以反映数据从输入到输出的所有映射关系或规律。如果每个关系都由一个函数来描述，不同关系对应函数中不同的参数，那么建模训练的目标就是找到一个函数以尽可能多地描述其中的规律。在建模前，需要明确模型要解决哪类问题，再针对该类问题选择合适的模型算法。在选定模型算法后，为了保证预期的模型效果，我们需要反复调参来优化模型。

（6）模型评估

在建模训练中，受限于样本数量，模型可能存在过拟合或欠拟合问题。因此，我们需要进行模型评估。在模型评估中，基于训练集和测试集的不同划分，评估方法可以分为留出法、交叉验证法和自助法。

在大致了解数据挖掘流程后，下面将结合金融风控业务场景，对数据挖掘产品的原理和测试做进一步分析。

6.2.2 数据挖掘产品简介

企业 A 对外部金融机构提供在线风控服务，外部金融机构调用该服务，传入用户样本信息后即可获得审核结果。审核结果可以分为两类，一类是模型分；另一类是审核结果，通常用 0 或 1 表示。在线风控服务处理流程如图 6-24 所示。

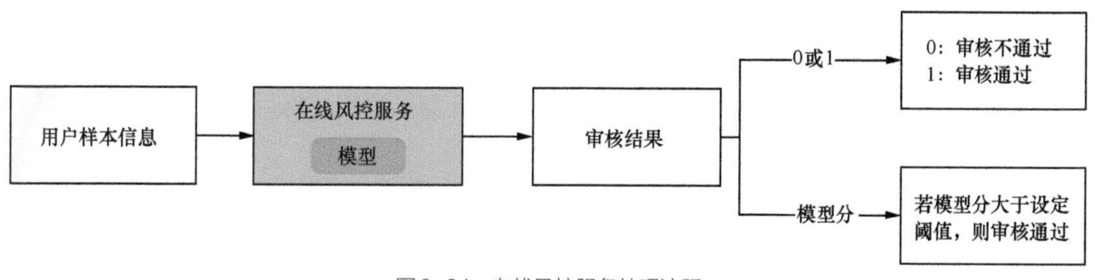

图6-24 在线风控服务处理流程

在线风控服务模型决定了用户样本的审核结果，该模型是离线阶段数据挖掘的产物。

图 6-25 展示了企业 A 的在线风控服务和离线数据挖掘流程。

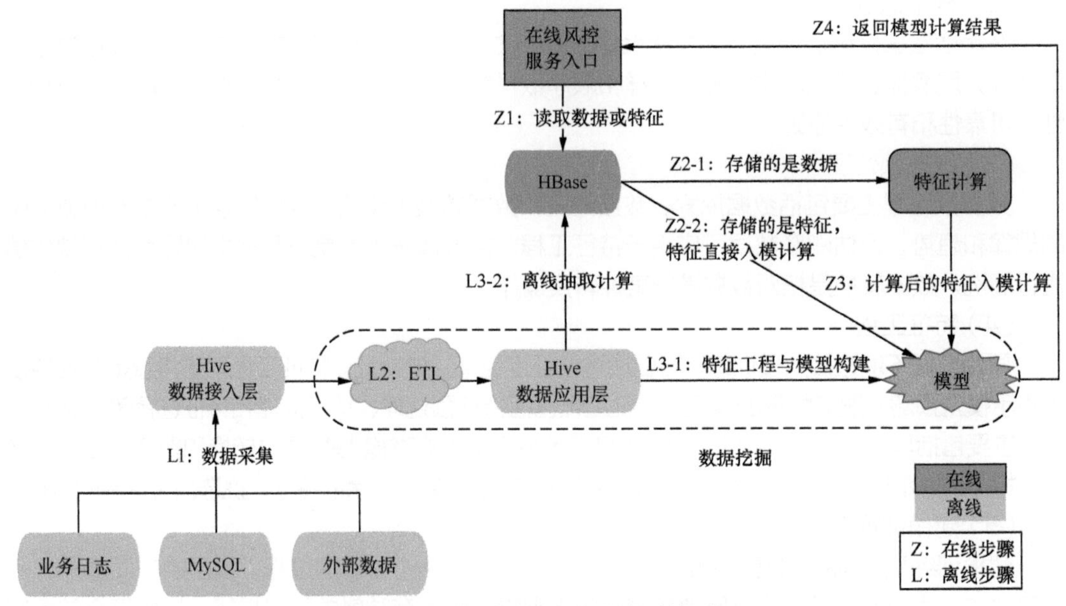

图6-25　在线风控服务与离线数据挖掘流程

（1）在线

Z1：外部金融机构传入用户样本信息并调用企业 A 的在线风控服务，在线风控服务会先读取 HBase 中的数据或特征，这些数据和特征经过离线特征抽取后，提前写入 HBase 中。

Z2-1：如果 HBase 中存储的是数据，则需要调用特征计算服务，将数据转换为可入模的特征。

Z2-2：如果 HBase 中存储的是特征，则特征可直接入模计算。HBase 中存储的是数据还是计算好的特征，需根据业务场景来定。

Z3：特征入模计算得到模型结果，此处的模型是已提前通过离线训练的。

Z4：将模型计算结果（审核结果）返回外部机构。

（2）离线

L1：企业 A 采集业务日志数据、MySQL 数据和外部数据后，几乎不做任何处理，直接将数据存储至 Hive 的数据接入层，数据接入层的表主要存放原始数据信息。

L2：数据接入层的数据经过 ETL 处理后，最终落盘至数据应用层。

L3-1：数据应用层的数据经过特征工程、模型构建后，输出模型。这个模型可以看作一个复杂的函数。我们向这一“函数”输入向量 x（x 是特征向量，通常有上百维、上千维，甚至上万维），即可得到 y（模型计算结果）。

L3-2：数据应用层的数据同时会进行离线抽取计算，抽取计算后的数据或特征将存入 HBase 中，供在线服务使用。

在通常情况下，风控模型的入模特征来源于多个特征模块。在 6.2.3 节中，我们将以其中一个特征模块（loan 订单）的 ETL 过程为例，详细介绍数据挖掘过程中的 ETL 测试。

6.2.3　数据挖掘产品测试实践

loan 订单的 ETL 过程涉及的文件如下。

- dw_tmp_succ_orders_repay_v01.sql
- dw_base_succ_orders_v01.sh
- dw_base_succ_orders_v01_mapper.py
- dw_base_succ_orders_v01_reducer.py

下面仅列出 SQL 和 Shell 脚本文件的内容。

dw_tmp_succ_orders_repay_v01.sql 文件的内容如下。

```
1.  --开发时间:xxx
2.  --开发人员:xxx
3.
4.  --设置任务名
5.  set mapred.job.name="dw_tmp_succ_orders_info_v01";
6.
7.  --描述:提取成功订单表的信息
8.  drop table if exists dw_tmp.succ_orders_info_v01;
9.  create table dw_tmp.succ_orders_info_v01 as
10. select
11. case when f.user_mbl_num='' then u.mbl_num else f.user_mbl_num end as mbl_num,
12. order_id,  --订单编号
13. case when product_name rlike 'empty' and product_name not rlike 'little' then 'one'
14. when product_name rlike 'sigle' then 'one'
15. when product_name rlike 'double' then 'more'
16. else 'unknown' end as product_type, --产品类型
17. order_amt,  --订单金额
18. order_stat,  --订单状态
19. order_dt,  --订单日期
20. etl_dt  --ETL 日期
21. from
22.     (
23.         select
24.         order_id,  --订单编号
25.         order_amt,  --订单金额
26.         order_dt, --订单日期
27.         userid,  --用户 ID
28.         user_mbl_num,
29.         product_name,  --产品名称
30.         order_stat,   --订单状态
31.         etl_dt --ETL 日期
32.         from dw.success_orders
33.         where order_dt!='1970-01-01' and order_stat>=170 and etl_dt='${hivevar:etl_dt}'
34.     ) f
35. inner join dw.t01_user u on u.user_id=f.userid;
36.
37. --设置任务名
38. set mapred.job.name="dw_tmp_succ_orders_repay_v01";
39.
40. --描述:连接成功 repay 表, 获得订单的 repay 信息
41. drop table if exists dw_tmp.succ_orders_repay_v01;
42. create table dw_tmp.succ_orders_repay_v01 as
43. select
44. mbl_num,
45. a.order_id, --订单编号
46. product_type,  --产品类型
47. order_amt,  --订单金额
48. repay_info, --repay 信息
49. order_stat,  --订单状态
50. order_dt, --订单日期
51. etl_dt  --ETL 日期
```

```
52. from
53. dw_tmp.succ_orders_info_v01 a
54. inner join
55.     (
56.         select
57.         order_id, --订单编号
58.         concat_ws(',', collect_set(string(repay_dt))) as repay_info  --计划repay信息集合
59.         from
60.         (
61.             select
62.             distinct order_id,  --订单编号
63.             concat(repay_dt,'#',stat,'#',succ_repay_dt,'#',update_dt) as repay_dt
            --计划repay信息
64.             from
65.             (select order_id,repay_dt,stat,succ_repay_dt,update_dt
    from dw.t02_repayment_plan where etl_dt='${hivevar:etl_dt}') a
66.             where start_dt!='1970-01-01' and repay_dt!='1970-01-01' and stat in
    ('1','2','3','4','20','22')
67.         )m
68.         group by order_id
69.     )b
70. on a.order_id=b.order_id ;
```

dw_base_succ_orders_v01.sh 文件的内容如下。

```
1.  #!/bin/bash/
2.
3.  #开发时间:xx
4.  #开发人员:xx
5.  #描述:获取全量订单数据
6.
7.  . $dw_home/cfg/common.cfg
8.
9.  arg_num=${#}
10. if [ $arg_num -gt 0 ];then
11.     outputdir=$1
12. fi
13.
14. hadoop jar /opt/cloudera/parcels/CDH/lib/hadoop-mapreduce/hadoop-streaming.jar \
15. --libjars /opt/cloudera/parcels/CDH/lib/hive/lib/hive-exec-1.1.0-cdh5.4.8.jar \
16. --file ${dw_home}/mr_py/dw_base/dw_base_succ_orders_v01_mapper.py \
17. --file ${dw_home}/mr_py/dw_base/dw_base_succ_orders_v01_reducer.py \
18. --mapper "python dw_base_succ_orders_v01_mapper.py" \
19. --reducer "python dw_base_succ_orders_v01_reducer.py" \
20. --jobconf mapred.map.tasks=1000 \
21. --jobconf mapred.map.capacity=1000 \
22. --jobconf mapred.reduce.tasks=100 \
23. --jobconf mapred.reduce.capacity=100 \
24. --jobconf mapreduce.job.queuename=${hadoop_queue} \
25. --jobconf mapreduce.map.memory.mb=3000 \
26. --jobconf mapreduce.reduce.memory.mb=3000 \
27. --jobconf mapred.job.priority=VERY_HIGH \
28. --jobconf stream.num.map.output.key.fields=1 \
29. --jobconf mapred.job.name="dw_base_succ_orders_v01" \
30. --input /user/hive/warehouse/dw_tmp.db/succ_orders_repay_v01 \
31. --input /user/hive/warehouse/dw_base.db/succ_orders_v01/etl_dt=today \
32. --output ${outputdir}
33.
34. if [ $? -ne 0 ];then
35.     exit 1
36. fi
```

```
37.
38. hadoop fs -rm -r /user/hive/warehouse/dw_base.db/succ_orders_v01/etl_dt=yesterday
39. if [ $? -ne 0 ]
40. then
41.     exit 1
42. fi
43. echo 'rm yesterday info success'
44. hadoop fs -mv /user/hive/warehouse/dw_base.db/succ_orders_v01/etl_dt=today
    /user/hive/warehouse/dw_base.db/succ_orders_v01/etl_dt=yesterday
45. if [ $? -ne 0 ]
46. then
47.     exit 1
48. fi
49. echo 'mv today to yesterday success'
50. hadoop fs -mv ${outputdir} /user/hive/warehouse/dw_base.db/succ_orders_v01/etl_dt=today
51. if [ $? -ne 0 ]
52. then
53.     exit 1
54. fi
55. echo 'mv outputdir to today success'
```

针对提测的代码，我们可将测试分为 4 步，即静态代码检查、代码逻辑分析、代码运行验证和数据结果验证，如图 6-26 所示。

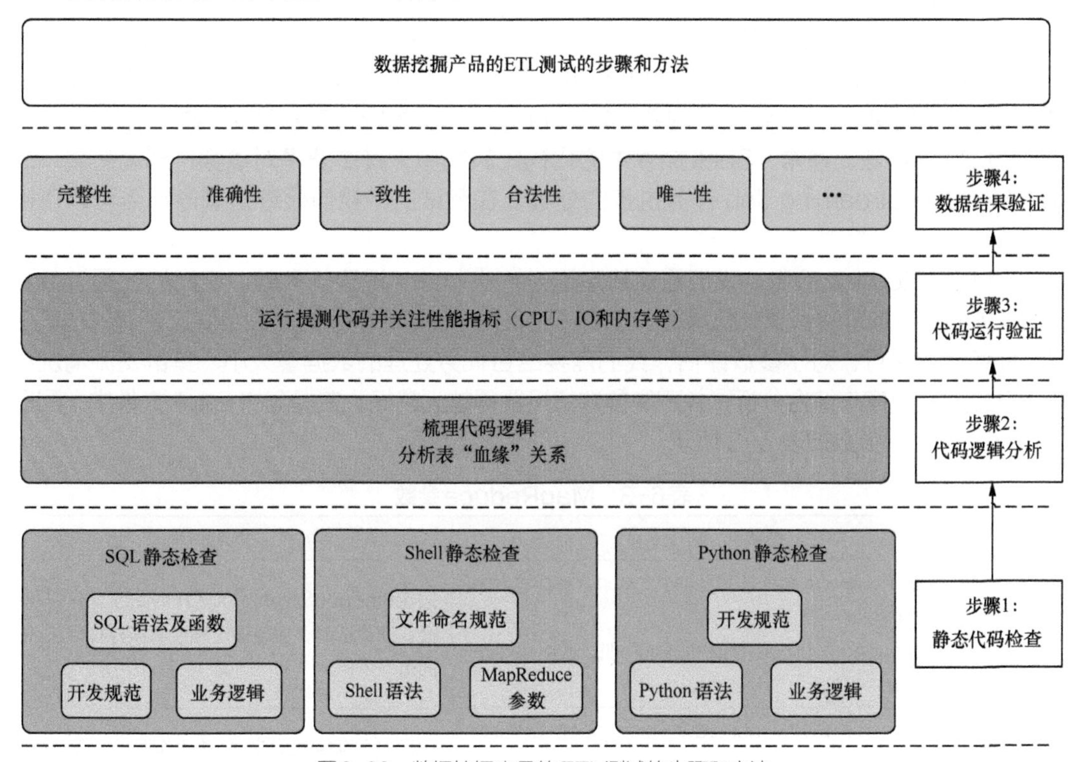

图6-26 数据挖掘产品的ETL测试的步骤和方法

1. 步骤1：静态代码检查

提测代码文件分为 3 类：SQL 文件、Shell 文件和 Python 文件。其中，Shell 文件和两个 Python 文件构成一个 Hadoop Streaming Job 的基本单元。下面将分别讲解如何对这 3 类代码文件中的代码进行静态检查。

（1）SQL 静态检查

SQL 静态检查主要是指对开发规范，SQL 的语法和函数，以及业务逻辑的检查。

1）开发规范。我们可参考 5.2.1 节的规范文档，对 SQL 文件进行检查，如发现不符合规范的问题，修改即可。

2）SQL 的语法和函数：主要检查 SQL 是否存在语法错误，SQL 关键字（连接、聚合、分组和排序等）和函数使用是否合理。在测试时，我们可以直接运行 SQL 文件，如果运行时报错，则说明存在语法错误。在运行前，我们可以先浏览一下 SQL 语句，以便尽早发现明显的错误，如存在特殊字符、使用了 HiveQL 中不存在的关键字和缺少括号等。

在提测的 SQL 文件中，使用了函数 concat_ws、collect_set 和 concat。其中，concat 和 concat_ws 都是字符串拼接函数，collect_set 是一个列转行函数，在测试时，我们需要注意三者的区别和用法。

3）业务逻辑：主要检查数据处理逻辑是否符合业务需求。提测的 SQL 文件中的业务逻辑测试点如下。

```
1.  order_stat>=170                      --在业务中，将该条件作为成功订单的条件
2.  stat in ('1','2','3','4','20','22') --'1','2','3','4','20','22'分别表示不同的订单状态
```

（2）Shell 静态检查

Shell 静态检查主要是指对文件命名规范、Shell 语法和 MapReduce 参数进行检查。

1）文件命名规范。Shell 文件为可调用执行文件，实现 MapReduce 任务。为方便后期排查问题，我们建议将 Shell 文件的名称与 --output 参数指定的表名保持一致或相关联。

2）Shell 语法。通常，Shell 文件中的代码比较简单，其主要是对参数、环境变量、时间和 Hadoop Streaming Job 任务拼接的处理。在测试时，我们检查这些值是否可以正确获取。

3）MapReduce 参数。我们重点检查通过 --jobconf 设置的参数。不同的配置参数会影响任务的执行效率和资源分配情况。在测试时，我们需要评估如何在充分利用资源的情况下保证任务高效执行。对于参数评估，我们需要结合任务处理的数据量大小、集群资源情况和 MapReduce 程序来综合分析，并不是参数值设置得越大越好。在提测的 Shell 文件中，配置的 MapReduce 参数如表 6-3 所示。

表6-3　MapReduce参数

参数	作用
hadoop jar /opt/cloudera/parcels/CDH/lib/hadoop-mapreduce/hadoop-streaming.jar --libjars /opt/cloudera/parcels/CDH/lib/hive/lib/hive-exec-1.1.0-cdh5.4.8.jar	指定HadoopStreaming和Hive的JAR包路径。在测试时，保证指定路径真实存在且正确即可
--file ${dw_home}/mr_py/dw_base/dw_base_succ_orders_v01_mapper.py --file ${dw_home}/mr_py/dw_base/dw_base_succ_orders_v01_reducer.py	指定执行文件或配置文件，文件作为MapReduce作业的一部分将一起打包提交至集群。在测试时，检查文件路径是否正确
--mapper "python dw_base_succ_orders_v01_mapper.py" --reducer "python dw_base_succ_orders_v01_reducer.py"	分别指定mapper文件和reducer文件。在测试时，检查文件名称是否正确。注意：--mapper和--reducer 后面的文件名不需要有路径，而--file后的参数需要

续表

参数	作用
--jobconf mapred.map.tasks=1000	指定map任务数
--jobconf mapred.map.capacity=1000	指定map任务的最大并发数
--jobconf mapred.reduce.tasks=100	指定reduce任务数
--jobconf mapred.reduce.capacity=100	指定reduce任务的最大并发数
--jobconf mapreduce.job.queuename=${hadoop_queue}	指定MapReduce任务队列，可以通过设置不同的队列名称来调整任务的优先级
--jobconf mapreduce.map.memory.mb=3000	指定map的执行内存
--jobconf mapreduce.reduce.memory.mb=3000	指定reduce的执行内存
--jobconf mapred.job.priority=VERY_HIGH	指定作业优先级，总共有5个优先级：VERY_HIGH、HIGH、NORMAL、LOW和VERY_LOW。在队列名称相同的情况下，优先级越高，作业调度器会优先分配资源
--jobconf stream.num.map.output.key.fields=1	指定map task输出记录按照分隔符切割后，key所占有的列数
--jobconf mapred.job.name="dw_base_succ_orders_v01"	指定job名称
--input /user/hive/warehouse/dw_tmp.db/succ_orders_repay_v01 --input /user/hive/warehouse/dw_base.db/succ_orders_v01/etl_dt=$today	指定输入数据的HDFS路径。在测试时，需要确保该路径存在且执行作业的用户有读取该目录的权限
--output ${outputdir}	指定输出数据的HDFS路径。在MR任务运行前，需要确保该路径不存在且执行作业的用户必须有创建该目录的权限

表6-3中只列出了一小部分参数，在实际应用中，MapReduce任务相关的参数有很多。任一参数设置不合理都可能对任务执行产生极大影响。对于参数评估工作，需要测试人员具备丰富的经验。

（3）Python 静态检查

Python 静态检查主要是指对开发规范、Python 语法和业务逻辑的检查。

1）开发规范：参考企业的《Python 代码编写规范》进行相关检查即可。

2）Python 语法：重点关注变量的定义和传递，变量类型使用，模块引用，函数使用，类使用，循环判断，以及异常处理等，这些是容易出错的地方。

3）业务逻辑：主要对代码中的业务处理逻辑进行检查，这部分测试耗时最久也最容易出错。为了更好地辅助测试，在检查前，我们需要充分了解业务背景，避免出错。

2. 步骤2：代码逻辑分析

梳理代码逻辑，分析代码中涉及的所有表的“血缘”关系，如图6-27所示。

子步骤1： 首次 JOIN 操作，提取每天的订单信息，关联缺失的 mbl_num，获得含有完整用户信息的订单表。

子步骤2： 二次 JOIN 操作，关联订单 repay 计划表，取得订单的 repay 信息。

子步骤3： 利用MapReduce，根据mbl_num进行聚合，提取用户的订单信息，并merge

截至昨天（etl_dt=today）的全量数据，生成截至今天的全量订单数据。

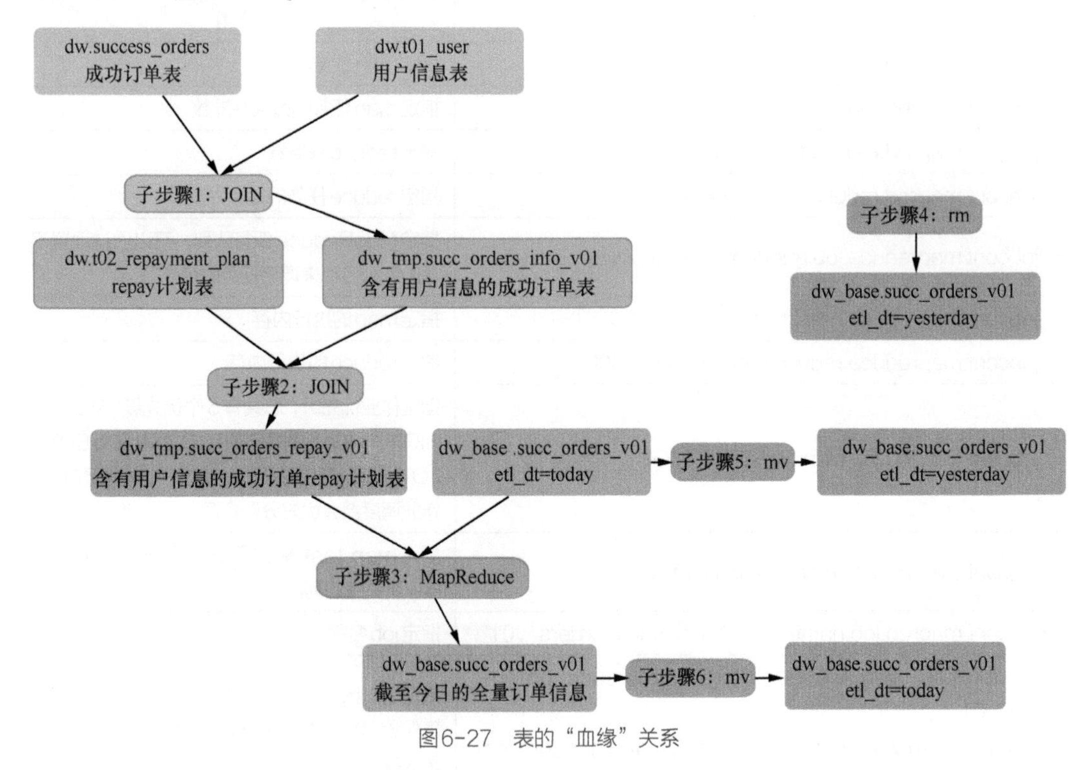

图6-27　表的“血缘”关系

子步骤4：删除截至前天（etl_dt=yesterday）的全量数据。
子步骤5：将截至昨天的全量数据的 etl_dt 设置为 yesterday。
子步骤6：将截至今天的全量数据的 etl_dt 设置为 today。

3. 步骤3：代码运行验证

代码运行主要是指运行提测的代码，这里运行 SQL 文件和 Shell 文件即可。

在运行 SQL 文件时，我们要避免对线上生产数据造成影响，应特别关注 drop、truncate、insert into 和 insert overwrite 等操作。在运行前，我们建议修改目标表的名称，以防止 SQL 文件运行完后删除或覆盖开发人员已经运行好的数据。

在运行 Shell 文件前，我们应关注 rm、mv 等操作，防止误删、错移线上生产数据。另外，我们需要关注不合理的 Job 配置参数，防止出现 CPU、IO 和内存等资源占用过高的情况。

通常，在 HiveQL 运行时，会转化为 MapReduce 任务，因此，HiveQL 和 MapReduce 关注的指标类似。它们主要关注的指标有：map 个数、map 并发数、reduce 个数、reduce 并发数、执行耗时、内存和 CPU 等，这些指标可通过终端日志或 YARN JobHistory 查看。

4. 步骤4：数据结果验证

数据结果验证的主要目的是基于数据结果反向验证代码逻辑的正确性。数据结果验证主要验证数据完整性、数据准确性、数据一致性、数据合法性和数据唯一性，下文将分别给出它们的测试用例。

1）数据完整性的测试用例如表 6-4 所示。

表6-4　数据完整性的测试用例

<table>
<tr><td>测试目的</td><td>验证全量数据表dw_base.succ_orders_v01的完整性</td></tr>
<tr><td>预置条件</td><td>当天日期是2021-01-08，图6-27中的子步骤1～子步骤6已执行</td></tr>
<tr><td>测试步骤</td><td>1）执行SQL1查询etl_dt='today'的数据量；
2）执行SQL2查询etl_dt='yesterday'的数据量；
3）执行SQL3查询当天预期应新增的数据量</td></tr>
<tr><td>SQL语句</td><td>SQL1：
<code>SELECT COUNT(*) FROM dw_base.succ_orders_v01 WHERE etl_dt = 'today';</code>
<code>--查询结果记为res1</code>
SQL2：
<code>SELECT COUNT(*) FROM dw_base.succ_orders_v01 WHERE etl_dt='yesterday';</code>
<code>--查询结果记为res2</code>
SQL3：
<pre>
SELECT COUNT(a.mbl_num)
FROM (
    SELECT mbl_num
    FROM dw_tmp.succ_orders_repay_v01
    WHERE etl_dt = '2021-01-08'
    GROUP BY mbl_num
) a
    LEFT JOIN (
        SELECT mbl
        FROM dw_base.succ_orders_v01
        WHERE etl_dt = 'yesterday'
) b
    ON a.mbl_num = b.mbl
WHERE b.mbl IS NULL;   --查询结果记为res3
</pre></td></tr>
<tr><td>预期结果</td><td>res1 = res2 + res3</td></tr>
</table>

2）数据准确性的测试用例如表6-5所示。

表6-5　数据准确性的测试用例

<table>
<tr><td>测试目的</td><td>验证dw_tmp.succ_orders_info_v01表的order_dt字段的准确性</td></tr>
<tr><td>预置条件</td><td>当天日期是2021-01-08，图6-27中的子步骤1和子步骤2已执行</td></tr>
<tr><td>测试步骤</td><td>执行SQL语句查询order_dt是否有大于今天的日期</td></tr>
<tr><td>SQL语句</td><td><code>SELECT COUNT(*) FROM dw_tmp.succ_orders_info_v01 WHERE order_dt>'2021-01-08' ;   --查询结果记为res1</code></td></tr>
<tr><td>预期结果</td><td>res1=0</td></tr>
</table>

3）数据一致性的测试用例如表6-6所示。

表6-6　数据一致性的测试用例

测试目的	验证dw_tmp.succ_orders_info_v01表和dw_tmp.succ_orders_repay_v01表在相同order_id情况下的数据一致性
预置条件	图6-27中的子步骤1和子步骤2已执行，已知order_id是dw_tmp.succ_orders_info_v01表的主键
测试步骤	1）执行SQL1查询两表在order_id相同的情况下，mbl_num、product_type、order_amt、order_stat、order_dt和etl_dt是否完全一致； 2）执行SQL2查询dw_tmp.succ_orders_repay_v01表的数据量

续表

<table>
<tr><td>SQL语句</td><td>SQL1：
SELECT COUNT(*)
FROM (
    SELECT order_id, mbl_num, product_type, order_amt, order_stat,
        order_dt, etl_dt, COUNT(1) AS num
    FROM dw_tmp.succ_orders_info_v01
    WHERE order_id IN (
        SELECT DISTINCT order_id
        FROM dw_tmp.succ_orders_repay_v01
)
     GROUP BY order_id, mbl_num, product_type, order_amt, order_stat,
order_dt, etl_dt
) a
    INNER JOIN (
        SELECT order_id, mbl_num, product_type, order_amt, order_stat,
            order_dt, etl_dt, COUNT(1) AS num
        FROM dw_tmp.succ_orders_repay_v01
        GROUP BY order_id, mbl_num, product_type, order_amt, order_stat,
order_dt, etl_dt
) b
    ON a.order_id = b.order_id
        AND a.mbl_num = b.mbl_num
        AND a.product_type = b.product_type
        AND a.order_amt = b.order_amt
        AND a.order_stat = b.order_stat
        AND a.order_dt = b.order_dt
        AND a.etl_dt = b.etl_dt
        AND a.num = b.num;   --查询结果记为res1
SQL2：
SELECT COUNT(*) FROM dw_tmp.succ_orders_repay_v01 ;   --查询结果记为res2</td></tr>
<tr><td>预期结果</td><td>res1=res2</td></tr>
</table>

4）数据合法性的测试用例如表6-7所示。

表6-7　数据合法性的测试用例

<table>
<tr><td>测试目的</td><td>验证dw_tmp.succ_orders_info_v01表的order_dt字段的合法性</td></tr>
<tr><td>预置条件</td><td>图6-27中的子步骤1和子步骤2已执行</td></tr>
<tr><td>测试步骤</td><td>执行SQL语句查询order_dt是否有非时间格式的数据</td></tr>
<tr><td>SQL语句</td><td>SELECT COUNT(*) FROM dw_tmp.succ_orders_info_v01 WHERE order_dt NOT REGEXP '^[0-9]{4}-(((0[13578]|(10|12))-(0[1-9]|[1-2][0-9]|3[0-1]))|(02-(0[1-9]|[1-2][0-9]))|((0[469]|11)-(0[1-9]|[1-2][0-9]|30)))$';
--查询结果记为res1</td></tr>
<tr><td>预期结果</td><td>res1=0</td></tr>
</table>

5）数据唯一性的测试用例如表6-8所示。

表6-8　数据唯一性的测试用例

<table>
<tr><td>测试目的</td><td>验证dw_base.succ_orders_v01表的mbl字段的唯一性。mbl是主键</td></tr>
<tr><td>预置条件</td><td>图6-27中的子步骤1～子步骤6已执行</td></tr>
<tr><td>测试步骤</td><td>1）执行SQL1查询dw_base.succ_orders_v01表最新全量的数据量；
2）执行SQL2查询dw_base.succ_orders_v01表最新全量按照手机号去重后的数据量</td></tr>
</table>

续表

SQL 语句	SQL1： SELECT COUNT(mbl) FROM dw_base.succ_orders_v01 WHERE etl_dt='today'; --查询结果记为res1 SQL2： SELECT COUNT(DISTINCT mbl) FROM dw_base.succ_orders_v01 WHERE etl_dt= 'today'; --查询结果记为res2
预期结果	res1=res2

6.3 用户行为分析平台测试

6.3.1 用户行为分析平台测试概览

用户行为分析平台是大数据应用的典型产品。它通过对用户数据的采集、计算、存储、查询和分析，挖掘有价值的信息，以帮助产品人员、运营人员进行优化。相较于 BI 报表和数据挖掘产品，用户行为分析平台包含的数据处理链路更长，涉及的数据质量问题更多。本节将以用户行为分析平台为例进行相关测试的介绍。关于用户行为分析平台的背景和功能实现，可参考 4.5 节，本节不再赘述。

对于用户行为分析平台的测试，我们需要进行数据处理链路的全流程测试，即需要保证数据采集、ETL 处理、查询计算和可视化展示均正确。参考平台架构设计，我们将测试流程拆解为 4 个阶段，即数据采集、实时数据处理、离线数据处理和数据查询展示。每个阶段的测试步骤和测试方法如图 6-28 所示，下文将逐一进行介绍。

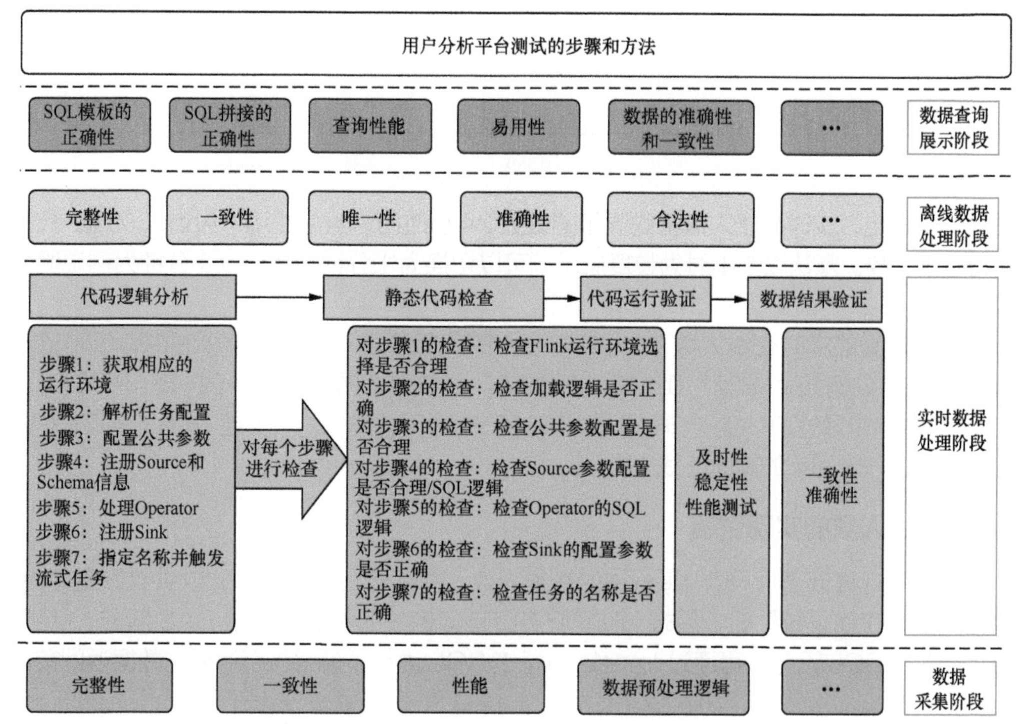

图6-28 用户行为分析平台测试的步骤和方法

6.3.2　数据采集阶段测试

数据采集阶段是指从客户端或服务端埋点数据产生到写入 Kafka 的阶段。该阶段主要验证数据采集的完整性（数据是否丢失）、一致性（打点操作数据、日志数据和采集的数据这三者是否一致）、性能（高并发下的数据采集效率），以及数据预处理逻辑（格式校验、类型校验和 ID mapping 等是否正确）等。由于该部分不是本节讲解的重点，因此不再赘述。

6.3.3　实时数据处理阶段测试

实时数据处理阶段是指从 Kafka 消费数据到写入 Kudu 的阶段。该阶段需要验证代码逻辑的正确性，数据结果的一致性，以及代码运行的及时性、稳定性和性能等。基于用户行为分析平台中的实时数据场景（在线人数），我们按照代码逻辑分析、静态代码检查、代码运行验证和数据结果验证这个顺序进行介绍，并分析需求的实现逻辑和提测代码。

1. 在线人数需求

在线人数的 Web 页面如图 6-29 所示。

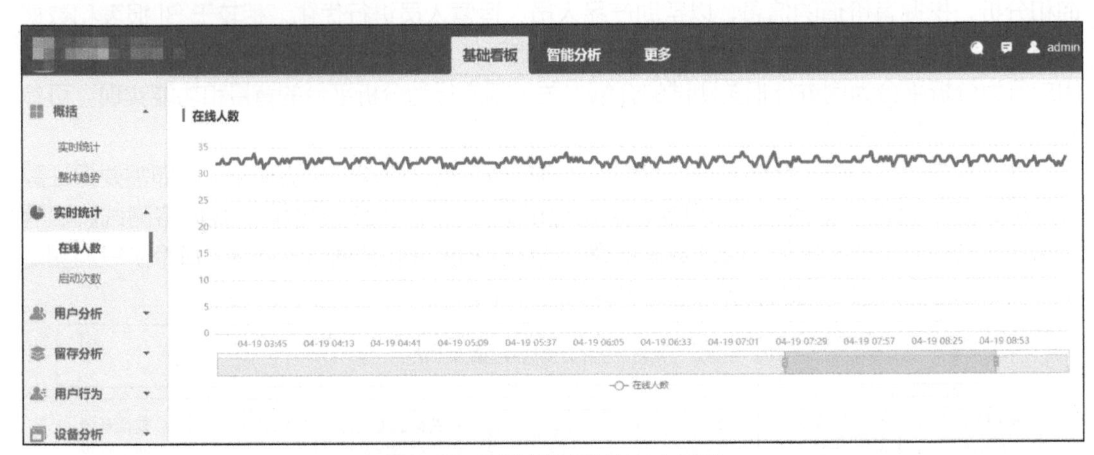

图6-29　展示在线人数的Web页面

需求中规定，实时在线人数折线展示的是近 24 小时内，当前应用（App、H5 或小程序）的所有在线人数。默认以 1 小时为粒度展示，可以切换为 1 分钟。我们以 1 分钟为例说明业务逻辑。

需求中定义的实时在线人数（1 分钟粒度）的业务逻辑：最近半个小时内有日志记录的去重用户总数。例如，“2021-01-15 19:36:00”时统计的是“2021-01-15 19:06:00”～“2021-01-15 19:36:00”这个时间段出现的去重用户总数，该值作为“2021-01-15 19:36:00”这一时间点的实时在线人数。

2. 在线人数的实现逻辑

我们预先计算近 24 小时内每分钟的在线人数，并存储在 Kudu 中，以供数据查询使用。当用户单击“在线人数”时，后端 DMS 服务将查询相关的参数传递给 DAS 服务，DAS 服务拼接查询的 SQL 语句，再通过 Impala 执行该 SQL 语句，最终将查询后的数据返回前端并展示。

3. 提测代码

关于实时数据处理的代码，我们仅展示主流程代码，如下所示。

```
1.  public static void main(String[] args) throws Exception {
2.      //步骤1: 获取相应的执行环境
3.      final StreamExecutionEnvironment env = StreamExecutionEnvironment.getExecution
    Environment();
4.      EnvironmentSettings settings = EnvironmentSettings.newInstance().useBlinkPlanner().
                                        inStreamingMode().build();
5.      final StreamTableEnvironment tEnv = StreamTableEnvironment.create(env, settings);
6.
7.      //步骤2: 解析任务配置
8.      ParameterTool tool = ParameterTool.fromArgs(args);
9.      String flkFilePath = tool.getRequired(Constant.PARAMETER_NAME);
10.     ConfProcessor confProcessor = ConfProcessor.getInstance();
11.     TaskConf taskConf = confProcessor.handleConf(flkFilePath);
12.     ElasticSearchAppender.jobName.set(taskConf.getFileName());
13.     log.info("start submit task");
14.
15.     //步骤3:配置公共参数
16.     assembleCommonParmarer(env, tEnv, taskConf);
17.
18.     //步骤4: 注册Source和Schema信息
19.     FlinkKafkaConsumerBase kafkaConsumer = new KafkaSource09().buildKafkaConsumer(
                                                  taskConf.getSource());
20.     //设置event_time的watermaker
21.     if (StringUtils.isNotEmpty(taskConf.getSource().getWindowType())
22.         && !Constant.WINDOW_GROUP.equals(taskConf.getSource().getWindowType())
23.         && Constant.WINDOW_TIME_TYPE_EVENT.equals(taskConf.getSource().
    getWindowTimeType())) {
24.         kafkaConsumer.assignTimestampsAndWatermarks(new TimeLagWatermarkGenerator
    (taskConf.getSource()));
25.     }
26.
27.     DataStreamSource dataStream =
28.         env.addSource(kafkaConsumer).setParallelism(StringUtils.isEmpty(task
    Conf.getSource().getParallelism())
29.             ? Constant.PARALLELISM : Integer.parseInt(taskConf.getSource().get
    Parallelism()));
30.
31.     Table sourceTable = tEnv.fromDataStream(dataStream, buildSourceFields(
                            taskConf.getSource()));
32.     log.info("sourceTable schema: {}", sourceTable.getSchema().toString());
33.     tEnv.registerTable("message_information_schema", sourceTable);
34.
35.     String sql = buildSQL(taskConf.getSource());
36.     Table businessTable = tEnv.sqlQuery(sql);
37.     if (StringUtils.isNotEmpty(taskConf.getSource().getWindowType())
38.         && !Constant.WINDOW_GROUP.equals(taskConf.getSource().getWindowType())
39.         && Constant.WINDOW_TIME_TYPE_EVENT.equals(taskConf.getSource().
    getWindowTimeType())) {
40.         businessTable = businessTable.dropColumns(taskConf.getSource().
    getWindowTsColumn());
41.         businessTable = businessTable
42.             .renameColumns(Constant.WINDOW_EVENTTIME_COLUMN + " as " + taskConf.
    getSource().getWindowTsColumn());
43.     }
44.     tEnv.registerTable(taskConf.getSource().getTable(), businessTable);
45.     log.info("businessTable schema: {}", businessTable.getSchema().toString());
```

```
46.
47.     //注册HBase维表
48.     List<DimensionConf> dimensions = taskConf.getDimensions();
49.     if (dimensions != null && dimensions.size() > 0) {
50.         for (DimensionConf dimensionConf : dimensions) {
51.             HBaseLookupTableSource HBaseTableSource = new HBaseLookupTableSource(
                                                        dimensionConf);
52.             tEnv.registerTableSource(dimensionConf.getTable(), HBaseTableSource);
53.         }
54.     }
55.
56.     //步骤5: 处理Operator
57.     Table resultTable = tEnv.sqlQuery(taskConf.getOperator().getSql());
58.     log.info("operator.sql is: {}\n resultTable schema: {}", taskConf.getOperator().
    getSql(),
59.         resultTable.getSchema().toString());
60.
61.     if(taskConf.getCommon().isDebug()){//任务调试
62.         DataStream<Tuple2<Boolean, Row>> resultStream = tEnv.toRetractStream
    (resultTable, Row.class);
63.         resultStream.addSink(EsDebugSink.getInstance(taskConf.getFileName(),
    resultTable.getSchema()));
64.     }else if (taskConf.getSink().getType() == SinkType.KAFKA) {
65.         FlinkKafkaProducerBase kafkaSink =
66.             new KafkaSink09().buildKafkaProducer(taskConf.getSink(), resultTable.
    getSchema());
67.         tEnv.toRetractStream(resultTable, Row.class).addSink(kafkaSink);
68.     } else {
69.         //步骤6: 注册Sink
70.         AbstractSink absink = new AbstractSink();
71.         tEnv.toRetractStream(resultTable, Row.class).addSink(absink.buildeSink
    (taskConf, resultTable.getSchema()));
72.     }
73.     //步骤7:指定名称并触发流式任务
74.     env.execute(taskConf.getFileName() + "-kafka09");
75.
76. }
```

主流程代码的配置文件 online_01.flk 的部分内容如下。

```
1.  {
2.      "source": {
3.          "offset": "latest",
4.          "parallelism": 1,
5.          "isWindow": true,
6.          "waterMarkTime": "30",
7.          "groupId": "1576638581901_105",
8.          "type": "110",
9.          "topic": "logservice_topic",
10.         "broker": "10.18.19.249:9092,10.18.19.250:9092,10.18.19.251:9092",
11.         "table": "logservice_topic",
12.         "is_auth": false,
13.         "dataType": "filebeat_json",
14.         "version": "0.9",
15.         "column": [
16.     {
17.      "name": "log_id",
18.      "type": "varchar"
19.     },
20.     {
21.      "name": "device_id",
```

```
22.     "type": "varchar"
23.     },
24.     {
25.     "name": "login_user_id",
26.     "type": "bigint"
27.     },
28.     {
29.     "name": "skynet_user_id",
30.     "type": "bigint"
31.     },
32.     {
33.     "name": "evt_tm",
34.     "type": "bigint"
35.     },
36.     {
37.     "name": "evt_name",
38.     "type": "varchar"
39.     },
40.     {
41.     "name": "app_name",
42.     "type": "varchar"
43.     },
44.     {
45.     "name": "screen_width",
46.     "type": "int"
47.     },
48.     {
49.     "name": "iswifi",
50.     "type": "boolean"
51.     },
52.     {
53.     "name": "city",
54.     "type": "varchar"
55.     },
56.     {
57.     "name": "province",
58.     "type": "varchar"
59.     },
60.     {
61.     "name": "platform",
62.     "type": "varchar"
63.     },
64.     {
65.     "name": "log_tm",
66.     "type": "bigint"
67.     }
68.         ],
69.         "windowTsColumn": "evt_tm",
70.         "windowType": "Sliding",
71.         "windowTimeType": "event_time",
72.         "waterMarkType": "Periodic",
73.         "groupBatch": 0
74.     },
75.     "operator": {
76.         "parallelism": 1,
77.         "sql": "SELECT format_timestamp(object_to_string(t1.hopEnd), 'yyyy-MM-
    dd') AS stat_dt , format_timestamp(object_to_string(t1.hopStart), 'yyyy-MM-dd
    HH:mm:ss') AS hop_start , format_timestamp(object_to_string(t1.hopEnd), 'yyyy-
    MM-dd HH:mm:ss') AS hop_end , t1.app_name, '10001' AS city_id, '全国' as city_
    name,'' as province_id, '全国' as province_name,t1.online_num, t1.update_tm FROM
```

```
   ( SELECT HOP_START(evt_tm, INTERVAL '10' SECOND, INTERVAL '30' MINUTE) AS hopStart,
   HOP_END(evt_tm, INTERVAL '10' SECOND, INTERVAL '30' MINUTE) AS hopEnd,app_name,
   COUNT(DISTINCT login_user_id) AS online_num, FROM_UNIXTIME(UNIX_TIMESTAMP())
   AS update_tm FROM logservice_topic WHERE (startsWith(trim(evt_name), 'push')
   AND endsWith(trim(evt_name), '_on')) OR NOT startsWith(trim(evt_name), 'push')
   AND login_user_id IS NOT NULL AND login_user_id <> '' GROUP BY app_name, HOP
   (evt_tm, INTERVAL '10' SECOND, INTERVAL '30' MINUTE) ) t1"
78.     },
79.     "common": {
80.         "createUserId": "2919",
81.         "jobManagerMemory": 1024,
82.         "taskManagerMemory": 4096,
83.         "containers": 5,
84.         "isDebug": false,
85.         "slots": 4,
86.         "parallelism": 4
87.     },
88.     "sink": {
89.         "type": 160,
90.         "dbServer": "10.18.19.249:7051,10.18.19.250:7051,10.18.19.251:7051",
91.         "table": "impala::krs.trs_user_online",
92.         "partitionable": false,
93.         "parallelism": 1,
94.         "batchNum": 1
95.     }
96. }
```

4. 实时数据处理阶段测试的步骤和方法

（1）代码逻辑分析

测试人员需要通过阅读代码来了解实现逻辑，并结合业务经验来分析代码逻辑是否正确，以及是否满足业务需求的预期功能等。在分析主流程代码之前，我们先简单讲解 Flink 的部分基础知识，以便读者理解主流程代码。

Flink 流处理 API 通常包含以下 4 个部分，如图 6-30 所示。

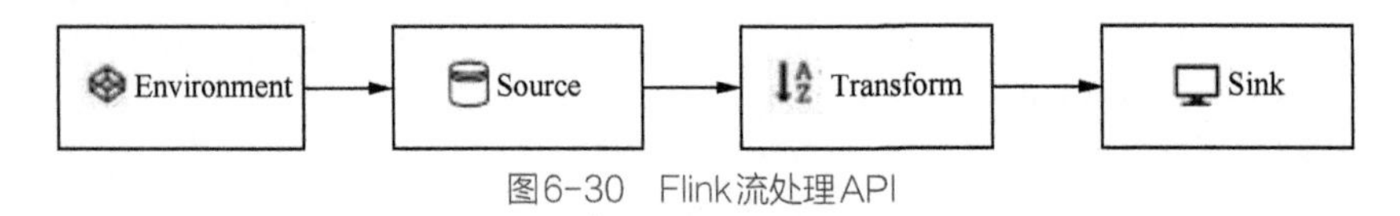

图6-30　Flink流处理API

DataStream API 也不例外，它是 Flink 流处理 API 的一种方式。除基础的 Environment 模块（获取执行环境）以外，DataStream API 主要分为 3 个模块：DataSource 模块、Transformation 模块和 DataSink 模块，分别对应图 6-30 中的 Source、Transform 和 Sink。

DataSource 模块定义了数据接入功能，主要将各种外部数据接入 Flink 系统，并将接入数据转换成对应的 DataStream 数据集。Transformation 模块定义了对 DataStream 数据集的各种转换操作，如 map、filter 等操作。DataSink 模块将操作处理后的结果数据写入外部存储介质，如文件、Hadoop FileSystem 和 ElasticSearch 等。

用户行为分析平台就是使用 DataStream API 来进行流式处理的，其中 DataSource 模块通过 Kafka 接入数据，Transformation 模块通过 SQLQuery 实现 SQL 查询，DataSink 模块将 SQL 查询结果数据写入 Kudu。

通过对 DataStream API 的工作流程的介绍，主流程代码的处理流程就很清晰了。主流程代码一共分为下列 7 个步骤。

步骤 1： 获取相应的执行环境。

步骤 2： 解析任务配置。在启动 Flink 主程序时，加载配置文件 online_01.flk。该步骤的主要作用是解析并加载配置文件的参数。

步骤 3： 配置公共参数，包括时间类型、状态存储方式和 Checkpoint（检查点）周期等。设置时间类型为事件生成时间（Event Time），选择状态存储方式为 FsStateBackend，设置外部检查点 enableExternalizedCheckpoints，设置 Checkpoint 的一致性级别为 exactly-once，设置 Checkpoint 的周期为 30 分钟，即每隔 30 分钟启动一个检查点。

步骤 4： 注册 Source 和 Schema 信息，从 Kafka 中读取数据流。读取配置文件的 Source 参数的值，并使用部分参数创建 KafkaConsumer，拼接查询 SQL 语句并注册 Schema。

步骤 5： 处理 Operator。读取配置文件获取 Operator 中的 SQL 语句。

步骤 6： 注册 Sink。从配置文件中获取 Sink 参数，然后从用户行为分析平台中选取 Kudu 作为 Sink 的存储组件。

步骤 7： 指定名称并触发流式任务。

（2）静态代码检查

针对上述步骤，分别进行静态代码检查。静态代码检查主要是结合业务需求，对代码中的配置参数和实现逻辑进行检查。

对步骤 1 的检查：Flink 有两类运行环境：流式数据环境和批量数据环境。它使用 StreamingExecutionEnvironment 来处理流式数据环境，使用 ExecutionEnvironment 来处理批量数据环境。用户行为分析平台处理的是流式数据，代码中使用 StreamingExecution Environment，符合预期。

对步骤 2 的检查：检查配置文件加载逻辑，确保 online_01.flk 文件中的参数正确加载。

对步骤 3 的检查：主要检查参数配置是否合理。这里重点检查时间类型、状态存储方式、一致性级别和 Checkpoint 周期，详细内容如下。

1）时间类型。

如图 6-31 所示，Flink 的时间类型有 3 种，分别为事件生成时间（Event Time）、事件接入时间（Ingestion Time）和事件处理时间（Window Processing Time）。

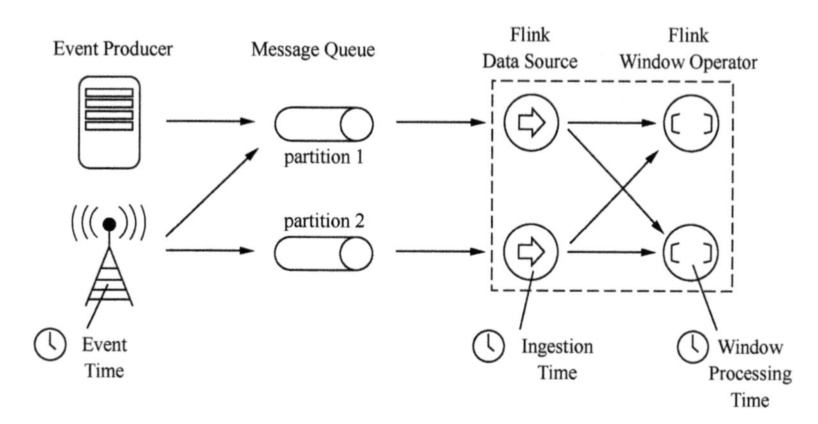

图6-31 Flink的时间类型

- Event Time 是每个独立事件在产生它的设备上发生的时间，这个时间通常在事件进入 Flink 前就已经进入事件中。

- Ingestion Time 是数据进入 Flink 系统的时间，它主要依赖 Source Operator 所在主机的系统时间。
- Window Processing Time 是数据在操作算子计算过程中获取的主机时间。

需求中定义的实时在线人数是最近半个小时内有日志记录的去重用户总数，而触发事件操作才会有日志记录，因此，根据事件时间来限定日志记录时间更准确。代码中使用的时间类型是 Event Time，符合预期。此外，相比 Ingestion Time 和 Window Processing Time 类型，Event Time 在处理无序、延迟事件和重复处理历史数据方面有优势。不过，时间类型选取是否合理还需要结合水印（Watermark）和 Operator 的 SQL 语句来看。

2）状态存储方式。

在 Flink 中，使用状态后端（StateBackend）来管理和存储 Checkpoint 过程中的状态数据。StateBackend 有 3 种类型，分别为基于内存的 MemoryStateBackend、基于文件系统的 FsStateBackend 和基于 RocksDB 作为存储介质的 RocksDBStateBackend。

- MemoryStateBackend：状态数据全部存储在 JVM 堆内存中，包括用户在使用 DataStream API 时创建的 Key/Value State、窗口中缓存的状态数据和触发器等数据。其虽具有快速、高效的特点，但由于受到内存容量的限制，比较适合用于测试环境中，并用于本地调试和验证，不建议在生产环境中使用。
- FsStateBackend：一种基于文件系统的状态管理器，这里的文件系统可以是本地文件系统，也可以是 HDFS（分布式文件系统）。相比 MemoryStateBackend，FsStateBackend 更适合任务状态非常大的情况，如应用中含有时间范围非常大的窗口计算，或 Key/Value State 状态数据量非常大的场景。
- RocksDBStateBackend：Flink 中内置的第三方状态管理器。它在性能上要比 FsStateBackend 强一些，主要是因为其借助 RocksDB 存储了最新的热数据，然后通过异步的方式再同步到文件系统中，但与 MemoryStateBackend 相比，性能会弱一些。它适用于任务状态非常大和增量 Checkpoint 场景。

FsStateBackend 和 RocksDBStateBackend 都适用生产环境。对于用户行为分析平台，其状态不是很大，FsStateBackend 已经足够，因此，选择 FsStateBackend 符合预期。

3）一致性级别。

在流式数据处理中，一致性级别有 3 个。

- at-most-once：对于 1 条消息，最多收到 1 次（0 次或 1 次）。在故障发生后，计数结果可能丢失。
- at-least-once：对于 1 条消息，最少收到 1 次（1 次及 1 次以上）。这表示计数结果可能大于正确值，但绝不会小于正确值。
- exactly-once：对于 1 条消息，确保只收到 1 次。这表示系统保证在发生故障后得到的计数结果与正确值一致。

显然，使用 exactly-once 级别得到的计算结果更精确。用户行为分析平台选择使用该级别，符合预期。

4）Checkpoint 周期。

Checkpoint 周期可根据实际需求确定，不可太长或太短。如果周期设置得太短且遇到非常大的状态数据集，那么每个 Checkpoint 花费的时间可能超过 Checkpoint 的间隔时间，这将导致应用程序一直在做 Checkpoint，无法正常运行程序本身。如果周期设置得太长，那么会导致故障时需要恢复的时间点越早，恢复时间就越久。Checkpoint 周期一般是结合业务需求确定的。用户行为分析平台选择 30 分钟作为 Checkpoint 周期，结合业务需求中的数据量预估，该值可以认为是符合预期的。

对步骤 4 的检查：主要检查 Source 相关参数配置是否合理和 SQL 拼接逻辑是否正确。详细测试点如下。

1）Kafka 参数 auto.offset.reset。

代码中使用的该参数的值取自配置文件 online_01.flk 中 Source 下的 offset，值为“latest”。auto.offset.reset 的值有 3 个，分别为 earliest、latest 和 none。

- earliest：当各分区下有提交的 offset 时，则从提交的 offset 开始消费；在无提交的 offset 时，则从头开始消费。
- latest：当各分区下有提交的 offset 时，则从提交的 offset 开始消费；在无提交的 offset 时，则消费新产生的该分区下的数据。
- none：在 Topic 各分区都存在提交的 offset 时，则从 offset 后开始消费；只要有一个分区不存在已提交的 offset，就抛出异常。

earliest和latest比较常用。考虑到用户行为分析平台在异常退出后不进行重复数据消费，该参数配置的值为“latest”，符合预期。

2）Watermark。

在通常情况下，受到网络等外部因素的影响，事件数据可能无法及时传输至 Flink 系统中，会出现数据乱序或延迟到达等问题。因此，在 Flink 中，通过水印这一机制来控制数据处理的进度。Flink 的水印的本质是一个时间戳。

代码中设置水印的方式：

```
kafkaConsumer.assignTimestampsAndWatermarks(new TimeLagWatermarkGenerator(taskConf.
getSource()))
```

其中，TimeLagWatermarkGenerator 封装继承了 AssignerWithPeriodicWatermarks，并且配置了 waterMarkTime 的值，该值取自配置文件 online_01.flk 中 Source 下的 waterMarkTime，值为 30。

目前，Flink 支持两种方式指定 Timestamps 和生成 WaterMarks，一种方式是在 Data Stream Source 算子接口的 Source Function 中定义，另一种是通过自定义 Timestamps Assigner 和 waterMark Generator 生成。如果用户在 DataStream Source 使用了外部数据源，那么只能选择后一种方式。因为用户行为分析平台的 DataStream Source 是外部数据源 Kafka，所以在代码中选择了第二种方式，符合预期。

Flink 生成 WaterMarks 也有两种方式，分别是 Periodic WaterMarks 和 Punctuated WaterMarks。Periodic WaterMarks 根据设定时间间隔周期性地生成 WaterMarks；Punctuated WaterMarks 根据接入数据的数量生成，这种水印生成方式并不多见。在代码中，使用 AssignerWithPeriodicWatermarks 接口定义 Periodic WaterMarks 方式，即在用户行为分析平台中使用 Periodic WaterMarks 这种生成水印的方式。Periodic WaterMarks 方式比较常见且不过多依赖接收的消息，符合系统使用需求。

3）并行度。

在主函数中，对 Kafka 的数据读取和并行度的设置，如下列代码所示。

```
1.  DataStreamSource dataStream =
2.      env.addSource(KafkaConsumer).setParallelism(StringUtils.isEmpty(taskConf.
    getSource().getParallelism())
3.          ? Constant.PARALLELISM : Integer.parseInt(taskConf.getSource().
    getParallelism()));
```

并行度值取自配置文件 online_01.flk 中 Source 下的 parallelism，值为 1。Flink 消费 Kafka 数据的并行度与 Kafka 的 Topic 分区数有关。

假如不修改 Kafka Consumer 分区分配策略，Source 并行度与 Topic 分区数的不同关系，会导致不同的表现，如下。

- 若 Source 并行度等于 Topic 分区数，那么一个并行度读取一个分区的数据。
- 若 Source 并行度小于 Topic 分区数，那么会出现部分并行度读多个分区的情况，计算公式：分配到并行度中的分区数 =Topic 分区数 % 并行度总数。
- 若 Source 并行度大于 Topic 分区数，那么会出现部分并行度没有数据的情况。

用户行为分析平台只使用一个 Topic，该 Topic 下有 5 个分区，在配置文件中，设置 parallelism（并行度）为 1，表明这 5 个分区的数据都由这一个并行度处理。由于各分区中的数据量不是很大，因此设置并行度为 1，符合预期。

4）创建 Source 读取 SQL 语句并转换为业务表查询。

```
1.  String sql = buildSQL(taskConf.getSource());
2.  Table businessTable = tEnv.sqlQuery(sql);
3.  if (StringUtils.isNotEmpty(taskConf.getSource().getWindowType())
4.      && !Constant.WINDOW_GROUP.equals(taskConf.getSource().getWindowType())
5.      && Constant.WINDOW_TIME_TYPE_EVENT.equals(taskConf.getSource().getWindow
    TimeType())) {
6.      businessTable = businessTable.dropColumns(taskConf.getSource().
    getWindowTsColumn());
7.      businessTable = businessTable
8.          .renameColumns(Constant.WINDOW_EVENTTIME_COLUMN + " as " + taskConf.
    getSource().getWindowTsColumn());
9.  }
10. tEnv.registerTable(taskConf.getSource().getTable(), businessTable);
11. log.info("businessTable schema: {}", businessTable.getSchema().toString());
```

第 1 行代码，实现 Source 查询 SQL 语句的拼接处理，主要是拼接查询的业务字段，字段取自配置文件 online_01.flk 中 Source 下的 column。在测试时，检查后续 Sink 使用的字段在 Source 中是否正确获取，Source 的 column 名称与 Kafka 的 key 名称是否一致。

第 2 行代码，实现通过 SQL 查询的方式生成表对象 businessTable。

第 3 ~ 9 行代码，解决由于窗口函数导致的时间戳与预期值不一致的问题。

第 10 行代码，实现表 businessTable 的注册。

对步骤 5 的检查：主要检查配置文件 online_01.flk 中 Operator 的 SQL 逻辑的正确性。我们将 SQL 格式化，将会得到如下内容。

```
1.  SELECT format_timestamp(object_to_string(t1.hopEnd), 'yyyy-MM-dd') AS stat_dt,
2.         format_timestamp(object_to_string(t1.hopStart), 'yyyy-MM-dd HH:mm:ss')
    AS hop_start,
3.         format_timestamp(object_to_string(t1.hopEnd), 'yyyy-MM-dd HH:mm:ss')
    AS hop_end,
4.         t1.app_name, '1000' AS city_id, '全国' AS city_name,
5.         t1.online_num, t1.update_tm
6.  FROM (
```

```
7.      SELECT HOP_START(evt_tm, INTERVAL '10' SECOND, INTERVAL '30' MINUTE) AS hopStart,
8.        HOP_END(evt_tm, INTERVAL '10' SECOND, INTERVAL '30' MINUTE) AS hopEnd,
9.        app_name, COUNT(DISTINCT login_user_id) AS online_num,
  FROM_UNIXTIME(UNIX_TIMESTAMP()) AS update_tm
10.     FROM logservice_topic
11.     WHERE (login_user_id IS NOT NULL AND login_user_id <> '')
12.     GROUP BY app_name, HOP(evt_tm, INTERVAL '10' SECOND, INTERVAL '30' MINUTE)
13. ) t1
```

通过分析上述SQL语句可知，其主要用到的函数有HOP_START、HOP_END（窗口函数）和format_timestamp（日期格式转换函数）。下面重点讲解HOP_START和HOP_END。

Flink SQL支持的窗口聚合主要有两种：Window聚合和Over聚合，Window聚合支持通过Event Time和Window Processing Time两种时间属性定义窗口。每种时间属性支持3种窗口：滚动窗口（TUMBLE）、滑动窗口（HOP）和会话窗口（SESSION）。

滑动窗口（HOP），也称为Sliding Window。不同于滚动窗口，滑动窗口中的窗口可以重叠。滑动窗口有两个参数：slide和size。slide为每次滑动的步长，size为窗口的大小。

- 若slide < size，则窗口会重叠，每个元素会被分配到多个窗口。
- 若slide = size，则等同于滚动窗口。
- 若slide > size，则为跳跃窗口，窗口之间不重叠且有间隙。

HOP_START和HOP_END是滑动窗口函数。通常，我们使用滑动窗口函数选出窗口的起始时间或结束时间，窗口的时间属性用于下级窗口的聚合，详细描述见表6-9。

表6-9 HOP_START和HOP_END

滑动窗口函数	返回类型	说明与举例
HOP_START(<time-attr>, <slide-interval>, <size-interval>)	timestamp	返回窗口的起始时间（包含边界）。例如HOP_START(evt_tm, INTERVAL '10' SECOND, INTERVAL '30' MINUTE)：窗口间隔为10秒，窗口大小以30分钟进行滑动，并返回evt_tm的起始时间
HOP_END(<time-attr>, <slide-interval>, <size-interval>)	timestamp	返回窗口的结束时间（包含边界）。例如HOP_END(evt_tm, INTERVAL '10' SECOND, INTERVAL '30' MINUTE)：窗口间隔为10秒，窗口大小以30分钟进行滑动，并返回evt_tm的结束时间

结合上文提到的，需求中定义的实时在线人数是最近半个小时内有日志记录的去重用户总数，因此，代码中使用的窗口大小为30分钟。为了保证统计的粒度更细，代码中使用10秒作为窗口间隔，实际页面展示时取整分钟数据即可。经过上述SQL处理后的数据，写入user_online_m表。user_online_m表的部分数据如图6-32所示。

```
+------------+---------------------+---------------------+------------+
| stat_dt    | hop_start           | hop_end             | online_num |
+------------+---------------------+---------------------+------------+
| 2021-01-12 | 2021-01-12 14:42:00 | 2021-01-12 15:12:00 | 32         |
| 2021-01-12 | 2021-01-12 14:42:10 | 2021-01-12 15:12:10 | 32         |
| 2021-01-12 | 2021-01-12 14:42:20 | 2021-01-12 15:12:20 | 33         |
| 2021-01-12 | 2021-01-12 14:42:30 | 2021-01-12 15:12:30 | 33         |
| 2021-01-12 | 2021-01-12 14:42:40 | 2021-01-12 15:12:40 | 33         |
| 2021-01-12 | 2021-01-12 14:42:50 | 2021-01-12 15:12:50 | 33         |
| 2021-01-12 | 2021-01-12 14:43:00 | 2021-01-12 15:13:00 | 33         |
| 2021-01-12 | 2021-01-12 14:43:10 | 2021-01-12 15:13:10 | 32         |
| 2021-01-12 | 2021-01-12 14:43:20 | 2021-01-12 15:13:20 | 32         |
| 2021-01-12 | 2021-01-12 14:43:30 | 2021-01-12 15:13:30 | 31         |
| 2021-01-12 | 2021-01-12 14:43:40 | 2021-01-12 15:13:40 | 31         |
| 2021-01-12 | 2021-01-12 14:43:50 | 2021-01-12 15:13:50 | 31         |
```

图6-32 user_online_m表的部分数据

我们可以通过查询 user_online_m 表获得实时在线人数（以 1 分钟为粒度）。例如，对于 App 名称为“ZSYH”，时间范围为“2020-10-28 18:00:00”～“2020-10-28 19:00:00”的查询 SQL 语句。如下。

```
select hop_end,online_num from user_online_m where stat_dt='2020-10-28' and app_
name='ZSYH' and substr(hop_end,18,19)='00' order by hop_end;
```

对步骤 6 的检查：注册 Sink。Sink 注册相关的参数都取自配置文件 online_01.flk 中的 Sink。通过该参数，我们可以看出，使用的 type 为“160”，代码中“160”对应的 Sink 组件是 Kudu。

对步骤 7 的检查：检查任务的名称是否正确，保证任务可正常启动执行即可。

（3）代码运行验证

在实时代码运行过程中，我们需要重点关注数据的及时性、稳定性和性能。

1）及时性。

及时性测试主要是指检查数据传输、数据消费和数据存储是否及时。数据的及时性受网络传输、程序处理效率和系统稳定性等因素影响。在理想状态下，当然是耗时越短越好，但由于诸多因素影响，难免存在数据延迟。

用户行为分析平台的数据链路较长，在测试时，我们可通过在应用端（App、H5 或小程序）触发某事件（事件触发的同时会产生打点日志）操作，然后观察该条操作数据到达 Kafka 和 Kudu 的时间，如果 $t1+t2$ 小于需求可接受的时间，就表示测试通过，如图 6-33 所示。为了唯一确定 1 条打点日志，每条打点日志需要有一个唯一的 log_id 且持续向下游传递。对于在线人数，要求以 1 分钟为粒度进行实时数据展示，因此，$t1+t2$ 必须要小于 1 分钟。

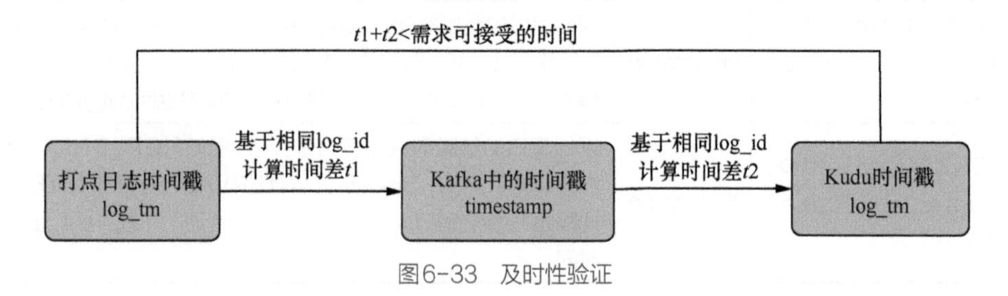

图6-33　及时性验证

在实际业务场景中，假设数据流频率为 100 万条 / 秒，我们可参考表 6-10 进行数据测试设计。

表6-10　数据流频率和测试点

数据流频率	Kafka数据验证	Flink数据验证
100万条/秒	验证是否产生数据积压或数据更新延迟	若Kafka数据未积压或未产生数据更新延迟，验证Flink是否产生数据积压或数据更新延迟
50万条/秒	验证是否产生数据更新延迟	若Kafka未产生数据更新延迟，验证Flink是否产生数据更新延迟
30万条/秒 （若观测50万条/秒频率下Kafka和Flink数据未积压或未产业数据更新延迟）	同上	同上
…	同上	同上

续表

数据流频率	Kafka数据验证	Flink数据验证
150万条/秒	验证是否产生数据积压	验证Flink程序是否异常退出； 若Kafka数据未积压，验证Flink是否产生数据积压
180万条/秒 （若观测150万条/秒频率下Kafka和Flink数据未积压或未产业数据更新延迟）	同上	同上
…	同上	同上

表6-10中有3种数据流频率：业务真实数据流频率、大于业务真实数据流的频率和小于业务真实数据流的频率。观测Kafka和Flink的指标有两类：数据积压和数据更新延迟。如果数据消费端的消费能力不足，消费速度远远低于生产端的生产速度，经过长时间累积，就会产生数据积压。如果数据消费端的消费速度明显大于生产端的生产速度，在数据链路有批量处理的策略下（如数据量累积到3000条才消费），可能会由于生产端生产的数据量达不到阈值而出现数据更新延迟。

2）稳定性。

稳定性测试主要是指在Flink程序长时间运行时，测试是否出现由于内存溢出等原因导致程序异常退出。

3）性能。

对于性能的测试主要是通过压力测试评估Kafka的数据消费能力和Flink的数据处理能力。假设实际业务场景中的数据流频率为100万条/秒，我们同样可参考150万条/秒、200万条/秒等数据流频率（依次增加）进行压力测试。此外，对于性能测试，我们还需要关注服务消耗的资源情况，如CPU、内存和IO等指标。

控制消息数据发送有两种方式，一种是开发一个发送消息的服务接口，然后采用压力测试工具进行测试，这样整个测试就变成了常规的接口服务压力测试；另一种方式是利用Flink消息回追机制，重复历史消费消息进行压力测试，不过，这种方法存在弊端，即不易控制消息的频率。因此，我们选择第一种方式。

（4）数据结果验证

我们可以从一致性和正确性维度，进行数据结果验证。一致性主要是指每个链路节点数据的一致性，正确性是指计算处理后的数据正确。

对于数据的一致性和正确性，我们可以通过数据抽样检测的方法进行测试。数据抽样检测的方法有两种：间隔抽样检测和随机抽样检测。间隔抽样检测是指取固定时间间隔的特定数据进行检查，随机抽样检测则是根据一定的随机算法策略来抽样数据并进行检查。对于间隔抽样检测，我们可以选取1分钟、5分钟、30分钟、1小时、5小时和24小时等时间间隔进行抽样。

1）一致性。

一致性验证主要是指对数据统计指标和数据内容的一致性进行验证，如图6-34所示。

基于相同的log_id，进行打点日志数据与Kafka数据的一致性验证，如图6-35所示。

通过查询Kudu中相同log_id的数据，如图6-36所示，并与Kafka数据进行对比，即可验证打点日志、Kafka和Kudu的数据一致性。

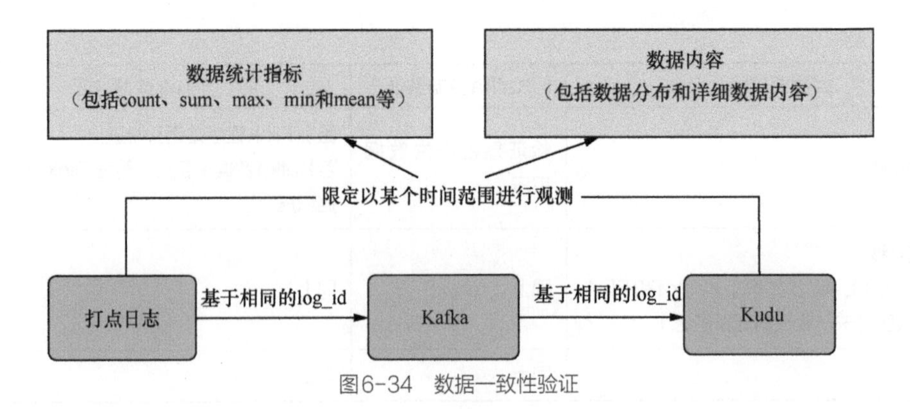

图6-34　数据一致性验证

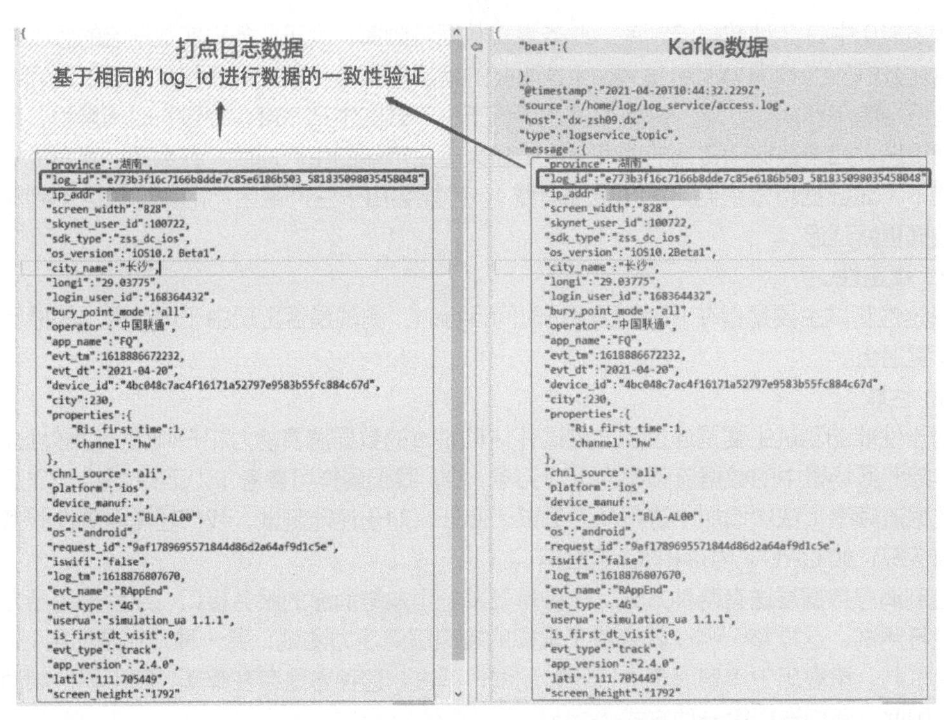

图6-35　打点日志数据与Kafka数据的一致性验证

```
[dx-tjzsspoc13.dx:21000] krb> select * from trb_event_log where log_id='e773b3f16c7166b8dde7c85e6186b503_5818350980354580048';
Query: select * from trb_event_log where log_id='e773b3f16c7166b8dde7c85e6186b503_5818350980354580048'
Query submitted at: 2021-04-20 10:56:04 (Coordinator: [illegible]
Query progress can be monitored at: [illegible] query_id=6a4f355cf4112753:7a3f1e8100000000
| log_dt | log_id | skynet_user_id | login_user_id | evt_tm | evt_dt | evt_type | evt_name | userua | app_version | ip_addr | is_fi
rst_dt_visit | lati | longi | page_addr | device_manuf | device_model | os | os_version | screen_height | screen_width | is_wifi | operator | net_type | device_id
 screen_dir | browser | browser_version | sdk_type | sdk_version | bury_point_mode | country | city | province | user_origi_chnl_source | chnl_source | first_chnl_source | app_name | platform | device_na
me | first_app_version | install_tm | install_dt | log_tm | kafka_partition | kafka_partition_offset | ext_syll1 | ext_syll2 | ext_syll3 | ext_syll4 | ext_syll5 | ext_syll6 | ext_syll7 | ext_syll8
| ext_syll9 | ext_syll10 |
| 2021-04-20 | e773b3f16c7166b8dde7c85e6186b503_5818350980354580048 | 100722 | 168364432 | 1618886672232 | 2021-04-20 | track | RAppEnd | simulation_ua 1.1.1 | 2.4.0 | [illegible] | false
| 111.705449 | 29.03775 | | | BLA-AL00 | android | 10 | 1440 | 2560 | false | 中国联通 | 4G | [illegible]
| zss_dc_android | 1.0.0 | all | | 237 | 湖南 | | all | | FQ | android
| 0 | | 2021-04-20 10:44:32 | 4 | 532995
Fetched 1 row(s) in 0.15s
```

图6-36　查询Kudu中相同log_id的数据

2）准确性。

我们可以验证实际统计的每分钟在线人数与需求定义的在线人数是否一致。例如，验证

“2021-01-12 14:43:00”这一时刻的在线人数计算是否正确，可以先查询 Kudu 中该时刻的在线人数，如下。

```
SELECT online_num FROM user_online_m WHERE stat_dt='2021-01-12' AND app_name='ZSYH'
AND hop_end='2021-01-12 14:43:00';
```

运行上述 SQL 语句，得到 online_num 值，记为 num1。参考需求中定义的在线人数的统计逻辑，统计打点日志 log_tm 中“2021-01-12 14:13:00”~“2021-01-12 14:43:00”的去重用户数，记为 num2。如果 num1 等于 num2，则说明在线人数计算正确。

6.3.4　离线数据处理阶段测试

离线数据处理阶段是指 Kudu 到 Hive，以及 Hive 不同层之间的数据处理阶段。该阶段的测试与数据挖掘产品的 ETL 测试类似，它们同属于离线 ETL 过程。离线数据处理阶段测试的重点是验证数据的完整性、一致性、唯一性、准确性和合法性等。关于该阶段的测试方法，可参考 6.2 节。

6.3.5　数据查询展示阶段测试

数据查询展示阶段是指从 Web 前端到数据查询服务 DAS 的阶段。在该阶段，我们需要验证 SQL 模板的正确性、SQL 拼接的正确性、查询性能、易用性，以及数据的准确性和一致性等。数据查询展示阶段涉及业务逻辑且 SQL 拼接较复杂，因此，该阶段往往耗时最久。以用户单击“基础看板”并查看为例，在用户单击“数据看板”后，触发的操作和相应的功能测试点如图 6-37 所示。

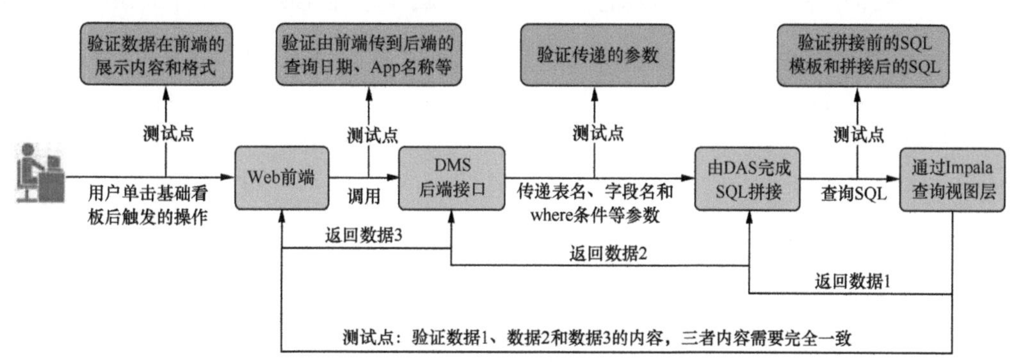

图6-37　数据查询展示阶段的操作和功能测试点

除上述功能测试点以外，我们还需要关注查询性能。查询性能测试主要分为两类：单一请求下的性能测试和高并发请求下的性能测试。下文以漏斗分析为例进行说明。

漏斗分析的主要功能是抽象用户操作 App 过程中的某个流程，以便用户行为分析平台的使用者直观地查看该流程中每一步的用户的转化与流失。漏斗分析的交互流程如图 6-38 所示。

用户登录后，输入漏斗的步骤和规则等条件来创建漏斗。在漏斗创建完成后，Web 前端会调用数据管理层的 DMS 接口，该接口会继续传参并调用数据查询层的 DAS 接口。DAS 接口组装漏斗查询模板和参数，完成查询 SQL 拼接，并通过 JDBC 调用 Impala 查询引擎进行数据查询。查询完成后，将最终查询结果返回 Web 前端页面并展示。

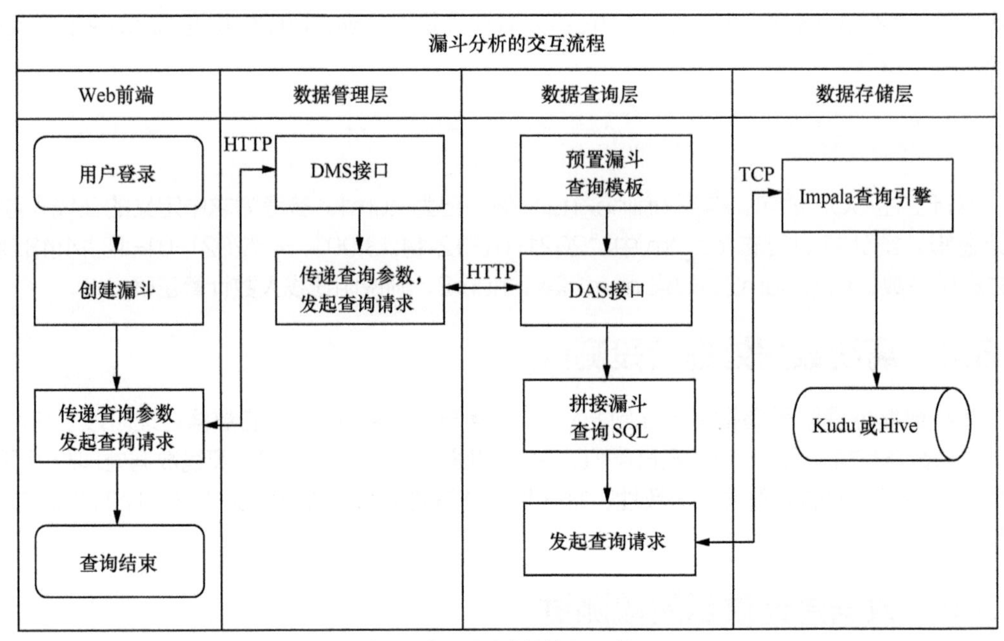

图6-38　漏斗分析的交互流程

在创建漏斗时，用户需要设定的内容主要包括漏斗步骤、窗口期、筛选条件和时间范围，这些内容都将影响查询效率。我们需要针对不同的创建内容进行性能测试，观察查询耗时是否满足需求。

（1）单一请求下的性能测试

我们创建漏斗并观察漏斗查询耗时。创建漏斗和漏斗查询结果分别如图6-39和图6-40所示。

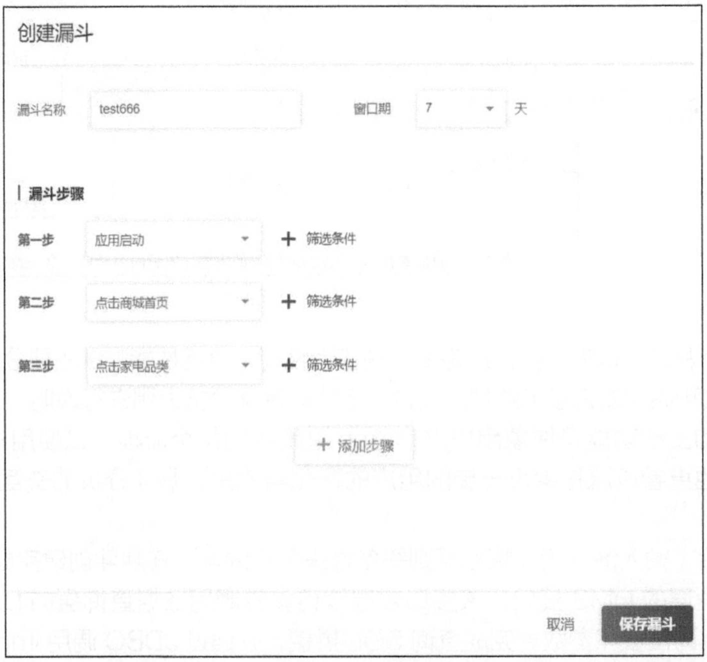

创建漏斗
漏斗名称 test666　窗口期 7 天
漏斗步骤
第一步 应用启动 + 筛选条件
第二步 点击商城首页 + 筛选条件
第三步 点击家电品类 + 筛选条件
+ 添加步骤
取消　保存漏斗

图6-39　创建漏斗

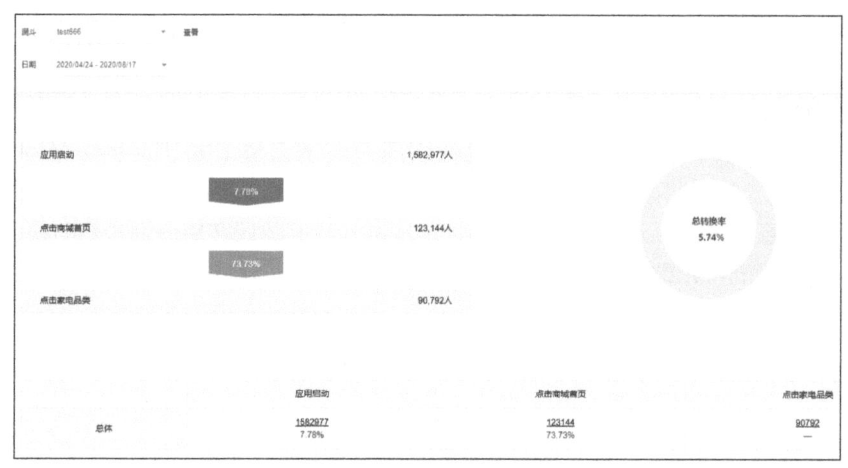

图6-40 漏斗查询结果

漏斗查询的详细测试用例和测试结论如表6-11所示。

表6-11 漏斗查询的性能测试记录

序号	漏斗创建步骤	漏斗创建规则	查询表数据情况	查询结果	查询耗时/s	测试结论
1	第1步：应用启动； 第2步：点击商城首页； 第3步：点击家电品类	窗口期：7天； 漏斗查询时间：2020年4月24日～2020年8月17日； app_name：ZSYH； 筛选条件：无	使用的表：hdb.app_event_log； 2020年4月24日～2020年8月17日的总数据量：3138712868	第1步查询人数：1582977； 第2步转化人数：123144； 第3步转化人数：90792	171	在选定的时间范围内记录数为31亿时，查询耗时较大
2	第1步：应用启动； 第2步：点击商城首页； 第3步：点击家电品类	窗口期：7天； 漏斗查询时间：2020年6月1日～2020年8月17日； app_name：ZSYH； 筛选条件：无	使用的表：hdb.app_event_log； 2020年6月1日～2020年8月17日的总数据量：2131481780	第1步查询人数：1135854； 第2步转化人数：78588； 第3步转化人数：57812	158	小规模缩小查询时间范围，查询耗时仍较大
3	第1步：应用启动； 第2步：点击商城首页； 第3步：点击家电品类	窗口期：7天； 漏斗查询时间：2020年7月15日～2020年8月17日； app_name：ZSYH； 筛选条件：无	使用的表：hdb.app_event_log； 2020年7月1日～2020年8月17日的总数据量：874058811	第1步查询人数：554756； 第2步转化人数：30408； 第3步转化人数：22122	61	大规模缩小查询时间范围，查询耗时减少到序号1耗时的1/3
4	第1步：应用启动； 第2步：点击商城首页； 第3步：点击家电品类	窗口期：7天； 漏斗查询时间：2020年4月24日～2020年8月17日； app_name：ZSYH； 筛选条件：app_version包含1.2（主要测试使用like进行模糊匹配时是否会增加执行耗时）	数据情况同1	第1步查询人数：9756； 第2步转化人数：722； 第3步转化人数：542	172	在存在模糊匹配查询条件时，不会增加查询耗时，反而会因为查询结果数据量变小而减少查询时间

参考需求，我们得出结论：对于不同条件下的查询，耗时均较长，不符合预期，需要进行 SQL 优化。

（2）高并发请求下的性能测试

对于高并发请求下的性能测试，可以使用压力测试工具（如 JMeter、WebBench 和 Locust 等）完成。我们可以通过压力测试工具模拟高并发情况下的多用户请求操作，查看在高并发场景下的查询耗时。对于高并发下的性能测试，我们建议在单一请求耗时符合预期的前提下进行，否则测试将无意义。此部分主要涉及对压力测试工具的使用，不再赘述。

6.4 本章小结

本章依托实际项目，以第 5 章介绍的测试方法论为指导，重点讲解了如何对 3 类大数据应用产品实施测试。在本章的测试实践中，我们首先概述了测试的步骤和方法，以便读者从整体上对每一类产品的测试建立认识。接着，我们分步骤说明了如何在实际项目中应用这些测试方法。良好的大数据测试方法是保证数据质量的一种手段。关于更加全面、系统的数据质量保障方法，我们还需要依靠数据质量管理来实现。关于数据质量管理的内容，我们会在第 7 章讲解。

第 7 章 数据质量管理

随着大数据时代的到来，越来越多的企业认识到数据资产的价值。“数据即资产”理念得到了业界的广泛认同。目前，人们对数据的重视程度已提升到前所未有的高度。然而，并非所有的数据都能成为有价值的资产，数据的价值是由数据质量决定的。数据质量是开展数据挖掘的前提，是数据分析结论有效性和准确性的基础，更是实现数据应用（服务）效果的重要保障。本章将介绍如何通过数据质量管理来保证数据质量，从而使数据变得更有价值。

7.1 数据质量管理概述

数据质量管理是指对数据的计划、获取、存储、共享、维护、应用和消亡的每个阶段可能引发的数据质量问题，进行识别、度量、监控和预警等一系列管理活动，并通过改善和提高组织的管理水平使得数据质量获得进一步提高的过程。数据质量管理是循环管理的过程，其终极目标是通过可靠的数据来提升数据的使用价值，并最终为企业赢得经济效益。

影响数据质量的因素有很多，主要包括技术因素、信息因素、流程因素和管理因素，如图 7-1 所示。

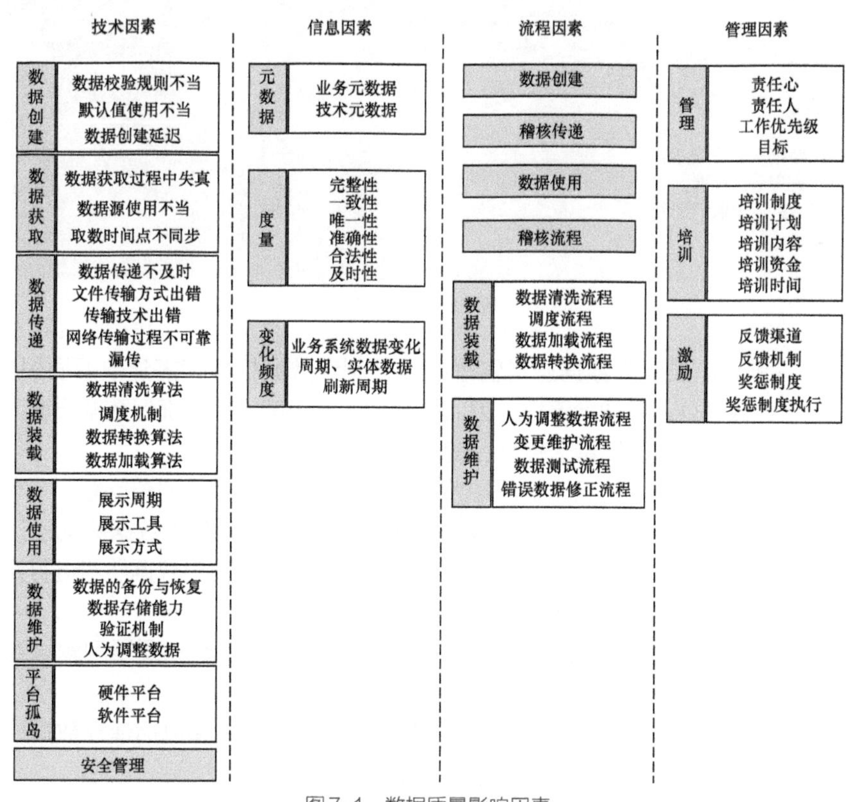

图 7-1 数据质量影响因素

（1）技术因素

技术因素主要是指由于数据处理的技术环节异常导致的数据质量问题，其产生环节主要来自数据创建、数据获取、数据传递、数据装载、数据使用和数据维护等方面。

（2）信息因素

信息因素主要是指对元数据的描述和理解错误，数据度量的各种性质得不到保证，以及变化频度不恰当等导致的数据质量问题。

（3）流程因素

流程因素主要是指由于系统作业流程和人工操作流程设置不当导致的数据质量问题，其主要来自数据创建、稽核传递、数据使用、稽核流程、数据装载和数据维护等环节。

（4）管理因素

管理因素主要是指由于管理、培训和激励机制方面的原因导致的数据质量问题。

综上可知，影响数据质量的因素有很多，企业需要具备完善的数据质量管理流程才能从整体上提升数据质量水平。

7.2 数据质量管理流程

数据质量管理贯穿数据的整个生命周期。基于不同时期，我们可以将数据质量管理划分为4个阶段，如图7-2所示。

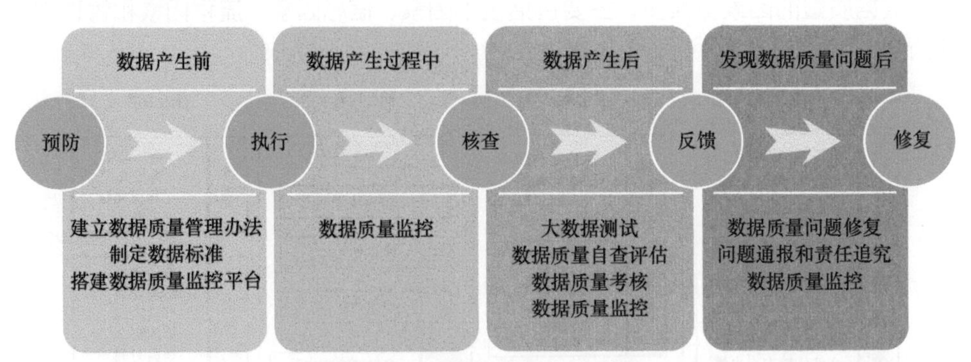

图7-2 数据质量管理的4个阶段

在数据产生前，需要建立数据质量管理办法、制定数据标准和搭建数据质量监控平台。数据质量监控贯穿数据质量管理全流程，因此，在数据产生前，需要确保数据质量监控平台搭建完成并正常运行。关于数据质量监控平台的详细内容，见9.4节。

在数据产生过程中，需要进行数据质量监控，保证及时发现数据质量问题。

在数据产生后，投入生产使用前，需要先进行大数据测试。在大数据测试通过后，数据才可以投入生产使用。在数据投入生产使用后，企业相关部门需要对数据质量进行定期或不定期考核，部门内也可以根据业务需求进行数据质量自查评估。

在发现数据质量问题后，需要及时修复数据质量问题。对于数据质量问题导致的严重事故，需要进行事故复盘和责任追究。

下面将对上述4个阶段中的关键步骤进行介绍。这些关键步骤包括建立数据质量管理办法、制定数据标准、数据质量自查评估和数据质量问题修复。

7.2.1 建立数据质量管理办法

做好数据质量管理的首要步骤是建立数据质量管理办法。在数据质量管理办法中，需要明确数据质量管理总则，分工和职责，数据的采集、录入与审核方法，数据维护方法，数据检查方法，数据质量考核方法，以及责任追究方法。

在理想的情况下，企业制定的流程规范应有完善的数据质量管理制度，以及覆盖数据整个生命周期的管理方法。但实际上，对于数据质量管理办法的建立，并不会一蹴而就，需要在发现问题的过程中不断优化和改进。数据质量管理办法通常由企业数据质量管理的牵头部门建立，其他部门依照此办法执行。下面给出某金融企业的数据质量管理办法，以供读者参考。

1. 总则

第一条　为规范数据管理工作，提高企业数据质量，确保数据准确性、完整性、及时性等，特制定本暂行办法。

第二条　数据质量管理应遵循以下原则：

（一）统一规范原则。各类应用系统采集和处理的数据，应符合统一的数据标准；

（二）全程监控原则。建立数据从采集、审核、处理到维护的全流程监控体系，重点把关数据的采集录入，确保各类应用系统数据真实、准确、完整；

（三）层级考核原则。数据质量保障组与行政管理部门对企业的数据质量管理工作进行严格的目标管理考核，奖优罚劣。

2. 分工及职责

第三条　数据质量保障组是企业数据质量管理的牵头部门，主要负责：

（一）制定企业的数据质量管理的相关规章制度；

……

第四条　数据平台组是数据收集管理的部门，是数据质量的主责任人，主要负责：

（一）贯彻落实企业制定的数据质量管理的相关规章制度；

……

第五条　数据生产研发组主要指负责数据采集和录入系统研发的相关部门，是应用系统数据采集、录入质量的责任人，主要负责：

（一）加强对数据质量相关工作的宣传与培训，提高数据质量意识；

……

第六条　数据录入人员是应用系统数据质量的直接责任人，主要负责：

（一）按照原始记录，准确将数据录入系统；

……

第七条　数据运维及安全组负责系统的安全、维护责任，参与对各系统数据考核工作。

3. 数据采集、录入与审核

第八条 数据采集是通过系统进行数据录入，或使用各种软件工具进行数据收集、整理、传输的行为。

第九条　数据采集应遵循真实、完整、规范、及时的原则。

（一）真实：应严格依据原始资料所记载的内容准确录入相关数据，如实反映，不得随意修改、增减。

……

第十条　数据采集的责任部门。

（一）通过业务软件进行数据录入的数据采集行为，其责任部门是业务软件各子系统的使用部门。

……

第十一条 数据采集必须严格按相应的业务规范以及软件使用要求进行。

第十二条 数据采集必须依据不同业务办理的要求在规定时间内完成，不得无故拖延或推迟数据采集时间，需确保数据采集的及时性。数据采集必须按照业务规范要求以及软件使用要求规定的格式进行录入，不得缺省，确保数据的完整性。采集的数据必须与原始材料一致，需确保数据的准确性。

第十三条 在各类应用软件系统中，要严格按照规定进行岗位设置和授权权限操作。严禁在未按规定授权的情况下，委托他人以本人的账户和口令进行有关的数据录入和修改。各系统用户应当定期更改自己的口令，确保系统数据的安全。

4. 数据维护

第十四条 数据维护是按照应用系统的有关规定对错误的数据进行数据修改的行为。

第十五条 数据维护由各应用系统管理部门按照各自应用系统的要求，明确数据维护的权限和职责，制定数据维护的程序。凡是采集进入应用系统的数据，不得擅自修改、删除。

第十六条 数据维护前应做好相应数据和系统的备份工作。能够通过系统模块解决的，经过审批后按照各类应用系统的操作规范进行维护；需要通过技术手段解决的，由责任人提出申请，由相关业务部门和技术部门审核确认，经主管审批同意后，方可进行数据维护。

第十七条 数据维护工作应严格备案，运维部门对各应用系统管理部门报送的每项数据维护的时间、内容、维护原因、责任人等记录进行备案。

第十八条 数据维护人员在进行数据维护时，必须认真负责，避免在数据维护过程中产生新的错误数据。

5. 数据检查

第十九条 数据检查是按照有关应用系统数据管理规定对数据及时性、完整性和准确性等方面进行的数据质量检查的行为。

第二十条 数据检查包括两种方式，即数据使用部门自查和数据质量管理部门检查。数据检查的方法有：

（一）通过统计、查询等系统进行检查；

……

第二十一条 数据检查的内容：

（一）纸质资料与信息系统内资料进行检查核对，数据采集录入是否全面、及时、规范；

……

第二十二条 应用系统使用部门在业务软件使用过程中发现错误数据，必须及时告知相应的数据采集的责任人或部门进行维护。

第二十三条 数据质量管理部门应定期通过使用数据质量等系统进行数据检查，仔细分析检查结果，识别其中不符合规律和常理的数据，查找存在的数据问题。

6. 数据质量考核

第二十四条 数据质量保障组建立企业的数据质量的考核体系。

第二十五条 考核指标至少包括比率指标和数量指标。比率指标按未达标的百分点扣分，数量指标按错误数据的数量和问题的严重程度扣分。

第二十六条　考核的比率指标：

（一）信息采集率：已经采集进入应用系统的信息与应该采集进入应用系统信息的比率。

……

第二十七条　数量指标是指分级列出问题数据的数量，根据问题的严重程度，确定扣分标准，进行扣分。根据数据的重要程度具体分为四级：

（一）只影响数据本身的完整性而不影响其他数据。

……

第二十八条　各应用系统主管部门应根据本办法制定各应用系统的数据质量考核细则，并报合规部备案。

7. 责任追究

第二十九条　凡违反本办法相关规定，造成数据录入不及时、不完整、不准确等数据质量问题的，对数据质量责任部门和相关责任人实行数据质量责任追究。

第三十条　数据质量追究的原则，如下：

（一）以谁的用户名录入，谁负责；

……

第三十一条　数据质量责任追究范围，如下：

（一）因数据质量问题导致统计数据不能生成或生成错误的；

……

第三十二条　数据质量责任划分，如下：

（一）数据采集的责任部门即为数据质量的责任部门；

……

第三十三条　对主动发现错误并及时纠正，尚未造成不良影响的，可以从轻或者免于追究责任。

第三十四条　有下列情形之一的，应当从重追究责任：

（一）因玩忽职守、徇私枉法、受贿、索贿等原因造成过错的；

……

7.2.2 制定数据标准

数据标准是保证数据的内外部使用和交换的一致性、准确性的规范性约束。通俗来讲，数据标准是对数据的命名、类型、长度、业务含义、计算口径和归属等定义的统一规范。数据标准是数据质量管理的基石，是消除数据业务歧义的主要参考依据。只有制定了数据标准，数据才有统一的参考规范，我们才能在此基础上制定数据质量考核和评估规则，并产出最终的数据质量报告。

企业数据标准通常以业界标准为基础，并结合企业自身情况进行调整或改动。业界标准通常是指国家标准或监管机构（如国家统计局、中国人民银行和工信部等）制定的标准。数据标准主要由管理信息、业务信息和技术信息 3 部分组成，如图 7-3 所示。

1）管理信息主要是标准相关的信息，包括标准项标号、标准归属的主题、使用部门和管理人员等。通过这部分信息，可以让数据标准的管理和维护工作有明确的责任主体，以保证数据标准能够持续地进行更新和改进。

图7-3　数据标准的组成

2）业务信息包括指标名称、业务定义、业务使用规则和标准的相关来源等。对于代码类标准，还需要进一步明确编码规则和相关的代码内容，以达到定义统一、口径统一、名称统一、参照统一和来源统一的目的，进而形成一套一致、规范、开放和共享的业务标准。

3）技术信息是指描述数据类别、数据格式、数据长度和值域等技术属性的信息。这部分信息可对数据的建设和使用提供指导和约束。

在明确数据标准的内容后，我们需要确定采用何种形式来制定数据标准。文档方式简单、直接，但其成本过高且效率较低。首先，数据标准涵盖的内容广泛，通过文档维护的工作量大且文档的搜索、浏览功能的体验不佳。其次，数据标准有一定的时间期限，它可能会变更、过时和作废。因此，关于制定数据标准的方式，业界更多的是采用数据标准平台。数据标准平台的实现逻辑较简单，这里给出其功能架构，如图7-4所示。数据标准平台的具体功能实现方案不会给出。

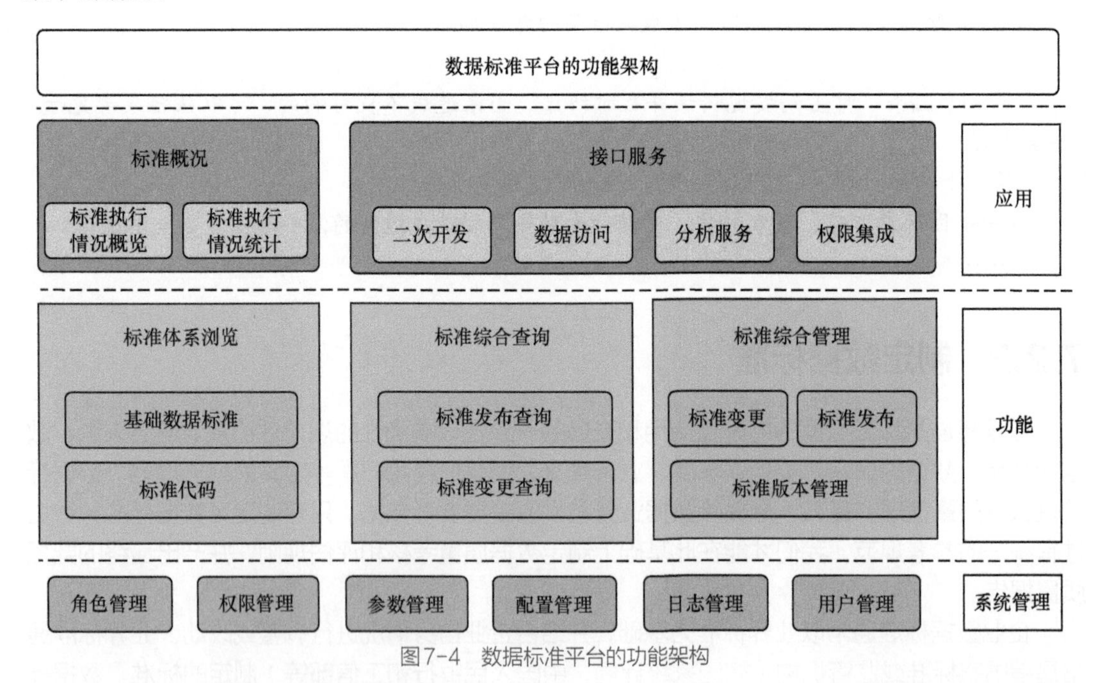

图7-4　数据标准平台的功能架构

7.2.3　数据质量自查评估

数据质量问题的发现途径主要有数据质量监控和数据质量自查评估。数据质量监控是被动的系统监控行为，数据质量自查评估是主动的人工检查行为。对于重要的数据集，企业一般会进行数据质量自查评估，以评估数据质量是否满足业务需求。数据质量自查评估的流程如图 7-5 所示。

1. 确定评估对象及范围

确定评估对象及范围主要是确定被评估数据集的范围，即数据集的数据量、属性和时间范围等。被评估的数据集应该是一个确定的静态集合（在评估时间内，数据不再增加、删除和修改），因为动态数据集会导致评估结果的不确定性，也会导致后期数据问题不易定位。数据质量自查评估通常针对下列 3 类数据集。

1）全新的数据集。该数据集的数据质量是未知的，使用前需要进行数据质量评估。只有通过评估的数据，才能投入业务使用。这里所说的全新的数据集不但包括新增库表，而且包括历史库表的增量数据。

2）受重大技术变更影响的数据集。例如，在数据的采集、同步、计算和存储等任一环节进行重构或更换组件时，我们需要对受变更影响的数据集（包括历史数据和新增数据）进行数据质量评估。

3）新业务需求强依赖的数据集。例如，某数据挖掘团队需要对一个数据集进行特征模块开发，在开发前，需要对相关的数据集进行数据质量评估。只有通过评估的数据，才能满足特征开发的前提条件。

2. 选取评估维度

在实际的业务项目中，业务数据大多为结构化数据，并且一般以表为基础单元。因此，基于表和字段，可分为 4 个评估维度，如图 7-6 所示。

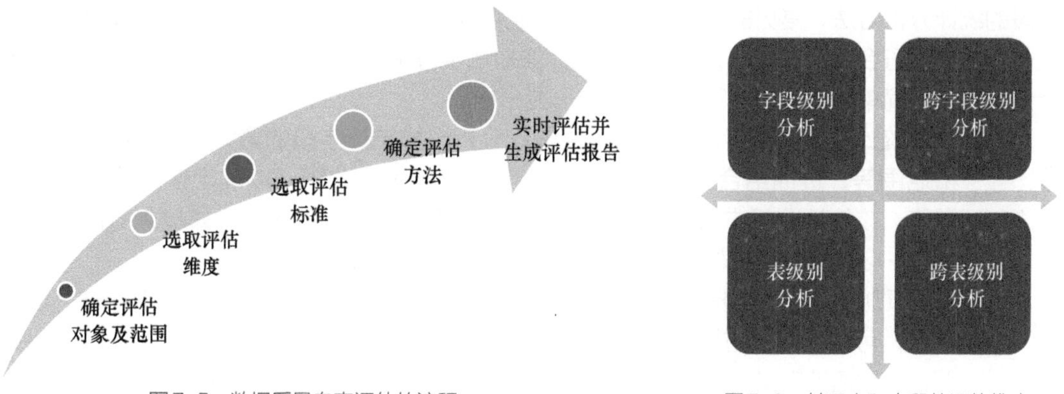

图7-5 数据质量自查评估的流程

图7-6 基于表和字段的评估维度

（1）字段级别分析

字段可分为字符类、数值类、日期类、编码类和码值类等类型。不同类型字段的分析方法各不相同，如表 7-1 所示。

表7-1 不同类型字段的分析方法

类型	类型描述	分析方法	备注
字符类	字符类主要以字符串或文本形式展现，对应的数据类型主要有 string、char、varchar 和 text，其主要作用是描述业务信息，如姓名、收货地址等	缺失值分析、异常值分析和字段内容分析	

续表

类型	类型描述	分析方法	备注
数值类	数值类主要以数字形式展现，对应的数据类型主要有 tinyint、smallint、int、bigint、float、double 和 decimal 等	缺失值分析、异常值分析、值域分析和字段内容分析	对于特殊数值类，如财务信息中的金额数据，以及负数和含有小数的数据，我们需要重点关注。此外，我们还需要关注数据单位是否统一
日期类	日期类主要以日期或时间形式展现，对应的数据类型主要有 date、datetime 和 timestamp 等，其主要作用是记录业务或系统时间	缺失值分析、异常值分析和值域分析	
编码类	编码类主要用于快速检索，数据类型以 varchar、int 为主，如自增 ID、订单 ID 和身份证号等。对于编码类，我们需要理解具体编码规则，以及编码规则中是否含有业务含义	缺失值分析和异常值分析	对int类型编码数据进行统计计算（求和、均值和方差等）没有意义
码值类	码值类是编码类的变种，有特定的值域范围和对应的中文描述，主要用于筛选分组操作。例如激活状态编码，1 表示已激活，2 表示未激活	缺失值分析、异常值分析、值域分析和数据分布分析	

关于字段级别分析，主要的分析方法有异常值分析、缺失值分析、值域分析、数据分布分析和字段内容分析等，下面分别进行说明。

1）异常值分析。

异常值分析主要是针对字段中的异常数据进行分析。常见的异常数据包括空字符串、NULL 值、被截断的字符串、乱码（由字符编码问题引起）和其他录入错误的值。针对字符类字段的统计分析方法，常见的有正则匹配法、长度统计法等。我们一般使用正则匹配法检测乱码值和其他不符合预期的数值，使用长度统计法检测字符串截断问题。常见的数值类字段的统计分析方法有简单统计分析、3σ 原则和箱形图分析。

- 简单统计分析：对字段进行描述性统计分析，如统计字段的最大值、最小值、均值和范围等，进而结合数据标准中的该字段值域进行分析，以确定该字段是否为异常值。该统计分析方法适用数据标准中有明确值域范围的字段，如成人身高通常为 150 ~ 200cm，若某人身高为 400cm，则可确定该数值为异常值。
- 3σ 原则：对于数据标准中没有明确值域范围的字段，为如值域范围在 0 ～ +∞的字段值，可以使用该方法来检测异常值。如果数据服从正态分布，那么，在 3σ 原则下，异常值被定义为一组测定值中与均值的偏差超过 3 倍标准差的值。在正态分布的假设下，与均值相差大于 3σ 的值出现的概率为 $P(|x-\mu|>3\sigma) \leqslant 0.003$，属于极个别的小概率事件。
- 箱形图分析：对于数据标准中没有明确值域范围的字段，也可以参考箱形图方法来检测异常值。该方法利用四分位距（Inter-Quartile Range，IQR）对异常值进行检测。四分位距是指上四分位与下四分位的差值。以 IQR 的 1.5 倍为标准规定，超出上界（上四分位 +1.5 倍 IQR）或超出下界（下四分位 -1.5 倍 IQR）的点为离群点。异常值分析也称离群点分析，因为离群点大概率为异常值。箱形图如图 7-7 所示。

由于异常值产生的原因复杂，因此大部分异常值很难被修复。如果异常值无规律可循，那么，在修复时，我们只能通过代码来兼容这部分异常数据。不过，我们可以对异常值数据追本溯源，从根源规避异常值。

2）缺失值分析。

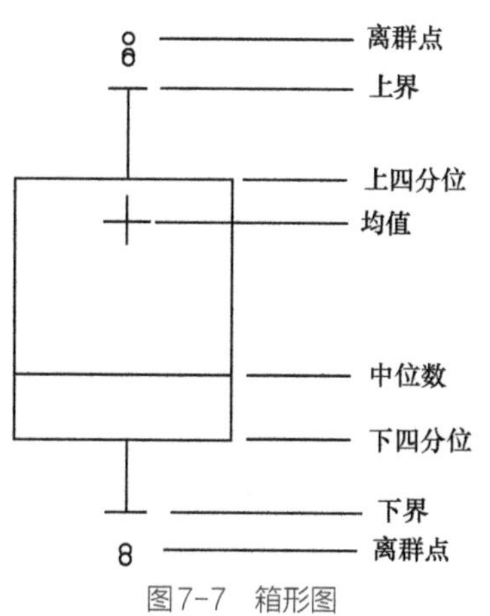

图7-7 箱形图

数据缺失主要包括记录的缺失和记录中某个字段信息的缺失。记录的缺失是指整行数据记录的缺失，这个属于表级别分析。记录中某个字段信息的缺失是指行记录中某个字段值的数据缺失，这个属于字段级别分析。下面主要介绍后者。

通常简单的计数统计即可得出记录中某个字段信息的缺失数量和缺失率。缺失值分析方法比较简单且适用所有字段类型，但对于缺失值的处理方法，则需要慎重选择。缺失值的处理方法主要有以下 3 种。

- 不处理：当缺失记录较少，可忽略不计时，可不进行任何处理。
- 删除法：删除字段或删除记录。如果某个字段缺失率过高，说明该字段能提供的信息有限，则我们需要考虑是否在表中删除该字段。如果某条记录中有较多字段内容缺失，则我们需要考虑是否删除该条记录。在实际业务操作中，我们一般很少删除数据。对于是否删除数据，需要结合实际业务场景来评估。
- 填充法：主要有自定义填充法、推断填充法、数值统计填充法和建模填充法。自定义填充法，如填充“unknown”“未知”“0”和“1”等；推断填充法，如根据身份证号推断出生日期和年龄等；数值统计填充法，如填充均值、中位数和众数等；建模填充法，通过回归、贝叶斯等算法建立模型来预测填充值，该方法过于复杂且收益较低，不太建议读者使用。

3）值域分析。

值域分析主要是分析字段值的统计指标。例如，数值类的统计指标有最大值、最小值、中位数、四分之一分位点、四分之三分位点、均值、极差值和方差等，字符类的统计指标有最大长度、最小长度和长度方差等。

4）数据分布分析。

数据分布分析主要是分析各个维度值在总体数据中的分布情况。数据分布分析过程中出现的典型的数据质量问题有数据分布偏斜程度较大、数据分布过分集中等。

5）字段内容分析。

字段内容分析是分析字段真实记录值与预期数据是否一致。例如，定义的字段类型是 string，但预期数据是数值字符串格式（如“0”“1”和“999”等）。在这种情况下，存储“a”和“abc”这类格式的数据则是不符合预期的。又如，定义的字段类型是 bigint，但预期数据是时间戳格式的数值数据，如 1605842400（转换成时间格式为 2020-11-20 11:20:00）。在这种情况下，存储 -12345、666 这类数据通常是不符合预期的。上述数据内容是无法通过表结构定义进行限制的，需要查看真实数据才可以进行评估。

（2）跨字段级别分析

跨字段级别分析的方法主要是功能相关性分析法，即分析字段与字段之间是否满足指定的计算逻辑和业务规则。通过下面给出的一段 SQL 代码可知，代码中的 8 个字段存在相关性。如果字段“is_conts_active_exceed35_dt_dt_cd”的值为“1”，则字段“is_loyal_user_cd”的值必然为“1”。如果字段“is_conts_active2_dt_cd”的值为“1”，则字段“is_conts_active7_dt_cd” ~ is_conts_active_exceed35_dt_dt_cd”的值必然不为“1”。

```
1.        CASE WHEN t3.active_day_num >= 35 THEN '1' else '0' END              AS
   is_loyal_user_cd,                          --是否为忠诚用户
2.        CASE WHEN t3.active_day_num = 2 THEN '1' else '0' END                AS
   is_conts_active2_dt_cd,                    --是否连续活跃2日
3.        CASE WHEN t3.active_day_num BETWEEN 3 AND 7  THEN '1' else '0' END   AS
   is_conts_active7_dt_cd,                    --是否连续活跃7日
4.        CASE WHEN t3.active_day_num BETWEEN 8 AND 14 THEN '1' else '0' END   AS
   is_conts_active14_dt_cd,                   --是否连续活跃14日
5.        CASE WHEN t3.active_day_num BETWEEN 15 AND 21 THEN '1' else '0' END  AS
   is_conts_active21_dt_cd,                   --是否连续活跃21日
6.        CASE WHEN t3.active_day_num BETWEEN 22 AND 28 THEN '1' else '0' END  AS
   is_conts_active28_dt_cd,                   --是否连续活跃28日
7.        CASE WHEN t3.active_day_num BETWEEN 29 AND 35 THEN '1' else '0' END  AS
   is_conts_active35_dt_cd,                   --是否连续活跃35日
8.        CASE WHEN t3.active_day_num > 35 THEN '1' else '0' END               AS
   is_conts_active_exceed35_dt_dt_cd          --是否连续活跃超过35日
```

（3）表级别分析

表级别分析的方法主要有主键唯一性分析和表基础分析。

主键唯一性分析：分析表数据中主键是否唯一。主键唯一性检测方法很简单。单一主键和复合主键的唯一性检测方法可参考如下SQL语句。

```
1. --单一主键，字段a为主键，若num1=num2，则主键唯一
2. SELECT COUNT(a) FROM table1; --num1
3. SELECT COUNT(DISTINCT a) FROM table1; --num2
4.
5. --复合主键，字段b和字段c组成主键，若num3=num4，则主键唯一
6. SELECT COUNT(CONCAT(b,c)) FROM table2; --num3
7. SELECT COUNT(DISTINCT CONCAT(b,c)) FROM table2; --num4
```

表基础分析：分析表中的数据量和数据量波动，表是否缺失分区和分区值是否正确（针对分区表），以及HDFS目录数量和文件大小（针对Hive表）。对于数据量波动的分析，可采用分组对照的方式，即通过对比两个分区的数据量或不同日期的数据量来观察数据的波动趋势是否符合预期。

在大数据业务场景下，较多企业会选择以Hive为主的数据仓库，因此下面将以Hive表为例来介绍表基础分析。在讲解表基础分析之前，我们首先介绍Hive表的4种加载方式：全量加载、追加式增量加载、更新式增量加载和拉链表式加载。不同加载方式对应不同的分析方法。

1）全量加载。

全量加载的SQL示例如下。

```
1. INSERT OVERWRITE TABLE table2
2. SELECT
3. a
4. FROM table1
5. WHERE etl_dt='${hivevar:etl_dt}';
```

对于全量加载方式，table2表的数据量通常维持在一个相对稳定的数值。例如，某网站每天的用户访问记录数一般比较稳定，假设在8000万上下波动，如果某天的用户访问记录数下降到3000万，那么可能是出现了数据质量问题。

2）追加式增量加载。

追加式增量加载的SQL示例如下。

```
1.  INSERT OVERWRITE TABLE table3 PARTITION (etl_dt='${hivevar:etl_dt}')
2.  SELECT
3.  col1
4.  FROM table4
5.  WHERE etl_dt='${hivevar:etl_dt}';
```

对于追加式增量加载方式，table3 表的数据量通常持续增加且每个分区的数据量接近。

3）更新式增量加载。

更新式增量加载的 SQL 示例如下。

```
1.  --将历史数据插入 table5
2.  INSERT OVERWRITE TABLE table5
3.  SELECT
4.  *
5.  FROM table5 t WHERE t.stu_id NOT IN(
6.  SELECT stu_id --学生编号
7.  FROM table6
8.  WHERE etl_dt='${hivevar:etl_dt}'
9.  ) ;
10. --将新增数据插入 table5
11. INSERT INTO TABLE table5
12. SELECT
13. stu_id, --学生编号
14. stu_info, --学生信息
15. FROM table6
16. WHERE etl_dt='${hivevar:etl_dt}';
```

从该 SQL 示例可知，如果历史数据与新增数据的 stu_id 相同，则新增数据会对 stu_id 相同的历史数据进行覆盖更新。如果它们的 stu_id 不同，则历史数据保持不变。对于更新式增量加载方式，table5 表的数据量会持续增加。

4）拉链表式加载。

拉链表是针对数据仓库设计中表存储数据的方式而定义的。拉链是记录历史。拉链表中记录一个事物从开始，一直到当前状态的所有变化的信息。拉链表式加载的 SQL 示例比较烦琐，为了方便读者理解，这里直接给出数据示例，如表 7-2 所示。

表 7-2 拉链表数据示例

账户 ID	账户余额	开始时间	结束时间	创建时间	更新时间
1	100	2020-11-20	9999-99-99	2020-11-20 19:35:00	2020-11-20 19:35:00
2	150	2020-11-26	2021-01-01	2020-11-26 11:30:02	2021-01-02 09:05:11
2	200	2021-01-02	9999-99-99	2021-01-02 09:05:11	2021-01-02 09:05:11
3	1000	2021-01-08	2021-01-18	2021-01-08 12:13:14	2021-01-19 09:26:12
3	500	2021-01-19	2021-02-19	2021-01-19 09:26:12	2021-02-20 10:00:06
3	200	2021-02-20	9999-99-99	2021-02-20 10:00:06	2021-02-20 10:00:06

下面对表 7-2 进行说明。

- 表 7-2 中的开始时间和结束时间表示该条记录的生命周期，结束时间为“9999-99-99”表示该条记录目前处于有效状态；
- 在账户余额发生变动时，拉链表中会新增一条记录，记录当前最新的有效数据，同

时，更新最近一条历史数据的结束时间；

- 如果用户想查询某天的账户余额，以“2020-01-19”为例，那么 SQL 查询语句如下。

```
SELECT 账户余额 FROM 拉链表 WHERE 开始时间<= '2020-01-19' AND 结束时间>='2020-01-19';
```

对于拉链表，常见的分析要点是检查拉链表是否断链、是否交叉链和数据量波动是否符合预期等。对于相同的账户 ID，以账户 ID 为 2 的两条记录为例，如果下一条记录（创建时间为 2021-01-02 09:05:11）的开始时间比上一条记录（创建时间为 2020-11-26 11:30:02）的结束时间多 2 天及 2 天以上，则拉链表存在断链。如果下一条记录的开始时间小于或等于上一条记录的结束时间，则拉链表存在交叉链。这两种情况都不符合业务预期。

（4）跨表级别分析

跨表级别分析的方法主要有外键分析和血缘关系分析。

- 外键分析：分析事实表中的外键能否在维表中关联。
- 血缘关系分析：通过血缘关系分析，我们可以看到数据来源的多样性、数据的可追溯性和数据的层次结构。在进行血缘关系分析时，我们需要重点关注数据转换前后的数据量和数据值的一致性。图 7-8 是某实际业务场景中 Azkaban 血缘关系图。

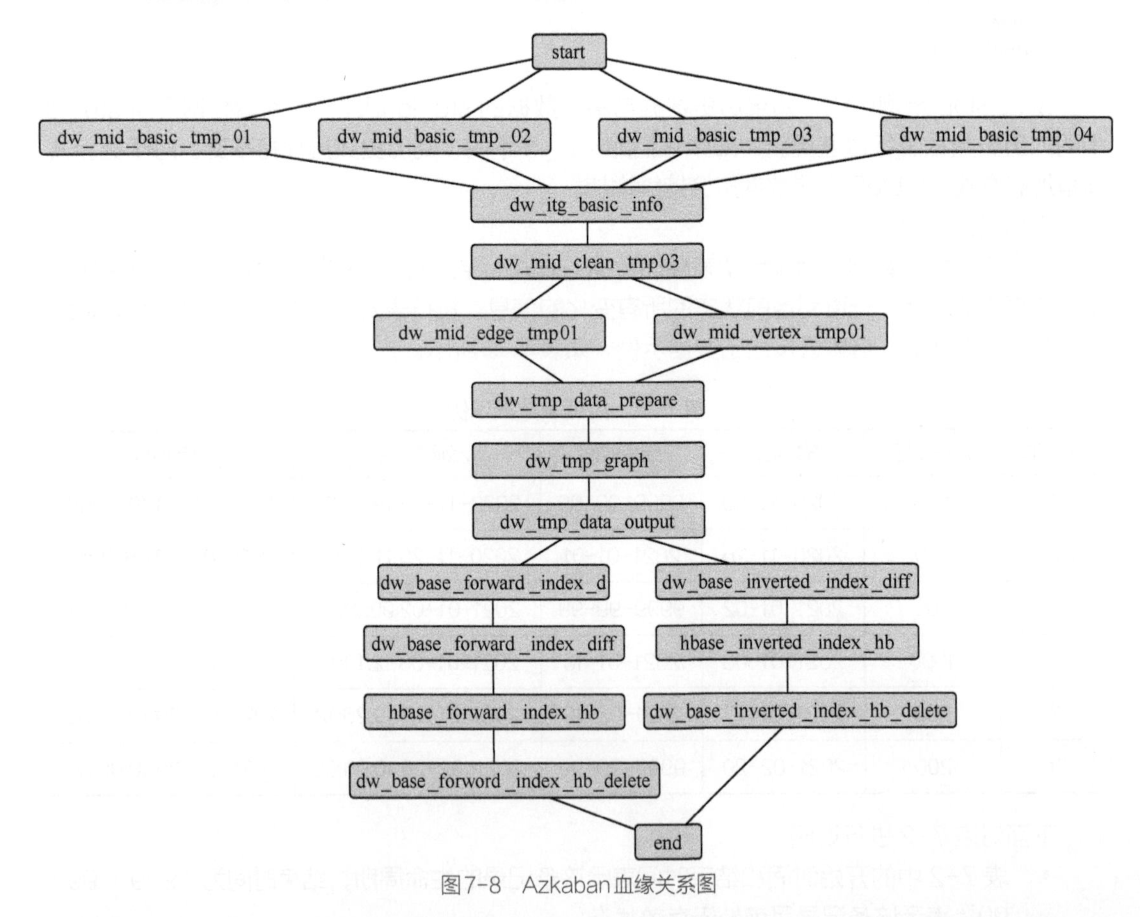

图7-8　Azkaban血缘关系图

由图 7-8 可知，一个调度流从 start 到 end 经过了多层数据流转，即存在多层血缘关系。

我们可借助 Azkaban 血缘关系图，并结合业务逻辑来分析数据转换前后的数据量和数据值的一致性。

3. 选取评估标准

在确定数据评估维度后，需要选取评估标准。参考业界评估标准，我们将数据质量评估标准分为 6 个方面，如图 7-9 所示。

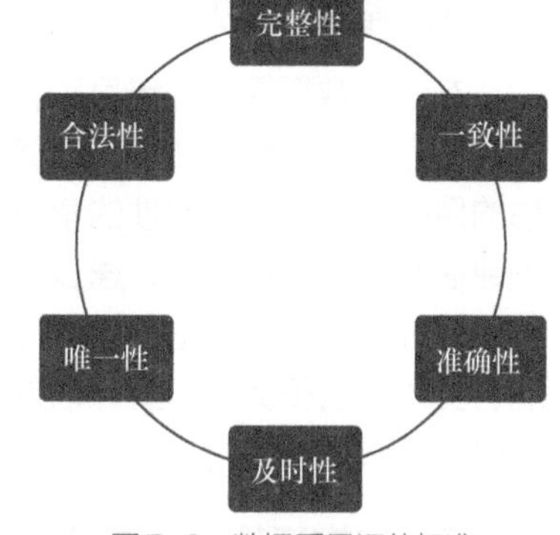

图 7-9 数据质量评估标准

（1）完整性

数据的完整性主要体现在实体不缺失、属性不缺失、记录不缺失和字段值不缺失这 4 个方面。完整性是数据质量的基础保障。在进行数据的完整性分析时，一般通过缺失值分析检查字段值的完整性，通过表基础分析检查记录的完整性。

（2）一致性

数据的一致性是指数据来源、存储和数据口径是否统一，其检查项主要包括数据记录规范的一致性、数据逻辑的一致性和数据记录的一致性。

- 数据记录规范的一致性：由于数据质量参考统一的数据标准，因此数据记录的规范与数据标准保持一致即可。
- 数据逻辑的一致性：指计算逻辑的一致性和业务逻辑的一致性。业务逻辑的一致性是指业务处理逻辑始终保持一致，例如，在某业务场景中，将城市 ID 与码表进行关联映射，并将无法关联的城市名称的城市 ID 置为“未知”。在则后续处理中，都应按照此逻辑进行关联映射。对于无法关联的城市名称的城市 ID，必须存储为“未知”，而不能存储为“NULL 值”“空字符串”和“unknown”等。计算逻辑的一致性是指多项数据间逻辑关系固定，如当年累计缴纳的社保总额大于或等于当年某月缴纳的社保额、PV 大于或等于 UV 等。
- 数据记录的一致性：如果数据未经任何处理，则数据流转前后应完全一致。例如订单 ID，从业务来源表流转到数据仓库，订单 ID 的数据类型和长度都应该保持一致。

（3）准确性

数据的准确性是指数据记录的信息是否存在异常或错误。部分数据准确性问题是显而易见的，如年龄范围通常为 0 ~ 100 岁，如果出现 -10，那么显然该值是错误的。一些数据准确性问题是不容易被发现的，如年龄为 16 岁，数据并没有显著异常，但如果出生年份为 2000 年，当前年份为 2021 年，就会出现年龄为 16 岁是错误的。对于不易察觉的问题，我们需要通过严格的计算来发现。我们一般使用异常值分析、值域分析、数据分布分析和功能相关性分析等方法来评估数据的准确性。相关分析方法已在上文介绍，此处不再赘述。

（4）及时性

数据的及时性是指数据的产生、消费、刷新、修改、提取和查询等操作是否及时和快速。对于数据的产出时间，通常需要控制在一定的时间范围或某时刻之前。尽管有些大数据业务场景对及时性要求不高，但仍需要满足明确的时间指标。例如，业务数据生产周期以天为单位，如果数据从生产到可用的时间多于一天，则该数据就失去了及时性。实时数据分析场景对及时性的要求极高，在这种场景中，通常使用小时级别，甚至分钟级别的数据进行计算。

（5）唯一性

数据的唯一性主要体现在主键唯一和候选键唯一。相关分析方法已在上文介绍，此处不再赘述。

（6）合法性

数据的合法性主要是指数据的格式、类型、值域和业务规则是否符合用户的定义。

4. 确定评估方法

在选定数据评估的维度和标准后，我们应根据被评估数据集的特点来确定评估方法。常用的评估方法有定性评估法和定量评估法。定性评估法一般基于一定的评估准则和要求，根据评估的目的和需求，从定性的角度来对数据集进行描述与评估。定性评估法的具体步骤：确定相关评估准则或指标体系，通过对评估对象进行大致评定，给出评估结果。定性评估结果有等级制、百分制等表示方法。定量评估法提供了一个系统、客观的数量分析方法，评估结果更加直观、具体。由于数据自查评估是具体的可量化的工作，因此我们推荐使用定量评估法。读者还可以将两者结合使用。

5. 实施评估并生成评估报告

在确定评估方法后，我们需要根据选定的评估维度、评估标准和评估方法来对数据集实施评估。为了保证数据评估结果的准确与客观，我们建议采取多维度、多标准和多人员参与的方式进行评估。评估后，我们需要对评估结果进行分析，分析数据质量是否满足实际业务需求，以及是否需要进行数据质量问题修复。最后，整合数据质量评估过程和结果信息，输出数据质量报告。

7.2.4　数据质量问题修复

对于存在数据质量问题的数据集，需要进行问题修复。数据质量问题修复的流程如图 7-10 所示。下面将对该流程中的关键步骤进行说明。

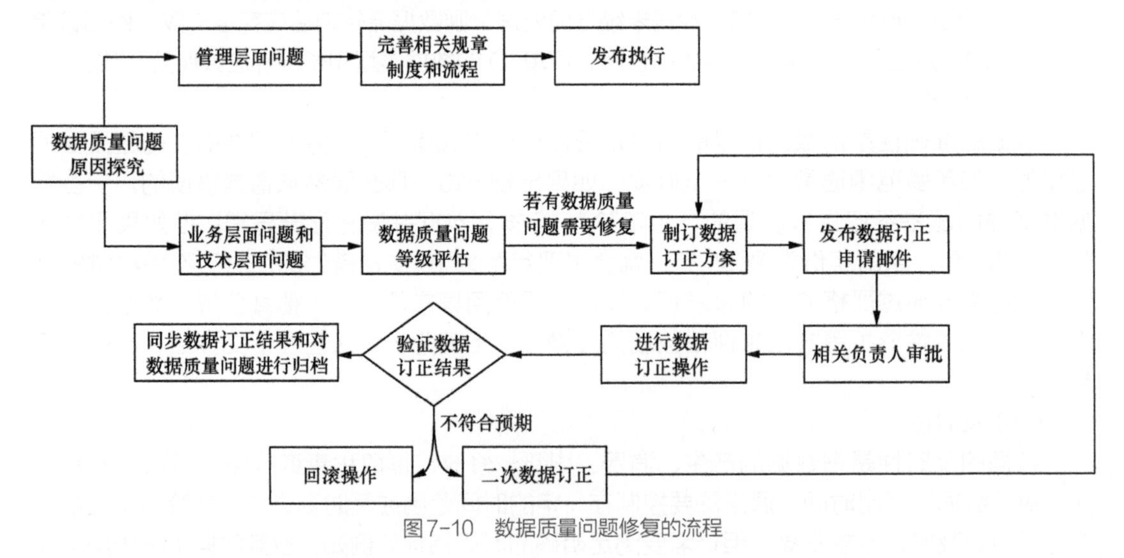

图 7-10　数据质量问题修复的流程

1. 数据质量问题原因探究

在进行数据质量问题修复前，首先需要探究数据质量问题产生的原因。数据质量问题产生的原因主要涉及管理层面、业务层面和技术层面。

（1）管理层面

- 流程规范方面：数据质量管理办法不完善，未严格按照数据质量管理办法进行数据规范处理，缺乏统一的数据标准，考核机制不严格导致数据处理相关人员对数据资产缺乏敬畏心等。
- 分工协作方面：数据缺少归属的部门和责任人，导致数据无人维护。另外，由于数据处理链路长、周期长、经手的部门和人员也较多，导致对数据的理解不一，存在偏差，从而导致后续处理和使用不当的问题。

（2）业务层面

- 业务需求不明确：业务需求描述不清晰，导致数据人员对业务理解存在偏差，从而导致无法正确构建数据模型。
- 业务变更：在业务流程变更后，数据相关处理流程和数据模型没有及时进行相应的变更。
- 业务自身问题：业务数据本身在产生时就存在缺失，由于业务的特殊性，这一类问题其实是无法解决的。例如，在填写用户信息时，存在非必填项，这必然导致大量非必填项的内容缺失。关于此类数据问题是否应归属于数据质量问题，也需要一个统一的评判标准。

（3）技术层面

- 数据采集方面：数据的采集频率、采集内容、映射关系和处理逻辑不正确。
- 数据校验方面：业务数据在产生时未进行错误拦截和校验，导致非预期数据进入数据采集系统。
- 数据填充方面：业务数据在源头处未进行采集（例如，在用户进行信息填写时，存在非必填项），此时，在代码层面，进行默认值填充，填充值不规范或不合理也会造成后续数据质量问题。
- 数据传输方面：网络延迟、网络不稳定，以及传输延迟和异常会导致数据延迟和数据丢失。
- 数据计算方面：数据计算逻辑不正确导致数据不准确，数据计算性能差导致数据延迟，数据计算占用资源过大导致内存溢出或程序异常退出。
- 数据存储方面：数据存储组件选择不合理导致数据丢失。
- 数据模型方面：数据表结构、字段类型和约束条件等设计不合理导致数据失真和数据重复等问题。

通常，对于由于管理层面导致的数据质量问题，在完善相关规章制度后，发布执行即可。对于由于业务层面和技术层面导致的数据质量问题，需要先进行数据质量问题等级评估，基于评估结果考虑是否进行数据订正。

2. 数据质量问题等级评估

我们可以结合数据资产等级（通常是指根据数据归属的业务线和部门，以及数据内容重要性等确定的等级）、数据问题类型、数据影响条数、数据质量问题引起的资损等指标来评估数据质量问题等级。数据质量问题等级评估的参考指标如图 7-11 所示。

对于数据质量问题等级低或修复收益低的数据质量问题，可以先暂时不进行数据订正，反之，则需要及时进行数据订正。

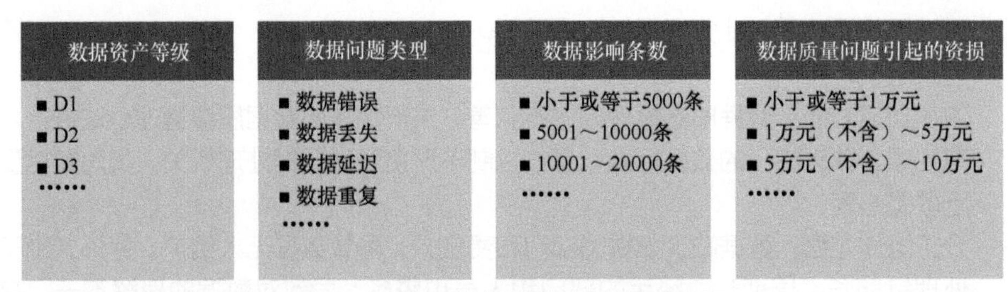

数据资产等级
■ D1
■ D2
■ D3
……
数据问题类型
■ 数据错误
■ 数据丢失
■ 数据延迟
■ 数据重复
……
数据影响条数
■ 小于或等于5000条
■ 5001～10000条
■ 10001～20000条
……
数据质量问题引起的资损
■ 小于或等于1万元
■ 1万元（不含）～5万元
■ 5万元（不含）～10万元
……

图7-11　数据质量问题等级评估的参考指标

3. 制订数据订正方案

数据订正是指为解决数据质量问题，通过代码或 SQL 语句等方式新增、修改和删除数据记录的行为。在制订数据订正方案时，我们需要关注订正的表或字段的相关引用，考虑订正操作是否会带来负面影响。例如，我们需要检查被订正的表在业务代码中是否存在关联查询和嵌套查询。订正后，检查原代码中的 AND、OR、IN、LIKE、BETWEEN 和比较等查询条件是否需要进行相应的修改。对于新增枚举值类数据的情况，应考虑原代码中是否需要新增对该类枚举值的处理。在数据订正时，可参考下列 4 个原则。

（1）最小化原则

鉴于数据订正对底层数据的影响存在未知性和不可恢复性，我们应尽量减少数据订正操作和数据订正影响的数据量。

（2）错峰原则

数据订正应尽量选择在业务低峰期进行，以减小对业务带来的风险和影响。

（3）审慎性原则

涉及数据订正流程的团队和人员（如申请方、操作方和审批方）都应当谨慎对待数据订正操作，保证操作的合理性与准确性。

（4）可回滚原则

在数据订正操作前，必须有配套的回滚方案，以保证在数据订正出现问题后及时进行回滚。

4. 进行数据订正操作

在进行数据订正操作时，需要确保数据订正的数据量正确，即对于更新（update）操作，需要被更新的记录无遗漏，不需要被更新的记录未被包含在内。对于 INSERT 或 DELETE 操作（慎重进行 DELETE 操作，非必要时，尽量不要执行该操作），确保插入或删除的数据量正确；确保数据订正后的值与预期一致；确保数据订正时的数据库名、表名和字段名正确；对于主键唯一的字段，确保数据订正后无重复主键。

5. 验证数据订正结果

如果数据订正失败，那么可以视情况选择启用回滚方案或进行二次数据订正。这里所说的失败是指数据订正后的数据质量问题比数据订正前更严重，或者数据订正操作带来了更严重的业务影响。如果启用了回滚方案，那么需要确保数据订正前和回滚后的数据一致。

6. 同步数据订正结果和对数据质量问题进行归档

由于数据质量涉及多个部门，包括但不限于数据提供方、数据消费方、数据管理方和数据使用方，因此，在数据订正后，需要将数据订正结果同步到相关人员，避免因信息不对称而带来负面影响。此外，我们可以将数据质量问题归档，作为后续学习时参考的案例。

7.3　本章小结

本章主要介绍了数据质量管理的定义、影响因素，以及数据质量管理流程。要做好数据质量管理，建立数据质量管理办法是前提，制定数据标准是基础，覆盖全流程的数据质量监控是保障，数据质量自查评估是补充手段，数据质量问题修复是数据质量提升的措施。上述 5 项措施共同作用，才能全面保证数据质量。事实上，只做好数据质量管理是远远不够的，还需要上升到更高的高度——通过数据治理来提升企业数据质量。数据质量管理只是数据治理中的一个环节。关于数据治理的内容，将在第 9 章介绍。

第 8 章　大数据测试平台实践

大数据已然成为当下重要的研究课题。越来越多的企业在重视大数据的同时，也渐渐开始重视大数据的质量。大数据的体量大、处理速度快和多样性等特点，决定了大数据测试方式有别于传统测试。本章主要介绍如何通过大数据测试平台解决大数据测试的痛点，优化大数据测试的流程，提升大数据测试的效率。

8.1　大数据测试平台背景

通过阅读前面章节的内容，我们不难发现，大数据测试存在诸多痛点，概括如下。

（1）技术要求比较高

大数据技术纷繁、复杂，如离线数据计算涉及 MapReduce、Hive 等技术，在线数据计算涉及 Flink、Spark 等技术，数据传输涉及 Kafka、Flume 等技术。因此，我们需要掌握主流大数据技术，才能上手大数据测试。另外，我们需要具备开发基础（掌握 Python、Java、SQL 和 Linux Shell 等），并对业务有充分的理解，这样才能做好大数据测试。

（2）缺乏自动化手段

目前，大多数的大数据测试团队以手工测试为主，缺乏高效的自动化测试手段。大数据业务复杂，表和字段较多，需求变更频繁、影响范围广，因此，回归测试覆盖难度大且成本高。

（3）测试过程效率低

大数据测试环境（包含测试数据）的构建比较烦琐，因为涉及的技术和组件较多，并且数据脚本间存在依赖。前置数据条件多，验证结果耗时久，整个测试过程效率低。

（4）数据问题分析难

对数据问题的定位分析难，数据链路较长、影响范围较广。人工撰写的大数据测试报告通常较复杂且准确性不高，更缺乏可视化分析。

（5）跨平台测试难

企业中的大数据存储类型较多，如在线业务数据存储在 HBase 中，而离线业务数据存储在 Hive 中，此类场景通常需要测试在线数据和离线数据的一致性，跨平台的数据测试对测试人员具有挑战性。

由上述大数据测试的痛点可知，自动化乃至平台化才是保质提效的重要手段。基于此背景，大数据测试平台应运而生。大数据测试平台能够快速接入多种数据源，打通数据链路，自动化测试过程，智能验证数据结果，自动生成可视化报告并发现数据问题，从而极大地降低大数据测试的技术门槛，并提升大数据测试的效率。

对于大数据测试平台的搭建，并不会一蹴而就。我们需要充分调研开源大数据测试技术，并结合商业大数据测试方案进行对比分析，之后进行平台功能设计和技术架构开发。关于大数据测试的开源技术调研和商业方案分析的过程，我们将分别在 8.2 节和 8.3 节介绍。

8.2 大数据测试的开源技术调研

我们从 GitHub 平台挑选了几个具有代表性的开源项目，并从功能特性、应用场景两个维度对它们进行对比分析，如表 8-1 所示。

表8-1 开源大数据测试工具/平台

工具/平台	功能特性	应用场景
Great Expectations	1）通过手动创建和历史数据推断两种方式，设定数据期望[①]集合，然后使用期望集合校验数据管道流中的数据质量，如果出现数据异常，那么可告警或改变DAG[②]。 2）支持生成可视化的数据质量报告。 3）支持 Spark、MySQL 和文件系统等至少 17 种数据源。 4）内置的期望较丰富，而且支持通过历史数据推断期望集合	应用于数据管道流测试和数据质量验证[③]
rich-iannone/pointblank	1）使用内置函数进行验证，并生成可视化的数据质量报告。任务的计算逻辑均在数据库中运行,pointblank仅充当代理角色。 2）支持对ETL管道流中的数据做实时验证，如果验证不通过，则告警或直接停止数据流。 3）支持多种数据源，如 PostgreSQL、MySQL、MariaDB、DuckDB、SQLite 和 Spark DataFrames 等	应用于数据管道流测试和数据质量验证
WeBankFinTech Qualitis	1）对已落盘到 HDFS、Hive 和 MySQL 中的数据进行数据质量验证。 2）支持生成可视化的数据质量报告。 3）支持数据质量监控。 4）支持分布式部署。 5）支持在工作流中进行数据质量校验。使用工作流时，需要安装DataSphere Studio[④]	应用于数据质量验证
ubisoft/mobydq	1）可自动化检查数据管道中的数据质量，当出现异常时，触发报警。 2）针对数据的质量检查，定义了以下5类指标。 • 异常检测：使用机器学习算法检测离群值等异常数据； • 完整性：源数据集和目标数据集之间的数据完整性校验，此处主要是对数据血缘关系的准确性进行检查； • 新鲜度：目标数据集中当前时间戳和最近一次数据更新的时间戳之间的分钟差； • 延迟性：源数据集最新数据更新时间戳和目标数据集最新更新时间戳之间的分钟差； • 有效性：目标数据集中不符合校验规则或业务规则的数据	应用于数据管道流测试和数据质量验证

① 期望是对数据的断言，也可以理解为数据验证规则集合，详见 8.2.1 节。

② DAG（Directed Acyclic Graph，有向无环图）在本章中指数据管道任务依赖关系图。

③ 在本章中，数据质量验证是指对已落盘到 HDFS、Hive 和 MySQL 等各类存储系统中的数据的质量校验，包含完整性校验、准确性校验、一致性校验和及时性校验等。

④ DataSphere Studio（简称 DSS）是微众银行自研的一站式数据应用开发管理平台。DataSphere Studio 以工作流式的图形化拖拽开发方式，满足从数据交换、脱敏清洗、分析挖掘、质量检测、可视化展现、定时调度到数据输出应用等数据应用开发全流程场景需求。

续表

工具/平台	功能特性	应用场景
agile-lab-dev/DataQuality	1）验证指标丰富，可用于多种数据源（HDFS、数据库和各种格式的文件）的质量校验和数据质量监控。 2）支持生成可视化的数据质量报告。 3）支持根据历史指标结果生成数据趋势图，以便进行数据趋势分析。 4）数据从加载、验证、输出到通过报告展示，需要根据用户需求定制化配置，因此，在使用上，具备一定的灵活性	应用于数据质量验证

由表 8-1 可知，大数据测试的开源技术方案主要有数据管道流测试和数据质量验证。在下文中，我们会针对这两类方案分别选择一个典型工具 / 平台做深入分析。

8.2.1 great_expectations

great_expectations 使用管道测试的方法对数据进行测试。数据管道测试广泛应用于数据处理流中，能够实时验证上游数据质量，如果出现异常，可告警或改变 DAG，以避免下游任务受上游数据问题的影响。

1. 功能特性

great_expectations 使用期望套件（即数据验证规则集合）来验证上游数据质量。great_expectations 内置的期望指标比较全面，基本涵盖了各种场景常见数据问题的验证，包含表级验证（表数据量、是否存在某一列等）和列级验证（缺失值、唯一值和最值等），详情可参考其官网文档[①]。如果内置的期望指标不能满足验证要求，那么用户可自定义期望指标。great_expectations 没有提供 Web 端，但它支持与 Jupyter NoteBook 集成，可通过 Jupyter NoteBook 查看数据质量报告和数据验证过程。great_expectations 支持多种数据源，如 MySQL、BigQuery、Spark 和本地文件等。

在使用 great_expectations 时，需要首先生成期望套件，然后使用期望套件对数据进行验证，最后生成数据质量报告。期望套件的生成方式有下列两种：

1）通过自动分析历史数据来生成期望套件；

2）用户根据验证需求手动配置期望套件。

期望套件示例的部分内容如下。在该示例中，我们定义了 passenger_count 列值非空、passenger_count 列值枚举等期望指标。

```
1.  #期望套件示例的部分内容
2.  {
3.    "data_asset_type": "Dataset",
4.    "expectation_suite_name": "taxi.demo",
5.    "expectations": [
6.
7.      ...
8.    #期望：passenger_count列值非空校验
9.      {
```

① great _expectations 文档的地址：https://docs.greatexpectations.io/en/latest/reference/glossary_of_expectations.html#expectation-glossary。

```
10.        "expectation_type": "expect_column_values_to_not_be_null",
11.        "kwargs": {
12.          "column": "passenger_count"
13.        },
14.        "meta": {
15.          "BasicSuiteBuilderProfiler": {
16.            "confidence": "very low"
17.          }
18.        }
19.      },
20.    #期望：passenger_count列值枚举校验
21.      {
22.        "expectation_type": "expect_column_distinct_values_to_be_in_set",
23.        "kwargs": {
24.          "column": "passenger_count",
25.          "value_set": [
26.            1.0,
27.            2.0,
28.            3.0,
29.            4.0,
30.            5.0,
31.            6.0
32.          ]
33.        },
34.        "meta": {
35.          "BasicSuiteBuilderProfiler": {
36.            "confidence": "very low"
37.          }
38.        }
39.      },
40.      ...
```

当数据验证任务完成后，great_expectations 自动启动 Jupyter NoteBook，之后我们可以在 Jupyter NoteBook 中查看数据质量报告（见图 8-1）。数据质量报告主要分为 3 部分，分别是测试结果总览（Overview）、表级验证结果（Table-Level Expectations）和列级验证结果（仅展示期望套件中配置的列，如 passenger_count 列）。由于 passenger_count 列比期望多了枚举值“0”，因此整体的测试状态（Status）是失败的。

2. 工作流程模式

great_expectations 支持多种工作流程模式，其中典型的是集成 Airflow，并使用 Airflow DAG 验证数据质量。基于 Airflow DAG 验证数据质量一般有两种方式，如图 8-2 所示。

- 方式 1：确保传输到下一个任务的数据正确无误，即自动对数据管道进行数据质量检查，捕获数据质量问题并在出现异常情况时触发警报。
- 方式 2：根据验证结果更改 DAG。例如，在移至下一个任务之前，如果在数据质量检查过程中发现“脏”数据，则需要对数据进行进一步清洗，清洗完成后，再进行后续处理。

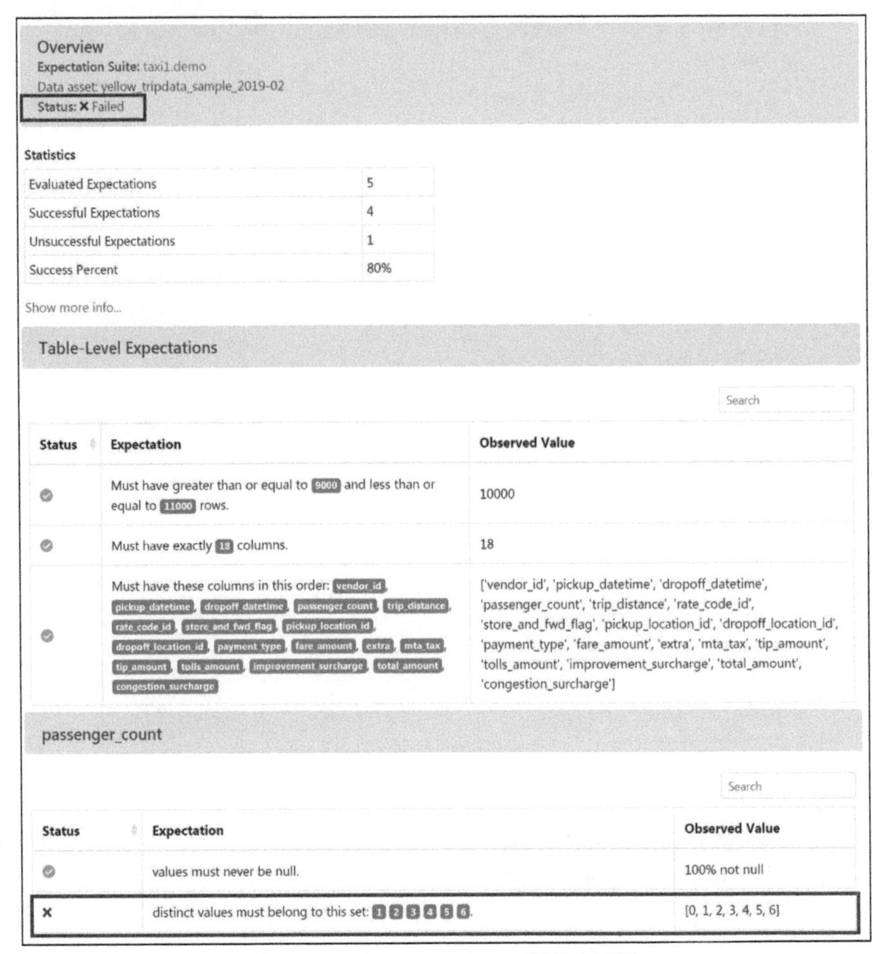

图8-1　great_expectations数据质量报告

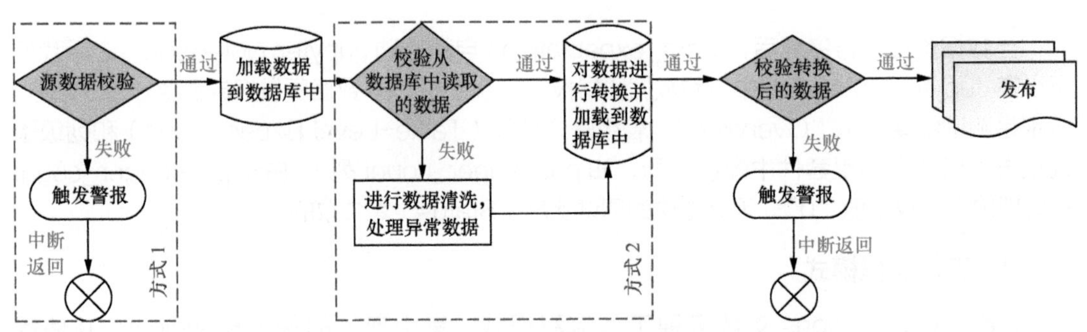

图8-2　great_expectations集成Airflow后的工作流程模式

8.2.2　WeBankFinTech Qualitis

WeBankFinTech Qualitis（简称Qualitis）是一个支持多种异构数据源的质量校验、通知和管理服务的一站式平台。用于解决业务系统运行、数据中心建设和数据治理过程中的各种数据质量问题。Qualitis支持：

- 对报表数据进行数据质量校验；

- 对多种数据源进行数据质量校验；
- 生成可选维度的数据质量报表；
- 智能发现数据质量问题。

1. 功能特性

Qualitis 主要包含数据质量模型构建、数据质量模型执行、数据质量任务管理、异常数据发现并保存和数据质量报表生成等功能，并提供了数据质量模型资源隔离、资源管控和权限隔离等企业特性，还具备高并发、高性能和高可用的大数据质量管理能力。

Qualitis 的数据质量模型定义方式有 3 类：单表技术规则模型、跨表规则模型和自定义技术规则模型。在 Qualitis 中，内置了多个数据质量校验模板（包括空值校验、枚举校验等常用校验）。通过选择数据质量校验模板并进行简单配置，即可生成数据质量模型，而且支持生成自定义技术规则模型。下面给出 3 类数据质量模型定义方式的示例。

1）图 8-3 是单表技术规则模型示例。其创建了一个监控字段不为空的规则。在 SQL 预览中，可以看到实际执行的 SQL 语句。在质量校验中，会监控字段为空的数目。如果字段为空的数目不为 0，则校验不通过。

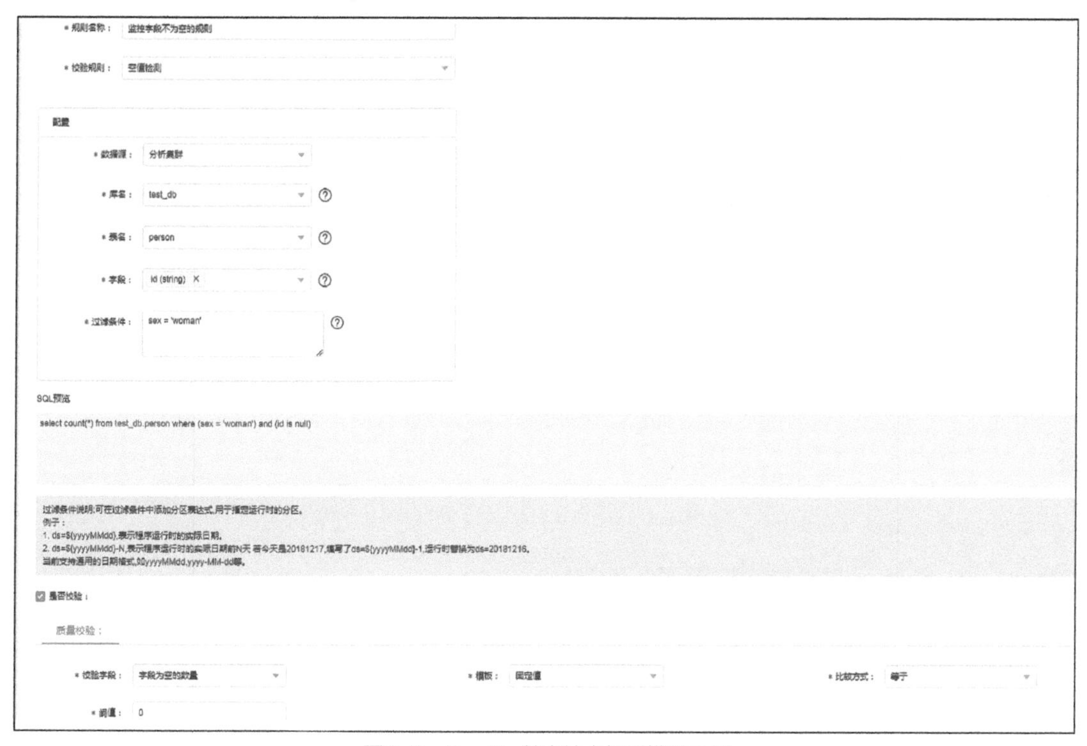

图8-3 Qualitis单表技术规则模型示例

2）图 8-4 是跨表规则模型示例，其中选择跨表准确性校验模板并进行必要的配置，即在 hduser05db 的 student100 和 hduser05db 的 student200 两张表中，若存在 id 和 money 字段值不一致的记录，则校验不通过。

3）图 8-5 是自定义技术规则模型示例。如果平台预置的校验模板不能满足用户需求，那么用户可选择自定义技术规则生成数据质量校验模型。

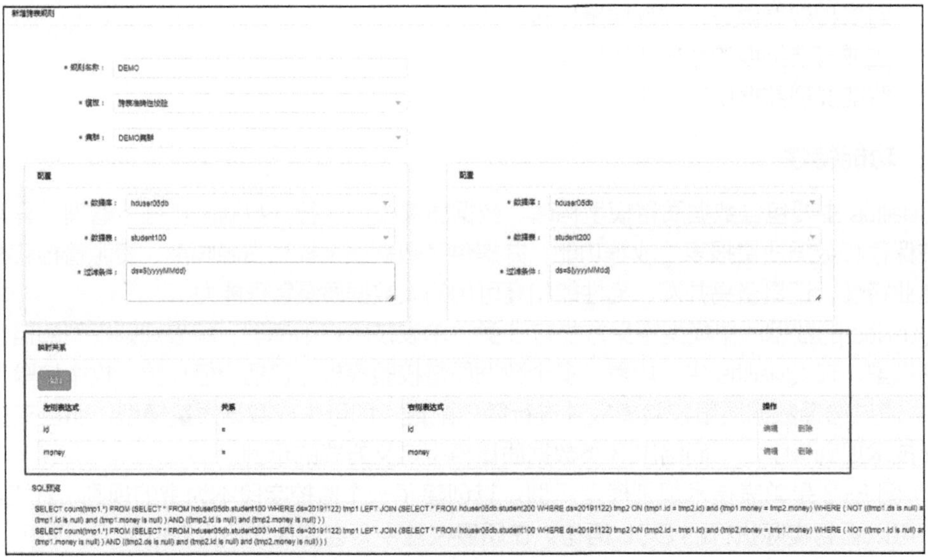

图8-4　Qualitis跨表规则模型示例

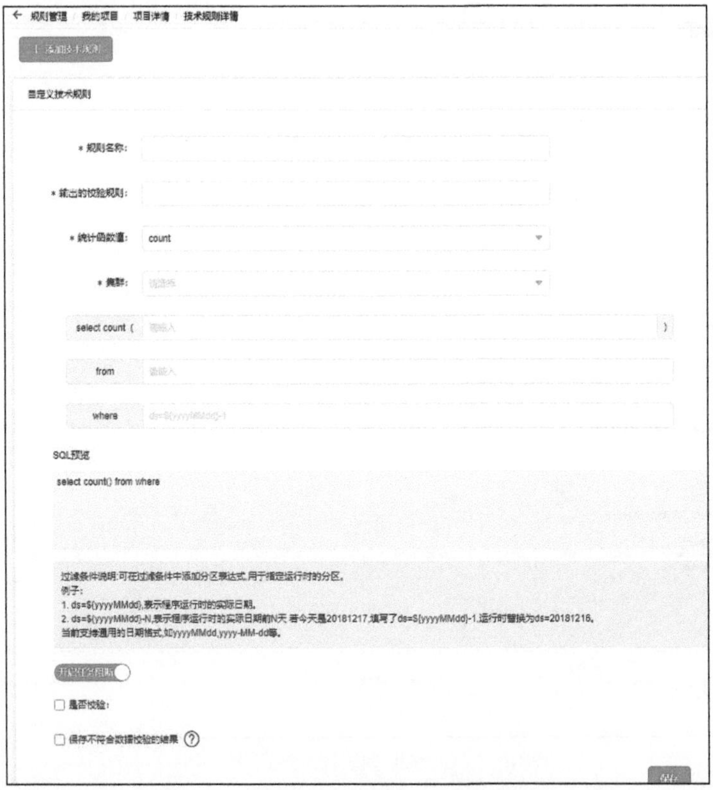

图8-5　Qualitis自定义技术规则模型示例

另外，Qualitis 支持存储未通过校验的数据，如图 8-6 所示。此外，Qualitis 还支持权限管理、数据源配置和任务日志管理等功能，限于篇幅，本书不再过多介绍，感兴趣的读者可访问位于 GitHub 的 Qualitis 官方页面 ① 了解更多内容。

① 位于 GitHub 的 Qualitis 官方页面地址：https://github.com/WeBankFinTech/Qualitis。

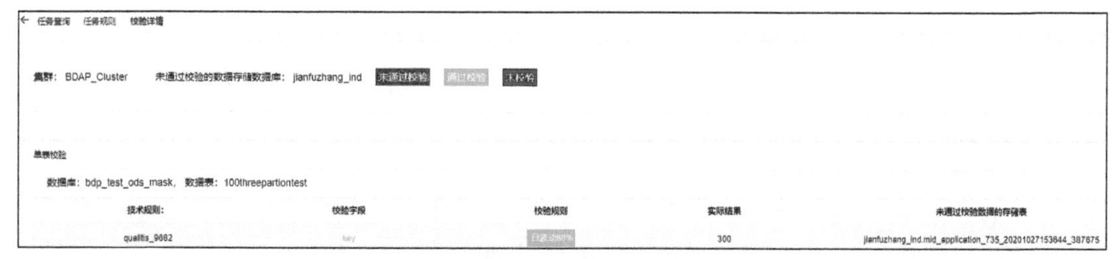

图8-6 Qualitis数据质量模型校验详情

2. 架构设计

Qualitis基于Spring Boot，依赖Linkis[1]进行数据计算，其架构分为Web服务层和后台服务层，如图8-7所示。Web服务层主要是配置页面和提供对外展示功能，包括系统配置、数据质量模型定义和任务运行结果。后台服务层主要包括数据存储、数据质量定义、数据质量计算和数据质量分析等核心业务逻辑。

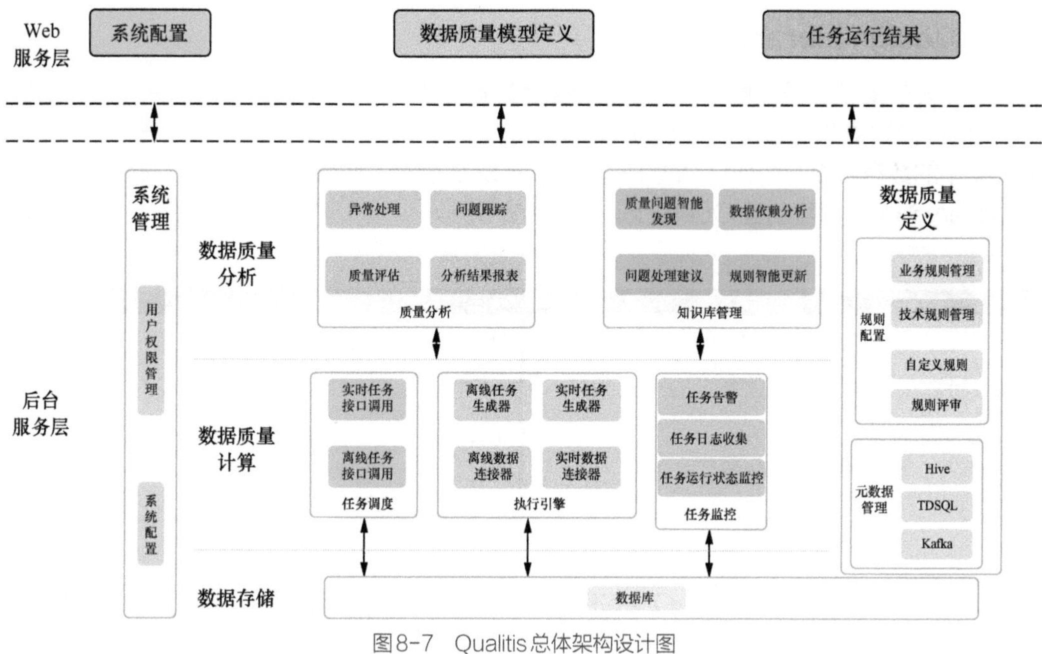

图8-7 Qualitis总体架构设计图

8.3 大数据测试的商业方案分析

目前，业界已涌现出一批商业大数据测试方案，如Informatica Data Validation、QuerySurge、Datagaps ETL Validator、QualiDI和RightData等，下面我们对其中比较有代表性的两个方案做详细分析。

① Linkis是微众银行开源的一款数据中间件，用于解决前台各种工具、应用和后台各种计算存储引擎间的连接、访问和复用问题。详细内容可参考其位于GitHub中的官方页面。

8.3.1 QuerySurge

QuerySurge 是一种智能的数据测试解决方案，能够对大数据、数据仓库和 BI 报表进行自动化测试和数据验证。QuerySurge 的主要特点如下：

- 将整个测试流程自动化；
- 支持跨平台测试；
- 提供数据分析仪表板和涵盖数据测试生命周期的数据智能报告；
- 通过分布式系统结构提升测试任务的执行性能；
- 将所有数据拉回单独隔离的数据库中，并在该数据库中执行数据比较，从而提升测试效率并及时释放集群核心资源（内存、CPU 等）；
- 支持 DevOps 和数据连续测试。

QuerySurge 主要包含 Design Library（设计库）、Scheduling（执行方案）、Run DashBoard（运行仪表板）、Data Intelligence Reporting（数据智能报告）和 Administration（系统管理）这 5 个功能模块。

1. Design Library

该模块主要校验 Source 和 Target 两个数据源数据的一致性。Source 和 Target 可以是相同平台数据源，如同一个 Hive 中的两张数据表；也可以是不同平台数据源，如 SQL Server 中的数据表和 Oracle 中的数据表，如图 8-8 所示。选择 Source 和 Target，并手动输入 query 语句，即可创建 QueryPair（即测试用例）。

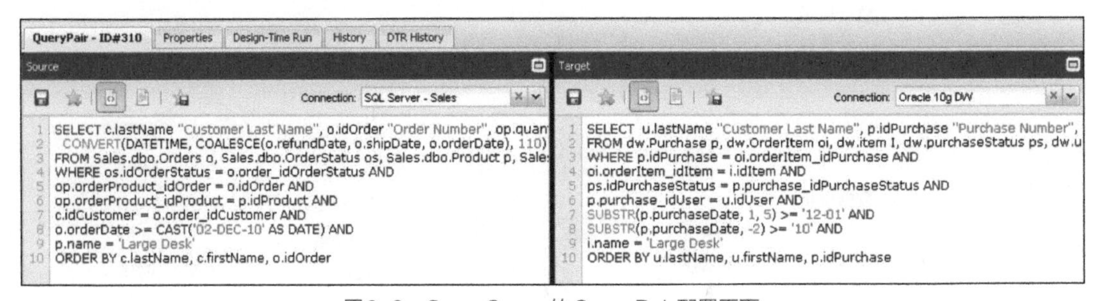

图8-8 QuerySurge的QueryPair配置页面

该模块也可以通过向导创建 QueryPair。参考向导要求，我们依次选择源和目标的数据源、对比类型，以及对比的数据库、表和字段等信息（见图 8-9），选择完成后，即可完成 QueryPair 的创建。向导支持表级比较、列级比较和行数比较这 3 种数据对比类型，其中列级比较仅支持对未进行数据转换的数据列进行比较。据 QueryPair 官网描述，在实际工作中，80% 的数据列是不会进行转换的，因此 QueryPair 官方认为通过向导进行列级比较可以完成 80% 的数据测试。

2. Scheduling

该模块支持定时批量执行测试用例，或者在某个事件（如 ETL 过程中的事件）结束后触发运行测试。

3. Run DashBoard

该模块以可视化报表形式展示执行方案的运行详情，可帮助用户实时跟踪测试用例执行进度，及时掌握测试执行情况，如图 8-10 所示。

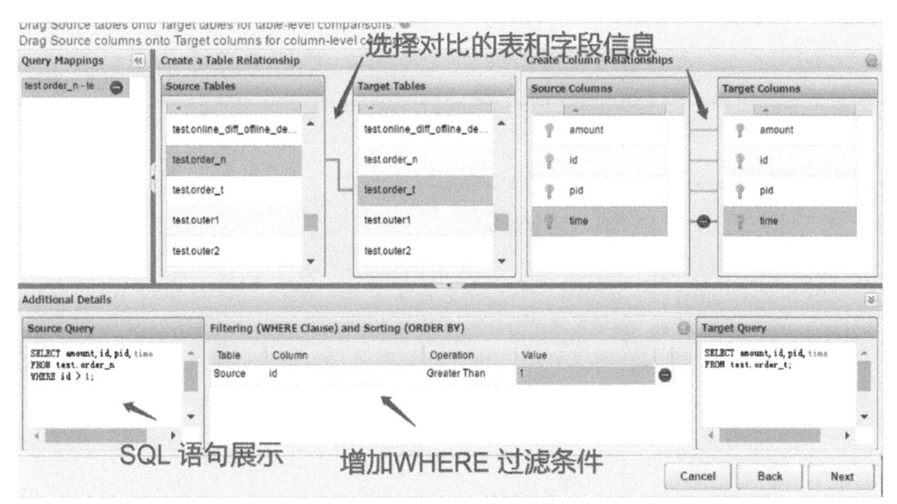

图8-9 QuerySurge 向导配置中的选择对比的表和字段信息页面

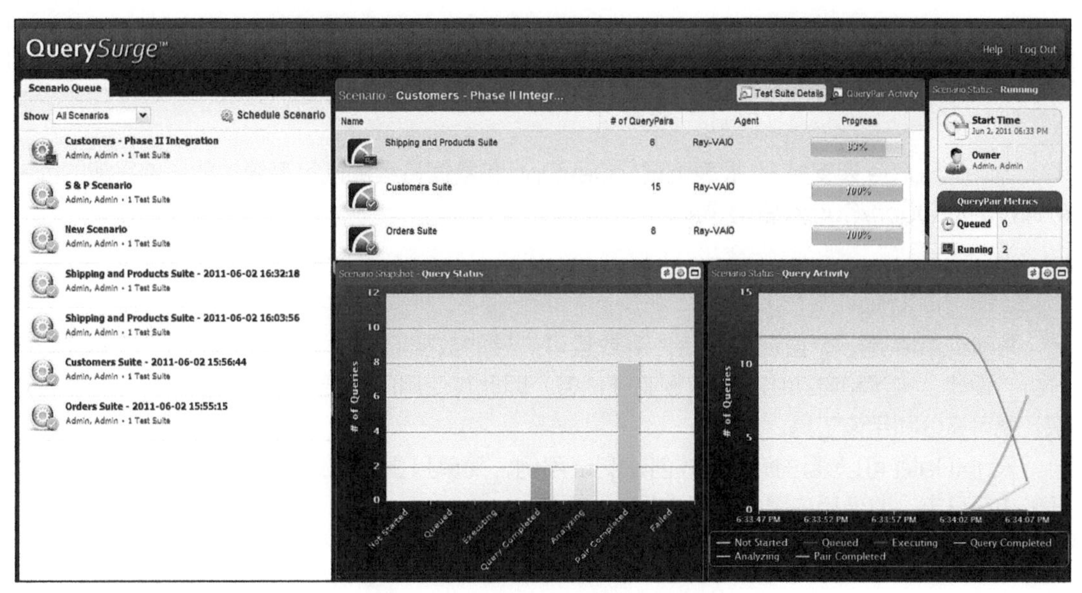

图8-10 QuerySurge 的运行仪表板

4. Data Intelligence Reporting

该模块能够查看 QuerySurge 中测试设计、执行方案、执行报告和系统管理这 4 个功能模块的配置、修改或执行报告，包含数据测试生命周期的高级摘要和详细报告，方便企业团队了解平台上的完整测试配置方案、测试执行结果等信息。图 8-11 所示为 QuerySurge 的数据测试报告示例。

5. Administration

该模块的主要功能是控制用户访问权限、创建数据源连接、配置执行代理和自动电子邮件通知等。

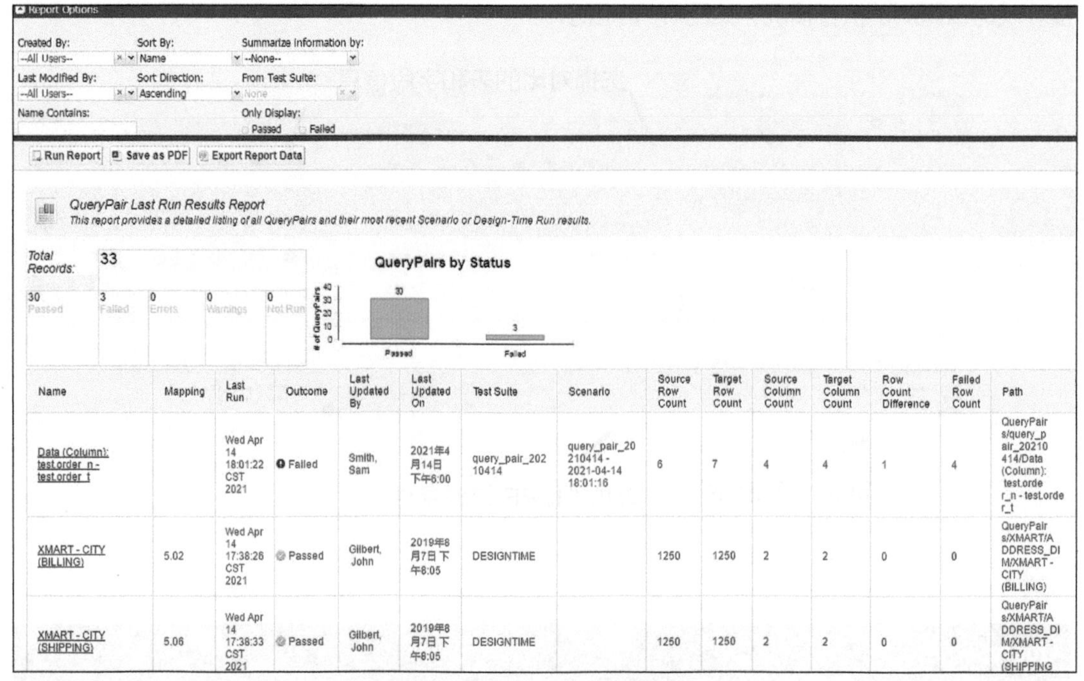

图 8-11　QuerySurge 的数据测试报告

QuerySurge 还支持 BI 报表测试、DevOps 和数据持续测试等高级功能，感兴趣的读者可通过浏览 QuerySurge 官网了解。

8.3.2 RightData

RightData 是一个直观、灵活、高效且可扩展的数据测试解决方案。用户无须编程即可分析、设计、构建和自动化执行数据验证任务，因此其使用门槛低，用户只要拥有业务领域知识，就可充分利用该工具。

RightData 可以通过拖拽方式创建测试用例，简单且直观地展示任务流，并且实时提供任务执行日志，方便用户跟踪执行进展。

1. 数据查询和数据分析

RightData 支持各类数据源的数据查询和数据分析，并支持以柱状、饼形和散点等图表信息展示分析结果。该功能类似 Tableau，本书不再过多介绍。

2. 数据核对

RightData 支持异构数据源和同构数据源的数据对比，而且支持数据对比任务完成后以邮件方式通知用户。图 8-12 展示的是对 SQL Server 和 Oracle 这两类数据库中数据的对比。

3. 数据业务规则验证

RightData 支持同时对数据源中多个字段进行多种业务规则验证，并能够展示业务规则异常的测试用例的数量。在图 8-13 中，“Product Name Length Check”业务规则节点展示异常测试用例数量是 5 个，另外两个节点没有异常测试用例。

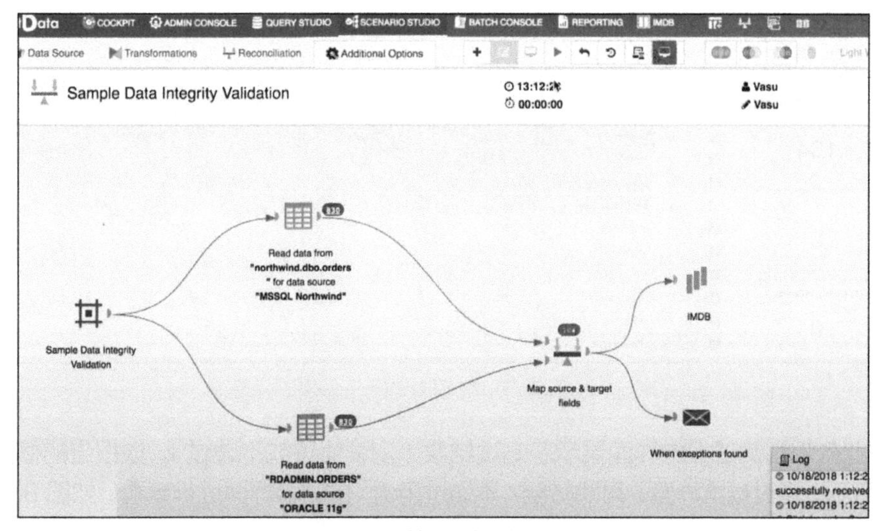

图8-12　数据核对工作流配置

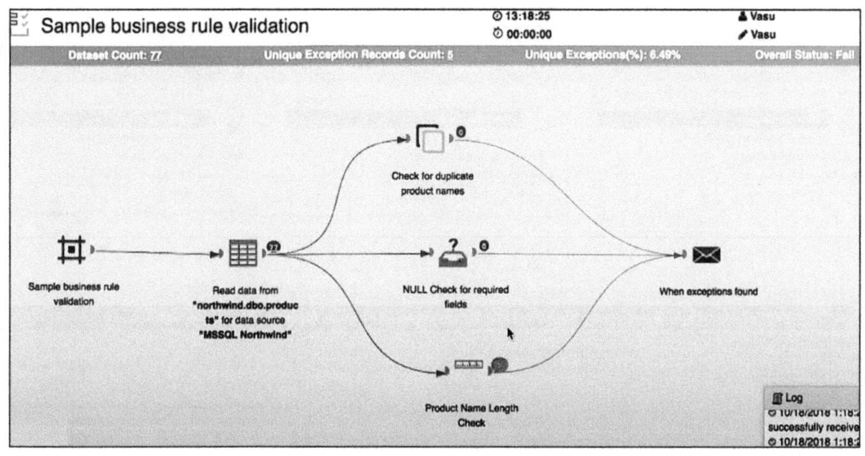

图8-13　数据业务规则验证工作流配置

4. 测试报告

数据核对测试报告详细展示了测试用例的信息，包括源数据详情、目标数据详情和任务执行详情，如图 8-14 所示。此外，该报告中可能存在不一致数据详情，如图 8-15 所示。

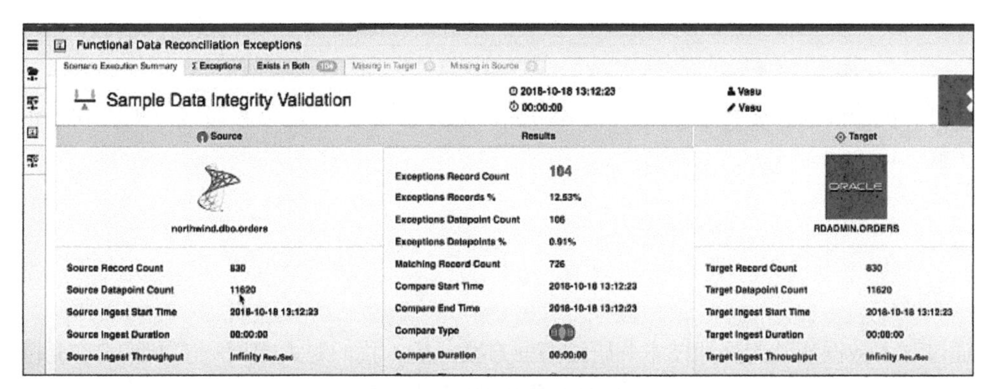

图8-14　数据核对测试报告

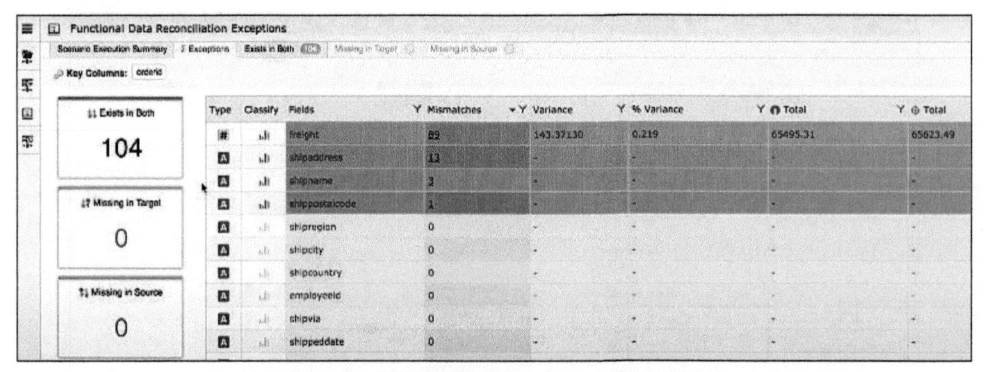

图8-15　数据核对测试报告中不一致数据详情

数据业务规则测试报告界面展示了测试结果（测试通过或不通过）。该报告的概览界面如图 8-16 所示。通过概览界面，可跳转至“不通过用例”的详情界面进行查看，如图 8-17 所示。

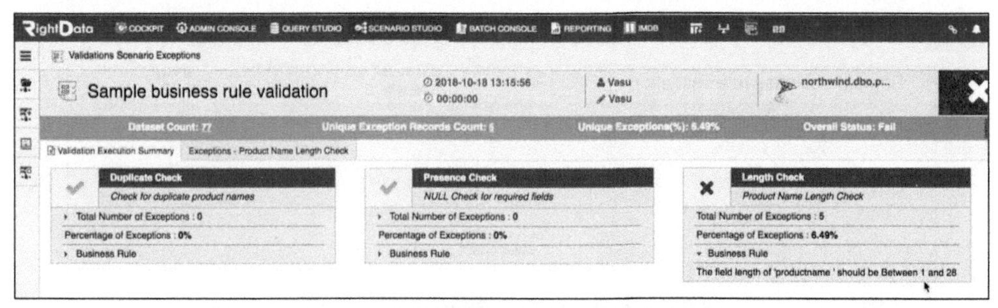

图8-16　数据业务规则测试报告的概览界面

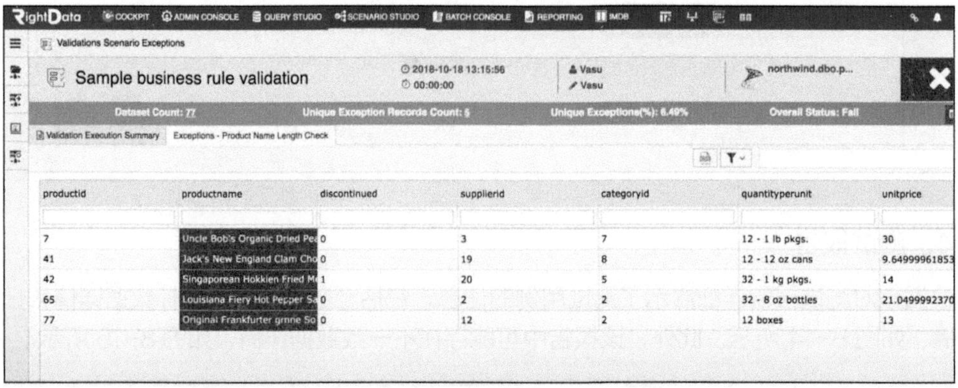

productid	productname	discontinued	supplierid	categoryid	quantityperunit	unitprice
7	Uncle Bob's Organic Dried Pe	0	3	7	12 - 1 lb pkgs.	30
41	Jack's New England Clam Cho	0	19	8	12 - 12 oz cans	9.64999961853
42	Singaporean Hokkien Fried M	1	20	5	32 - 1 kg pkgs.	14
65	Louisiana Fiery Hot Pepper Sa	0	2	2	32 - 8 oz bottles	21.0499992370
77	Original Frankfurter grüne So	0	12	2	12 boxes	13

图8-17　数据业务规则测试报告的详情界面

另外，RightData 支持 DataOps、BI 报表的测试，感兴趣的读者可通过浏览 RightData 官网了解。

8.4　从零开始搭建大数据测试平台

通过对大数据测试的开源技术调研和商业方案分析，我们对大数据测试平台的功能特性和技术架构有了充分的了解。基于在日常大数据项目中遇到的各种测试痛点和问题，我们开发了一款通用的大数据测试平台（DTP，Data Test Platform）。本节将对 DTP 的设计和开发过程进行阐述。

8.4.1 需求分析

对于大数据测试平台，我们主要考虑如下需求。

1. 数据规则校验

数据规则校验主要是校验单表数据的完整性和准确性等。此处主要是列级别校验，而且不同类型的列需要校验的内容也不同。例如，数值类型列需要校验最值、均值和分位点等；字符串类型列需要校验空值率、字符串合规等；日期时间类型列一般需要校验最大和最小时间，时间格式等。

2. 数据对比校验

数据对比校验主要校验两个数据集的准确性和一致性。常见的数据对比是同构数据源的对比（如 Hive 表间的对比）和异构数据源的对比（如 Hive 表和 MySQL 表的对比）。

3. 数据质量报告一键生成

数据质量报告是数据整体“健康”情况的检查结果，包含表级检查结果、分区检查结果和列级检查结果等。数据应用相关人员需要经常关注数据质量报告，因此，大数据测试平台需要支持快速生成数据质量报告。

4. 测试用例管理

对于日常测试用例，需要统一维护，一方面，能够方便测试人员自动化地批量执行测试用例；另一方面，方便后续组内查阅和复用等。

5. 测试报告自动化生成

在测试完成后，自动化生成可视化测试报告，详细展示数据的测试结果和问题数据，方便快速定位数据问题。

6. 平台权限管理

因为数据存在隐私性，所以，对于大数据测试平台，需要全面考虑数据使用权限问题，以防数据泄露。

8.4.2 架构设计

1. 总体架构

基于上述需求分析，大数据测试平台的总体架构如图 8-18 所示，从该架构可知，对于大数据测试平台，除进行了基本的功能设计以外，还做了一些性能优化，如基础功能层的“查询结果缓存管理”：为了提升任务执行效率和减少对数据源的查询次数，大数据测试平台使用了 Redis 作为缓存，对于查询频次高、查询结果简单或短时间内变更可能性很低的查询，结果会存入缓存，如表结构查询，以及 COUNT、COUNT DISTINCT 和 MAX 操作等，使用 SQL

的 MD5 值作为 Redis 的 key，缓存时长根据实际业务情况进行设定。

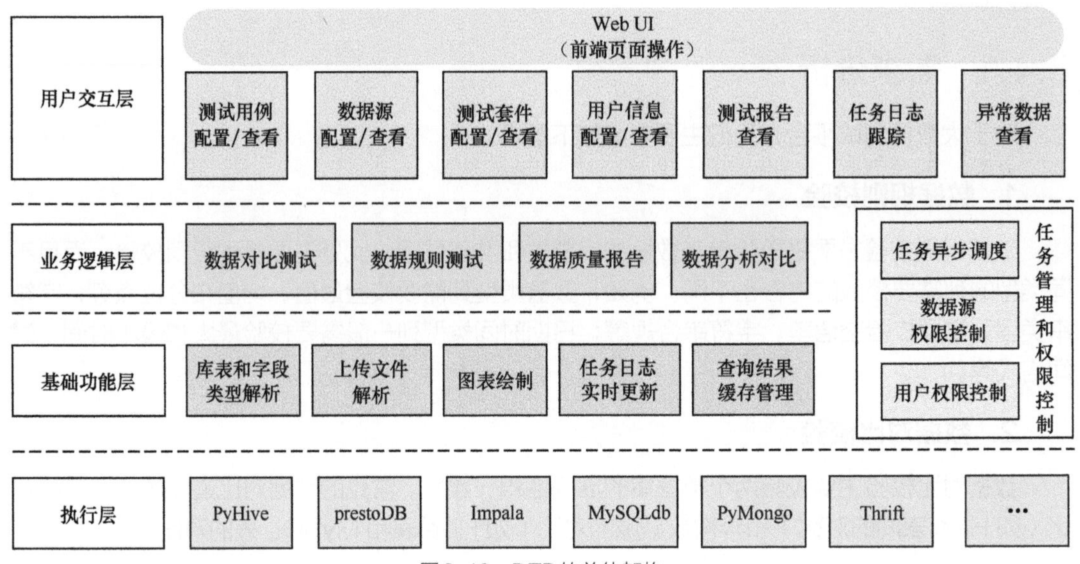

图8-18　DTP的总体架构

2. 用例图设计

DTP 主要包含数据源管理、测试用例管理、测试套件管理和用户管理 4 个功能模块。DTP 的使用过程：用户登录 DTP →配置数据源→新建测试用例→执行测试用例→查看测试报告。如果需要批量回归执行测试用例，则需要创建测试套件，并在测试套件中添加需要执行的测试用例，再执行测试套件。DTP 的用例图设计如图 8-19 所示。

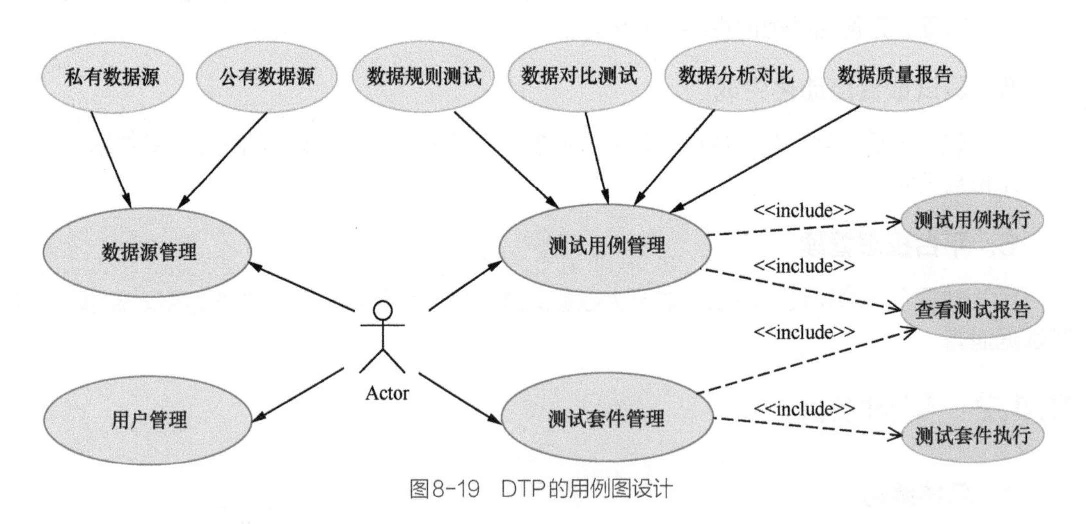

图8-19　DTP的用例图设计

3. 平台技术选型

大数据测试平台技术选型包括后端技术选型和前端技术选型。

1）后端技术选型：Flask+Celery+Redis+MySQL。后端主要使用 Python 开发，Web 框架选择了轻量级的 Flask 框架，对数据库的访问使用了 Flask-SQLAlchemy 扩展包，任务调度和管理使用了 Celery 框架，其中 Celery 的消息中间件选用 Redis。

2）前端技术选型：React。React 是当前较为热门的开源框架，其组件丰富，使用时高效且灵活。而且，React 还具有性能出众、代码逻辑简单等特点。

8.4.3 功能实现

本节介绍 DTP 主要模块的功能设计和实现逻辑。

1. 数据源管理

该模块支持连接到企业内各类数据环境，如 Hive、Presto、Impala、MySQL、Oracle 和 MongoDB 等，包含数据源的“增删改查”和执行功能。另外，由于数据源的敏感性，数据源用户名和密码需要加密存储，而且设计了适当的权限隔离，如数据源分为公有数据源和私有数据源，公有数据源允许平台其他用户查看和使用，私有数据源仅供自己查看和使用。

数据源底层代码使用了多态设计。由于数据源类型多但调用方式一致，因此对数据源统一抽象出一个调用入口，在数据库中，根据数据源的存储 ID 获取数据源类型，再根据以下代码逻辑得到对应的数据源对象，然后执行特定数据源对象中的方法。数据源底层代码实现如下。

```
1.  #######以下是各类数据源模块的代码实现逻辑（以Hive为例）#################
2.      class Hive(BaseSQLQueryRunner):
3.          #此处省略了数据源连接等相关函数和属性定义，仅保留了和本部分内容相关的代码逻辑
4.          ...
5.          #执行SQL查询语句
6.          def run_query(self, query, database=None):
7.              try:
8.                  connection = self._connection(database)
9.                  data, msg, code = self._run_query(query, connection)
10.                 return data, msg, code
11.             except Exception as e:
12.                 import traceback
13.                 logger.error('[run query error, error msg: % s, % s]' % (str(e), 
    traceback.format_exc()))
14.                 return False, str(e), False
15.
16.         #SQL查询逻辑实现
17.         def _run_query(self, query, connection):
18.             cursor = None
19.             try:
20.                 cursor = connection.cursor()
21.                 logger.info('[HIVE begin running query 获取数据,运行sql: % s]' % query)
22.                 cursor.execute(query)
23.                 data = cursor.fetchall()
24.                 logger.info('[Hive 获取数据，运行SQL语句：% s]' % query)
25.                 cursor.close()
26.                 return data, 'success', True
27.             except Exception as e:
28.                 import traceback
29.                 logger.error('[_run query error, error msg: % s, % s]' % (str(e), 
    traceback.format_exc()))
30.                 if cursor:
31.                     cursor.close()
32.                  return False, str(e), False
33.             finally:
34.                 if connection:
35.                     connection.close()
```

```
36.
37.        #以上代码实现数据源操作逻辑后，将数据源类注册到query_runners字典中
38.        register(Hive)
39.
40.  ################以下是统一数据源调用入口模块的部分代码实现逻辑#################
41.        #注册代码实现逻辑
42.        query_runners = {}
43.        def register(query_runner_class):
44.            global query_runners
45.            logger.info("Registering %s (%s) query runner." % (query_runner_class.name(),
   query_runner_class.type()),)
46.            query_runners[query_runner_class.type()] = query_runner_class
47.
48.        #调用执行逻辑时，根据数据源类型从该字典中获取指定数据源的类，从而可以调用数据源的对象的方法
49.        def get_query_runner(query_runner_type, configuration):
50.            query_runner_class = query_runners.get(query_runner_type, None)
51.            if query_runner_class is None:
52.                return None
53.            return query_runner_class(configuration)
```

2. 测试用例管理

测试用例管理是 DTP 的核心模块，包含测试用例的“增删改查”和执行功能。测试用例分为数据规则测试、数据对比测试、数据分析对比和数据质量报告 4 类。考虑到数据查询任务的时效性，测试用例采用异步调度执行，基于 Celery 框架和 Redis 中间件实现。大数据测试平台中测试用例的调度流程如图 8-20 所示。

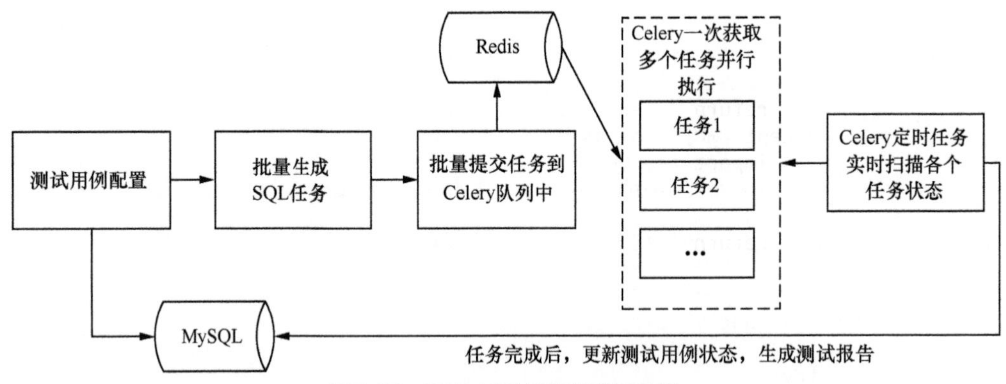

图8-20　DTP 中测试用例的调度流程

下面介绍这 4 类测试用例的具体功能设计和实现逻辑。

（1）数据规则测试

数据规则测试主要是用户对单表的各列定制化进行的一些校验。校验规则内置在大数据测试平台内，用户仅需输入少量参数值即可完成对不同列的校验。由于不同类型的列需要的校验规则各不一样，因此，在该模块中，列类型包括数值型、字符型、时间型和其他类型，如表 8-2 所示。

表 8-2　列类型

列类型	实际数据类型
数值型	TINYINT、SMALLINT、INT、BIGINT、FLOAT、DOUBLE 和 DECIMAL
字符型	STRING、CHAR 和 VARCHAR

续表

列类型	实际数据类型
时间型	DATE、DATETIME 和 TIMESTAMP
其他类型	除以上类型以外的类型

以数值型为例，其校验规则设计如表 8-3 所示。其中，表 8-3 中的“后项”是指在平台中选中表达式后的后续设置选项。关于“后项”，可参考图 8-21 进行理解。

表8-3 数值型校验规则设计

表达式	后项1	后项2	后项3	后项4	后项5
is unique					
max/min/mean/median/count/sum count distinct amount of null percent of null	=/>=/>/<=/</< >	输入一个数字			
amount of greater than or equal to percent of greater than or equal to amount of greater than percent of greater than amount of less than or equal to percent of less than or equal to amount of less than percent of less than amount of equal to percent of equal to	输入一个数字	=/>=/>/<=/</< >	输入一个数字		
amount of between percent of between	输入一个数字	and	输入一个数字	=/>=/>/<=/</< >	输入一个数字

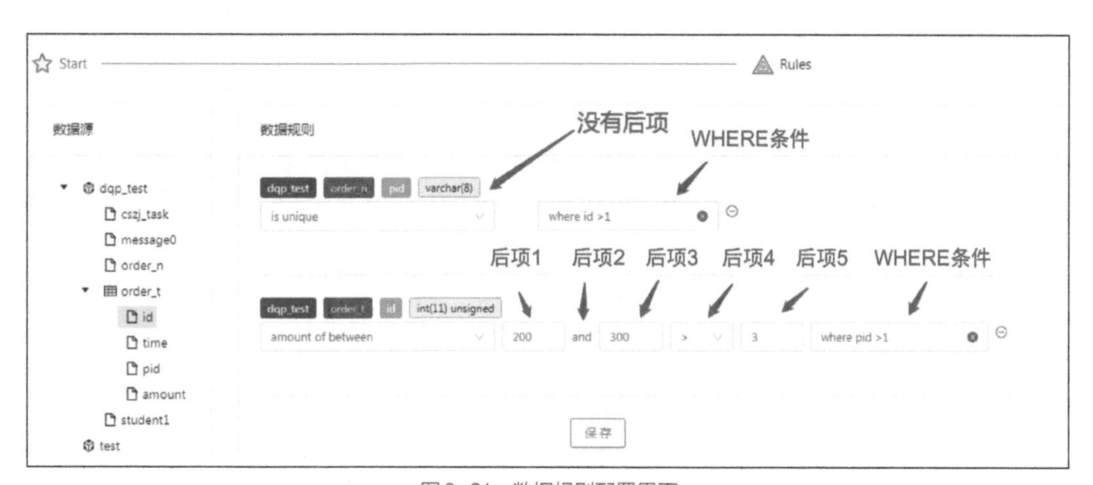

图8-21 数据规则配置界面

数据规则测试流程主要包含 3 个步骤：Start、Rules 和 Run，如图 8-22 所示。另外，大数据测试平台支持对指定列输入 WHERE 筛选条件，而且支持一次性选择多个数据源、多个数据库和多个列，每列也可以配置多个规则。具体配置界面见 8.4.4 节。

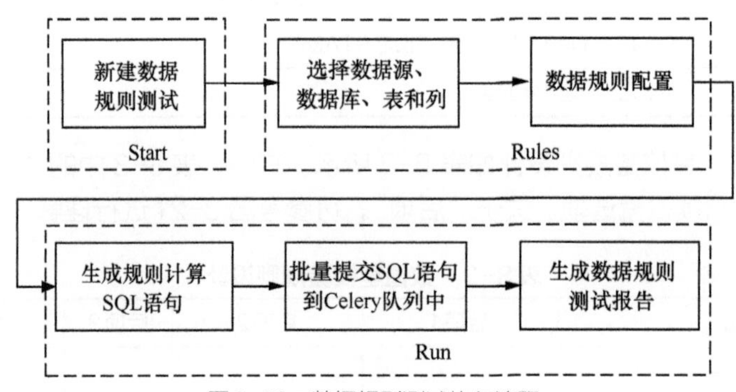

图 8-22　数据规则测试执行流程

（2）数据对比测试

数据对比测试主要校验双数据源数据的一致性，包含数据源和数据源对比，数据源和文件对比，以及数据源和常量对比 3 种类型，如表 8-4 所示。

表 8-4　数据对比测试类型和测试场景

数据对比测试类型	测试场景
数据源和数据源	Hive 表和 Hive 表对比
	Hive 表和 MySQL 表对比
	MySQL 表和 MySQL 表对比
数据源和文件	Hive 表和文件对比
	MySQL 表和文件对比
数据源和常量	Hive 表数据和常量对比
	MySQL 表数据和常量对比

在创建数据对比测试用例时，需要先在大数据测试平台上选择要对比的两个数据源，再配置需要对比的字段，然后提交任务。任务阶段包含源表总数据量、源表去重后数据量、源表重复数据量、目标表总数据量、目标表去重后数据量、目标表重复数据量、双表一致数据量、双表不一致数据量和双表不一致的数据详情这 9 个任务，Celery 异步并行执行所有任务后生成测试报告。

该类测试用例的执行流程主要包含 4 个步骤：Start、Query、Mapping 和 Run，如图 8-23 所示。

（3）数据分析对比

数据分析对比是指分析并校验两个数据集各类指标的一致性，包含数据源和数据源，以及数据源和文件两类测试场景。当两个数据集的数据量过大时，直接做数据对比测试耗时又耗费空间，此时选择指标对比更加高效。不同类型的数据支持统计的指标不一样，而且只能对相同类型的数据做指标一致性对比。数据分析对比中的数据类型同数据规则测试。数据分析对比支持的指标如表 8-5 所示。该部分测试任务提交流程和数据对比测试部分类似，此处不再过多介绍。

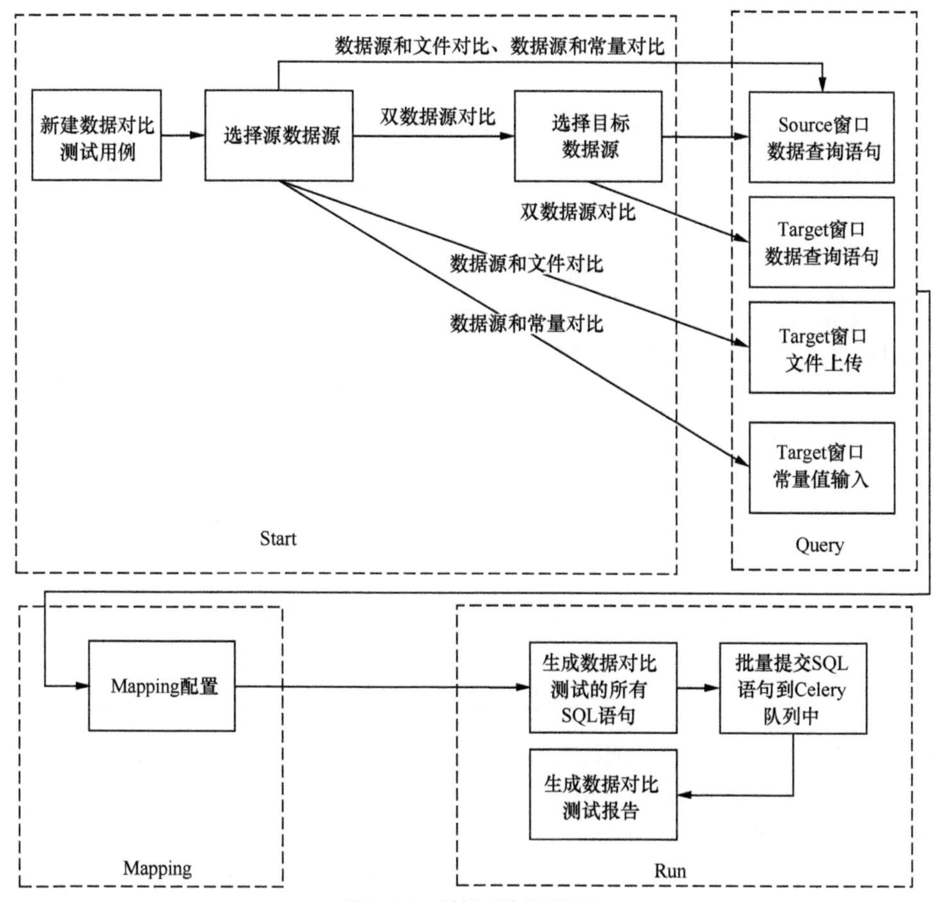

图8-23 数据对比测试流程

表8-5 数据分析对比指标

指标	说明
count	数据量统计
count null	缺失值统计（包含NULL、空字符串）
count distinct	去重后总量统计
mean	均值统计（仅用于数值型）
sum	列总和统计（仅用于数值型）
max	最大值（仅用于数值型、时间型）
min	最小值（仅用于数值型、时间型）
max length	最大长度（仅用于字符型）
min length	最小长度（仅用于字符型）

（4）数据质量报告

在大数据测试平台中，可以对指定的表一键自动生成数据质量报告。在数据质量报告中，每个字段的指标均以可视化的形式展现给平台用户，而且数据质量报告中能够对异常数据做提示，帮助用户高效分析数据质量。数据质量报告中的指标项、图表类型与字段的分类有关，但此处的分类又不同于数据规则测试部分的分类，数据规则测试部分的分类完全与字段实际的数据类型有关，此处分类需要同时考虑实际数据类型和实际数据内容。数据质量报告中的字段分类、指标项和图表类型如表 8-6 所示。

表 8-6　数据质量报告中的字段分类、指标项和图表类型

字段分类	指标项	图表类型
数值型（numerical）	数据量、零值率、空值率、重复率、最大值、最小值、极差值、均值、方差、中位数、四分之一分位点和四分之三分位点	数值区间数据量分布图（最小值和最大值之间划分 *N* 个区间，每个区间的数据量分布）
数值类别型（numerical_categorical）	数据量、空值率、最大值、最小值、极差值、众数的次数、众数的个数和类别数	Top5分布图
字符型（string）	数据量、空值率、重复率、字符串长度最大值、字符串长度最小值、字符串长度均值、字符串长度方差、是否有中文和乱码数	Top5分布图
字符类别型（string_categorical）	数据量、空值率、占比最大的类别的个数和占比最小的类别的个数	Top5分布图
日期型（datetime/date）	数据量、空值率、最大值和最小值	时间区间数据量分布图（时间最小值和最大值之间划分 *N* 个区间，每个区间的数据量分布）
ID（idcard/phone）	数据量、空值率、重复率和合规性	Top5分布图

数据质量报告测试用例执行流程主要包含 4 个步骤：Start、Query、Mapping 和 Run，如图 8-24 所示。对于分区表，可通过在 Mapping 步骤配置 WHERE 条件来仅分析某个分区的数据，具体配置界面见 8.4.4 节。

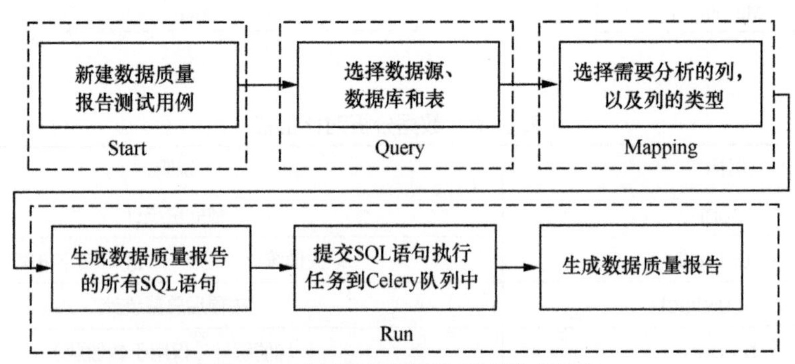

图8-24　数据质量报告测试用例执行流程

数据质量报告部分各类型字段的指标项的 SQL 查询语句的代码实现如下。

```
1.   #数据量、最大值、最小值、均值、极差值、方差、中位数、四分之一分位点和四分之三分位点
2.  def __get_num_base_sql(db_name, table_name, col_name, condition='', datasource_
    type=None, ds_id=None):
3.      if datasource_type == 'mysql':
4.          cast_type = 'char'
5.      elif datasource_type == 'presto':
6.          cast_type = 'varchar'
7.      else:
8.          cast_type = 'string'
9.      #拼接数据量、最大值、最小值、极差值、均值和方差的SQL查询语句
10.     base_sql = 'select count({0}) as cnt_num,max({0}) as max_num,min({0}) as
    min_num,' \
```

```
11.                'max({0})-min({0}) as diff_num,cast(round(avg({0}),2) as {1}) as 
    avg_num,cast(round(variance({0}),2) as {1}) as var_num,'.format(col_name, cast_type)
12.     fun_name = 'percentile'
13.     #拼接中位数、四分之一分位点和四分之三分位点的SQL查询语句
14.     if datasource_type == 'presto':
15.         fun_name = 'approx_percentile'
16.     percent_sql = '{0}({1},0.5) as median_num,{0}({1},0.25) as q1_num,{0}({1},
    0.75) ' \
17.                 'as q3_num from {2}.{3}'.format(fun_name, col_name, db_name, 
    table_name)
18.     if datasource_type == 'impala' or datasource_type == 'mysql':
19.         percent_sql = '"-" as median_num,"-" as q1_num,"-" ' \
20.                       'as q3_num from {2}.{3}'.format(fun_name, col_name, db_
    name, table_name)
21.     base_sql += percent_sql
22.     base_sql += ' ' + condition
23.     return base_sql
24. 
25. #限于篇幅，其他指标SQL实现函数省略
26.     ...
27. 
28. OP_MAP = {
29.     'num_base': __get_num_base_sql,  #数值型基础指标SQL
30.     'zero_ratio': __get_zero_ratio,  #零值率
31.     'repeat_ratio': __get_repeat_ratio,  #重复率
32.     'null_ratio': __get_null_ratio,  #空值率，对于字符型，是NULL值+空字符串值数量之和的占比
33.     'mode_num': __get_mode_num,  #众数的个数
34.     'mode_cnt': __get_mode_cnt,  #众数的次数
35.     'numcate_base': __get_numcate_base_sql,  #数值类别型基础指标SQL
36.     'topN': __get_topN_class,  #前N个类别的数量
37.     'date': __get_date_sql,  #日期型指标SQL
38.     'is_possible': __is_possible,  #合规性
39.     'unrecogniz_code': __contain_unrecogniz_code,  #乱码数
40.     'contain_chinese': __contain_chinese, #是否有中文
41.     'str_base': __get_str_base_sql,  #字符型基础指标SQL
42.     'strcate_base': __get_strcate_base_sql,  #字符类别型基础指标SQL
43.     'cnt_num': __get_count, #数据量统计
44.     'histogram': __get_histogram, #图表数据统计
45.     'date_histogram': __get_date_histogram  #日期型图表数据统计
46. }
47. 
48. NUM_OP = ['num_base', 'zero_ratio', 'repeat_ratio', 'outlier', 'histogram', 
    'null_ratio'] #数值型指标统计函数列表
49. NUM_CATE_OP = ['numcate_base', 'null_ratio', 'mode_num', 'mode_cnt', 'topN'] 
    #数值类别型指标统计函数列表
50. STR_CATE_OP = ['strcate_base', 'null_ratio', 'mode_num', 'mode_cnt', 'topN', 
    'contain_chinese'] #字符类别型指标统计函数列表
51. STR_OP = ['str_base', 'null_ratio', 'repeat_ratio', 'contain_chinese', 
    'unrecogniz_code', 'topN'] #字符型指标统计函数列表
52. DATE_OP = ['null_ratio', 'date', 'date_histogram'] #日期型指标统计函数列表
53. ID_OP = ['cnt_num', 'null_ratio', 'repeat_ratio', 'is_possible', 'topN'] 
    #ID型指标统计函数列表
54. 
55. def get_query_sql(db_name, table_name, col_name=None, col_type=None, condition='', 
    datasource_type=None, ds_id=None, base_flag=False):
56.     res_sql = {}
57.     if col_type == 'numerical':
58.         OP_TYPE = NUM_OP
59.     elif col_type == 'numerical_categorical':
```

```
60.            OP_TYPE = NUM_CATE_OP
61.        elif col_type == 'string':
62.            OP_TYPE = STR_OP
63.        elif col_type == 'string_categorical':
64.            OP_TYPE = STR_CATE_OP
65.        elif col_type == 'date' or col_type == 'datetime':
66.            OP_TYPE = DATE_OP
67.        elif col_type == 'id':
68.            OP_TYPE = ID_OP
69.        else:
70.            return res_sql
71.
72.        for op in OP_TYPE:
73.            #通过OP_MAP获取对应类型的指标统计函数
74.            res_sql[op] = OP_MAP[op](db_name=db_name, table_name=table_name, col_
    name=col_name, condition=condition, datasource_type=datasource_type, ds_id=ds_id)
75.        return res_sql
```

3. 测试套件管理

测试套件管理主要用于测试用例的批量管理和执行。测试套件支持将多个测试用例添加到一个测试套件中，通过执行测试套件的方式来批量运行测试套件中的测试用例。测试套件包含增加、删除、修改、查询和执行等功能。测试套件示例如图 8-25 所示。

图8-25　测试套件界面

4. 用户管理

用户管理是指维护和管理大数据测试平台内所有的用户信息（姓名、电子邮箱、手机号和用户状态等），并提供用户权限控制（管理员、普通用户）。通过用户管理，可方便后续将告警信息、测试报告等发送到指定用户的手机、电子邮箱中；管理员可以增加或删除用户和查看平台内所有的测试用例、数据源，而普通用户只能查看自己权限范围的测试用例和数据源。

8.4.4　页面演示

限于篇幅，本节仅展示各类测试用例的核心配置页面和报告页面。

1. 数据规则测试

在此部分，我们重点介绍 Rules 页面。在 Rules 页面中，选择数据库、表和列等，并对指定的列配置校验规则和规则查询条件。Rules 页面如图 8-26 所示。

Rules 配置完成后，提交运行，之后会生成数据规则测试报告，如图 8-27 所示。

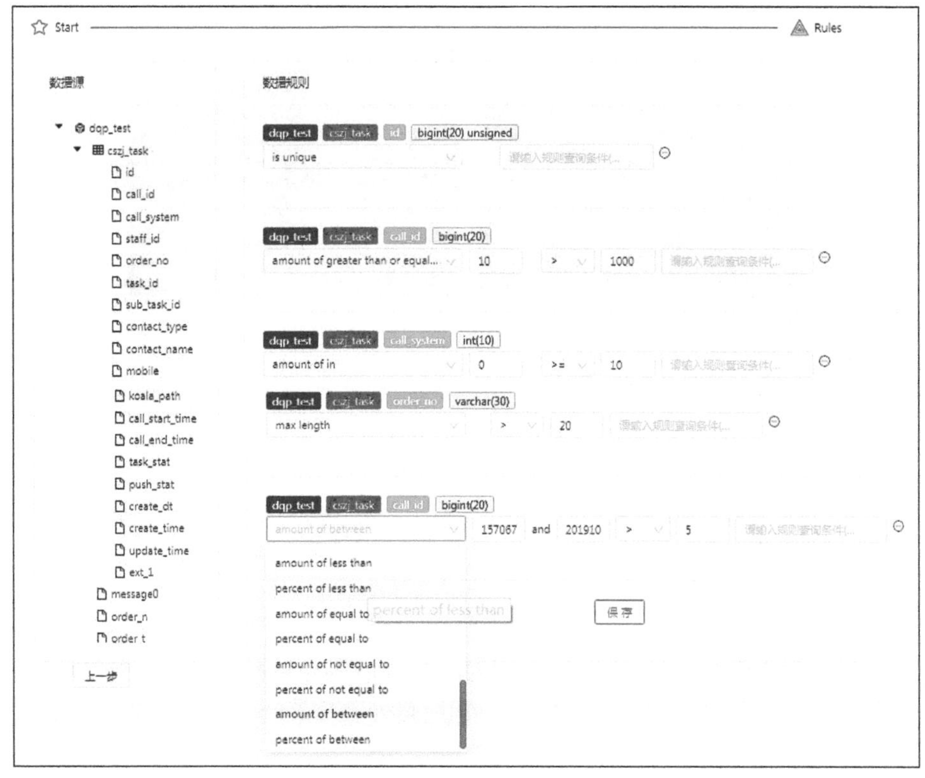

图8-26 Rules页面

Start —— Rules

总体状态: 运行失败 数据源: mysql35-demo 运行开始时间: 2021-04-13 13:44:05 运行结束时间: 2021-04-13 13:44:08

0 待运行 | 1 测试通过 | 3 测试失败 | 1 运行失败

库名	表名	列名	状态	规则	规则结果	运行日志	运行sql
dqp_test	cszj_task	id	测试成功	is unique	0	sql执行成功	查看sql
dqp_test	cszj_task	order_no	测试失败	max length > 20	17	sql执行成功	查看sql
dqp_test	cszj_task	call_id	测试失败	amount of greater than or equal to 10 > 1000	8	sql执行成功	查看sql
dqp_test	cszj_task	call_system	运行失败	amount of in 0 >= 10	-	sql执行失败: (1064, "You have an error in your SQL syntax; check the manual that corresponds to your MySQL server version for the right syntax to use near '0' at line 1")	查看sql
dqp_test	cszj_task	call_id	测试失败	amount of between 1570674531 and 20191025 > 5	0	sql执行成功	查看sql

图8-27 数据规则测试报告页面

2. 数据对比测试

在此部分，我们主要介绍Query和Mapping的配置。在Query页面，配置两个数据源的SQL查询语句；在Mapping页面，选择对比字段（选中“Compare”列的复选框）和关联字段（选中“Join”列的复选框）。下面以一个“数据源和数据源对比”的例子说明这两个页面中的配置方法并提供报告展示。

例如，测试order_t和order_n两个表中的id值相同（即以id值做关联）时其他列值是否一致。这两个表的数据如图8-28所示。这个测试用例的测试结果是id值为2、5和7时，time值或pid值是不一致的。

```
mysql> select * from order_t;
+----+----------+------+--------+
| id | time     | pid  | amount |
+----+----------+------+--------+
|  1 | 20180710 | P001 |     20 |
|  2 | 20180710 | P002 |     14 |
|  3 | 20180710 | P001 |     35 |
|  4 | 20180710 | P002 |     40 |
|  5 | 20180710 | P001 |     10 |
|  6 | 20180710 | P003 |     20 |
|  7 | 20180710 |      |     12 |
+----+----------+------+--------+
7 rows in set (0.00 sec)
```

```
mysql> select * from order_n;
+----+----------+------+--------+
| id | time     | pid  | amount |
+----+----------+------+--------+
|  1 | 20180710 | P001 |     20 |
|  2 | 20180710 | P004 |     14 |
|  3 | 20180710 | P001 |     35 |
|  4 | 20180710 | P002 |     40 |
|  5 | 20190710 | P001 |     10 |
|  6 | 20180710 | P003 |     20 |
|  7 | 20180710 | P005 |     12 |
+----+----------+------+--------+
7 rows in set (0.00 sec)
```

图8-28 order_t表和order_n表的数据

Query 配置页面如图 8-29 所示。

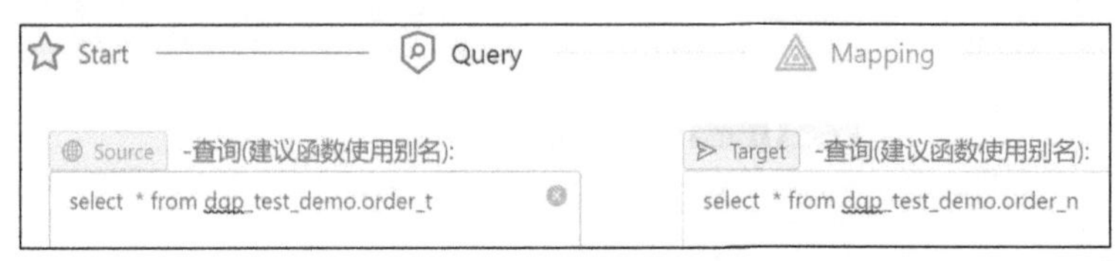

图8-29 Query配置页面

Mapping 配置页面如图 8-30 所示。因为需要对 id 列做关联，所以 id 列对应的“Join”复选框是选中状态。如果仅需要比较两个数据集所有列值是否一致，则无须选中任何“Join”复选框。

* 排序： Remap clumns by order

Compare	Join	Source-数据列	Source-数据类型	Target-数据列	Target-数据类型
☑	☑	id	INT	id	INT
☑	☐	time	STRING	time	STRING
☑	☐	pid	STRING	pid	STRING
☑	☐	amount	INT	amount	INT

图8-30 Mapping配置页面

“数据源和数据源对比”测试报告如图 8-31 所示。其中，“数据对比详情”区域展示了不一致的数据（只有配置了 join 字段，才会展示）、Source 比 Target 多的数据和 Target 比 Source 多的数据。如果两个数据集的数据一致，则“数据对比详情”区域空白，测试用例状态是测试通过。

3. 数据分析对比

在该部分，除 Mapping 配置页面以外，其他页面和“数据对比测试”部分一致。在 Mapping 配置页面，需要选择对比的列和指标。例如，需要分析 order_t 和 order_n 两个表中 amount（数值型）和 pid（字符型）两列的指标一致性，分析的指标项根据需求而定。Query 配置页面和图 8-29 一致，Mapping 配置页面如图 8-32 所示。

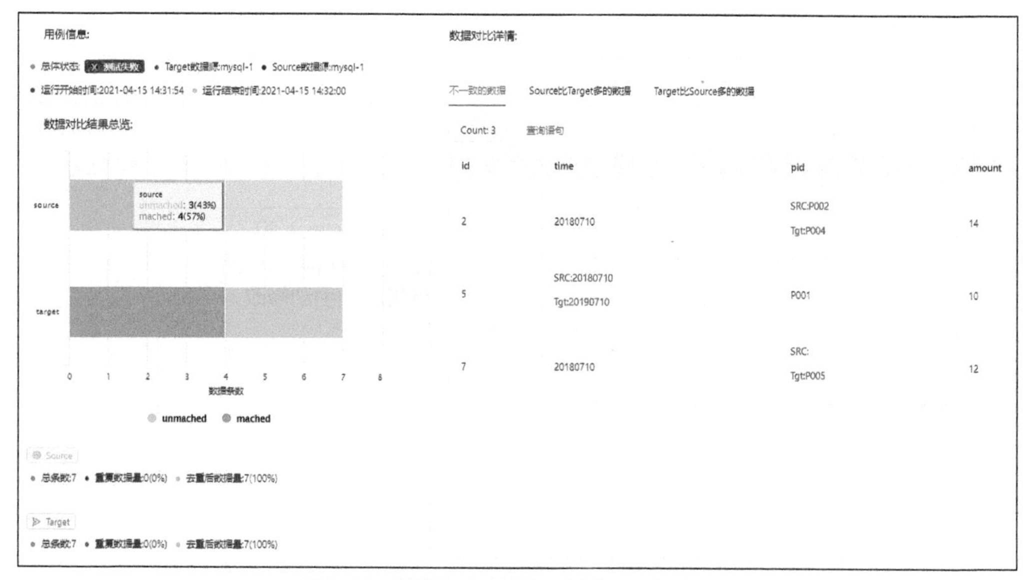

图8-31　“数据源和数据源对比”测试报告页面

Compare	Source-数据列	Source-数据类型	Target-数据列	Target-数据类型
☐	id	int	id	int
☐	time	string	time	string
☑	pid	string	pid	string
☑	amount	int	amount	int

分析指标

- ☑ count
- ☑ count null
- ☐ count distinct
- ☐ mean
- ☐ sum
- ☐ max
- ☐ min
- ☑ max length(仅适用于字符型)
- ☐ min length(仅适用于字符型)

图8-32　数据分析对比的Mapping配置页面

数据分析对比的测试报告页面如图 8-33 所示，总体状态是测试失败，因为 order_n 表中 pid 列不存在空值，order_t 表中 pid 列存在一个空值，导致 count null 指标统计结果不一致。

- 总体状态: X 测试失败
- Target数据源: mysql-1
- Source数据源: mysql-1
- 运行开始时间: 2021-05-10 21:20:12
- 运行结束时间: 2021-05-10 21:20:13

比对指标总数：5　不一致指标数：1

source column	target column	比对结果	max			count null			max_length		
			source value	target value	比对结果	source value	target value	比对结果	source value	target value	比对结果
pid	pid	失败	7	7	通过	1	0	失败	4	4	通过
amount	amount	通过	7	7	通过	0	0	通过			

图8-33　数据分析对比的测试报告页面

4. 数据质量报告

在该部分，我们主要介绍 Query 和 Mapping 配置页面。在 Query 配置页面，选择数据库、表；在 Mapping 配置页面，选择列、字段类型和输入过滤条件。对于 Mapping 配置页面的字段类型，支持平台自动分析生成和手动修改。Mapping 配置页面如图 8-34 所示。

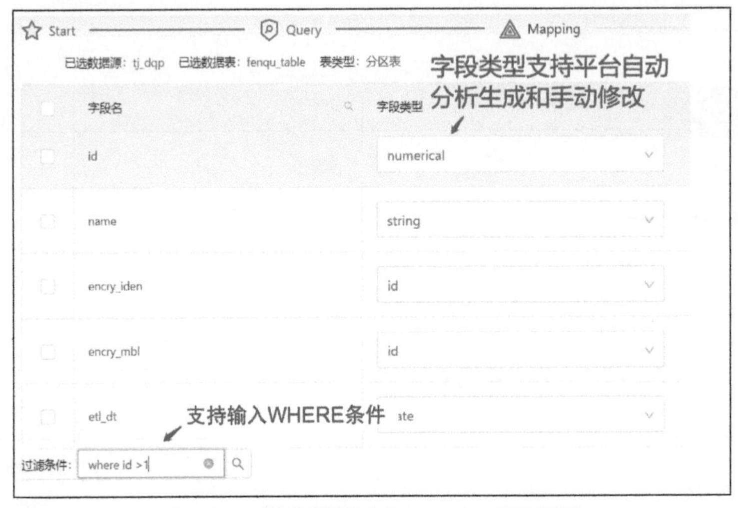

图 8-34　数据质量报告的 Mapping 配置页面

数据质量报告包含测试用例运行信息、表信息和字段信息，其中对于分区表，表信息部分需要展示分区相关内容。以分区表为例，测试用例运行信息和表信息如图 8-35 所示。

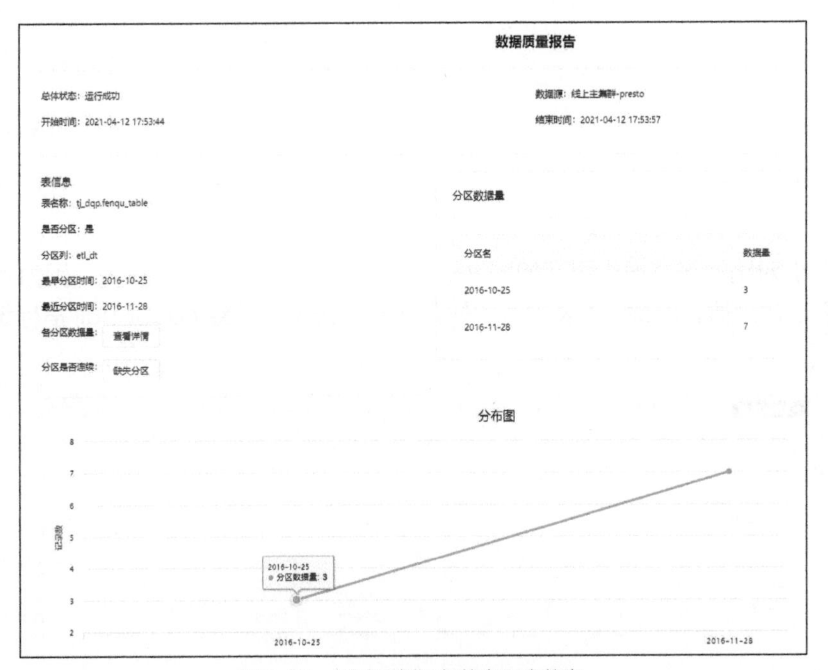

图 8-35　测试用例运行信息和表信息

对于字段信息部分，根据字段类型的不同，展示的内容也不同，具体展示内容见 8.4.3 节。我们以数值型、字符型和 ID 型为例，数据质量报告展示的字段信息如图 8-36 所示。

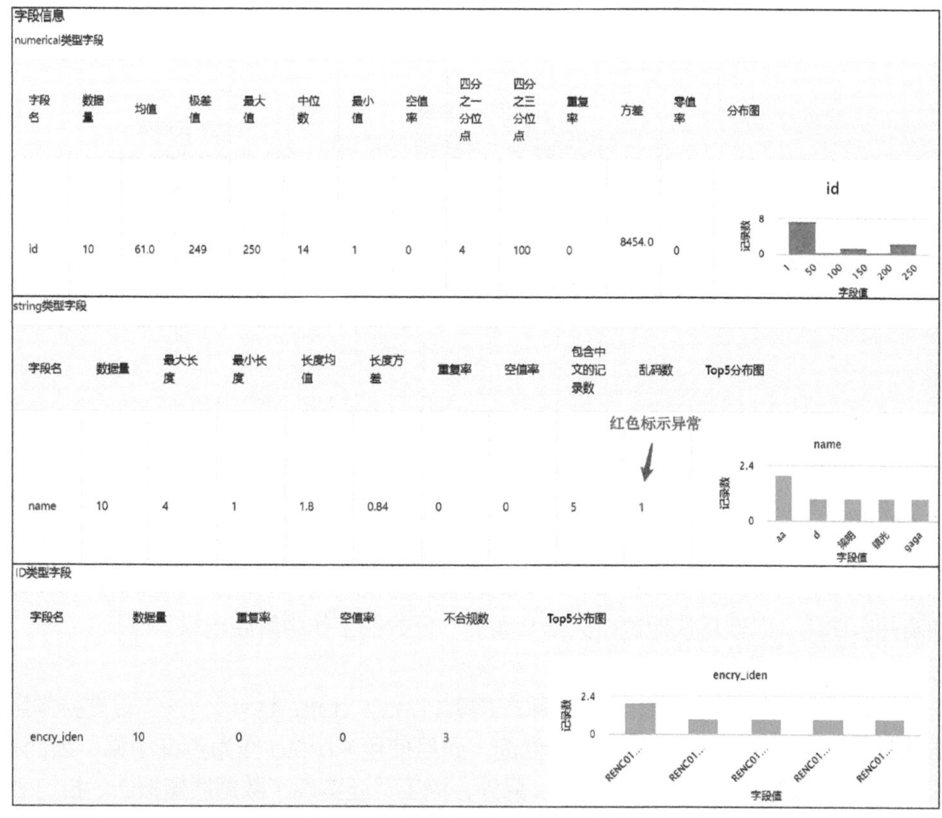

图8-36 数据质量报告展示的字段信息

5. 异常测试用例报告

如果测试用例运行异常，平台通过异常报告详细展示异常原因，方便用户定位问题。图8-37 展示“数据对比”测试任务提交时的错误详情，如果是 SQL 任务执行时报错，那么异常报告页面会展示报错的 SQL 查询语句，以及错误详情。

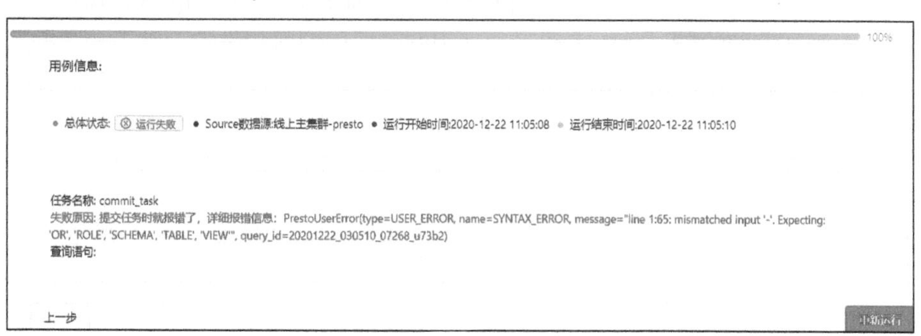

图8-37 异常报告页面

8.4.5 总结和展望

1. 总结

DTP 的演进主要经历如下 3 个阶段，如图 8-38 所示。

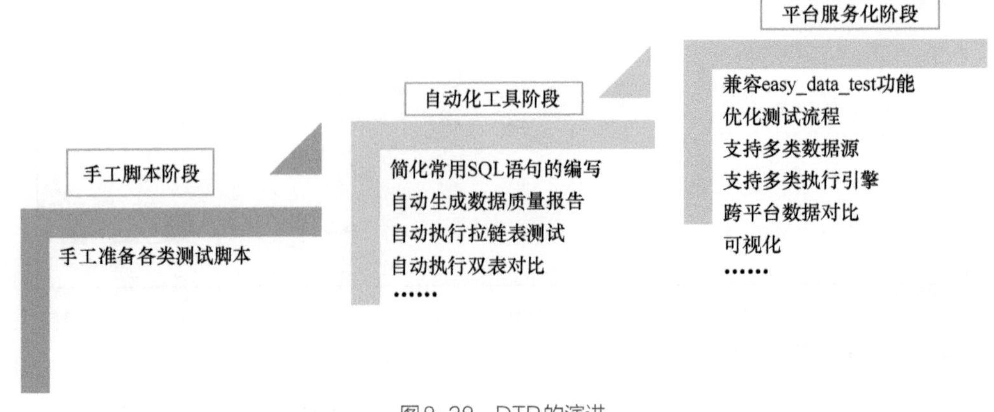

图8-38　DTP的演进

（1）手工脚本阶段

该阶段以手工测试为主，测试人员针对不同类型的需求提前准备相应的数据测试脚本，重复性工作多，而且各类测试脚本分散，不便对它们进行统一维护。因此，亟需对常见测试场景进行抽离并自动化，以便尽快把测试人员从重复、低效的工作中解脱出来。

（2）自动化工具阶段

在该阶段，我们开发了一款自动化测试工具（easy_data_test），该工具支持常用 SQL 查询语句的简化编写和历史执行结果的查询，而且使用 Presto 作为查询引擎，因而提升了 SQL 执行效率，并缩短了数据测试周期。另外，该工具还实现了数据质量报告、拉链表测试、双表对比、值域分析和异常值分析等工作的自动化。该阶段在一定程度上降低了人力成本，但还存在一些问题，如在工具的使用上，存在一定的安装和学习成本，以及不具备可视化能力等，因此，需要继续向平台服务化方向发展。

（3）平台服务化阶段

该阶段的主要工作是通过平台服务化方式改善测试流程，进一步提升测试效率。通过对开源大数据测试平台和业界常见商业大数据测试平台的调研和分析，并结合公司内部需求和实际测试经验，完成了 DTP 的开发和实施。在该阶段，实现了测试用例的创建、执行，以及测试报告生成等一系列工作的自动化，实现了测试用例可视化配置和维护，跨平台数据对比，测试报告可视化，数据质量报告一键自动生成，多类数据源快速连接，以及数据源权限隔离等功能。

2. 展望

DTP 发布后，我们持续收集用户需求和反馈，并逐步进行版本迭代，不断丰富和优化平台的功能。在保证平台通用性的同时，进一步进行深度研究和前瞻性分析。我们认为，DTP 还需要向以下方向优化。

（1）持续扩展和优化功能

1）支持智能筛选测试用例并自动执行。

2）支持 SQL 语法校验和 SQL 中数据血缘关系的自动化分析。

（2）优化平台架构

1）支持实时数据流场景测试。目前，DTP 仅支持离线数据流测试，但实时数据流也是业务线的核心部分，后续需要持续优化平台架构并在平台集成实时数据流测试功能。

2）与 DataOps 的最新技术结合，实现数据的连续性测试。

（3）提升用户体验

1）持续优化 DTP 界面，如实现测试用例的拖拽式配置、任务执行进展可视化等。

2）不断收集用户使用情况反馈，持续完善功能和进行 bug 修复。

8.5 本章小结

在本章中，我们首先介绍了大数据测试平台的背景，接着依次对开源和商业大数据平台的架构、功能进行了详细分析，在此基础上，向读者介绍了适用于公司的通用数据测试解决方案——大数据测试平台（DTP）的搭建过程和使用方式，最后对 DTP 的发展历程进行了回顾，并对其未来进行了展望。大数据测试平台只是从测试方面保证数据的质量，如果我们需要更全面、更系统地保证数据质量，则需要通过数据治理平台实现，详见第 9 章。

第 9 章　数据治理平台建设

在数字化时代，数据已经成为新的生产要素，数据治理的重要性也愈发突出。现阶段，在企业内建设数据治理平台是推行数据治理行之有效的方法，也是保证数据质量的关键抓手。数据治理平台是对数据的全生命周期（包括数据产生、数据流转和数据应用等阶段）进行集中治理的综合性平台。它能有效解决企业内数据质量低、数据获取不便捷、数据整合难和数据标准混乱等问题。本章首先阐述数据治理的概念，然后重点讲解数据治理的平台化思路，并以元数据管理、数据质量监控这两个平台为例对数据治理进行详细解读。

9.1　数据治理概述

9.1.1　数据治理的基本概念

目前，数据治理仍在不断发展，没有统一的标准定义。不同的组织和机构对数据治理有不同的理解和定义。下面是 3 个组织或机构给出的数据治理的定义。

- 国际数据管理协会（DAMA）：数据治理是对数据资产管理行使权力和控制的活动集合（规划、监控和执行）。
- 数据治理学院（DGI）：数据治理是一个通过一系列信息相关的过程来实现数据相关事务的决策和职责分工的系统，这些过程按照达成共识的模型来执行，该模型描述了谁（Who）能够根据什么信息，在什么时间（When）和情况（Where）下，用什么方法（How），采取什么行动（What）。
- 国际商业机器公司（IBM）：数据治理是一门将数据视为一项企业资产的学科。它涉及以企业资产的形式对数据进行优化、保护和利用的决策权利。它涉及对组织内的人员、流程、技术和策略的编排，帮助企业获取最优的数据价值。

由此可见，数据治理是一项融合了人、技术和管理等多种因素的综合性工作。在进行数据治理时，企业需要结合实际情况，建立相应的体系与标准。数据治理涉及较多主题，如图 9-1 所示。

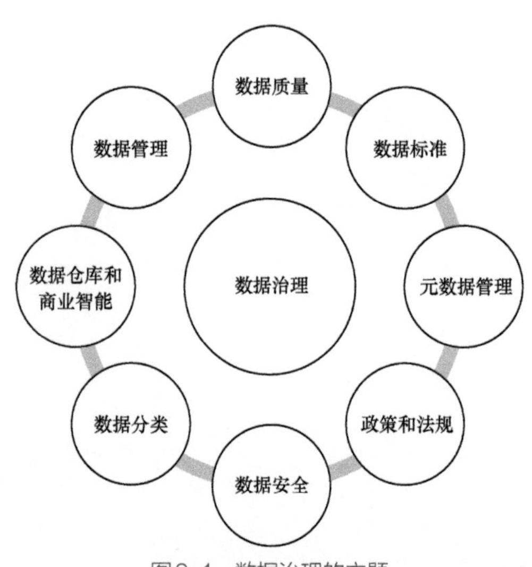

图 9-1　数据治理的主题

我们介绍如下几个主题。

（1）数据质量

高质量的数据是企业进行分析决策和业务发展规划的重要基础。在推进数据治理时，企业需要重点关注数据质量。数据流转的各阶段都可能出现数据质量问题，企业需要对数据全链路在多维度上进行质量保障。关于数据质量评估的维度，读者可参考 7.2.3 节。

（2）数据标准

正如 7.2.2 节中关于数据标准的描述，数据标准是保证数据内外使用和交换的一致性、准确性等规范性约束。企业进行数据标准的统一管理，能够解决数据定义不规范、数据信息难共享、业务理解不一致和沟通成本高等诸多问题。

（3）元数据管理

元数据管理是企业数据治理的基础，不但能够解决数据孤岛问题，而且能够全面管理企业信息资产。通过分析数据之间的依赖关系，能够对数据“追本溯源”，灵活且高效地响应并处理业务数据问题。

（4）政策和法规

政策和法规是制定数据治理流程规范的基础。企业需要充分调研并结合实际情况来建立数据治理流程规范。

（5）数据安全

数据安全要实现数据分级防护、敏感数据信息不泄露和数据合规三大目标。我们需要从数据的访问安全、数据的运维安全、数据项目的研发测试安全和数据的存储安全进行管控。

综上所述，数据治理是一个数据覆盖范围广、涉及领域多的体系化建设过程，在落地实施的过程中，企业需要不断改进流程并持续投入到数据治理建设中。

9.1.2 数据治理的重要意义

数据治理不但对企业内部组织效能起推动作用，而且对业务的发展与创新有重要意义。

第一：对于内部组织，企业通过数据治理可优化组织结构，降低沟通成本，提高工作效率。

第二：对于业务发展，企业在发展过程中，需要提供更丰富的产品，更优质的服务，这一切的实现离不开数据治理。通过数据治理提高数据质量，从而对业务实施精准的决策。

关于数据治理的意义详细的说明，如图 9-2 所示。

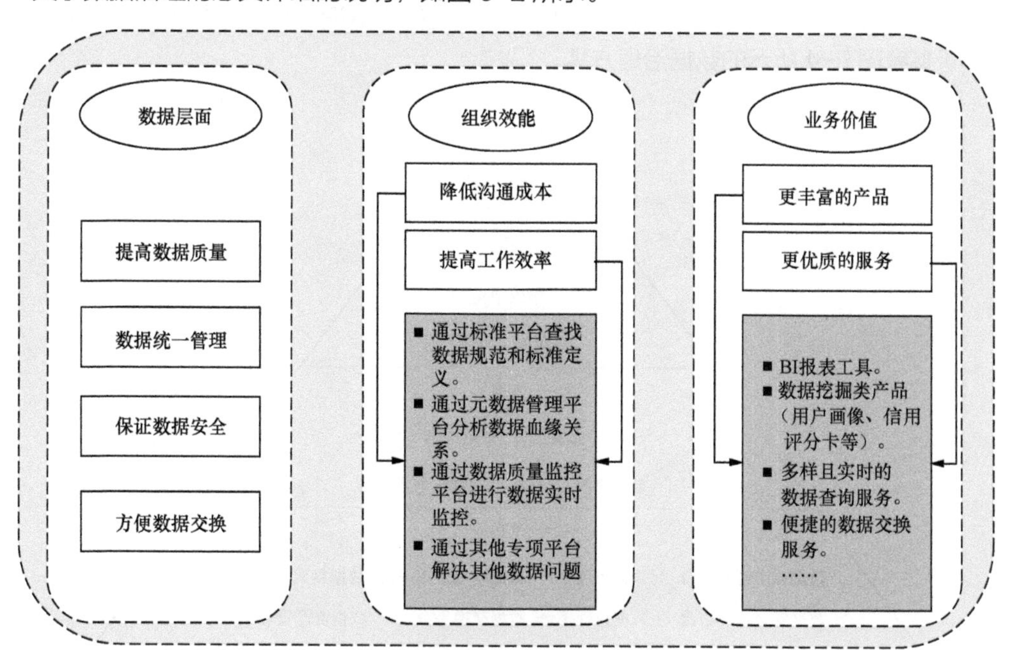

图9-2 数据治理的意义

9.1.3　数据治理面临的主要挑战

数据治理涉及的领域广泛，面临的挑战来自方方面面。我们不但需要从质量、安全和合规等方面进行考虑，而且需要考虑如何满足技术更新迭代的要求，这些都是在数据治理过程中亟需解决的问题。概括来说，数据治理面临的主要挑战如图9-3所示。

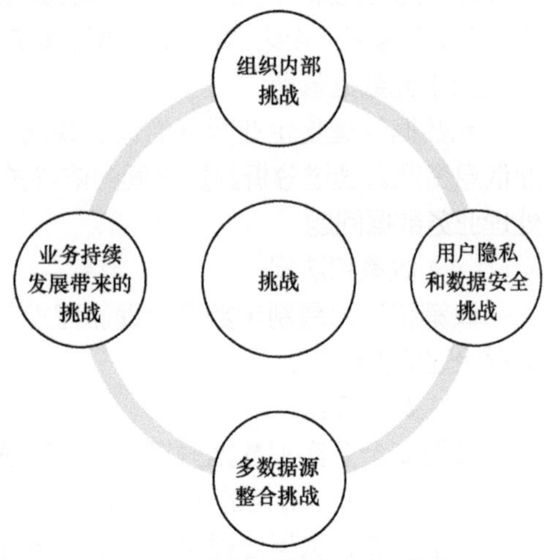

图9-3　数据治理面临的主要挑战

（1）组织内部挑战

数据治理需要多部门、多角色共同参与。在相互合作过程中，势必遇到人员配合不当、权责不明等问题。企业内负责数据生产、数据使用、数据分析和数据质量等环节的往往不是同一个人。这些客观因素都会影响数据治理的推进。

（2）用户隐私和数据安全挑战

在数据治理过程中，企业需要考虑如何保护数据安全和用户隐私。一旦出现数据泄露问题，企业不仅有资产损失，还会面临监管和处罚。

（3）多数据源整合挑战

从不同的业务系统获取数据，还需要适配多种采集方式，但不同业务系统产生的数据格式不统一、质量参差不齐，这导致数据的统一转换处理难度加大。

（4）业务持续发展带来的挑战

随着业务持续发展，会有新数据、新技术的变化，数据治理的方式与手段也需要进行对应的更新迭代，由此会带来一定的挑战。

9.1.4　如何开展数据治理

数据治理是一套方法论，此方法论可指导企业进行方案设计和落地实施。在开展数据治理时，可参考图9-4所示的数据治理方案。

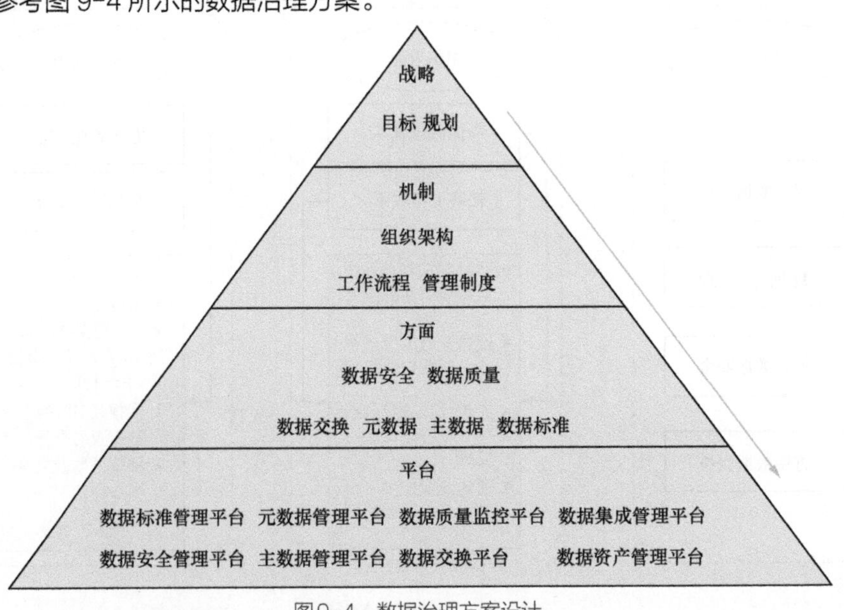

图9-4　数据治理方案设计

数据治理方案是一个金字塔结构，企业可按照自顶向下的顺序进行数据治理的方案设计与落地实施。

（1）战略

企业在开始数据治理前，需要明确中长期规划和目标。

（2）机制

企业可成立专门的数据治理小组，也可以由企业内的 IT 或数据部门负责，推动工作流程评审、管理制度制定和组织架构调整等工作。

（3）方面

一般来说，数据治理涉及数据安全、数据质量、元数据和主数据等多个方面，企业需要根据实际情况选择。

（4）平台

在确定涉及的方面后，数据治理小组进行方案设计并开发实现，完成数据治理平台的建设。在数据治理实施阶段中，数据治理平台的设计和研发是重要且耗时的工作。

9.2 数据治理平台体系

一个完整的数据治理平台体系，主要包括元数据管理平台、数据标准管理平台、数据质量监控平台、数据集成管理平台、主数据管理平台、数据资产管理平台、数据交换平台和数据安全管理平台等，如图 9-5 所示。

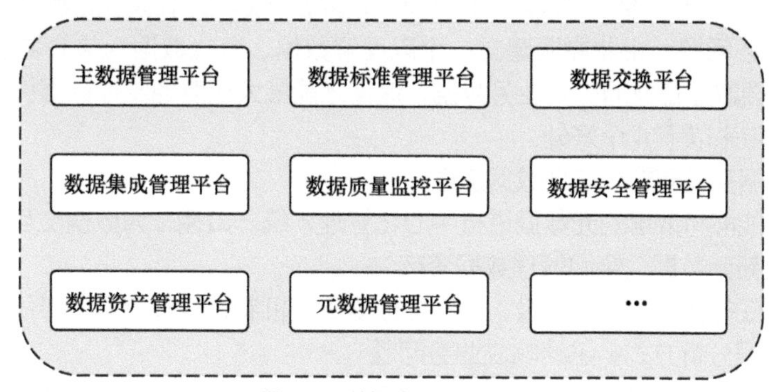

图9-5 数据治理平台体系

下面对重点数据治理平台的功能进行介绍。

（1）元数据管理平台

元数据管理采用数据采集技术将元数据集中管理，并通过对数据之间的依赖关系分析，实现数据的血缘分析、影响分析和全链路分析等功能。该平台能够帮助企业人员快速查清数据资产，了解数据的来龙去脉。

（2）数据质量监控平台

数据质量管理提供数据规则，质量评估与检核，任务调度，质量报告，以及风险报警等功能，能够帮助业务人员实时发现数据质量问题，从而保证离线数据或在线数据的质量。

（3）主数据管理平台

主数据是系统间的共享数据。与业务数据相比，主数据变化缓慢，常见的主数据有客户数据、组织部门数据和供应商数据等。主数据管理是指对主数据集中管理，建立统一视图，并保证各个系统间共享数据的一致性、完整性、可控性、通用性和正确性。

数据治理的不同平台间存在一定的依赖关系，应用较多的有数据标准管理平台、数据质量监控平台和元数据管理平台等。这些平台需要相互配合，才能完成数据治理的目标。接下来分别介绍元数据管理平台和数据质量监控平台的技术设计。

9.3　元数据管理平台

元数据管理平台是一个针对元数据进行统一采集和集中管理的平台。通过对数据处理逻辑的分析，获得数据上下游的依赖关系，帮助研发人员和业务人员理解数据。该平台可以解决各类业务术语定义不一致、员工沟通成本高和工作效率低等问题。在数据出现问题时，该平台能够协助研发人员快速定位问题、确定问题出现的原因和评估问题影响范围。

9.3.1　平台产生背景

由于企业缺少对元数据的整体规划，因此元数据散落在各个地方，没有一个统一入口，导致经常出现下列 4 类问题。

1）数据无法便捷交换分享，数据价值没有最大化。

2）元数据缺乏统一标准，造成数据理解不一致、口径不一致等问题。

3）元数据散落在各个业务线中，存在数据孤岛问题。

4）部门人员间进行业务术语沟通时，存在成本高、效率低和易出错等问题。

为了解决上述问题，企业需要建立一个以理解数据、查找数据为核心功能的元数据管理平台。该平台需要覆盖企业的主要业务数据，这样才能最大程度地发挥数据价值。元数据管理平台可以给企业带来以下 4 个好处。

（1）解决数据孤岛问题，实现数据连通

元数据平台能够将散落的元数据进行中心化管理，统一口径，为数据交互提供基础。

（2）实时更新元数据，全面管理数据资产

提供自动化任务调度，实现天级、小时级数据更新机制，实现数据资产信息化。

（3）多种数据分析方式，迅速响应业务问题

该平台通过对元数据的血缘关系分析、影响分析和全链路分析等多种数据分析方式得到任务或数据的依赖关系，快速响应业务问题。

（4）快速查找数据，高效开展业务

通过元数据管理平台，研发人员和业务人员可以解决“找数、取数”难的问题，可以清晰地了解业务的某张表或某个字段的意义，减少沟通成本，提高工作效率。

9.3.2　平台架构

元数据管理平台架构如图 9-6 所示。

元数据管理平台整体采用 React+Spring 框架。如图 9-6 所示，元数据管理平台分为存储层、逻辑层和应用层。存储层主要使用 MySQL 和 Redis 进行数据存储，逻辑层包含数据采集、数据查询和数据分析模块，应用层提供数据地图、血缘关系分析、影响分析、数据查询、全链路分析和数据分享功能。元数据管理平台提供便捷的 Web 入口和丰富的功能组件，

便于用户使用。

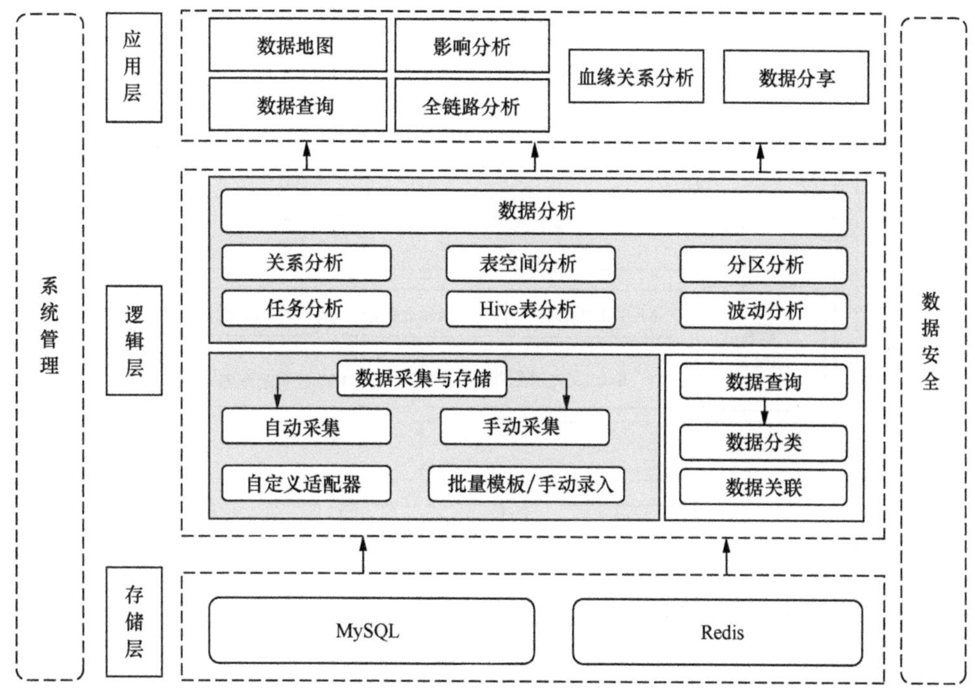

图9-6 元数据管理平台架构

元数据管理平台按照功能主要分为以下 3 个模块。

（1）数据采集与存储

通过内置采集器，采集企业内部各个系统的元数据，并对数据进行结构化和存储。数据采集支持 Hive、MySQL、HBase 和 ETL 任务等数据源的元数据，能够覆盖企业大部分数据应用场景。采集的数据经过处理后统一存储至 MySQL 数据库中。

（2）数据查询

支持按照部门和数据来源两种分类方式进行数据查询，提供良好的可视化功能。支持饼状图、柱状图等多种数据展示方式。支持灵活的检索方式，包括以表名、字段名和注释等多属性类别检索，以及模糊查询。

（3）数据分析

具备丰富的数据分析能力，可以提供关系分析（如血缘关系分析、全链路分析和影响分析）、Hive 表的全量分析和分区分析等功能。

9.3.3 模块设计：数据采集

数据采集模块支持手动采集和自动采集两种方式。通过 Web 页面，用户可按照系统的模板进行数据手工批量上传。数据采集模块内置采集适配器，通过配置数据源信息，自动进行数据采集，实现元数据端到端的采集功能。该模块包含两种采集方式、多样数据采集适配器和多种数据源，如图 9-7 所示。

数据采集模块的工作原理如下。

1）用户通过 Web 页面新增数据采集配置，配置信息包含数据源信息（Hive 元数据库信息、IP 地址信息、端口信息、Azkaban 元数据库信息、项目 ID、项目名称、自动采集配置调度频率和任务失败重试机制等）。在保存配置后，该配置下发数据库中存储，并生成唯一 ID 来标示此采集项。

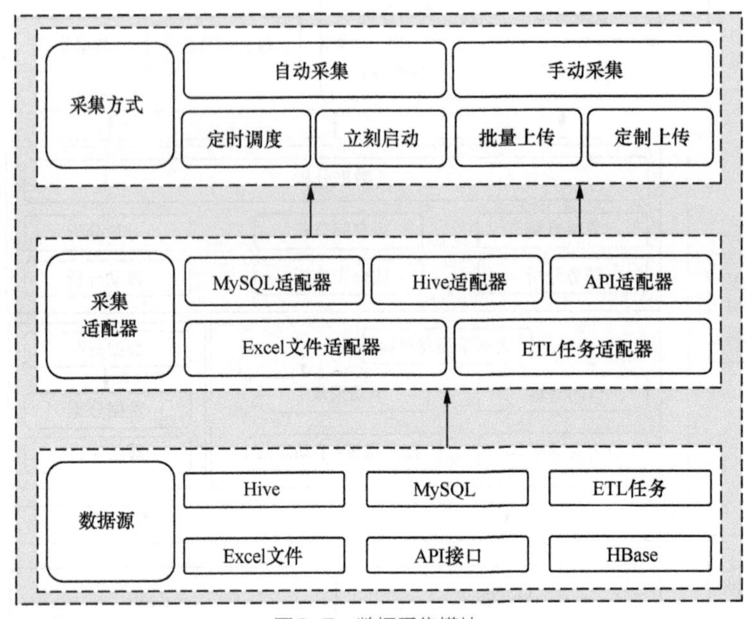

图9-7　数据采集模块

2）数据采集模块通过采集项的唯一 ID，获取采集项的详细配置，并根据采集方式生成采集任务。

3）采集任务由调度平台统一调度，根据配置的调度频率和任务失败重试次数进行调度，一般情况下，每天更新一次，当有元数据更新通知时，会主动更新一次。当任务被触发后，进行数据拉取更新，一般通过 JDBC 方式采集元数据（如 Hive 表的元数据），或者通过 HTTP 接口访问采集元数据（如通过访问 Azkaban Server，获取项目、任务和工作流信息）。

4）在任务执行完后，将数据进行统一结构化处理，同时存入 MySQL 数据库，如果有数据更新，则在数据库中新插入一条记录，同时为本次插入的记录新增一个版本号。

5）数据入库后，等待数据分析模块使用。

上述是自动采集方式的处理流程，对于手动采集方式，除不需要第 2）步和第 3）步以外，其他环节与自动采集流程相似，此处不再赘述。

数据采集模块内置丰富的采集适配器，如表 9-1 所示。

表9-1　采集适配器

适配器	数据源	采集方式	采集内容
MySQL 适配器	MySQL	自动采集	包括 Schema 采集（数据库的表名称、表描述、字段名称、字段描述和表创建时间等）
Hive 适配器	MySQL	自动采集	Hive 表 Schema 采集，包括数据库名称、表名称、表结构和分区表信息等
ETL 任务适配器	MySQL	自动采集	记录 ETL 任务的 Job_Id、任务开始时间、任务结束时间、任务运行时间、数据日期、数据类型、数据创建时间和任务间的依赖关系
Excel 文件适配器	Excel 文件	手动采集	根据定制需求，创建相应的模板，批量采集元数据
API 适配器	业务系统	自动采集	采集 API 接口调用次数、接口响应时间等

下面我们以大数据中常用的 Hive 数据仓库为例，介绍数据采集模块的具体工作流程。Hive 的元数据存储在关系型数据库中，下面介绍 Hive 元数据库中几个重要的表。

1）Hive 元数据存储在表名为 DBS 的表中，DBS 表的属性列包含数据库 ID、数据库描述、数据库对应的 HDFS 路径、数据库名、数据库所有者和所有者角色等。

2）Hive 表和视图的元数据存储在表名为 TBLS 的表中，TBLS 表包含表 ID、创建时间、数据库 ID、表名和表类型等。

3）Hive 字段相关的元数据存储在 COLUMNS_V2 表中，其中 COLUMNS_V2 表保存了字段信息 ID、字段注释、字段名、字段类型和字段顺序等。

4）Hive 表分区相关的元数据存储在 PARTITIONS 表中。

数据采集模块采用 JDBC 方式连接到 Hive 元数据库，并执行 SQL 语句获取元数据。相关伪代码如图 9-8 所示（本例为了说明 Hive 元数据采集原理，简化了 SQL 语句，实际 SQL 语句可能是复杂的多表关联查询语句）。在获取元数据后，对元数据进行结构化处理和存储。

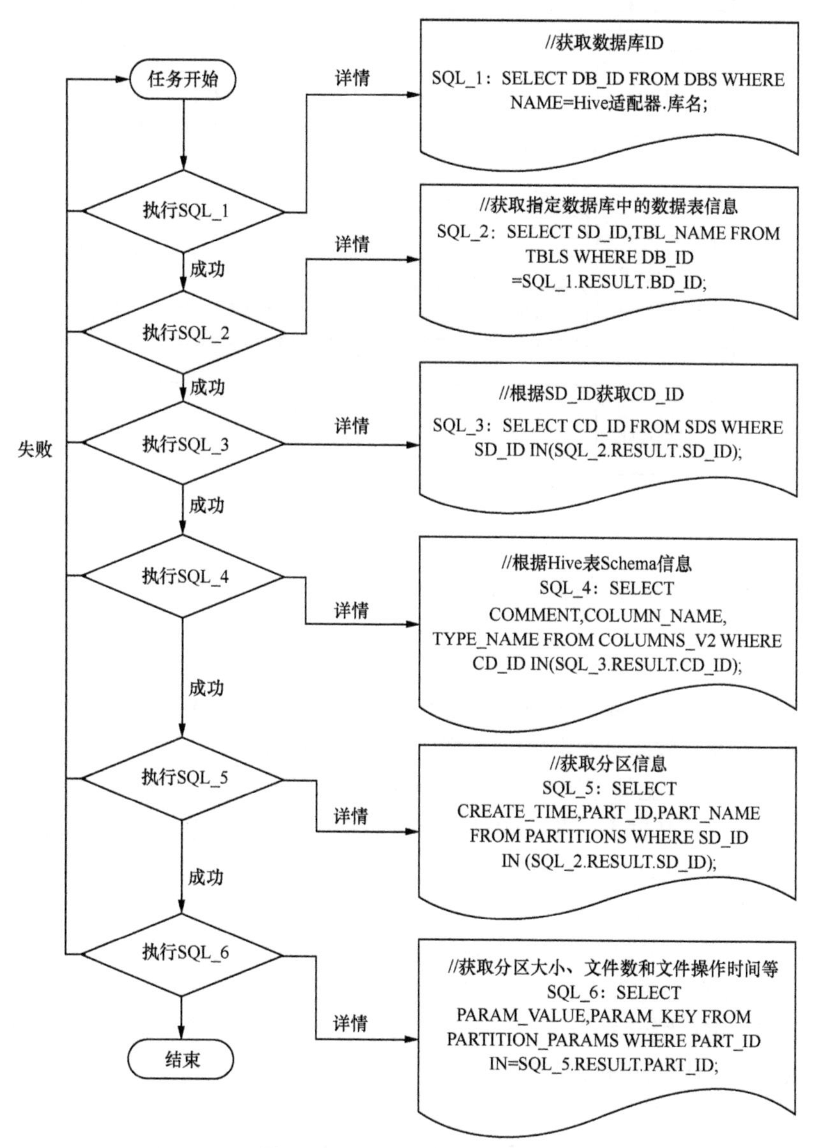

图9-8 Hive的元数据采集流程

数据采集对于元数据管理平台非常重要，数据采集模块支持的数据源越多，该平台管理的数据范围就越广，提供的数据分析能力就越强。在数据采集完成后，该平台需要提供灵活多样的查询功能。接下来介绍数据查询模块。

9.3.4　模块设计：数据查询

数据查询模块对元数据进行整合处理后，以 API 接口方式提供给前端使用。数据查询模块支持按照数据来源（MySQL 数据表、Hive 表）进行数据查询，支持按照部门查询，支持按照数据表、数据表注释等进行数据检索。数据查询模块的组成如图 9-9 所示。

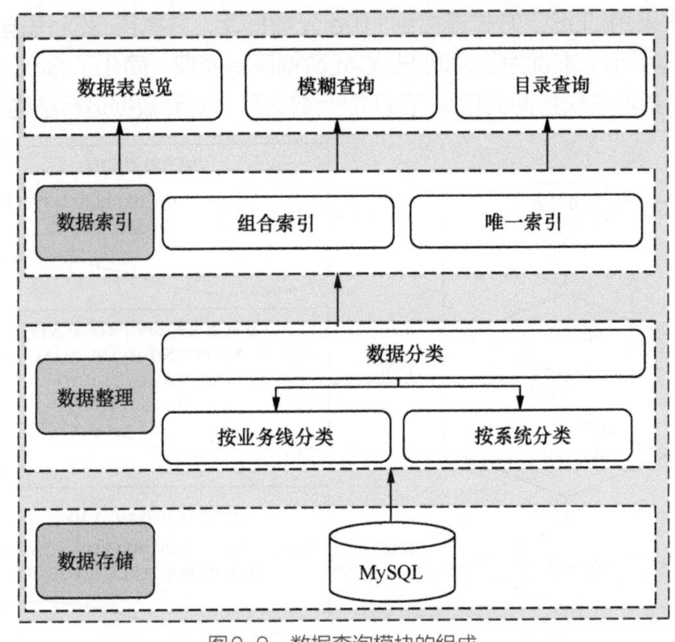

图9-9　数据查询模块的组成

1）数据存储：对上层应用提供存储支撑，是所有查询功能的基础。目前，采用 MySQL 作为数据存储平台。

2）数据整理：采集的原始数据是没有分类的，如果不进行系统化分类，那么不方便用户快速查找相关数据。通常，我们按照业务线和系统进行分类。对数据进行分类，可提高用户查询数据的效率，方便元数据管理平台按照类别进行权限控制。

3）数据索引：元数据管理平台支持多种索引以满足用户不同的查询需求。

数据查询模块包括数据表总览（如某部门共有多少个表、总的数据量，数据表数量排名前 10 的部门等）、模糊查询（如支持根据表名包含的某些字母的查询功能）和目录查询功能。数据查询模块的工作流程如图 9-10 所示。

1）在数据入库前，需要对数据进行标签关联，标签数据一般从数据标准平台获取。

2）数据库要创建合适的索引，主要依据用户查询需要而进行设计，对于常用的字段检索，如表名、字段名，进行组合索引设计。通常，每个表必须要有一个主键索引，以便高效查询。同时，索引要定期优化，如在表结构发生变化（新增字段、删除字段等情况）或用户查询习惯变化时，应该及时优化索引。

3）用户通过 Web 方式发起数据查询任务，后台系统收到请求后，会根据查询任务进行

SQL 拼接，对于特殊的查询操作，会进行 SQL 优化，然后执行 SQL 语句，将结果聚合并返回用户。

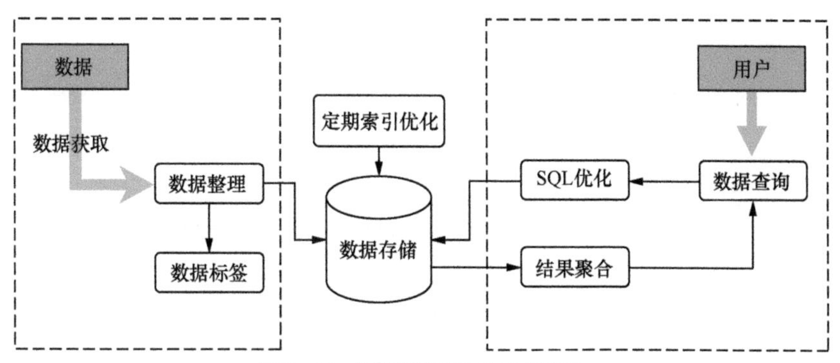

图 9-10 数据查询模块的工作流程

下面是元数据管理平台 3 个功能的展示。

（1）数据表总览功能

通过元数据总览，可以查看数据总体情况，包括数据表数量、支持的数据源类型等，如图 9-11 所示。

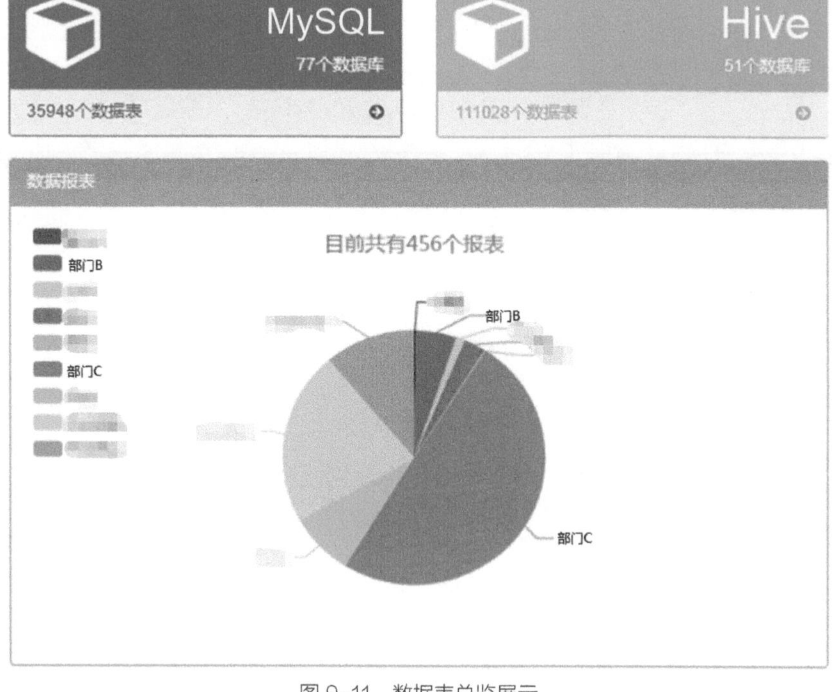

图 9-11 数据表总览展示

（2）目录查询功能

用户可按照部门查询数据表的详细信息，查询的结果如图 9-12 所示。

通过目录查询，按照数据源分类，可查看 Hive 表的分区详细信息，如图 9-13 所示。

（3）模糊查询功能

用户可通过字段名、表名中出现的某关键字查找信息，如图 9-14 所示。

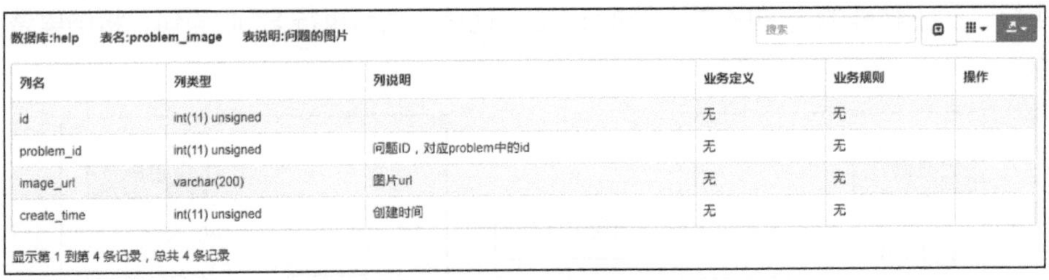

数据库:help　表名:problem_image　表说明:问题的图片

列名	列类型	列说明	业务定义	业务规则	操作
id	int(11) unsigned		无	无	
problem_id	int(11) unsigned	问题ID，对应problem中的id	无	无	
image_url	varchar(200)	图片url	无	无	
create_time	int(11) unsigned	创建时间	无	无	

显示第 1 到第 4 条记录，总共 4 条记录

图 9-12　某部门的一个数据表的详细信息

数据库:r[illegible]　表[illegible]coun[illegible]汇总表

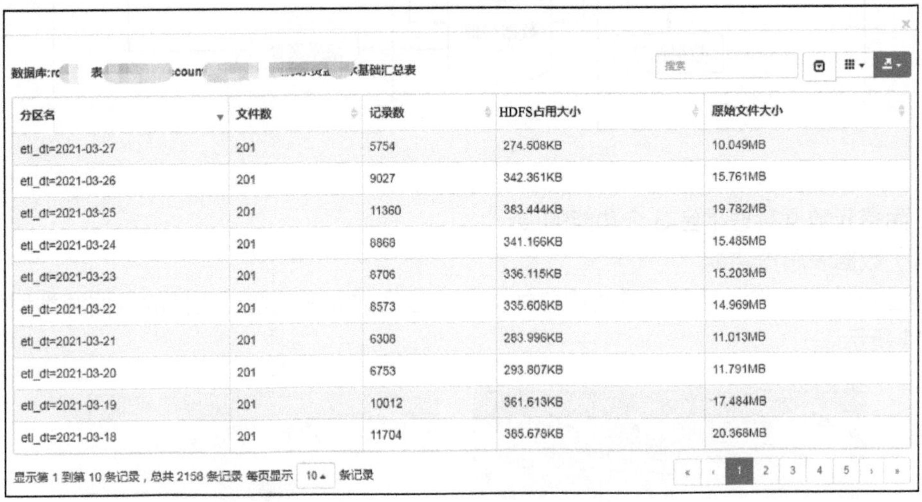

分区名	文件数	记录数	HDFS占用大小	原始文件大小
etl_dt=2021-03-27	201	5754	274.508KB	10.049MB
etl_dt=2021-03-26	201	9027	342.361KB	15.761MB
etl_dt=2021-03-25	201	11360	383.444KB	19.782MB
etl_dt=2021-03-24	201	8868	341.166KB	15.485MB
etl_dt=2021-03-23	201	8706	336.115KB	15.203MB
etl_dt=2021-03-22	201	8573	335.608KB	14.969MB
etl_dt=2021-03-21	201	6308	283.996KB	11.013MB
etl_dt=2021-03-20	201	6753	293.807KB	11.791MB
etl_dt=2021-03-19	201	10012	361.613KB	17.484MB
etl_dt=2021-03-18	201	11704	385.678KB	20.368MB

显示第 1 到第 10 条记录，总共 2158 条记录 每页显示 10 条记录

图 9-13　某个 Hive 表的分区详细信息

搜索数据表

请选择数据库: rdw

数据表关键字: t0

数据表注释关键字: 请输入数据表注释关键字

搜索

数据库	数据表	表说明
rdw	rdw_t02_tfbli[illegible]_user	
rdw	rdw_t02_[illegible]plan_user	
rdw	rdw_t04_[illegible]	
rdw	rdw_t0[illegible]_info	
rdw	t00_ba[illegible]ctor_map	信[illegible]表
rdw	t00_b[illegible]map	析[illegible]
rdw	t00_bc_[illegible]_map	后[illegible]表
rdw	t00_bc_c[illegible]_map	BC[illegible]表
rdw	t00_bc_[illegible]ap	后端[illegible]
rdw	t00_bc_task_[illegible]onfig	BC任[illegible]表

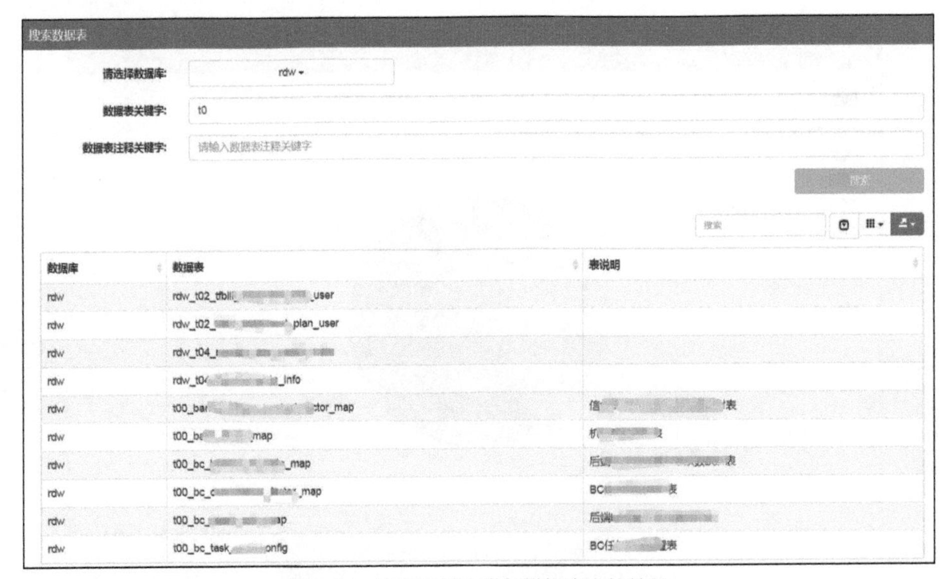

图 9-14　以某关键字进行模糊查询的结果

9.3.5　模块设计：数据分析

数据分析是指针对采集的数据进行不同维度的分析。目前，元数据管理平台支持数据表表空间分析、血缘关系分析、影响分析、全链路分析、数据表的波动分析、数据资产分析和数据

冷热分析等。下面介绍常见的数据表表空间分析、血缘关系分析和影响分析。

（1）数据表表空间分析

数据表表空间分析的主要对象为 Hive 表。通过分析 Hive 表的元数据，可以得到 Hive 表的详细信息，包括表所属的数据库名、数据表名、文件数、记录数、对应的 HDFS 目录空间大小、原始文件大小和分区名等信息。Hive 表空间分析流程如图 9-15 所示。

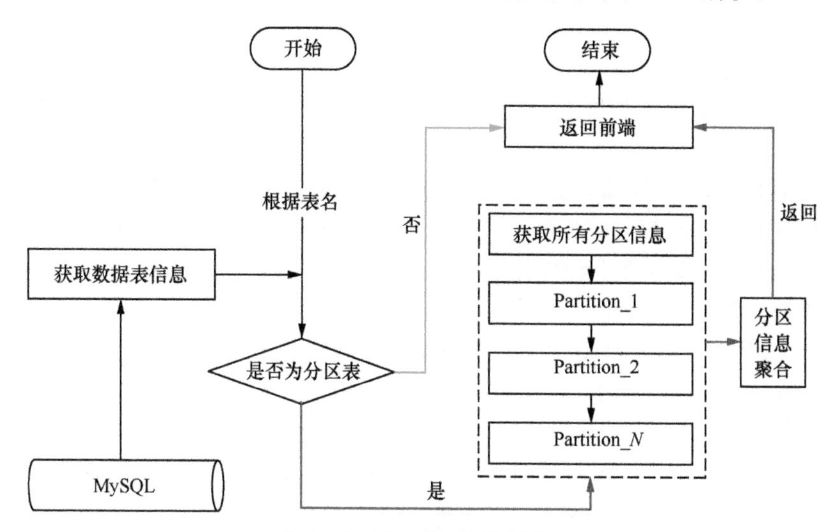

图9-15 Hive表空间分析流程

步骤 1： 根据表名从数据库中查找该表的相关信息。

步骤 2： 判断数据表是否是分区表，若是分区表，则需要查询各个分区信息，同时将各分区信息进行数据汇总，包括每个分区的记录数、HDFS 空间占用大小和原始文件大小等；若非分区表，则不需要再去查询分区信息。

步骤 3： 将数据表的信息封装成 JSON 格式并返回前端展示。

步骤 4： 前端按照约定的数据交互格式解析数据并展示。

数据表表空间分析的结果如图 9-16 所示。

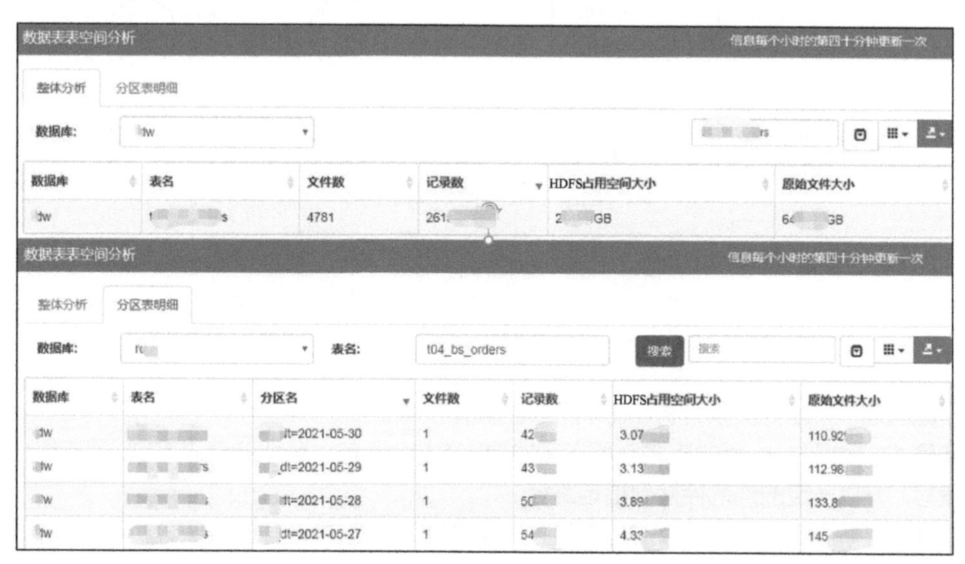

图9-16 数据表表空间分析的结果

（2）血缘关系分析、影响分析

血缘关系分析是指从某数据对象（表或 ETL 任务）出发，对其上游进行关联分析，追本溯源。血缘关系分析适用于以下场景。

1）业务数据发生告警时，帮助分析定位。

在业务数据发生告警时，可进行数据的血缘关系分析，查看数据的生产链条，进而判断问题发生的环节，并找出出现问题的原因。

2）指标波动频繁时，找出问题根源。

当某个指标出现较大的波动时，可进行指标依赖的数据血缘关系分析，进而判断是由哪条数据发生变化所导致的。

影响分析是指从某数据对象出发，对其下游进行关联分析，终点是受其影响的末端子代数据对象。与血缘关系分析追踪本源不同，影响分析是在某数据对象发生变化时，评估对其下游的业务产生的影响。影响分析适用的场景：业务数据出现问题时，评估影响范围和影响程度。

当任务或表数据出现问题时，可以迅速评估影响范围和影响程度。如果下游有很多业务依赖该任务或表，则需要马上处理，并通知被影响的业务部门，按照预案处理；如果被依赖程度较低，且不是重要的数据，则可以通知被影响的业务部门，允许后续再处理。

目前，血缘关系分析和影响分析达到任务级别和表级别，能够满足企业内部人员的需求。如果需要达到字段级别，那么后续可扩展。Hive 表的血缘关系分析与影响分析的原理如图 9-17 所示。

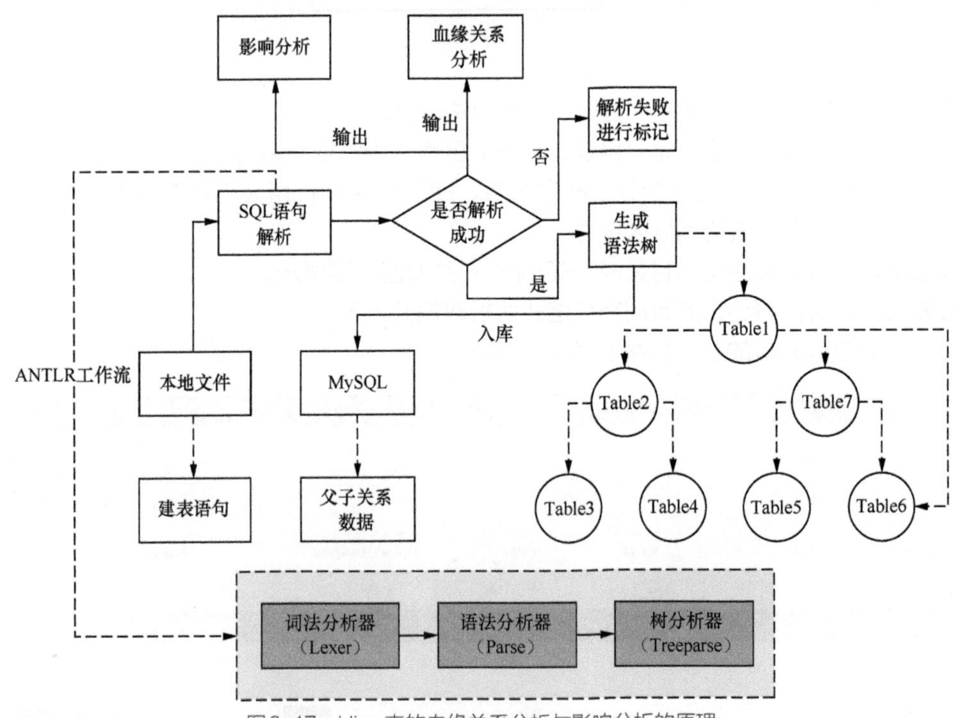

图 9-17　Hive 表的血缘关系分析与影响分析的原理

下面是表级别血缘关系分析和影响分析的具体步骤。

步骤 1： 根据 Hive 表的表名获取指定的建表 SQL 语句，获取的建表 SQL 语句以一定的规范编写，并以一定的规范存储到指定路径。

步骤 2： 解析获取的建表 SQL 语句，采用 ANTLR 工具（开源语法分析器）进行解析，并生成语法树。

步骤 3： 将生成的语法树结构化，并存储到 MySQL 中。

步骤 4： 通过表名遍历数据库，查找其所有父亲节点，并递归遍历其所有的父亲节点的血缘关系，直到达到设置的树的深度或已遍历至根节点，然后生成血缘关系分析图。

步骤 5： 通过表名遍历数据库，查找其所有的子节点，并递归遍历其所有子节点的影响关系，直到达到设置的树的深度或已到达叶子节点，然后生成影响分析图。

步骤 6： 前端通过可视化工具展示血缘关系分析图或影响分析图。

某 Hive 表的血缘关系分析如图 9-18 所示，用户可以方便地查看某个节点数据的血缘关系。

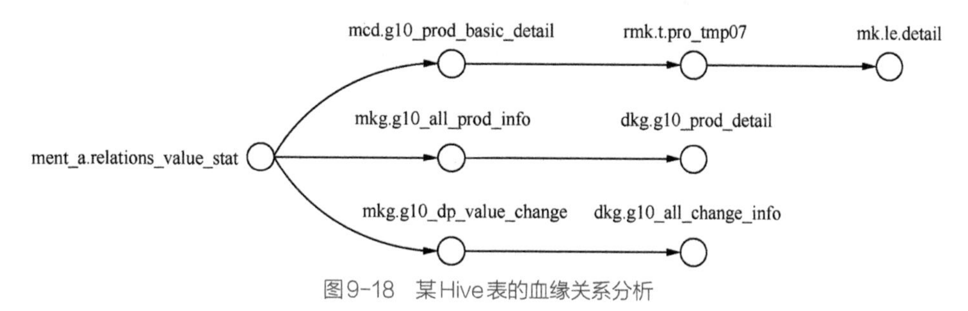

图9-18 某Hive表的血缘关系分析

某 Hive 表的影响分析如图 9-19 所示，用户可以方便地查看每个节点所影响的后续节点信息。

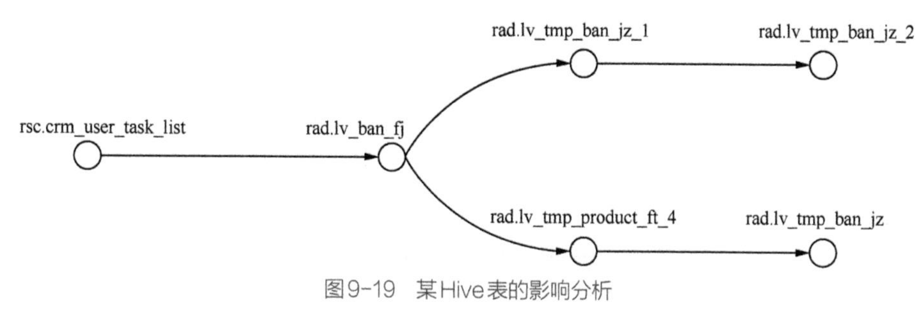

图9-19 某Hive表的影响分析

目前，企业内部大多数 ETL 任务的调度是在 Azkaban 调度框架下完成的，下面详细介绍此类型任务依赖关系的解析过程。Azkaban 任务的血缘关系分析和影响分析的流程如图 9-20 所示。

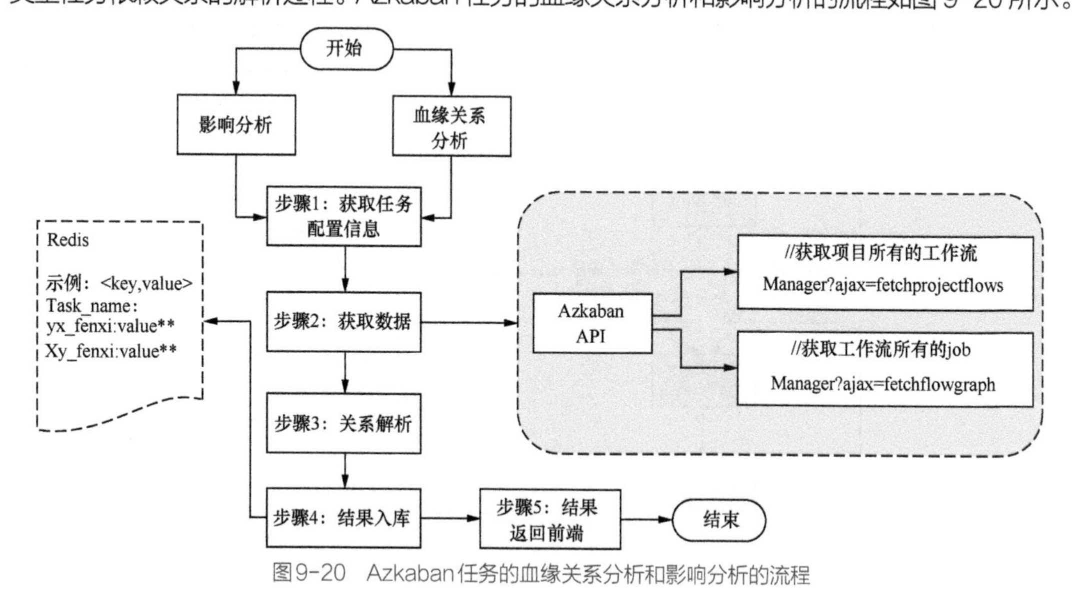

图9-20 Azkaban任务的血缘关系分析和影响分析的流程

步骤 1： 通过任务配置信息获取 Azkaban 服务的配置信息。

步骤 2： 通过调用 Azkaban 的 API 接口，根据任务名称获取所有的任务信息。Azkaban 返回数据的格式如下。

```
1.  {
2.    "project" : "project-A",
3.    "nodes" : [ {
4.          "id" : "Job-Final",
5.          "type" : "command",
6.          "in" : [ "Job-3" ]
7.          },
8.          {
9.          "id" : "Job-Start",
10.         "type" : "java"
11.         },
12.         {
13.         "id" : "Job-3",
14.         "type" : "java",
15.         "in" : [ "Job-2", "Job-4" ]
16.         },
17.         {
18.         "id" : "Job-4",
19.         "type" : "java",
20.         "in" : ["Job-Start" ]
21.         },
22.         {
23.         "id" : "Job-2",
24.         "type" : "java",
25.         "in" : ["Job-Start"]
26.         } ],
27.   "flow" : "test-A",
28.   "projectId" : 180
29. }
```

通过分析返回的 JSON 数据，得到工作流的初始任务为 Job-Start。Job-Start 完成后，会启动两个子任务：Job-2 和 Job-4，Job-2 和 Job-4 并发执行。两个任务都执行完成后，会启动子任务 Job-3。Job-3 执行完成后，会启动 Job-Final。Job-Final 任务无后继子任务，因此，Job-Final 为工作流的终止任务。分析后的数据存储在内存中，供步骤 3 使用。

步骤 3： 从步骤 2 得到的结果中查找目标任务，获取 Job-Start 的父节点和子节点的信息。递归遍历至根节点和叶子节点为止。由此可以得到 Job-Start 的任务依赖关系图，如图 9-21 所示。

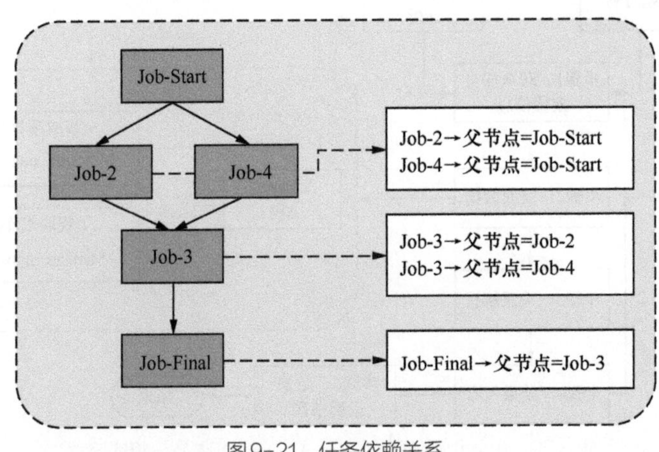

图9-21　任务依赖关系

步骤 4： 将上述依赖关系数据存储到 MySQL 或 Redis 中，这里使用 Redis。

步骤 5： 将血缘关系分析和影响分析的数据返回前端，以进行可视化展示。

对于血缘关系分析图和影响分析图这两类图形的展示，无论是任务级别还是表级别，在 Web 的呈现方式上并无任何差异。因此，关于前端展示不再单独举例，可参照图 9-18 和图 9-19。血缘关系分析和影响分析在平时的使用频率很高，对研发人员定位问题有很大的帮助。

元数据管理平台是数据治理的基础，企业以元数据管理平台为核心进行数据治理，能够统一用户入口，大大降低数据治理的人工成本，通过数据查询和数据间的依赖关系分析，解决员工找数难、查数难的问题，大大提高员工的工作效率。

9.4 数据质量监控平台

数据质量监控平台是针对业务数据，进行多维度实时监控和报警的平台。它不但提供丰富的规则类型、灵活的任务调度和完善的报警机制，而且提供简洁的 Web 界面。用户可通过简单的规则配置，执行相应的数据质量核检任务。一旦发现数据问题，该平台会及时触发报警并通知用户。整个数据质量监控的过程执行有序且可追踪。下面将详细介绍该平台的产生背景、架构和模块设计。

9.4.1 平台产生背景

在数据如此重要的今天，数据质量的保障工作越来越有意义。数据质量是下游数据分析结论有效性和准确性的基础，数据质量的高低直接决定数据是否能够对业务产生价值。数据一般会经过生成、采集、处理、加载、分析与应用等环节，而数据质量受多个因素影响（如需求开发不规范、上游数据源质量不规范和系统服务不稳定等），每个环节都有可能发生问题，基于此，数据质量保障工作面临着诸多挑战。

（1）评估维度广，复杂度高

数据质量的评估需要从准确性、及时性、完整性和唯一性等方面（关于评估维度的详情，可参考 7.2.3 节）进行。对于不同等级的数据，关注的指标不一样。数据等级越高，数据质量要求越高，评估工作越复杂。

（2）数据稽查范围大，资源耗费高

业务产生的数据量较大，如果对数据全量进行稽查，一是消耗大量的人工成本；二是大规模的任务并行会占用大量机器资源，在机器资源紧张时，会影响其他任务。

（3）问题发现效率低，业务影响较大

传统手工脚本的维护和使用成本较大，无法高效、及时地发现线上问题。在发现问题时，往往已经影响下游业务了。这种因数据质量带来的影响有时是灾难性的。例如，在银行转账业务中，如果转账金额与实际收到的金额不一致，那么将会对业务双方造成很大影响。

（4）问题缺乏集中管理，无法形成经验

通常，在执行批任务失败或出现数据异常时，相关人员会立刻评估其影响，然后通知业务方进行风险预警处理，同时研发人员排查问题原因并解决。各环节人员通过企业 IM（即时通信软件）进行沟通以解决问题，整个过程的弊端：问题案例没有集中管理和归档，经验无法得到很好的推广和复用。

面对如此多的问题，企业亟需一个自动化的数据质量监控平台，从而可以高效率、高质量地保证业务数据质量。

9.4.2 平台架构

为了实现数据质量监控平台数据覆盖广、规则类型丰富、任务执行高效且易于操作的特性，平台需要具备简洁的 Web 界面、丰富的规则模板、灵活且高效的任务调度和健全的问题归档机制等。平台的总体框架包含应用层，逻辑层，任务调度与计算引擎层，以及存储层 4 个部分，如图 9-22 所示。

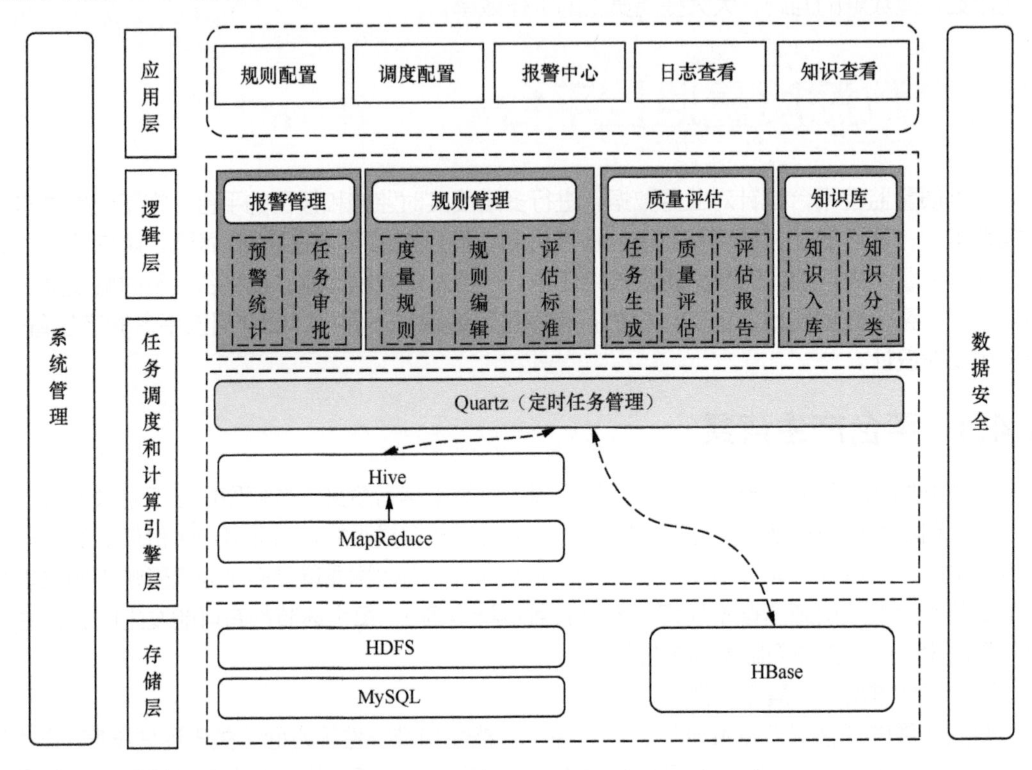

图9-22　数据质量监控平台总体架构

数据质量监控平台前后端使用 React+Spring 框架，各层的功能如下。

（1）应用层

应用层负责处理前端的业务逻辑，目前主要包括Web端任务规则配置、任务的调度配置、日志查看和报警中心等功能。

（2）逻辑层

逻辑层主要处理后端业务逻辑，主要包括规则引擎（规则与任务对应关系，规则逻辑处理）、任务的处理逻辑（获取需要的原始数据）、数据结果分析和监控报警处理等功能。其关键是要提高对数据质量问题的抽象能力，提炼更多通用的规则模板。目前，逻辑层已涵盖 4 类规则和 15 个规则模板（具体内容见 9.4.3 节），同时逻辑层的各模块功能需要高度解耦，便于功能扩展和模块聚合。

（3）任务调度和计算引擎层

平台采用 Quartz 框架进行任务调度的管理，该框架具有持久作业和对调度作业进行有效管理的特性，支持任务的周期性调用和立即执行，通过设置 Trigger 和 Schedule，可以支撑不同频率和固定时间点来执行数据规则检查任务。

计算引擎采用的是 MapReduce 框架。基于此框架，平台的任务执行逻辑如下：任务被 Quartz 框架触发执行时，对于需要执行 HiveQL 的任务（如自定义 SQL 类型、空值检查类型等），任务进程通过 JDBC API 执行对应的 SQL 语句，Hive 负责将 SQL 语句转化成具体 MapReduce 任务去执行，完成对目标数据的批量计算，并将结果返回，然后任务继续执行后面的逻辑。

（4）存储层

存储层目前主要支持 MySQL。MySQL 中的数据主要包含 Web 端下发的规则信息、定时采集的 Hive 元数据、任务计算完成后的结果信息、任务的日志信息和 Quartz 调度框架的持久化信息等。在执行 MapReduce 任务时，需要的数据源保存在 HDFS 中，部分信息保存在 HBase 中。另外，任务计算过程中产生的临时文件在本地保存。

数据质量监控平台的工作流程如下。

1）平台定期同步元数据管理平台的数据，并将数据存储在 MySQL 中。

2）用户通过 Web 前端配置相应的数据稽查规则，并存储在 MySQL 中。

3）规则引擎处理已配置好的监控规则，根据规则的核检对象、核检标准和核检方式生成对应的质量核检任务。

4）任务由 Quartz 框架进行集中管理和调度。

5）在任务执行完成后，将每个任务的日志记录入库，同时对任务结果与设定的监控规则阈值进行对比分析。

6）若该任务的结果超过阈值设定范围，则需要通知报警系统处理。

7）报警系统将收到的报警信息进行封装，并通知订阅该规则的人。

8）在收到报警后，用户登录数据质量监控平台并进行处理。在查到问题原因并将问题彻底解决后，将报警的处理过程和问题原因进行归档记录，同时将报警状态改为处理完成，从而完成报警处理的闭环操作。

数据质量监控平台的核心模块有规则引擎、任务中心和报警系统，接下来对它们进行详细介绍。

9.4.3 模块设计：规则引擎

规则引擎主要进行监控规则逻辑处理。监控规则包括监控的数据表名、目录名称、任务名称、对比范围、监控策略和报警阈值。用户可通过前端生成监控规则，规则会下发到 MySQL 中进行存储。同时，通过 API 接口通知任务中心，生成对应的任务调度策略。在任务被调度执行结束后，结果将被传递给质量评估模块，质量评估模块根据监控规则生成数据质量分析结果，数据质量监控平台封装结果并生成数据质量报告。对于存在问题的任务规则，平台发送监控报警给已订阅该规则的人。

一个完整的监控规则的执行流程如图 9-23 所示。

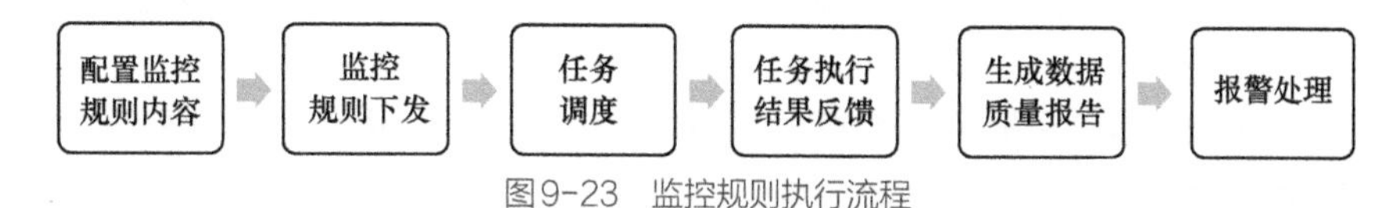

图 9-23 监控规则执行流程

规则引擎模块的总体架构如图 9-24 所示。

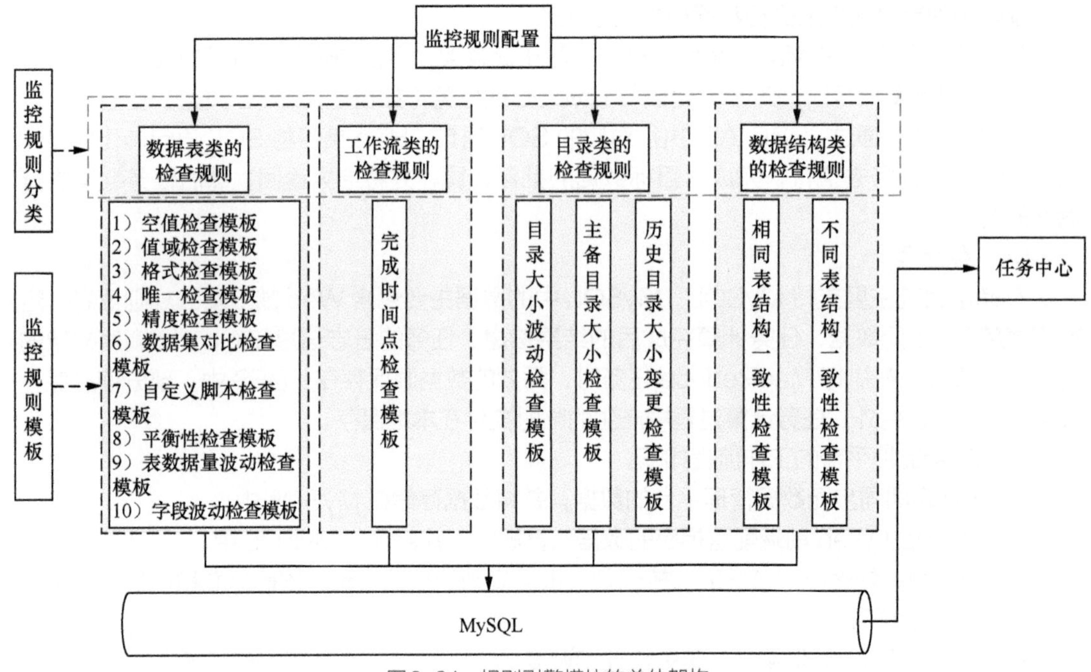

图9-24 规则引擎模块的总体架构

规则引擎模块的功能如下。

1）支持对数据质量的多维度检查，并提供每类监控规则的监控规则模板，如空值检查模板、格式检查模板和字段波动检查模板等，对于复杂的检查规则，支持自定义脚本。

2）支持 HiveQL 自定义检查。

3）支持任务的及时性检查（需要对接第三方任务调度平台）。

4）支持目录级别的检查。

5）支持数据表 Schema 的检查，如对于某个 Hive 表，检查一定周期内字段个数的变化是否符合规则。

接下来，针对每类监控规则，我们详细介绍其核心逻辑。

（1）数据表类的检查规则

数据表类的检查规则包含如下 10 个监控规则模板。

1）空值检查模板。

该模板检查指定字段中是否存在空值，当检查字段的空值比例超过阈值时，触发报警。

2）值域检查模板。

该模板检查指定字段的值域是否在设置的区间或某序列中，当累计不符合该值域的数据条数比例超过设定阈值时，触发报警。

3）格式检查模板。

该模板检查指定字段是否满足设定的格式类型，若不满足的比例超过报警阈值，则触发报警。

4）唯一检查模板。

该模板检查指定的某个字段或多个联合字段在记录行中是否唯一，当不唯一行的比例超过报警阈值时，触发报警。

5）精度检查模板。

该模板检查指定字段的精度是否满足要求，当不满足精度要求的比例超过报警阈值时，触发报警。

6）数据集对比检查模板。

该模板检查指定的两个数据集合的字段内容是否一致，当字段内容不一致的记录行数比例超过报警阈值时，触发报警。

7）自定义脚本检查模板。

该模板通过自定义脚本对指定的字段进行一定规则的检查，当关系表达式成立时，触发报警。

8）平衡性检查模板。

该模板检查两个字段的对比结果是否在允许区间，若不在允许区间的记录数超过报警阈值，则触发报警。

9）表数据量波动检查模板。

该模板对指定表的记录行数波动进行检查，当波动值超过报警阈值时，触发报警。

10）字段波动检查模板。

该模板对指定字段的统计指标进行波动检查，当波动值超过报警阈值时，触发报警。

规则引擎的核心逻辑是针对不同的监控规则模板，进行 SQL 语句组装。对于自定义的 SQL 语句，规则引擎使用 SQL 解析技术正确解析 SQL 语句。规则引擎内部会检查 SQL 语法，对于有歧义的 SQL 语句和资源消耗严重的 SQL 语句，进行合理的优化和规避，避免出现 SQL 语句执行错误和占用集群资源过多的问题。

下面以空值检查模板和自定义脚本检查模板为例，介绍监控规则的具体实现逻辑。

【案例 1】

在企业的离线数据仓库，有一个数据表 A，在 DM 层，有一个某一产品线的数据表 app_v02_feature_d（简称 app 表），app 表位于 A 表的下游。app 表直接应用于线上业务，因此，需要对其数据质量进行监控。已知 B 表有很多字段，其中 mbl_num、value 为主要字段，如果这些字段的缺失率或空值率特别高，那么会影响业务的决策，这时就需要进行监控规则配置。

空值检查模板如图 9-25 所示。

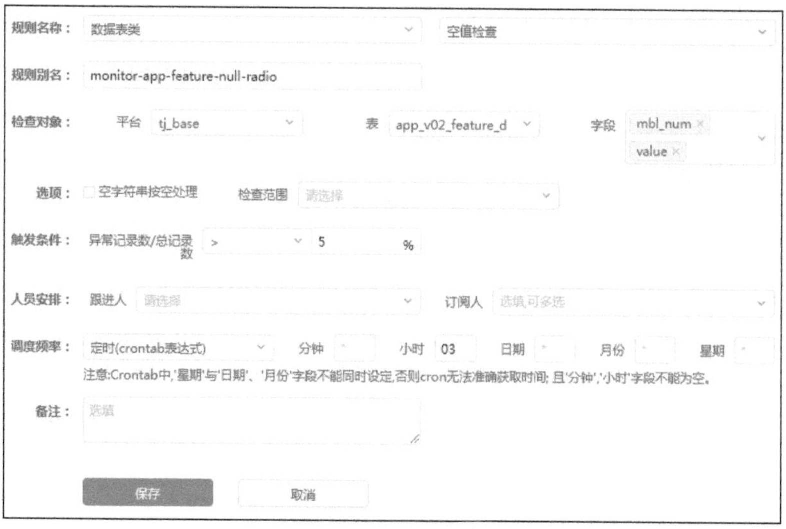

图9-25 空值检查模板

通过空值检查模板，生成一条监控规则：针对 app 表的 mbl_num 和 value 字段进行空值率监控，若满足条件“(空行数/总体行数)>5%”，则触发报警。

规则引擎根据空值检查模板，生成对应的SQL语句，然后生成一个待执行的任务，接着由任务调度平台进行任务的周期调度，实现代码如下。

```
1.    public String createSql(JSONObject obj, String isPartitionTable) {
2.    String sql = "";
3.    String platform = JSONUtil.getPlatform(obj);
4.    String table = JSONUtil.getTable(obj);
5.    JSONArray fields = JSONUtil.getFields(obj);
6.    boolean asNull = JSONUtil.getAsNull(obj);
7.    String dataRange = JSONUtil.getDataRange(obj);
8.    StringBuffer sb = new StringBuffer();
9.    sb.append("select count(*) total_count");
10.   for (int i = 0; i < fields.size(); i++) {
11.    String field = fields.getString(i);
12.    if (asNull) {
13.     sb.append(",count(case when length(trim(cast( ").append(field)
14.       .append(" as string)))==0 then 1 else null end ) as ").append(field).
append("_count");
15.    } else {
16.     sb.append(",count( case when ").append(field).append(" is null then 1 else
null end ) as ")
17.       .append(field).append("_count");
18.    }
19.   }
20.   sb.append(" from ").append(platform).append(".").append(table);
21.   if (!isPartitionTable.equals("false") && dataRange.equals(Dict.PARTITON_DATA)) {
22.    sb.append(" where "+isPartitionTable+"='").append(DateUtil.getYesterday()).
append("'");
23.   }
24.   sql = sb.toString();
25.   return sql;
26.  }
```

结论：对于数据空值的监控，阈值设定非常重要。我们要根据数据表和字段的重要程度，以及数据本身的质量，设置相应的空值率阈值。

【案例2】

在企业的离线数据仓库中，有一个线上业务的日志表C，如果该表的数据量变化很大(例如，当天的数据量比前一天的数据量减少或增长超过20%，则认为线上业务量出现了很大的波动)，则可推测该业务可能出现问题(例如，在上线新功能后，导致部分流量丢失，线上服务不稳定等)。这时，我们就需要进行监控规则配置，监控日志表C的数据量的变化。

自定义脚本检查模板如图9-26所示。

通过自定义脚本模板，配置一个自定义脚本。规则引擎通过对SQL语句进行解析，生成两条进行对比的SQL语句，一条SQL语句用于检测T时刻的数据量，另一条SQL语句用于检测T-1时刻前一天同一时刻的数据量。这个规则的评估标准为1.2(T-1) < T < b(这个的定义是某企业的定义标准，仅供参考)，含义是如果今天的数据量比昨天的数据量多20%，则触发报警。

(2)工作流类的检查规则

完成时间点检查模板：该模板检查指定工作流任务是否在截止时间点前完成，若未完成，则触发报警。

工作流类的检查规则主要解决企业内离线任务的执行效率不能满足业务对数据及时性的要

求问题。用户通过数据质量监控平台进行工作流的监控规则配置，以保证数据在规定时间点生成。如果任务没有及时完成，则及时报警，从而保证数据在业务决策前已经生成。

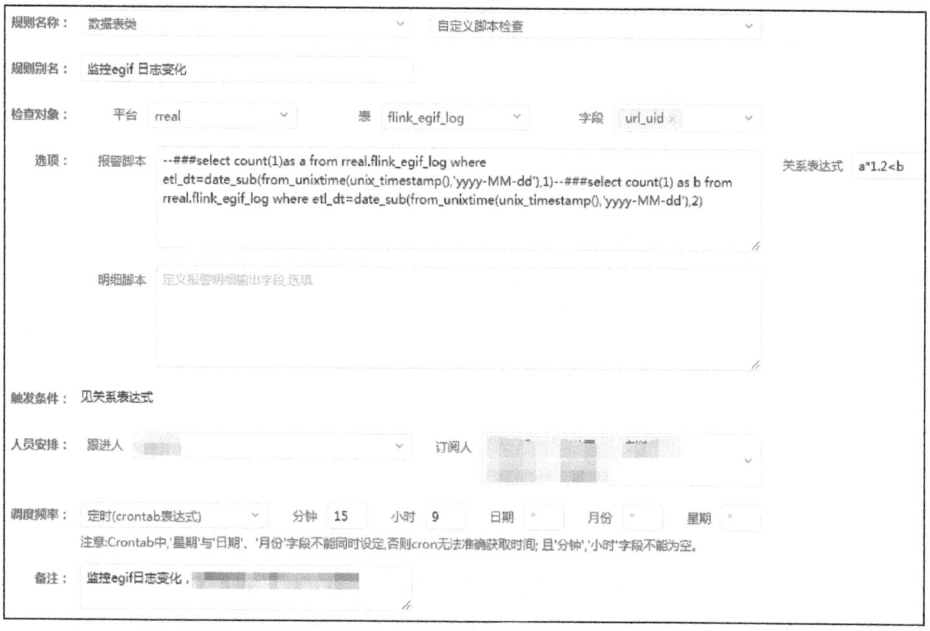

规则名称： 数据表类 自定义脚本检查
规则别名： 监控egif 日志变化
检查对象： 平台 rreal 表 flink_egif_log 字段 url_uid
选项： 报警脚本 --###select count(1)as a from rreal.flink_egif_log where etl_dt=date_sub(from_unixtime(unix_timestamp(),'yyyy-MM-dd'),1)--###select count(1) as b from rreal.flink_egif_log where etl_dt=date_sub(from_unixtime(unix_timestamp(),'yyyy-MM-dd'),2) 关系表达式 a*1.2<b
明细脚本 定义报警明细输出字段,选填
触发条件： 见关系表达式
人员安排： 跟进人 订阅人
调度频率： 定时(crontab表达式) 分钟 15 小时 9 日期 * 月份 * 星期
注意:Crontab中,'星期'与'日期'、'月份'字段不能同时设定,否则cron无法准确获取时间; 且'分钟','小时'字段不能为空。
备注： 监控egif日志变化，

图9-26 自定义脚本检查模板

【案例 3】

金融类产品的用户使用率排行榜的数据是按天产生的。假设用户喜爱的产品排名的数据表为 A 表，如果要保证该数据每天准时呈现给业务人员，就要求后台的 A 表的数据必须提前生成，以便程序能够及时加工这些数据，生成报表，供业务人员使用，进而对业务进行调整。完成时间点检查模板如图 9-27 所示。

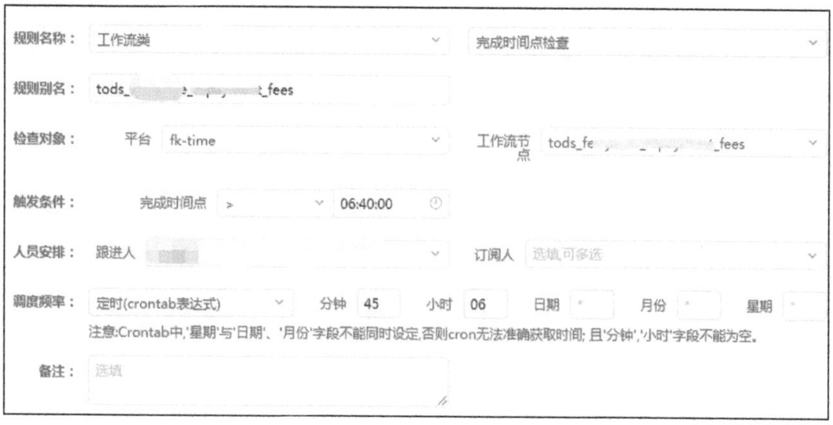

规则名称： 工作流类 完成时间点检查
规则别名： tods_ _fees
检查对象： 平台 fk-time 工作流节点 tods_fe _fees
触发条件： 完成时间点 > 06:40:00
人员安排： 跟进人 订阅人 选填,可多选
调度频率： 定时(crontab表达式) 分钟 45 小时 06 日期 * 月份 * 星期
注意:Crontab中,'星期'与'日期'、'月份'字段不能同时设定,否则cron无法准确获取时间; 且'分钟','小时'字段不能为空。
备注： 选填

图9-27 完成时间点检查模板

对于工作流类任务的完成时间点检查，依赖元数据管理平台。元数据管理平台打通了 Azkaban 的任务调度平台。元数据管理平台通过数据采集方式将元数据同步到该平台内，并且以 API 形式提供给数据质量监控平台使用。提供的元数据包含任务名称和任务完成的时间节点。数据质量监控平台通过对比工作流类的检查规则中的期望时间与任务完成时间，完成此类监控任务。工作流类的检查规则运行流程如图 9-28 所示。

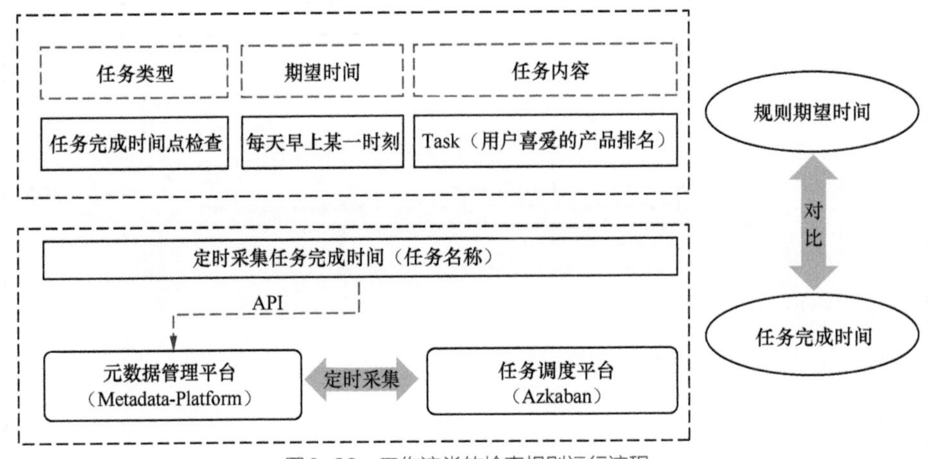

图 9-28　工作流类的检查规则运行流程

（3）目录类的检查规则

现阶段，以 Hadoop 为中心的大数据生态，底层数据存储都是基于 HDFS。基于数据存储路径的质量监控规则，通常用于发现主备集群数据不一致的问题，这也是保证数据质量的一种方式。该功能的核心：数据质量监控平台每天定时将主备集群的 HDFS 目录大小、路径等信息同步至 MySQL，当需要使用监控规则对某个目录进行监控时，可快速获取并能够进行比对检查。

1）目录大小波动检查模板。

该模板检查指定目录的大小波动情况，若波动超过报警阈值，则触发报警。其中目录类的检查规则的波动类型支持“环比（天）”和“近七天均值 / 当天”两种方式。

目录大小波动检查模板如图 9-29 所示。

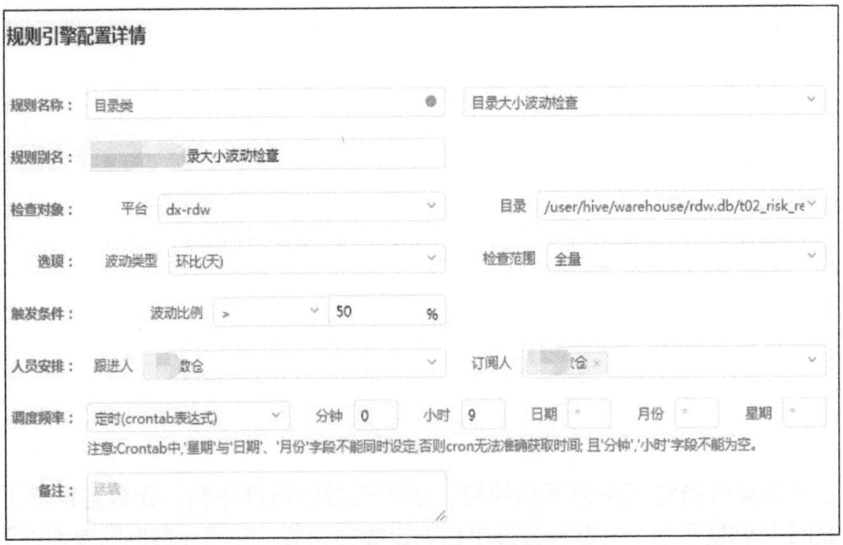

图 9-29　目录大小波动检查模板

目录大小波动检验模板的代码逻辑如下。

```
1.  public JSONObject check(JSONObject t, JSONObject obj) {
2.   JSONObject result = new JSONObject();
3.   boolean isWarning = false;
4.   JSONArray runResults = new JSONArray();
5.   JSONObject warningLogic = JSONUtil.getWarningRule(obj, 0);
6.   String operation = warningLogic.getString(Dict.OPERATION);
7.   String thresholdValue = warningLogic.getString(Dict.THRESHOLD_VALUE);
8.   String platform = JSONUtil.getPlatform(obj);
9.   String table = JSONUtil.getTable(obj);
10.  long ySize = t.getLong("y_size");
11.  long tSize = t.getLong("t_size");
12.  long tmp = Math.abs(ySize - tSize);
13.  BigDecimal rate = MathUtil.divide(tmp, ySize);
14.  if (ySize == 0 || tSize == 0 || MathUtil.isWarning(operation, thresholdValue, rate)) {
15.   isWarning = true;
16.  }
17.  JSONObject o1 = new JSONObject();
18.
19.  o1.put("yesterday_file_size", ySize);
20.  o1.put("differ_file_size", tmp);
21.  o1.put("ratio_file_size", tSize);
22.  o1.put("platform", platform);
23.  o1.put("path", table);
24.  o1.put("rate", rate.toString());
25.  runResults.add(o1);
26.  result.put(Dict.IS_WARNING, isWarning);
27.  result.put(Dict.RUN_RESULTS, runResults);
28.  return result;
29. }
```

2）主备目录大小检查模板。

该模板检查指定的主集群与备份集群的目录大小是否相等，如果不相等，则触发报警。主备目录大小检查模板如图 9-30 所示。

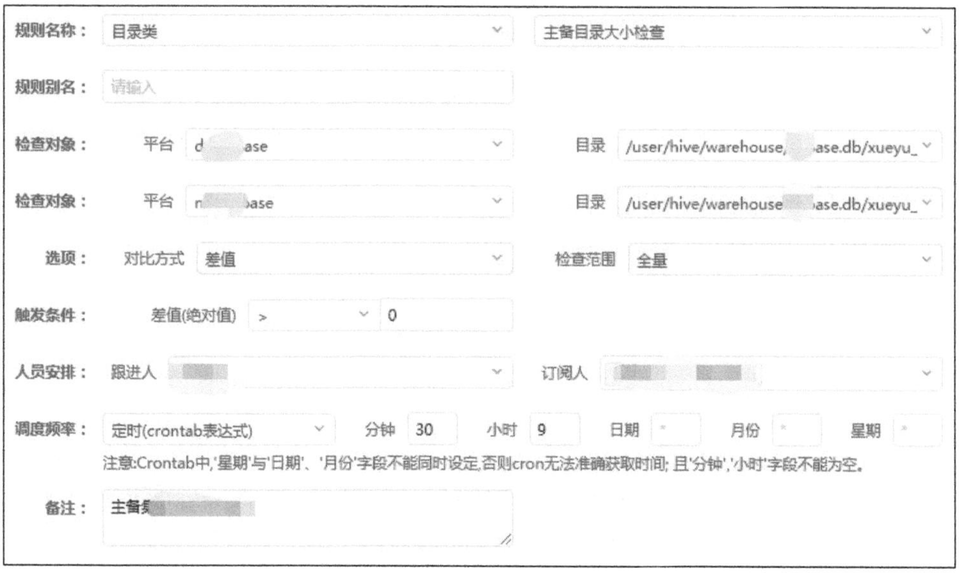

规则名称： 目录类 主备目录大小检查
规则别名： 请输入
检查对象： 平台 目录 /user/hive/warehouse/
检查对象： 平台 目录 /user/hive/warehouse
选项： 对比方式 差值 检查范围 全量
触发条件： 差值(绝对值) > 0
人员安排： 跟进人 订阅人
调度频率： 定时(crontab表达式) 分钟 30 小时 9 日期 月份 星期
注意:Crontab中,'星期'与'日期'、'月份'字段不能同时设定,否则cron无法准确获取时间; 且'分钟','小时'字段不能为空。
备注： 主备

图9-30 主备目录大小检查模板

主备目录大小检查模板的核心代码逻辑如下。

```
1.   public JSONObject check(JSONObject obj, List<HadoopMeta> list1, List<HadoopMeta>
   list2, HadoopMeta t1,
2.      HadoopMeta t2) {
3.     JSONObject result = new JSONObject();
4.     boolean isWarning = false;
5.     JSONArray runResults = new JSONArray();
6.
7.     JSONObject warningRule = JSONUtil.getWarningRule(obj, 0);
8.     String operation = warningRule.getString(Dict.OPERATION);
9.     long thresholdValue =warningRule.getLong(Dict.THRESHOLD_VALUE);
10.    long tableFileSize1 = 0;
11.    long tableFileSize2 = -1;
12.    JSONObject o1=new JSONObject();
13.    JSONObject o2=new JSONObject();
14.
15.    if (list1.size() > 0) {
16.     HadoopMeta hadoopMeta1 = list1.get(0);
17.     tableFileSize1 = hadoopMeta1.getTableFilesize();
18.     o1 = getJsonResult(hadoopMeta1);
19.    } else {
20.     t1.setTableFilesize(-250l);
21.     o1 = getJsonResult(t1);
22. }
23.    if (list2.size() > 0) {
24.     HadoopMeta hadoopMeta2 = list2.get(0);
25.     tableFileSize2 = hadoopMeta2.getTableFilesize();
26.     o2 = getJsonResult(hadoopMeta2);
27.    } else {
28.     t2.setTableFilesize(-250l);
29.     o2 = getJsonResult(t2);
30. }
31.    JSONObject os=new JSONObject();
32.    os.putAll(o1);
33.    os.put("compare_cluster",o2.get("cluster") );
34.    os.put("compare_table_path",o2.get("table_path")  );
35.    os.put("compare_table_db",o2.get("table_db")  );
36.    os.put("compare_table_file_size",o2.get("table_file_size")  );
37.    os.put("compare_update_time",o2.get("update_time")  );
38.    runResults.add(os);
39.    if (operation.equals(">")) {
40.     if (Math.abs(tableFileSize1 - tableFileSize2) > thresholdValue) {
41.      isWarning = true;
42.     }
43.    } else if (operation.equals("<")) {
44.     if (Math.abs(tableFileSize1 - tableFileSize2) < thresholdValue) {
45.      isWarning = true;
46.     }
47.    }
48.    result.put(Dict.IS_WARNING, isWarning);
49.    result.put(Dict.RUN_RESULTS, runResults);
50.    return result;
51.  }
```

（4）数据结构类的检查规则

该规则主要针对 Hive 表的字段个数、字段名、字段长度和字段类型等进行一致性检查，依赖的数据是 Hive 的 Schema 信息。Hive 表的字段通过元数据管理平台提供，可定期采集使用。

1）不同表结构一致性检查模板。

该模板检查选定的两个表的结构相关指标是否一致，若有一个指标不一致，则触发报警。

不同表结构一致性检查模板如图 9-31 所示。

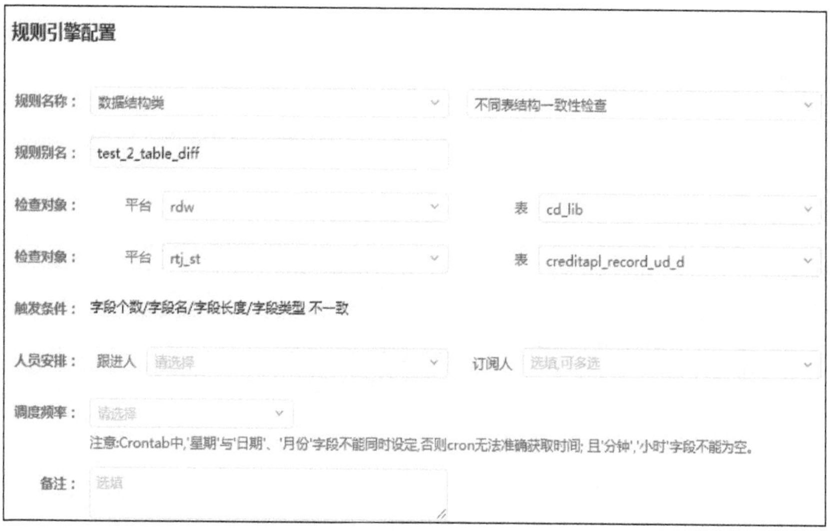

规则引擎配置
规则名称： 数据结构类 不同表结构一致性检查
规则别名： test_2_table_diff
检查对象： 平台 rdw 表 cd_lib
检查对象： 平台 rtj_st 表 creditapl_record_ud_d
触发条件： 字段个数/字段名/字段长度/字段类型 不一致
人员安排： 跟进人 请选择 订阅人 选填,可多选
调度频率： 请选择
注意:Crontab中,'星期'与'日期'、'月份'字段不能同时设定,否则cron无法准确获取时间; 且'分钟','小时'字段不能为空。
备注： 选填

图 9-31　不同表结构一致性检查模板

由于不同表结构一致性检查模板严格校验 Schema 信息，因此一般用于数据迁移或主备集群的一致性检查场景。

2）相同表结构一致性检查模板。

该模板检查选定的两个表的结构相关指标是否一致，只要有一个指标不一致，就触发报警。相同表结构一致性检查模板如图 9-32 所示。

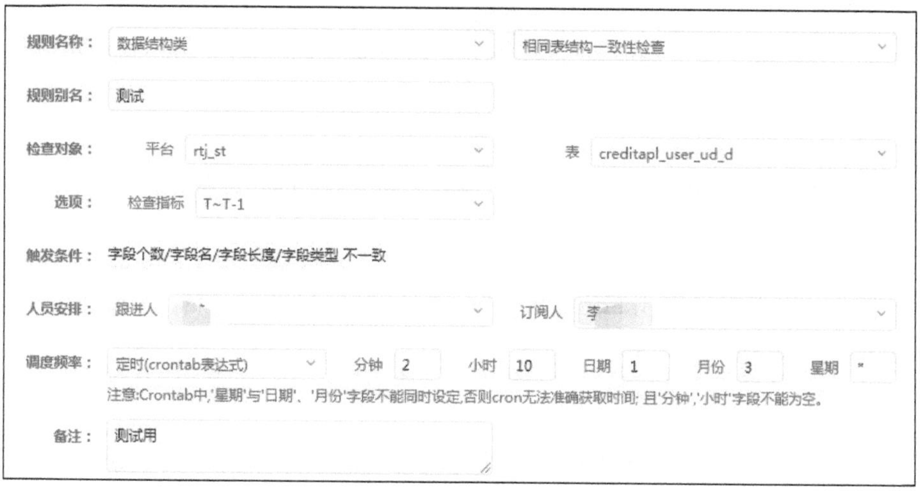

规则名称： 数据结构类 相同表结构一致性检查
规则别名： 测试
检查对象： 平台 rtj_st 表 creditapl_user_ud_d
选项： 检查指标 T~T-1
触发条件： 字段个数/字段名/字段长度/字段类型 不一致
人员安排： 跟进人 订阅人 李
调度频率： 定时(crontab表达式) 分钟 2 小时 10 日期 1 月份 3 星期 *
注意:Crontab中,'星期'与'日期'、'月份'字段不能同时设定,否则cron无法准确获取时间; 且'分钟','小时'字段不能为空。
备注： 测试用

图 9-32　相同表结构一致性检查模板

其中，监控任务的比对时间为（*T* 和 *T*-1），即任务执行 *T* 时刻的 Schema 信息与 *T*-1 时刻的 Schema 信息的差异，其触发条件是 Schema 信息要严格完全一致。这个触发条件之所以严苛，是由表结构的重要性决定的。一旦表结构发生变化，且没有及时通知下游，就会造成数据不可用等严重后果。

通过对规则引擎模块的介绍，我们了解到，规则引擎与其他模块解耦，具有易扩展性。规则引擎模块是数据质量监控平台的核心，因为它与任务中心模块存在重要的数据交互过程，同时报警系统模块也依赖该模块。只有不断完善规则引擎模块的功能，才能丰富数据质量监控平台的功能。

9.4.4　模块设计：任务中心

任务中心模块采用 Quartz 框架进行任务调度。任务中心模块的处理流程如图 9-33 所示。

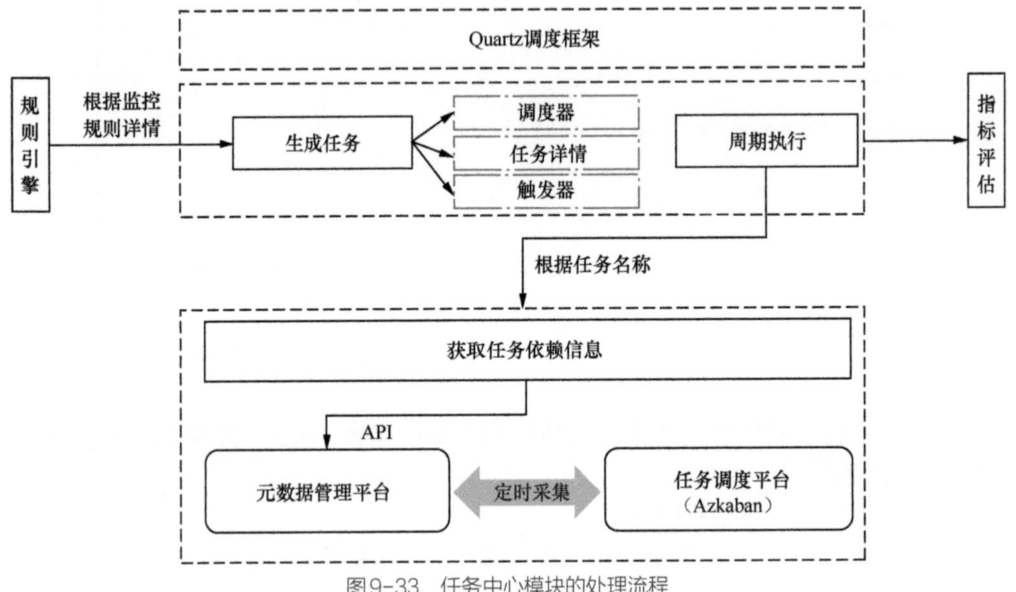

图 9-33　任务中心模块的处理流程

下面介绍任务中心与规则引擎的工作逻辑。

1）规则引擎通过汇集监控规则内容，将规则信息保存到 MySQL 中，同时生成监控规则唯一 ID 并通知任务中心。

2）任务中心根据监控规则 ID 获取监控规则详情。

3）根据监控规则详情创建 Quartz 框架依赖的调度器，同时将调度器与任务详情和触发器关联。

4）在执行任务过程中，会根据不同的监控规则去元数据管理平台获取 Hive 表的相关 Schema 信息，或者将规则引擎生成的 SQL 语句通过 JDBC 去执行 HiveQL，抑或通过 JDBC 调用 MySQL 获取相关信息。

5）调度器会周期性生成任务，并对每个任务生成唯一 ID。规则 ID 与任务 ID 为一对多关系。

6）Trigger 是平台监控任务的触发器。通过参数控制，实现任务周期性执行或立即执行。

7）在任务执行完后，将任务的日志详情、任务 ID 和规则 ID 一同入库，同时将任务结果进行指标对比和评估。

8）若预期结果与实际结果的对比达到了监控规则设定的阈值，则通知报警系统模块进行报警处理。

9.4.5　模块设计：报警系统

报警系统模块由报警通知、报警统计和任务审批组成。该模块的组成如图 9-34 所示。

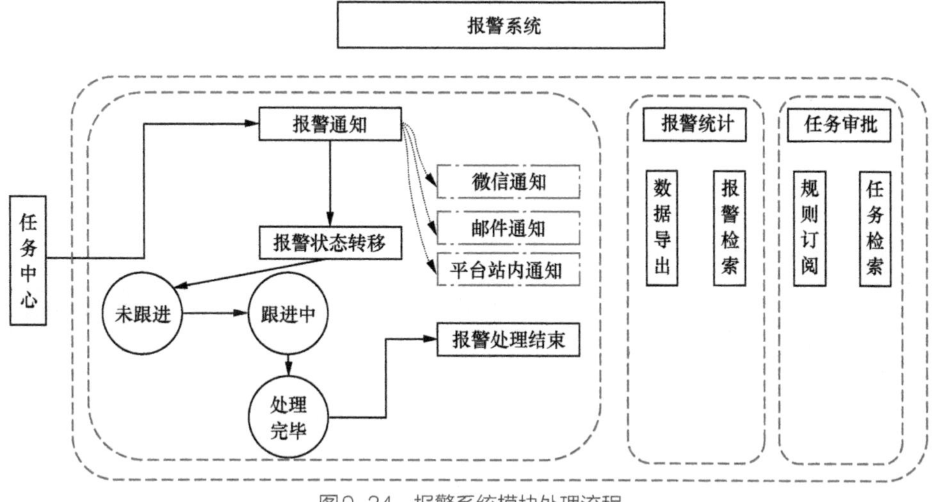

图9-34 报警系统模块处理流程

报警系统模块的运行原理如下。

报警系统收到任务中心的通知后，通过任务 ID 获取任务详情，生成一条报警信息，该条报警信息包括任务的优先级、报警详细信息、规则内容和规则订阅人。然后，报警系统根据报警等级确定是否需要进行微信通知、邮件通知和平台站内通知。用户登录数据质量监控平台并进行报警处理，待问题解决后，关闭该报警并将报警的原因和解决方法进行归档。

下面介绍报警系统模块的子模块的功能。

（1）“我的报警”子模块

“我的报警”子模块包含未跟进、跟进中和处理完毕 3 类状态，如图 9-35 所示。

我的报警

未跟进 跟进中 已订阅

规则名称 目录类-目录大小波动检查 报警时间 2021-05-29 10:39:52 查看详情

报警对象 平台: dx base 目录: /user/hive/warehouse ase.db rder_combine

规则名称 目录类-目录大小波动检查 报警时间 2021-05-29 10:39:51 查看详情

报警对象 平台: dx base 目录: /user/hive/warehouse se. tat_log_combine

图9-35 “我的报警”子模块

- 未跟进：报警产生后的初始状态，每个订阅人都可以处理。
- 跟进中：跟进人开始跟进某任务后出现的一种状态。
- 处理完毕：报警的最终状态。每个报警的最终状态必须为处理完毕。

（2）“报警统计”子模块

“报警统计”子模块用于展示所有被触发且成功运行监控规则的任务。“报警统计”子模块如图9-36所示。

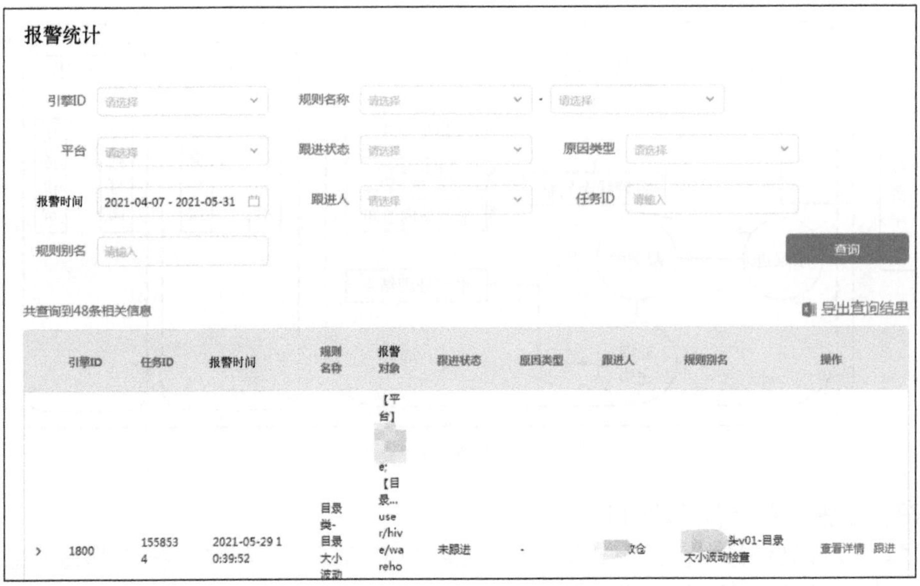

图9-36 “报警统计”子模块

（3）“任务审批”子模块

任务审批可以将相关责任人的报警权限控制在一定范围，避免干扰他人。监控规则创建者默认已订阅本规则，当触发报警时，可以收到相应的通知。其他用户只有在发起订阅规则，并且相关责任人审批通过后，才能收到报警并处理报警。

数据质量监控平台的目的是实现线上数据问题的发现、定位和解决的智能化与高效化，保证线上服务稳定可靠。然而，数据质量监控平台并不能彻底解决数据质量差的问题，若想从根本上保证数据质量，那么需要从流程、工具和标准等多方面入手才行。

9.5 本章小结

本章首先阐述了数据治理的重要意义与挑战，然后重点介绍了数据治理领域常见的两类平台：元数据管理平台和数据质量监控平台。然而，数据治理的目标终究是要体现在业务上的，基于此，近几年出现的DataOps能够使数据管道和应用程序的开发自动化，代码可重用，能够为业务带来价值。关于DataOps的介绍，见第10章。

第 10 章　DataOps 的理念与实践

大数据对业务发展有重要作用。保证数据产品（服务或应用）高质量、高效率的交付是业务成功的关键因素。但在实际业务交付中，存在诸多问题与挑战，如数据的环境和流程复杂，涉及的数据源多，数据链路长；数据量不断增长；数据质量差；基础架构涉及多种工具和复杂技术；交付周期长、效率低等。

DataOps（Data Operations，数据化运营或数据化运维）提供了解决上述问题的方案。它将集成的、面向过程的数据分析和敏捷软件工程的自动化方法相互结合，以提高质量、效率和协作能力，并建立持续改进的工程文化。

10.1　DataOps 概述

DataOps 是新兴的技术实践，它发展迅速并在业界受到广泛关注，已逐步成为主流实践。本节首先阐述 DataOps 的发展历程和定义，然后解释为什么需要 DataOps，最后介绍 DataOps 与 DevOps、MLOps 的联系和区别。

10.1.1　什么是 DataOps

1. DataOps 的发展历程

随着大数据、AI 技术的迅猛发展和广泛应用，数据价值的挖掘也越来越重要。与此同时，数据治理的相关问题与挑战变得愈发突出，DataOps 应运而生。究其发展历程，我们可以由图 10-1 得知。

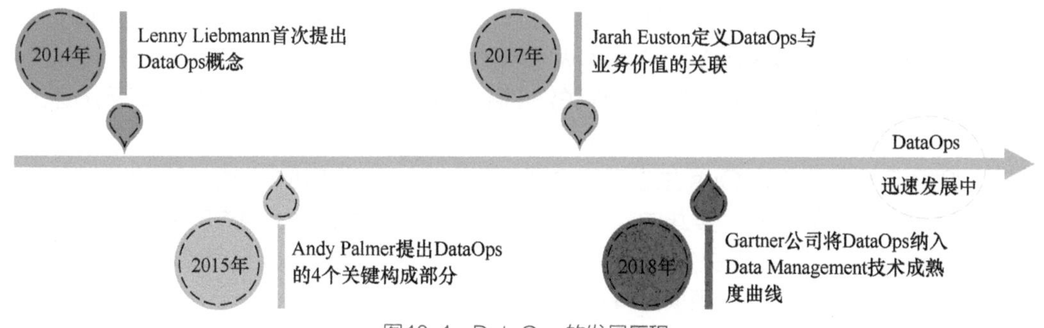

图10-1　DataOps的发展历程

2014 年，Lenny Liebmann 发表文章《3 reasons why DataOps is essential for big data success》，并在文章中首次提出 DataOps 概念，还阐述了 DataOps 对大数据技术的重要影响。

2015 年，Andy Palmer 将 DataOps 理念进一步发展，提出了 DataOps 的 4 个关键构

成部分，即数据工程，数据集成，数据安全和隐私，以及数据质量。

2017 年，Jarah Euston 将 DataOps 的核心定义为“从数据到价值”，首次把 DataOps 和业务价值做关联。

2018 年，Gartner 公司将 DataOps 纳入 Data Management 技术成熟度曲线。这标志着 DataOps 得到了业界广泛认可和积极推广。Data Management 技术成熟度曲线如图 10-2 所示。

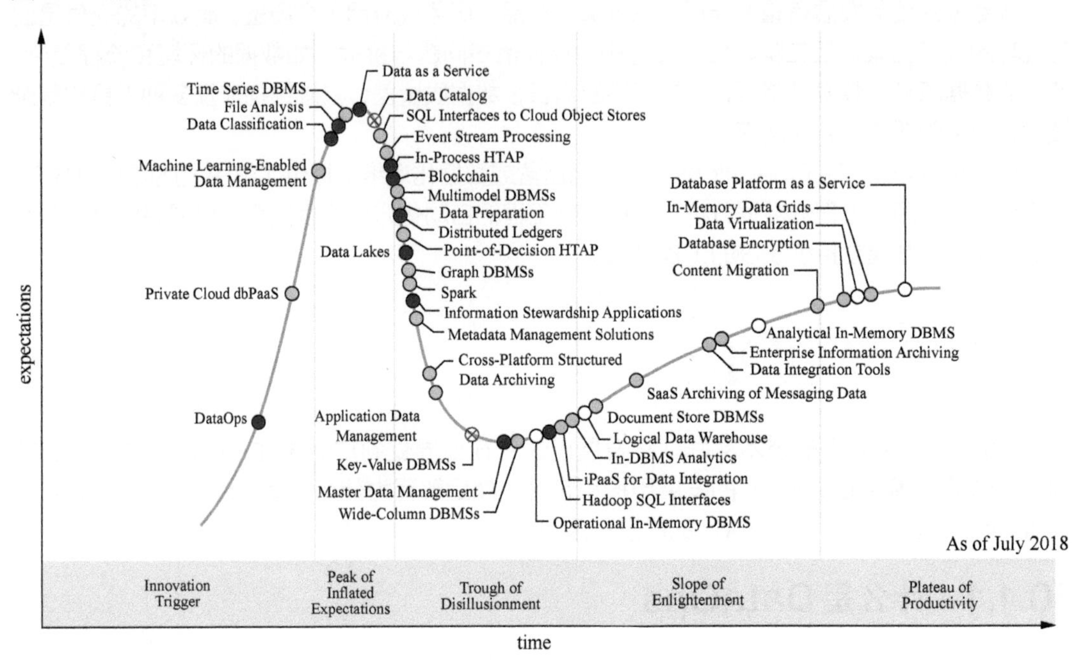

Plateau will be reached:

○ less than 2 years ◎ 2 to 5 years ● 5 to 10 years ▲ more than 10 years ⊗ obsolete before plateau

图10-2　Data Management技术成熟度曲线

Gartner 公司的副总裁 Nick Heudecker 表示：“DataOps 是一种协作式数据管理的实践，而不是单一技术或工具。它致力于改善数据流的集成和自动化等，更是一种由工具支撑的工程文化变革。当今，越来越多的技术团队已经开始该项实践，而且很多数据科学团队（包括数据工程师、算法模型工程师等）也在关注 DataOps。DataOps 的发展正处于迅速上升时期。”

从 2019 年至今，DataOps 生态系统得到了巨大发展，越来越多的企业、组织和研究机构参与到 DataOps 的调研、实践中，先后涌现出一批与 DataOps 相关的商业化解决方案和开源项目。典型的商业解决方案有 IBM DataOps、StreamSets DataOps Platform 和 Nexla Nexsets 等。常见的开源项目有 Genie、Airflow 等。

2. DataOps的定义

不同企业、组织和研究机构对 DataOps 的理解与定位略有差异，因此，DataOps 在业界有许多可用的定义，我们列出几个比较有代表性的定义。

- 维基百科：DataOps 是一种自动化的、面向流程的方法，能够提高数据质量并缩短数据分析的周期，一般被大数据和数据分析团队使用。该定义强调自动化的方式。

- SearchDataManagement：DataOps 是一种敏捷的方法，用来设计、实现和维护分布式数据架构，并支持众多开源工具和框架。其目的是从大数据中获取业务价值。该定义强调敏捷的方法。
- Nexla：DataOps 是一种数据管理实践，它控制数据生命周期（从源数据到业务价值的数据流），其目的是加快从数据中获取业务价值的过程。该定义强调数据生命周期和业务价值。
- IBM：DataOps 是人员、流程和技术的编排，并向数据科学团队（包括大数据工程师、算法模型工程师等）快速交付高质量数据。利用自动化能力，旨在解决访问、准备和集成数据时效率低下的问题。该定义强调敏捷软件工程和组织间的协作。

针对上述定义，我们进行了提炼和总结：DataOps 是一个包括人员、流程和技术的体系，如图 10-3 所示。

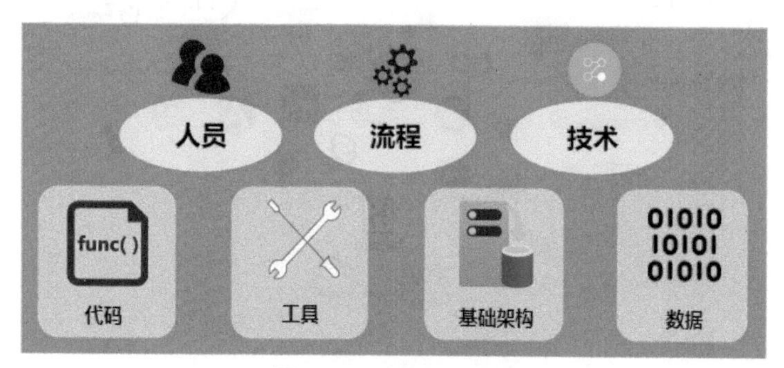

图10-3 DataOps体系

DataOps 主要通过代码、工具、基础架构和数据之间的协作来加快数据产品的交付。更准确地说，DataOps 必须对数据进行下面一系列操作：采集、格式化、标记、验证、清除、转换、聚合、保护、控制、可视化和分析。DataOps 有以下 3 个核心功能。

- 将敏捷开发和持续集成应用到数据领域，充分利用自动化能力。
- 优化并改进数据生产者和数据消费者间的协作。
- 将数据持续交付到生产应用中，即实现端到端的数据产品交付。

10.1.2 为什么需要DataOps

DataOps 的出现和发展，在一定程度上代表着数字化转型进入以数据为核心的阶段。数据的数量、种类和产生速度都在与日俱增，大数据技术、数据价值等方面也呈现截然不同的新趋势，数据变得愈发复杂。我们需要一种全新的方法解决这类复杂问题，即 DataOps。下面将对其中的原因做深入分析。

（1）数据分析民主化

过去，只有企业中的少数人掌握数据分析能力，而现在越来越多的岗位要求相关人员具备数据分析能力。但传统的数据分析过程比较复杂，导致学习门槛较高、上手较慢，对于没有数据技术背景的人员，难度较大。

DataOps 解决的首要问题就是构建一个简单易上手的数据分析体系，降低数据分析的技术门槛，使得企业中更多人员可以快速掌握并充分利用数据分析能力。

（2）数据技术多元化

大数据技术迭代快，从原来的中心化的数据仓库、ETL，逐步发展成大数据技术生态。

大数据技术可以细分为多个方向：数据分析、数据挖掘、数据可视化、数据计算和数据存储等。每一个方向又有多元化的数据技术工具和框架，如图 10-4 所示。

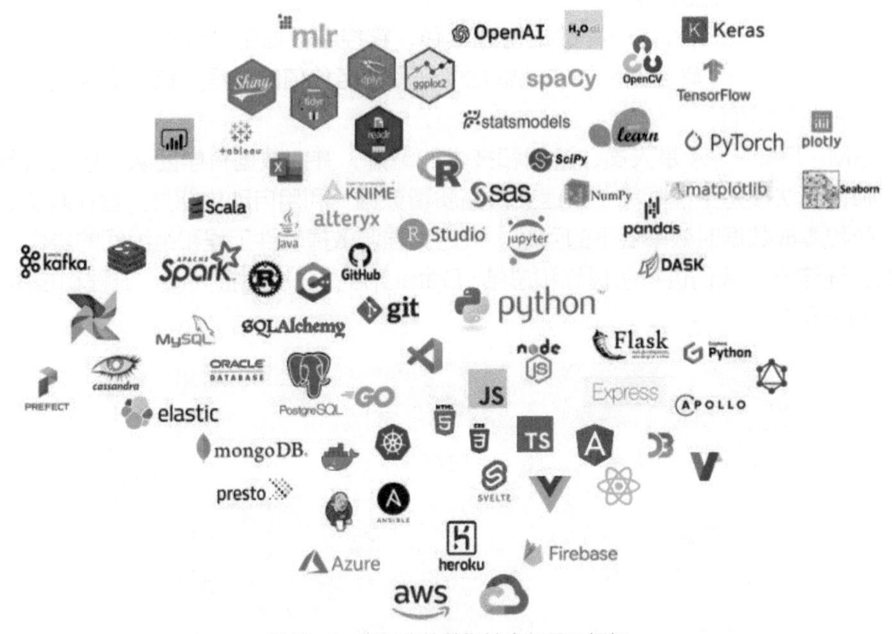

图10-4　多元化的数据技术工具和框架

这将极大地提高数据分析的学习门槛和复杂度，但 DataOps 技术体系能够有效地降低复杂度，使得驾驭多元化的数据技术工具和框架变得容易。

（3）业务价值精益化

企业对于数据部门的诉求发生了较大变化，即从“更好地管理数据资产”转变为“更快地产生业务价值”。如何精益化地识别数据的业务价值，并且快速试验、产生和转化业务价值，这是数据部门的重要工作，更是 DataOps 构建的核心目标。

（4）其他收益和优势

对于企业，DataOps 的构建有许多收益：加速数据产品的交付，提高数据服务的可复用性，提高数据质量，构建一个统一的、标准化的数据协作平台等。

相比传统数据处理流程，DataOps 数据处理流程有很多不同之处。DataOps 数据处理流程如图 10-5 所示。

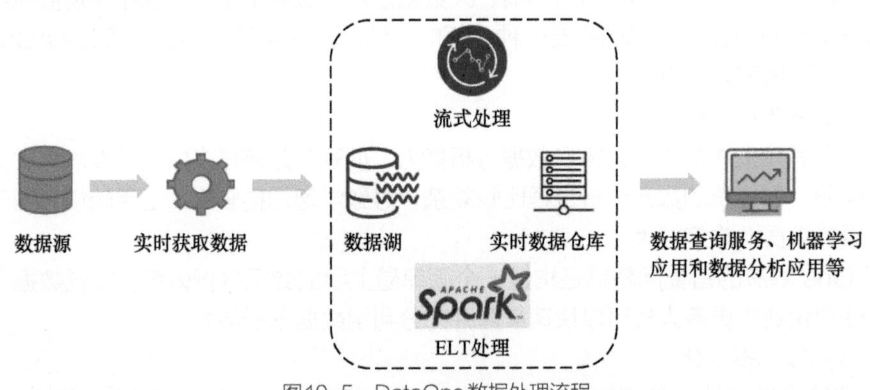

图10-5　DataOps 数据处理流程

数据从数据源直接实时获取后，进入数据湖，再通过流式处理，实时落入数据仓库。在整个流程中，采用自动化数据处理工具，如基于 Spark 的 ELT 处理。最终输出多元化的数据产品（服务和应用），如数据查询服务、机器学习应用和数据分析应用等。

DataOps 数据处理流程存在下列优势：实时数据移动、可扩展、可重用、业务响应速度较快和数据质量较高等。

10.1.3 DataOps 与 DevOps、MLOps 的联系和区别

早在 2008 年，DevOps 便在业界被提出，此后得到迅速发展和普及，并备受较多企业和技术专家的喜爱。随着 DevOps 的兴起，以及大数据、AI 技术的应用，DataOps 和 MLOps 相继出现。DataOps 与 DevOps、MLOps 有什么联系和区别呢？我们先给出 DevOps 和 MLOps 的定义。

（1）DevOps

DevOps（Development 和 Operations 的组合词）是一种重视“软件开发人员”（Dev）和“IT 运维技术人员”（Ops）之间沟通、合作的文化、实践。通过自动化“软件交付”和“架构变更”的流程，使得构建、测试与发布软件能够更加快捷、频繁和可靠。

（2）MLOps

MLOps（Machine Learning 和 Operations 的组合词）是一种机器学习工程文化和实践方法，旨在统一机器学习系统开发（ML）和机器学习系统运维（Ops）。实施 MLOps 意味着将在机器学习系统构建流程的所有步骤（包括集成、测试、发布、部署和基础架构管理）中实现自动化和监控。

关于 DataOps 有一个常见的误解：它只是将 DevOps 应用于数据分析。其实，两者存在一定的差异，如图 10-6 所示。

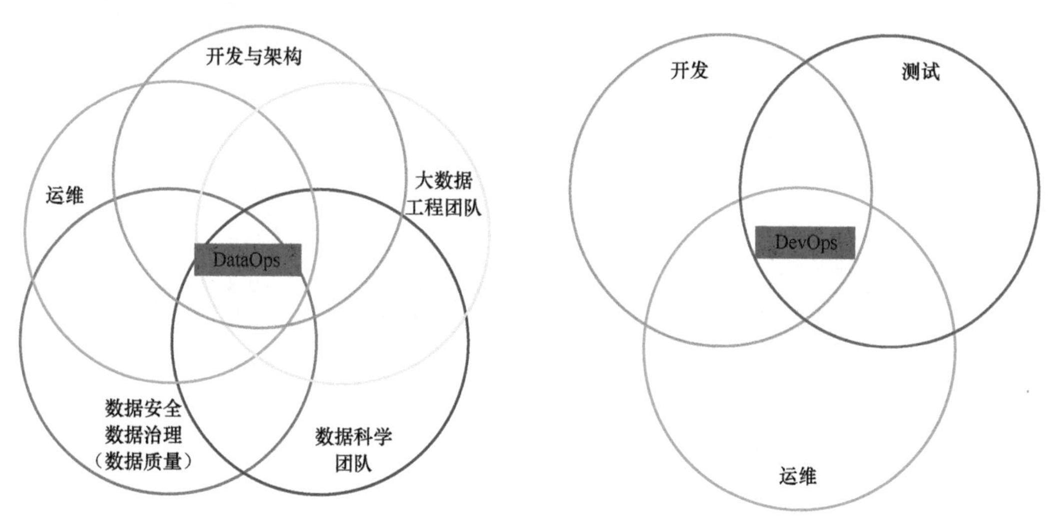

图10-6 DataOps与DevOps的对比

DataOps 与 DevOps 在面向群体、项目流程、技术范畴和测试复杂度等诸多方面存在不同。

DataOps 与 MLOps 也存在一些差异。DataOps 的源头是数据源系统，终点是数据产品（服务或应用），而 MLOps 是数据产品中的一种，因此，从这个角度来看，DataOps 表

示的范围比 MLOps 广。此外，它们还有以下两点区别。

1）DataOps 比 MLOps 的数据链路长。

DataOps 以端到端方式管理从数据源到数据产品的整个过程，而 MLOps 则是从模型训练开始到模型上线结束。

2）DataOps 是 MLOps 的基础。

在机器学习产品（或应用）开发的过程中，大部分时间消耗在数据整理、数据准备、环境管理、基础服务配置和技术组件集成等方面，步骤较多且繁杂，如图 10-7 所示。

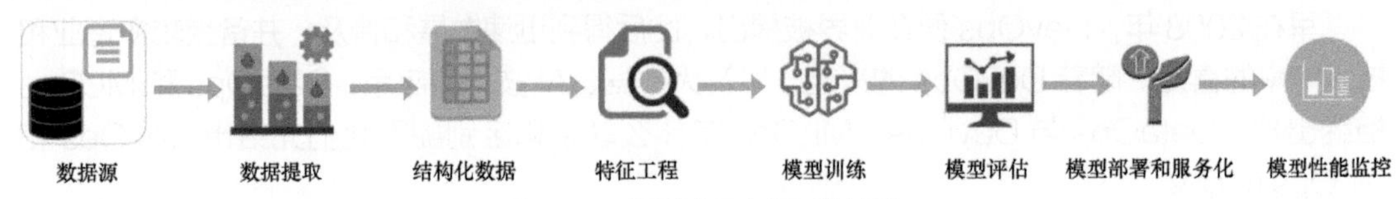

图 10-7　机器学习产品开发过程

这个开发过程相当耗时。许多企业和组织存在低估机器学习产品开发所需的工作量的问题。如何提高机器学习产品开发的效率？我们需要 DataOps 的能力支撑。DataOps 是 MLOps 的基础，是数据科学团队（包括数据工程师、算法模型工程师等）必备的能力。基于机器学习开发过程的成熟度，MLOps 可以分为 3 个级别：MLOps 级别 0（手动过程）、MLOps 级别 1（机器学习流水线自动化）和 MLOps 级别 2（CI/CD 流水线自动化）。其中，MLOps 级别 1 在业界广泛应用的趋势愈加明显。MLOps 级别 1 的目标是通过自动执行机器学习流水线来持续训练模型，以便能够持续交付模型预测服务。MLOps 级别 1 如图 10-8 所示。

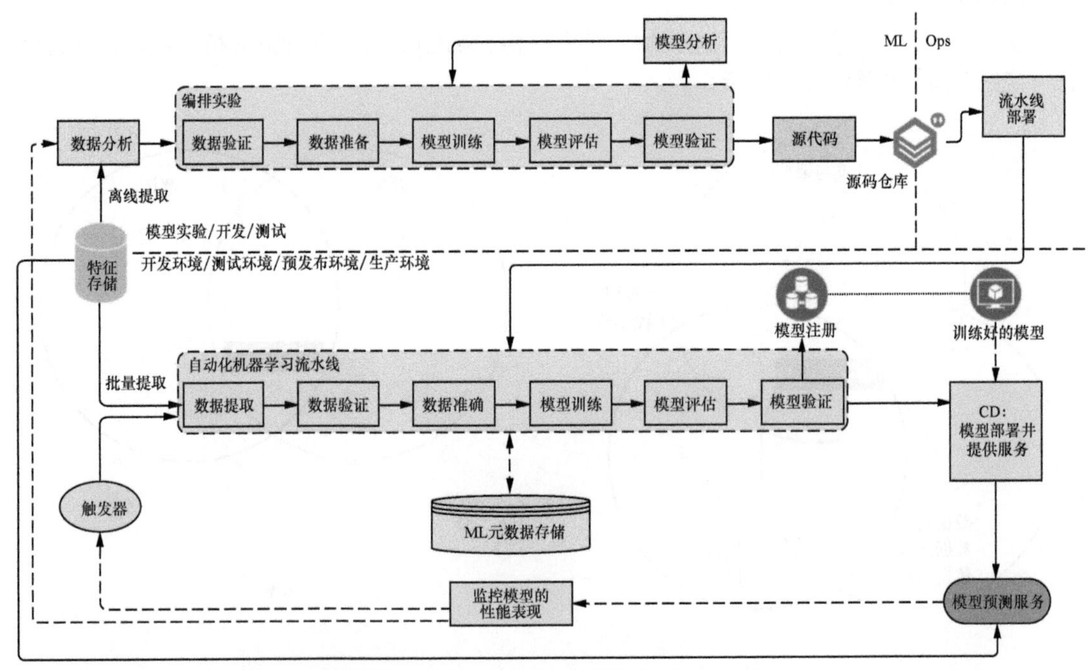

图 10-8　MLOps 级别 1（机器学习流水线自动化）

MLOps 级别 1 有下列特性。

1）快速实验，对机器学习实验的步骤进行编排。各个步骤之间的转换是自动进行的，这样可以快速迭代实验。

2）生产环境中的模型持续训练（CT），系统会在生产环境中根据触发器使用新数据自动训练模型。

3）组件和流水线的模块化代码、组件可重复使用、可组合。

4）持续交付模型，使用新数据进行新模型训练，并持续交付模型预测服务。

5）流水线部署，可以部署整个训练流水线。

总而言之，DevOps 强调更快地交付软件，DataOps 强调更快地交付数据，MLOps 强调更快地交付机器学习模型。

10.2 DataOps的能力与特性

成功的 DataOps 体系应该具备什么能力？引用 Wayne Eckerson 的观点："在每一个数据处理链路中，数据必须能够被定义、被获取、被格式化、被标签化、被验证、被清洗、被转换、被合并、被集成、被保证安全、被目录化、被治理、被移动、被查询、被可视化、被分析和被执行。"

DataOps 包含 4 个关键能力：数据工程，数据集成，数据安全和数据隐私保护，以及数据质量。敏捷、DevOps 和精益化对这 4 个关键能力起支撑作用，如图 10-9 所示。

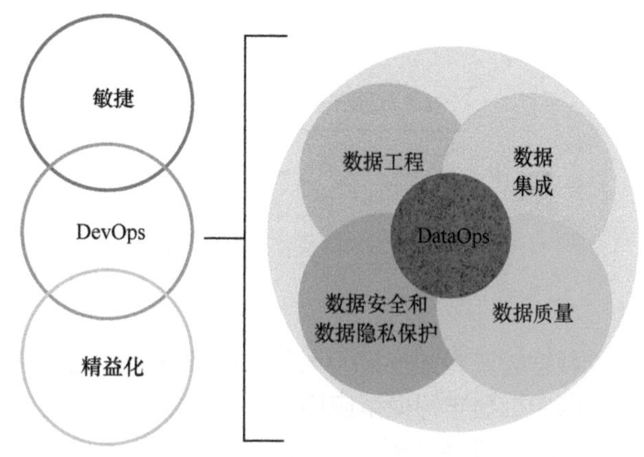

图10-9 DataOps的4个关键能力

10.2.1 数据工程

数据工程是 DataOps 的核心能力，这是一种使用软件工程技术来处理和加工数据的能力。数据工程通常是指从数据源到数据产品（服务或应用）的中间过程，主要包括数据清洗、ETL 和特征工程等动作，如图 10-10 所示。

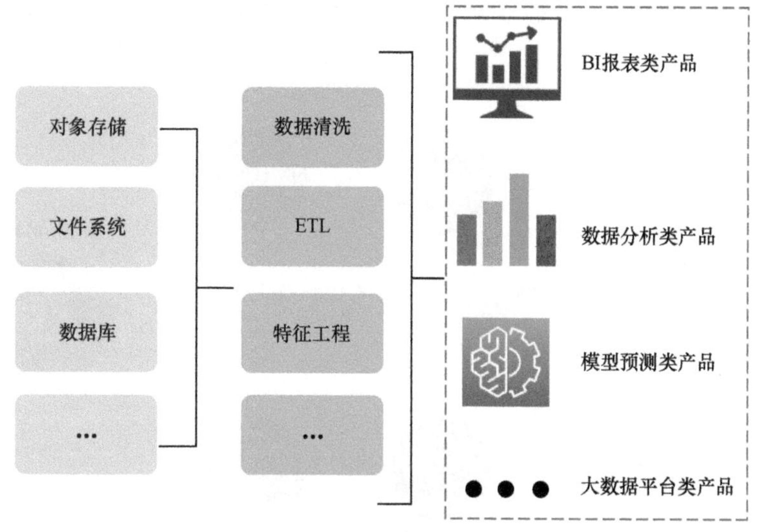

图10-10 数据工程

数据源有多种存储类型：数据库、文件系统和对象存储等，对于具体存储类型的选择，需要结合不同的应用场景，详见 2.3 节。主流的数据产品有 BI 报表类产品、数据分析类产品、模型预测类产品（机器学习模型）和大数据平台类产品等。

支撑数据工程落地的关键是构建数据管道（Data Pipeline），即设计用于连续和自动数据交换的程序。数据管道是一个贯穿整个数据产品或数据系统的管道，而数据是这个管道承载的主要对象。数据管道连接数据处理中的各个环节，将庞杂的整个系统变得井然有序，这样便于管理和扩展。图 10-11 是数据管道的示意图。

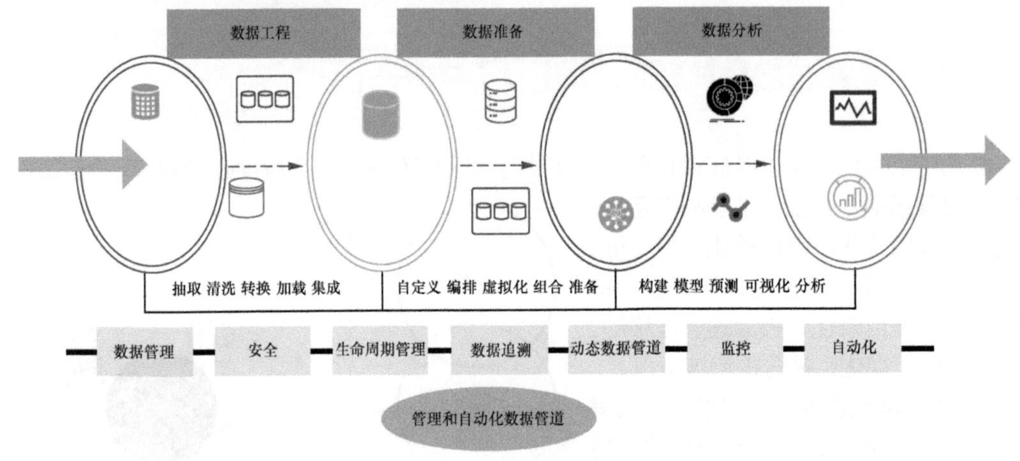

图10-11　数据管道的示意图

数据管道有较多应用场景：将数据加载到云端或数据仓库；将数据收集到某一存储工具中，以便机器学习模型应用；对物联网中各种连接设备的系统数据进行集成；将数据传递到 BI 部门，并支持业务部门做决策等。对于不同的应用场景，我们需要选择不同的数据管道构建方式，详见 10.3.2 节。

10.2.2　数据集成

广义的数据集成是将不同来源的数据整合到一个统一的视图中，并提供有意义和有价值的信息的过程。传统的数据集成主要基于 ETL 过程抽取并转换数据，然后将数据加载到数据仓库中，如图 10-12 所示。

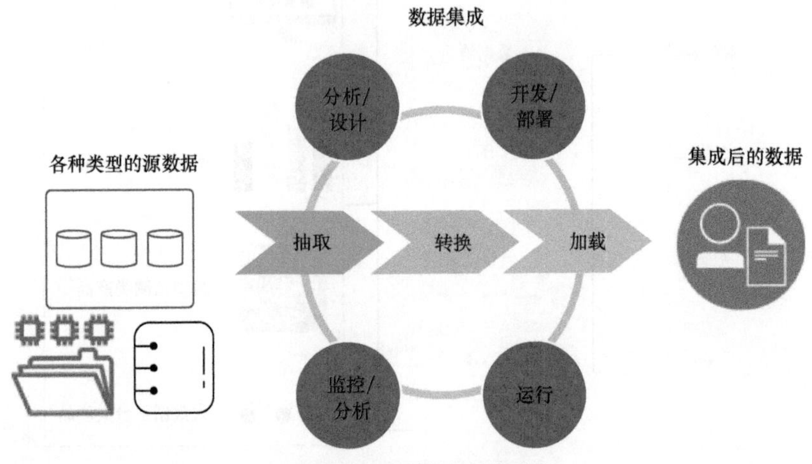

图10-12　传统的数据集成

相比传统的数据集成，大数据集成在许多方面（如数据数量、数据种类、数据准确性和数据应用场景等方面）存在差异。大数据集成可以选择批处理或实时流方式。在某些情况下，大数据集成能够将 ETL 重新调整为 ELT，即先将数据抽取并加载到分布式文件系统或数据仓库中，再进行集中的数据转换处理。大数据集成的过程和依赖的技术组件如图 10-13 所示。

图10-13 大数据集成的过程和依赖的技术组件

大数据集成在 DataOps 体系的构建方面发挥着重要作用。它主要支持不同的数据源、数据平台、数据格式、数据标准和模型等多方的集成处理。

10.2.3 数据安全和数据隐私保护

在数字经济时代，数据安全和数据隐私保护是至关重要的。对于 DataOps 体系，数据安全和数据隐私保护是非常重要的数据管理能力。在业界，通常将数据安全和数据隐私保护称为 DataSecOps，即一种侧重安全的数据分析和存储方法，如图 10-14 所示。

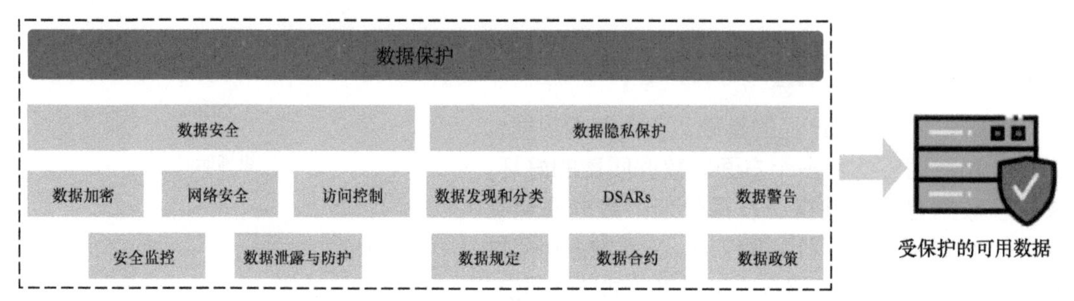

图10-14 DataSecOps

数据安全主要包括以下 5 个方面。

（1）数据加密

数据加密是指通过加密算法和加密密钥将明文转变为密文，而解密则是通过解密算法和解密密钥将密文恢复为明文。数据加密的核心技术是密码学。数据加密是计算机系统对信息进行保护的一种可靠方法。

（2）网络安全

网络安全包含一套策略、流程和技术，旨在保护企业和组织的网络数据和基础架构免遭未经授权的访问与损害。网络数据和基础架构面临的常见威胁包括黑客攻击、恶意软件和病毒，所有这些威胁都有可能企图访问、修改和破坏网络。网络安全的优先事项就是控制访问，以及防止上述威胁进入网络并在网络中传播。

（3）访问控制

访问控制包含一套身份验证和权限管理机制，用于保证用户符合其所声称的身份，以及授予用户访问公司数据的适当权限。从高级层面上来看，访问控制是对数据访问权限的选择性限制。访问控制由两个主要部分组成：身份验证与授权。身份验证是一种核实用户符合其所声称的身份的技术，其本身并不足以保证数据安全。想要保证数据安全，还需要添加额外的安全层授权。授权用于确定用户是否能够访问其所要求的数据，或者执行其所尝试的操作。如果没有身份验证与授权，就没有数据安全。常见的访问控制有4种：自主访问控制（Discretionary Access Control，DAC）、强制访问控制（Mandatory Access Control，MAC）、基于角色的访问控制（Role-Based Access Control，RBAC）和基于属性的访问控制（Attribute Based Access Control，ABAC）。

（4）安全监控

安全监控是指实时监控网络或主机活动，监控分析用户和系统的行为，审计系统的配置和漏洞，识别攻击行为，对异常行为进行统计和跟踪等。

（5）数据泄露与防护

数据泄露的定义较为宽泛，一般是指由于违反安全规定而导致传输、存储的数据遭受非法损坏、丢失、篡改、未经授权披露或访问等。对于数据泄露防护，主要有DLP和CASB两种方案。DLP（Data Leakage Loss Prevention，数据泄露防护）的核心能力是内容识别。通过内容识别对数据进行防控，最终形成具备智能发现、智能加密、智能管控和智能审计功能的一整套数据泄露防护方案。CASB（Cloud Access Security Broker，云访问安全代理）的核心价值是解决深度可视化、数据安全、威胁防护和合规性这4类问题。

关于数据隐私保护，我们主要关注6个方面：数据的发现和分类，DSARs（Data Subject Access Requests，数据主体访问请求），数据警告，数据规定，数据合约，以及数据政策。

10.2.4 数据质量

数据质量是数据产品的基础，它会影响数据仓库、BI和数据分析等多个方面。数据质量的好坏，决定了数据是否能够真正发挥价值。数据质量在DataOps体系中发挥着重要作用，它是数据可靠性的重要特征。我们一般用6个维度来评估数据质量，如图10-15所示。

- 准确性，数据记录的信息是否存在异常或错误。
- 及时性，数据从产生到可以查看的时间间隔，也称数据的延时时长。
- 唯一性，数据是唯一（不重复）的。
- 合法性，数据的格式、类型、值域和业务规则是否符合用户的定义。

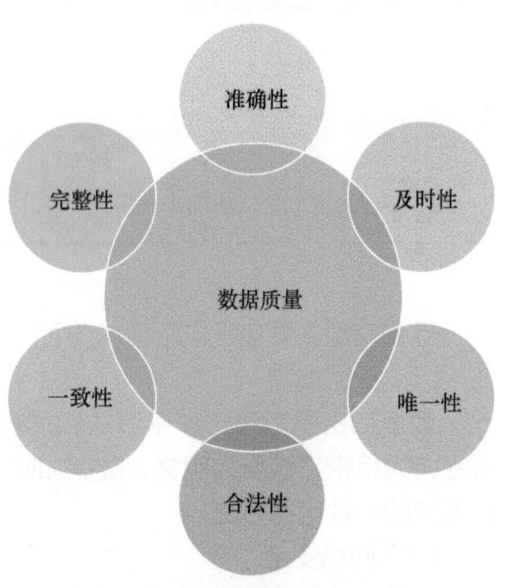

图10-15 数据质量的评估维度

- 一致性，数据是否遵循了统一的规范，数据之间的逻辑关系是否正确和完整。
- 完整性，数据信息是否存在缺失情况。

关于数据质量评估的详细介绍，见 7.2.3 节。

10.2.5　DataOps的4个特性

在上文中，我们提到了 DataOps 的 4 个关键能力，现在我们介绍 DataOps 的 4 个特性：持续、敏捷、全面和自动化。

（1）持续

DataOps 首先需要保证数据流尽可能持续、不间断，它能够自适应地持续让数据管道流动起来。

（2）敏捷

在持续的基础上，DataOps 要求具备敏捷性，即能够快速响应外部的各种变化。这主要体现在两个方面：支持多种数据部署模式和多种数据架构（数据湖、数据仓库等）。4 种数据部署模式如图 10-16 所示。

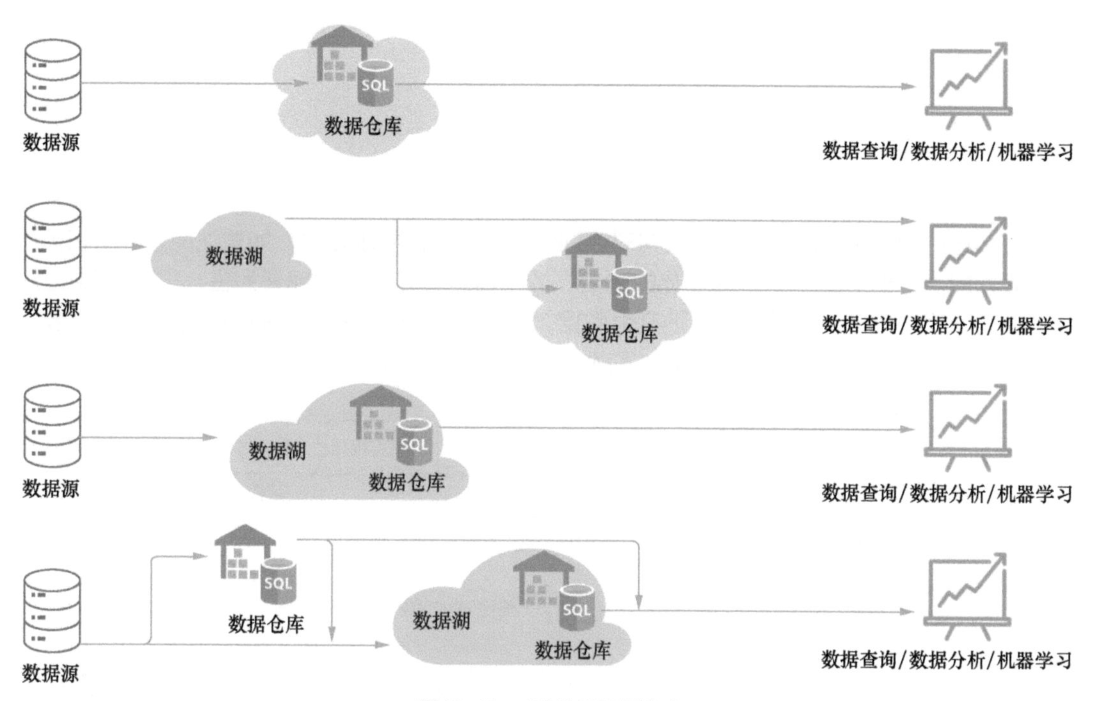

图10-16　4种数据部署模式

（3）全面

DataOps 需要全面支持主流的数据源和数据存储方式，如图 10-17 所示。

（4）自动化

自动化是 DataOps 的重要特性，从数据的产生、处理到应用，整个过程要尽可能做到自动化处理。

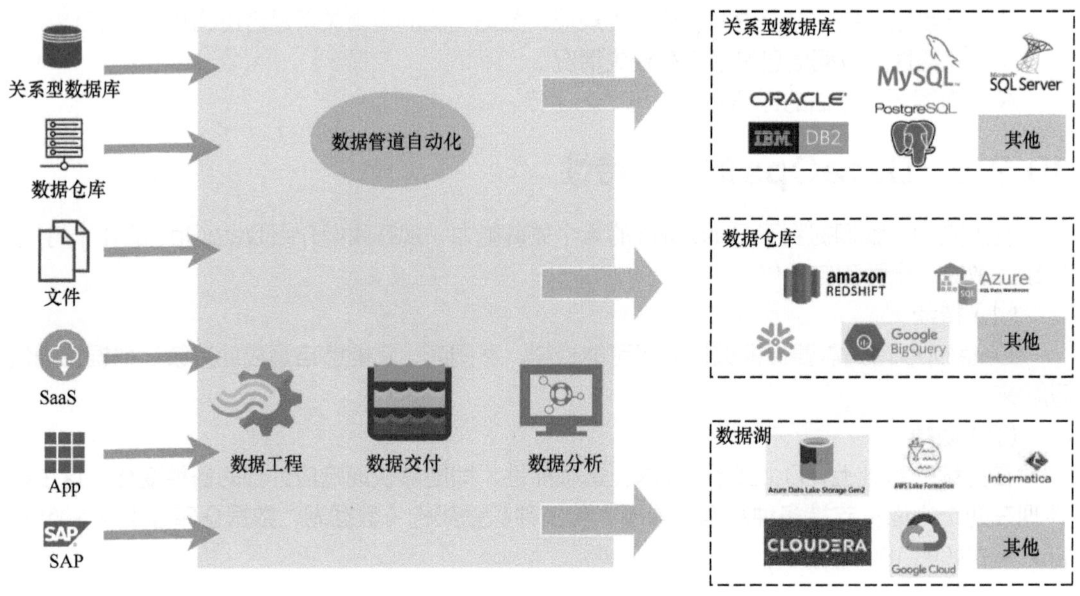

图10-17　DataOps支持的数据源和数据存储方式

10.3　DataOps技术实践

在传统的数据架构的设计中，通常对数据生产的稳定性要求较高，如对性能、延时和负载等的要求较高。但其缺乏对快速变化的响应，数据质量较差，手动部署为主，SQL 变更上线耗时较长，无法快速、灵活且可靠地交付数据。在 DataOps 体系架构的设计中，我们需要考虑通过技术工具、流程机制来解决相关问题。DataOps 体系架构如图 10-18 所示。

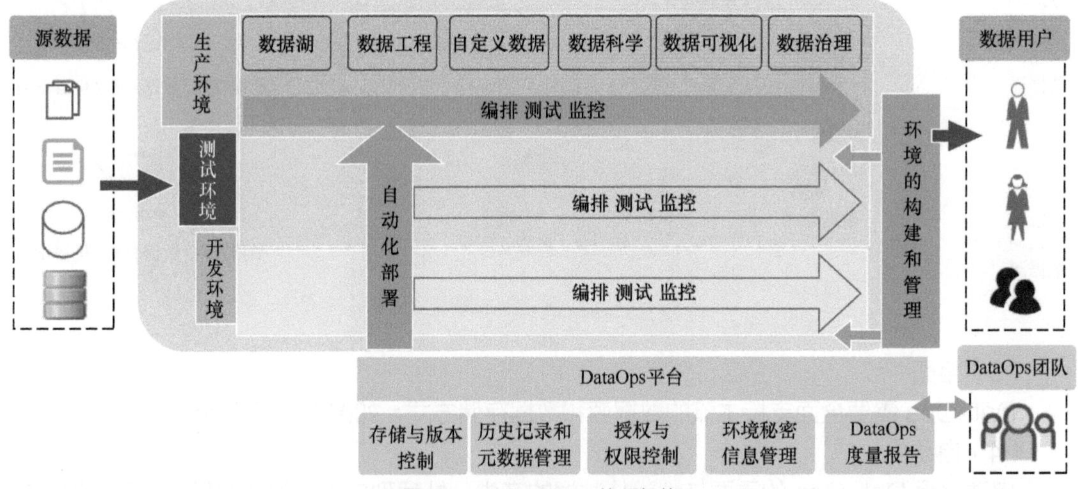

图10-18　DataOps体系架构

DataOps 体系架构主要包含 4 个部分：环境的构建和管理，DataOps 平台，自动化部署，以及编排、测试和监控。环境的构建和管理是 DataOps 体系架构的基础，提供必需的软硬件和数据环境资源，实现单独的开发、测试和部署。DataOps 平台提供核心功能组件的集成，如存储与版本控制，历史记录和元数据管理，授权与权限控制，环境秘密信息管理（安全密码存储、动态密码生成和数据加密等），以及 DataOps 度量报告（对 DataOps 过程的度量分析）等的集成。自动化部署是指将代码、配置以自动化的方式移动到生产环境中。编排、测试和监控是指在数据管道中，将数据处理流程及其依赖的技术工具进行统一编排调度，并实施自动化测试、配置监控，当出现问题时，能够及时、准确地进行报警。

10.3.1　DataOps技术工具

经过进一步分析，我们可以将 DataOps 体系架构拆分为 10 个功能模块：协作管理，开发，部署，编排，测试与监控，数据抽取，数据存储，数据集成，数据治理，以及数据分析，如图 10-19 所示。

图10-19　DataOps体系架构的功能模块及其技术工具

每一个功能模块对应多个技术工具（组件），因此，我们可以参考技术工具将相关功能抽象为两大类，即数据管理功能、数据开发功能。

（1）数据管理功能

1）数据抽取：通过批处理、流式处理和文件传输等技术手段获取数据。常见的技术工具有 Kafka、Flume、Scribe 和 Sqoop 等。

2）数据存储：将获取的数据存放在不同类型的存储工具中。常见的技术工具有关系型数据库、NoSQL 数据库和云数据库等。

3）数据集成：将不同源、不同格式、不同类型的数据进行处理，并集成整合。常见的技术工具有 Airflow 等。

4）数据治理：通过数据治理平台进行数据标准管理，元数据管理，数据血缘关系管理，数据的发现和搜索，数据的安全和权限管理，以及数据质量管理等，从而保证数据质量。常见的技术工具有 Atlas、Talend 和 Informatica 等。

5）数据分析：通过数据分析，提供有价值的信息，支撑业务的决策。数据分析工具的种类较多，常见的技术工具有 PowerBI、Tableau 和 Redash 等。

（2）数据开发功能

1）协作管理：DataOps 的目标之一便是构建一个端到端的数据链路，高效、分布式的协作管理是 DataOps 中重要的组成部分。常见的技术工具有 Slack、Jira 和 Confluence 等。

2）开发：DataOps涉及的开发语言和IDE较多，常见的有Spark、Flink、Python、Java、Jupyter和Visual Studio Code等。DataOps需要无缝集成相关开发环境。

3）部署：对于DataOps，持续部署是一项重要的基础能力，因此，它需要兼容底层的容器和部署工具等。常见的技术工具有Docker、Kubernetes和Jenkins等。

4）编排：数据管道流程中的关键点是任务编排。当数据流入管道时，移动和处理数据都需要依赖复杂的任务工作流。常见的技术工具有Airflow、Azkaban等。

5）测试与监控：自动化测试和监控是保证数据质量的手段。常见的技术工具有great_expectations、Griffin、Datadog和ELK等。

10.3.2 数据管道技术示例

数据管道是DataOps的重要组成部分，DataOps中的数据处理强依赖数据管道的实现。数据管道描述并编码了一系列顺序的数据处理步骤。数据管道主要有3种构建方式：批处理、流式处理和Lambda。

基于批处理的数据管道主要用于离线批处理，如图10-20所示。

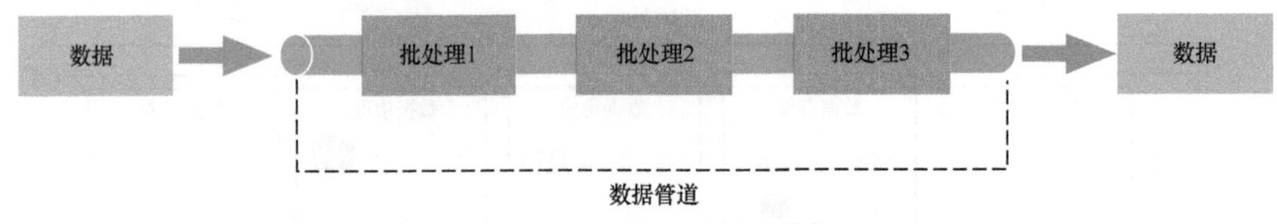

图10-20 基于批处理的数据管道

基于流式处理的数据管道主要用于实时数据流处理，如图10-21所示。

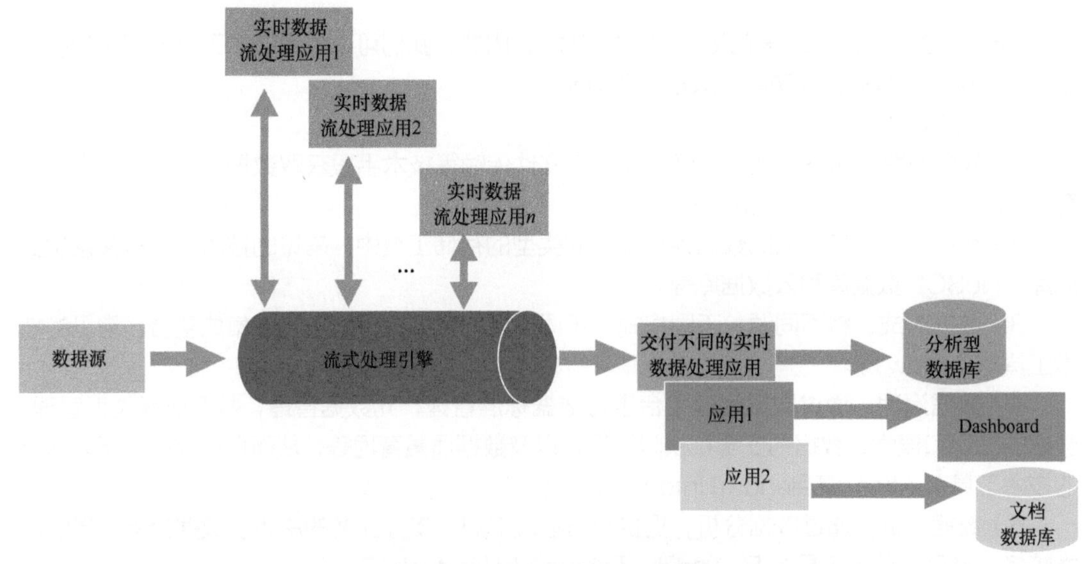

图10-21 基于流式处理的数据管道

基于Lambda体系结构的数据管道，将批处理和流式处理管道组合为一个体系结构。基于Lambda的数据管道在大数据场景中很流行，它能兼顾实时数据流处理和历史数据批处理，如图10-22所示。

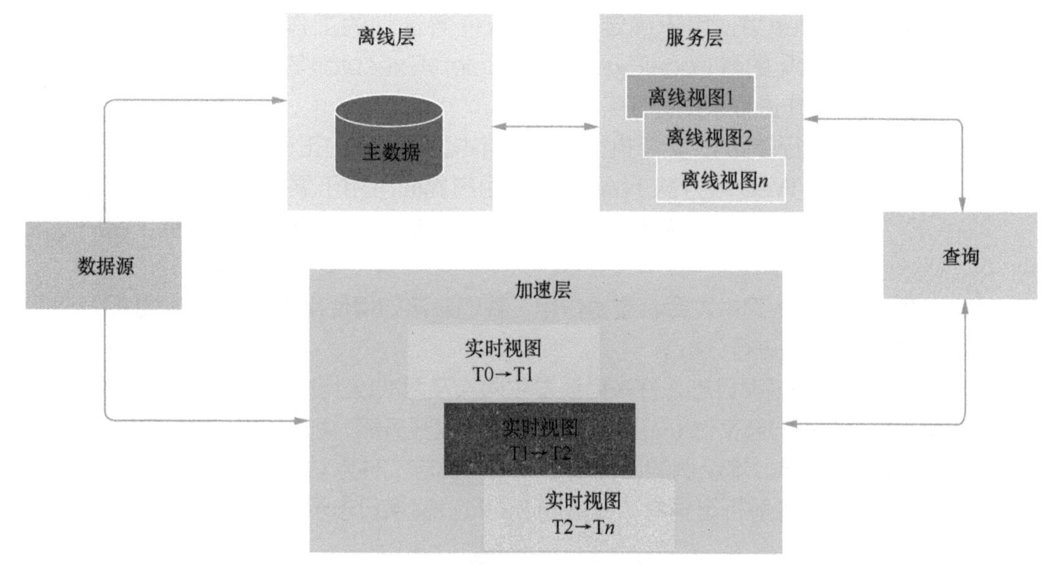

图10-22 基于Lambda的数据管道

数据管道的核心在于工作流编排。业界有许多关于工作流编排的技术方案，如 Airflow、Azkaban 和 Luigi 等。Airflow 是其中的主流技术方案。

Airflow 是一个工作流编排工具，以编程方式编写、调度和监控工作流。在 Airflow 中，工作流被定义为具有方向依赖的任务集合，即 DAG（有向无环图）。DAG 中的每个节点表示一个任务，边定义了任务之间的依赖关系。任务分为两类：Operator（算子或操作）与 Sensor（触发器或感知器）。Operator 定义了一系列算子，可以直接将其理解为 Python Class。Sensor 定义了触发条件和动作，当条件满足时，执行动作。

Airflow 能够较好地解决多种任务依赖问题，包括但不限于：时间依赖，即任务需要等待某个时间点触发；外部系统依赖，即任务依赖外部系统，需要调用外部系统接口；任务间依赖，即任务 A 依赖任务 B，也就是任务 A 只能在任务 B 完成后启动，任务间互相有影响；资源环境依赖，即执行任务时消耗资源多，或只能在特定机器上执行。

Airflow 总体架构中主要有 5 个技术组件：Metadata Database（元数据库）、Scheduler（调度器）、Executor（执行器）、Workers（执行单元）和 Webserver（Web 服务器），如图 10-23 所示。

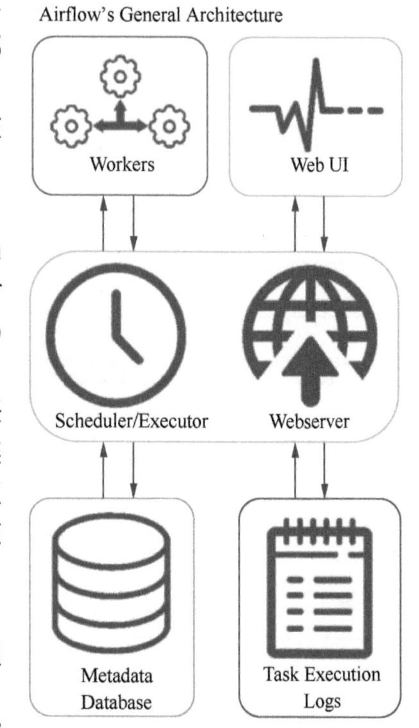

图10-23 Airflow的总体架构

- Metadata Database（元数据库）：存储有关任务状态的信息，以及其他配置（用户、角色和连接）的元数据。Webserver 从该数据库中获取 DAG 的运行状态信息并展示，Scheduler 对该数据库进行信息更新。
- Scheduler（调度器）：编排各种 DAG 及其任务，处理任务间的依赖和执行优先级。Scheduler 通常作为服务运行。
- Executor（执行器）：一个消息队列进程，被绑定到 Scheduler 中，用于确定实际执行任务计划的工作进程。Airflow 提供多种 Executor，常见的有 LocalExecutor、CeleryExecutor 等，每种 Executor 都使用一类特定的工作进程来执行任务。

- Workers（执行单元）：实际执行任务逻辑的进程，它由正在使用的 Executor 确定。
- Webserver（Web 服务器）：Airflow 的用户界面可用于展示不同 DAG 的总体运行状况，并对每个 DAG 的组件和状态进行可视化。Webserver 还提供了用户、角色的管理和配置功能。

Airflow 在数据管道构建中发挥着重要作用。我们应该如何使用 Airflow 构建数据管道呢？下面将以具体的技术示例进行分析。

1）业务需求：监控错误日志，并在错误发生两次及两次以上时自动发送告警邮件。

2）实现逻辑：获取日志文件（如果日志保存在远程服务器，那么可以通过 sftp 命令获取，并下载至本地服务器目录。本示例的设计相对简单，日志文件默认保存在 Airflow 的本地服务器目录），使用 grep 命令解析出异常（或错误）的行。错误日志示例如下。

```
/home/user/www/airflow/test_data/20210303/mainApp.log:130917:[[]] 02 Mar 2021/12:
15:08,178 ERROR SessionId : LCNMs36Lq1OcUFuOUkvMIcbuO2o= [mainApp] dao.AbstractSoapDao -
service Exception GetMainStatus: java.net.SocketTimeoutException: Read timed out
```

逐行解析异常（或错误）并提取相关字段信息，如文件名、行号、日期、时间、会话 ID、应用名、模块名和异常（或错误）信息等，并将这些字段信息存储至数据库，以便使用 SQL 查询语句来聚合信息。当发生两次及两次以上错误时，自动发送异常告警邮件。

该需求的实现逻辑相对简单，使用 Airflow 便可以快速实现。监控错误日志的工作流如图 10-24 所示。

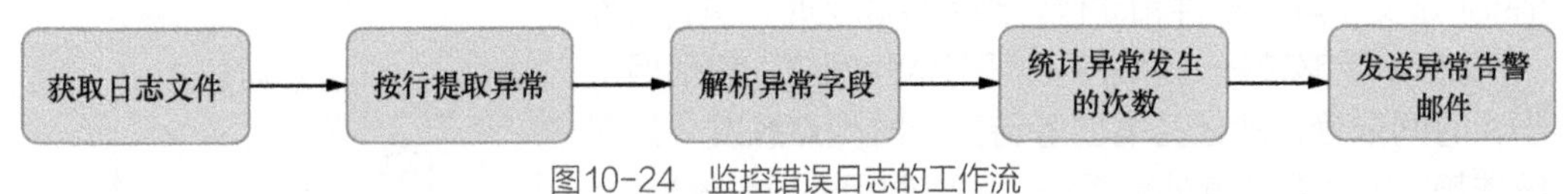

图10-24　监控错误日志的工作流

监控错误日志的具体实现步骤如下。

步骤 1： 安装 Airflow（详细安装步骤略）并启动 Webserver 服务，也可以使用 Docker 容器化方式运行 Webserver 服务。当启动服务后，访问 Airflow 用户界面，默认访问地址为 http://localhost:8080，如图 10-25 所示。

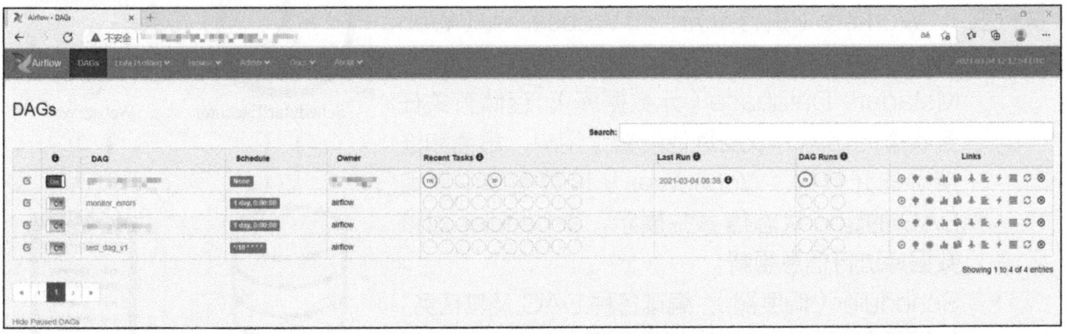

图10-25　访问Airflow用户界面

步骤 2： 创建 DAG 文件。首先定义一些默认参数，然后使用 DAG 名称 monitor_errors

实例化DAG类。DAG名称monitor_errors将在Airflow UI中显示。DAG默认参数配置如下。

```
1.  default_args = {
2.      "owner": "airflow",
3.      "depends_on_past": False,
4.      "start_date": datetime(2021, 3, 3),
5.      "email": ["airflow@example.com"],
6.      "email_on_failure": False,
7.      "email_on_retry": False,
8.      "retries": 1,
9.      "retry_delay": timedelta(minutes=5),
10.     "catchup": False,
11. }
12.
13. dag = DAG("monitor_errors", default_args=default_args, schedule_interval=
    timedelta(1))
```

步骤3： 获取日志文件并复制到test_data文件夹。

步骤4： 解析日志文件，提取所有包含“Exception”的行，并将其写入同一文件夹的文件errors.txt中。使用grep命令对该文件夹中的所有log文件进行正则匹配搜索，并返回搜索结果。Airflow将grep命令的返回值作为任务运行结果，然后检查，将非零返回值视为任务失败。当然，我们也需要进一步检查errors.txt文件是否生成，如果errors.txt文件存在，则此任务视为成功。代码示例如下。

```
1.  bash_command = """
2.      grep -E 'Exception' --include=\\*.log -rnw '{{ params.base_folder }}' > {{
    params.base_folder }}/errors.txt
3.      ls -l {{ params.base_folder }}/errors.txt && cat {{ params.base_folder }}/
    errors.txt
4.  """
5.  grep_exception = BashOperator(task_id="grep_exception",
6.                          bash_command=bash_command,
7.                          params={'base_folder': base_folder},
8.                          dag=dag)
```

启用DAG（monitor_errors）并触发任务运行。当任务名称周围的框变为绿色时，表示任务已经成功运行，如图10-26所示。

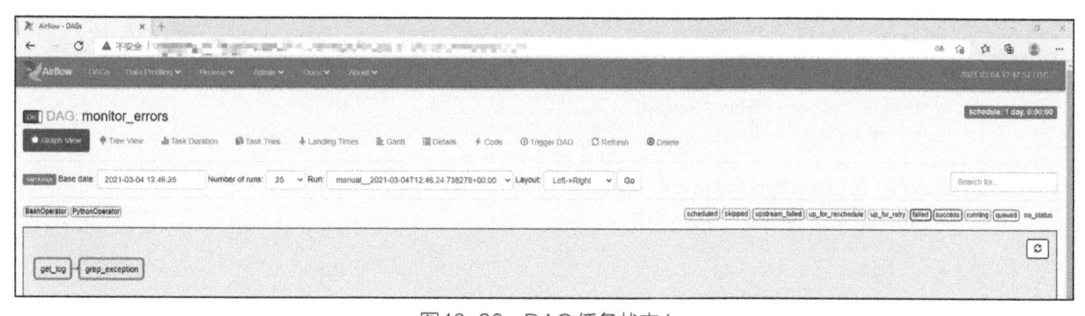

图10-26 DAG任务状态1

步骤5： 提前创建一个新表，以便保存错误日志中的字段信息，并支持查询聚合信息。Airflow支持任何类型的数据库，它将元数据信息存储在数据库中。此示例使用MySQL，使用前，需要在Airflow平台中配置连接（MySQL的连接配置略）。首先定义一个MySqlOperator，然后在数据库中创建一个新表。代码示例如下。

```
1.  create_table = MySqlOperator(task_id='create_table',
2.                          sql='''DROP TABLE IF EXISTS {0};
3.                                  CREATE TABLE {0} (
4.                                  id SERIAL PRIMARY KEY,
5.                                  filename VARCHAR (100) NOT NULL,
6.                                  line integer NOT NULL,
7.                                  date VARCHAR (15) NOT NULL,
8.                                  time VARCHAR (15) NOT NULL,
9.                                  session VARCHAR (50),
10.                                 app VARCHAR (50),
11.                                 module VARCHAR (100),
12.                                 error VARCHAR(512)
13.                             );'''.format(table_name),
14.                            mysql_conn_id = 'airflow_db',
15.                         dag=dag)
```

步骤 6：逐行解析错误日志（errors.txt），提取相关字段信息并写入步骤 5 创建的新表中。我们可以选择 PythonOperator 的正则表达式来解析错误日志，再使用 MySqlHook 将其写入新表中。代码示例如下。

```
1.  def save_to_database(tablename, records):
2.      if not records:
3.           print("Empty record!")
4.           return
5.  
6.      #database hook
7.      db_hook = MySqlHook(mysql_conn_id='airflow_db', schema='airflow')
8.      db_conn = db_hook.get_conn()
9.      db_cursor = db_conn.cursor()
10.
11.     sql = """INSERT INTO {} (filename, line, date, time, session, app, module, error)
12.             VALUES (%s, %s, %s, %s, %s, %s, %s, %s)""".format(tablename)
13.     db_cursor.executemany(sql, records)
14.     db_conn.commit()
15.     db_cursor.close()
16.     db_conn.close()
17.     print(f"  -> {len(records)} records are saved to table: {tablename}.")
18.
19.  def parse_error(logString):
20.      r = r".+\/(?P<file>.+):(?P<line>\d+):\[\[\]\] (?P<date>.+)/(?P<time>\d{2}:
   \d{2}:\d{2},\d{3}) ERROR ?(?:SessionId : )?(?P<session>.+)? \[(?P<app>\w+)\] .+
   (?:Error \:|service Exception) (?P<module>(?=[\w\.-]+ : )[\w\.-]+)?(?: \: )?
   (?P<errMsg>.+)"
21.     group = re.match(r, logString)
22.     return group.groups()
23.
24.  def parse_log_error(logpath, tablename):
25.     with open(logpath) as lp:
26.         records = []
27.         for line in lp:
28.             records.append(parse_error(line))
29.         save_to_database(tablename, records)
30.  parse_error = PythonOperator(task_id='parse_error',
31.                         python_callable=parse_log_error,
32.                         op_kwargs={'logpath': f'{base_folder}/errors.txt',
33.                                    'tablename': f'{table_name}'},
34.                         dag=dag)
```

再次触发（Trigger）DAG（monitor_errors）并刷新（Refresh），如图 10-27 所示。

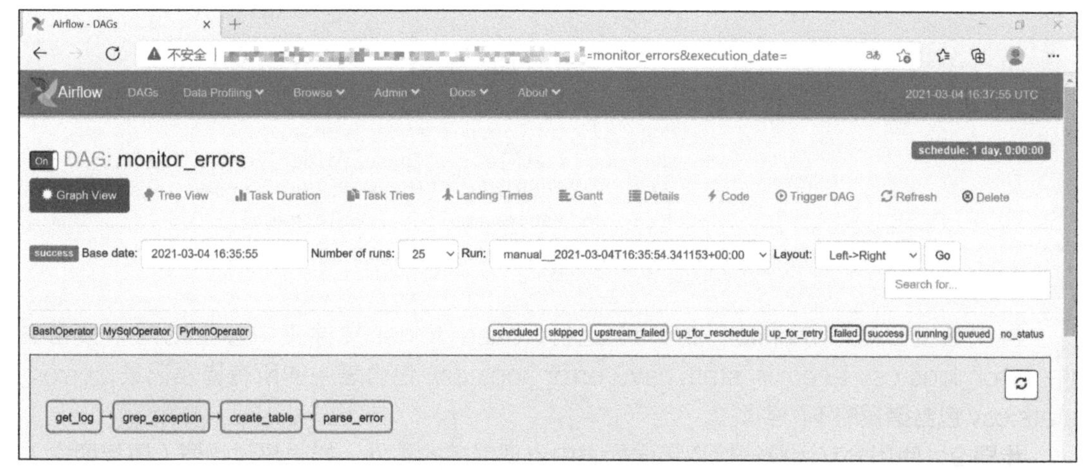

图10-27 DAG任务状态2

在 DAG（monitor_errors）成功运行后，错误日志中的相关字段信息被存储到数据库中。

步骤 7：Airflow 提供了一种简便的方法来查询数据库。在“Data Profiling”（数据分析）菜单中，选择“Ad Hoc Query”（临时查询），然后输入 SQL 查询语句，如图 10-28 所示。

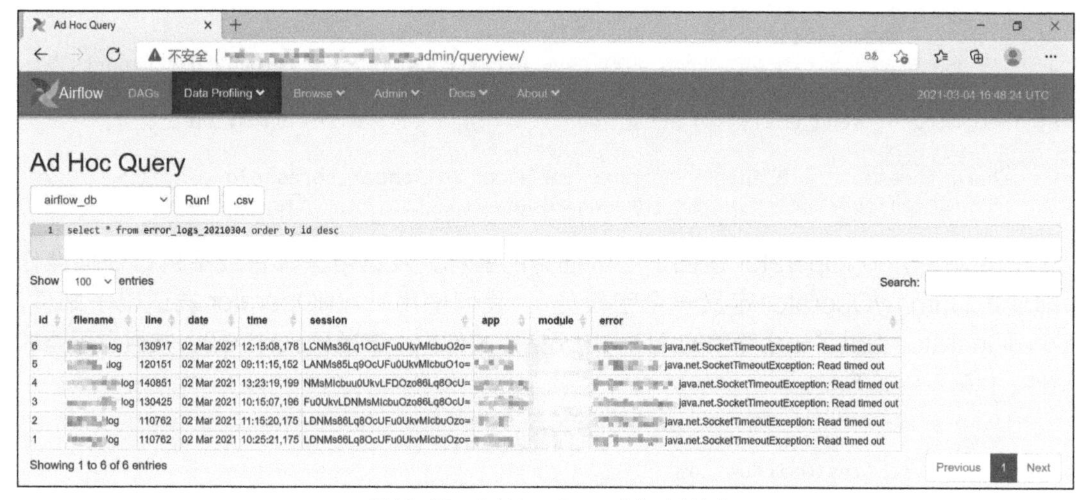

图10-28 Ad Hoc Query（临时查询）

步骤 8：查询表并统计每种异常类型发生的次数。然后，使用另一个 PythonOperator 查询表并生成两个报告文件，一个文件包含表中的所有错误记录；另一个文件是统计信息表，用于显示所有类型的错误，并按降序排列。代码示例如下。

```
1.  def output_error_reports(statfile, logfile, tablename, **kwargs):
2.      #database hook
3.      db_hook = MySqlHook(mysql_conn_id='airflow_db', schema='airflow')
4.      db_conn = db_hook.get_conn()
5.      db_cursor = db_conn.cursor()
6.
7.      sql = f"SELECT error, count(*) as occurrence FROM {tablename} group by error
    ORDER BY occurrence DESC"
8.      sql_output = "COPY ({0}) TO STDOUT WITH CSV HEADER".format(sql)
9.
10.     with open(statfile, 'w') as f_output:
```

```
11.         db_cursor.bulk_dump(sql_output, f_output)
12.
13. output_reports = PythonOperator(task_id='output_reports',
14.                      python_callable=output_error_reports,
15.                      op_kwargs={'statfile': f'{base_folder}/error_stats.csv',
16.                                 'logfile': f'{base_folder}/error_logs.csv',
17.                                 'tablename': f'{table_name}'},
18.                      provide_context=True,
19.                      dag=dag)
```

再次触发DAG（monitor_errors）运行，base_folder文件夹中会生成两个报告文件：error_logs.csv和error_stats.csv。error_logs.csv包含表中的所有错误记录，error_stats.csv包含错误的不同类型。

步骤9：使用分支运算符检查错误列表中出现最多的事件。如果超过阈值（重复两次），则会发送电子邮件，否则将以静默方式结束。我们可以在Ainflow平台上定义变量阈值（变量阈值定义略），之后从代码中读取该阈值，这种方法在更改阈值时无须修改代码。代码示例如下。

```
1.  def check_error_threshold(**kwargs):
2.      threshold = int(Variable.get("error_threshold", default_var=2))
3.      ti = kwargs['ti']
4.      error_count = int(ti.xcom_pull(key='error_count', task_ids='output_reports'))
5.      print(f'Error occurrencs: {error_count}, threshold: {threshold}')
6.      return 'send_email' if error_count >= threshold else 'dummy_op'
7.
8.  check_threshold = BranchPythonOperator(task_id='check_threshold',
    python_callable=check_error_threshold, provide_context=True, dag=dag)
```

BranchPythonOperator返回下一个任务的名称，发送电子邮件或不执行任何操作（即使用DummyOperator定义一个空任务）。我们使用EmailOperator发送电子邮件。EmailOperator提供了一个简单的API，用于指定收件人、主题和正文字段，并且易于添加附件。代码示例如下。

```
1.  send_email = EmailOperator(task_id='send_email',
2.          to='test@airflow.com',
3.          subject='Daily report of error log',
4.          html_content=""" <h1>Daily report of error log for {{ ds }}</h1> """,
5.          files=[f'{base_folder}/error_stats.csv', f'{base_folder}/error_logs.csv'],
6.          dag=dag)
7.
8.  dummy_op = DummyOperator(task_id='dummy_op', dag=dag)
```

在使用EmailOperator前，我们需要先在YAML文件中添加一些配置参数，如账户、密码等（参数配置略）。

到目前为止，我们已创建工作流中的所有任务，并且定义了这些任务之间的依赖关系。我们可以再次触发DAG（monitor_errors）来查看整个工作流，如图10-29所示。

我们还可以灵活地配置DAG运行的时间，如每6个小时或每天的特定时间等，具体时间调度取决于实际业务需求。

综合上述技术示例，我们不难发现，Airflow是一种功能强大的工作流编排工具，也是数据管道的基础设施，更是DataOps实践的重要技术支撑。

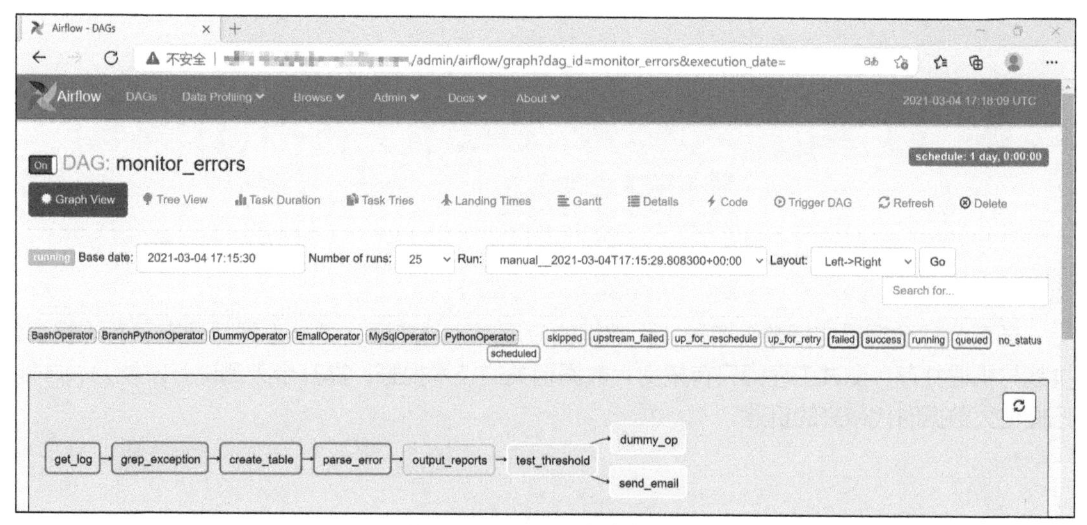

图10-29 DAG任务流全链路

10.4 本章小结

关于 DataOps 技术体系，我们分别从理念（DataOps 的定义、发展历程和能力特性等）与实践（DataOps 技术工具、数据管道技术示例）两个层面做了详细分析和阐述。通过对本章的学习，读者可以全面了解 DataOps，并能够结合相关业务场景构建 DataOps 技术体系。在未来的几年，随着数据智能化的转型升级，DataOps 技术将发挥更大的作用，DataOps 技术体系也将愈发成熟。总而言之，DataOps 是一项优秀的大数据工程实践，更是一种持续改进的技术变革文化，它值得我们充分借鉴与应用。

第 11 章　大数据测试的学习路线和发展趋势

随着全球数据量的指数级增长，大数据的应用越来越广泛，测试工程师迎来了新的挑战。挑战与机遇并存，测试工程师只有拓宽大数据相关的技术视野、提升个人测试开发能力，才能把握住大数据时代带来的机遇。

11.1　为什么学习大数据测试

当前，各行各业在大数据浪潮的推动下快速发展，与此同时，市场对于大数据测试（测试开发）工程师的需求也在不断上升。虽然大数据测试工程师岗位需求多且薪资高，但是，由于大数据技术体系复杂，业界对于大数据测试工程师的技术要求较高，造成了该岗位薪资高但人才少的现象。作为大数据测试工程师或有意入门大数据测试的工程师，需要掌握大数据技术和大数据测试的核心知识，这样才能顺应大数据时代的发展趋势，经得起行业的考验。学习大数据测试的必要性主要体现以下 3 个方面。

1. 大数据市场的强劲增长

据天府大数据国际战略与技术研究院在 2018 年的预测，大数据将在软件市场保持近 10 年的高速增长趋势[①]。大量企业正努力从采集的数据中获得尽可能多的价值，随之而来的是大数据技术的快速发展，以及大数据相关人才缺口极速扩大的行业现状。清华大学经管学院发布的《中国经济的数字化转型：人才与就业》报告显示，我国在大数据领域的人才缺口到 2025 年或将达到 200 万。在大数据市场需求和大数据人才供应并不均衡的条件下，大数据人才问题日渐严峻。大数据测试工程师是既具备大数据技术与相关专业技能，又了解行业需求的复合型人才，也是支撑大数据市场发展、各大企业争夺的核心技术力量。

2. 大数据测试的关键作用

随着大数据时代的到来，对大数据商业价值的挖掘和利用逐渐成为行业人士争相谈论的利润焦点。大数据能为企业带来更高价值的关键因素是数据质量与数据处理质量。数据规模大、数据种类繁多、数据处理实时性要求高和算法逻辑复杂等大数据项目的特性，决定了得到高质量的数据处理结果并不是一件容易的事情。从不同的数据源和渠道收集、获取数据的过程存在获取无效、不准确等场景，如果大数据项目运行在错误或无效的数据上，那么会影响结果的准确性与可靠性。数据安全贯穿数据处理全流程，保证数据的安全与合规，从架构、数据、代码和业务等多个方面维护大数据安全是非常必要的。大数据测试是保证数据的安全性与准确性，保证相关功能可以按照预期运行，并可以在此基础上迭代优化的关键步骤。大数据项目经过严

---

① 引自《2018 全球大数据发展分析报告》。

格的大数据测试可以很大程度上减少数据质量带来的威胁，准确、可靠的数据可协助企业优化业务策略，提高投资回报率。

3. 测试工程师能力升级

20 世纪 90 年代，测试行业开始迅猛发展，测试从开发中的“调试”，到“证明软件工作是对的”，到“证明软件工作存在错误”，再到“预防”，不断演进的测试行业早已脱离“蹒跚学步、懵懂无知”的阶段，现今已经形成一套测试体系，拥有自己成熟的评价方法。随着大数据、机器学习等技术栈的迅猛发展，测试行业迎来了很多新挑战，涌现了更多的测试新技术和新理念。基础的功能测试岗位越来越少，自动化、性能、安全、大数据测试和 AI 测试相关的新技术层出不穷，这种行业现状为从事测试行业的工程师提供了非常多的机会。

信息技术迭代快速，想要在激烈的职场竞争中处于不败之地，就需要保持持续学习的态度，掌握前沿的技术和知识。大数据技术正是当今的热门技术。大数据体量大、多样化和高速处理的特性，以及它所涉及的数据生成、存储、检索和分析等技术，使得大数据测试工程师需要具备极深的技术功底。大数据测试包括多种测试方法，这就要求测试工程师在熟练掌握测试技能的同时，具备大数据相关工具（平台）的使用甚至二次开发的能力。在大数据测试领域，持续成长的测试工程师还要关注大数据领域的最新技术，具备使用前沿技术来迎接未知挑战的能力。

11.2 如何学习大数据测试

大数据应用系统庞大且复杂，对此类项目进行测试，涉及多种工具、技术和框架的使用。为保证大数据项目在通过测试后，可以性能稳定，并且安全、无误地运行，大数据测试工程师必须掌握数据采集，数据存储，数据计算和分析，数据的管理调度，测试方法，测试方案设计，以及大数据测试平台使用等技能。本节将进一步介绍大数据测试需要掌握的知识。

11.2.1 大数据测试的学习路线

在进行大数据测试时，需要精湛的技术、有效的策略和高效的工具，那么，大数据测试工程师需要掌握的技术栈应该包括哪些方面？如何逐步掌握这些技能？图 11-1 展示了大数据测试的学习路线。

1. 计算机基础知识

对于大数据测试工程师，快速建立计算机科学的知识体系，有助于在搭建大数据环境和开发测试过程中遇到问题时可以快速定位并选择合适的策略。扎实的计算机知识功底是大数据测试工程师进行大数据测试的基础。常用的计算机基础知识包括数据结构与算法，操作系统，计算机组成原理，计算机网络，以及常用数据库等。图 11-2 展示了大数据测试工程师必备的一些计算机基础知识，下面对重点内容做简要介绍。

（1）数据结构与算法

数据结构与算法无处不在。在大数据类项目的开发与测试过程中，会用到多种框架、中间件和底层系统，如 Spring、RPC 框架、Rabbit MQ 和 Redis 等。在一些基础框架中，会加入数据结构和算法的设计思想。

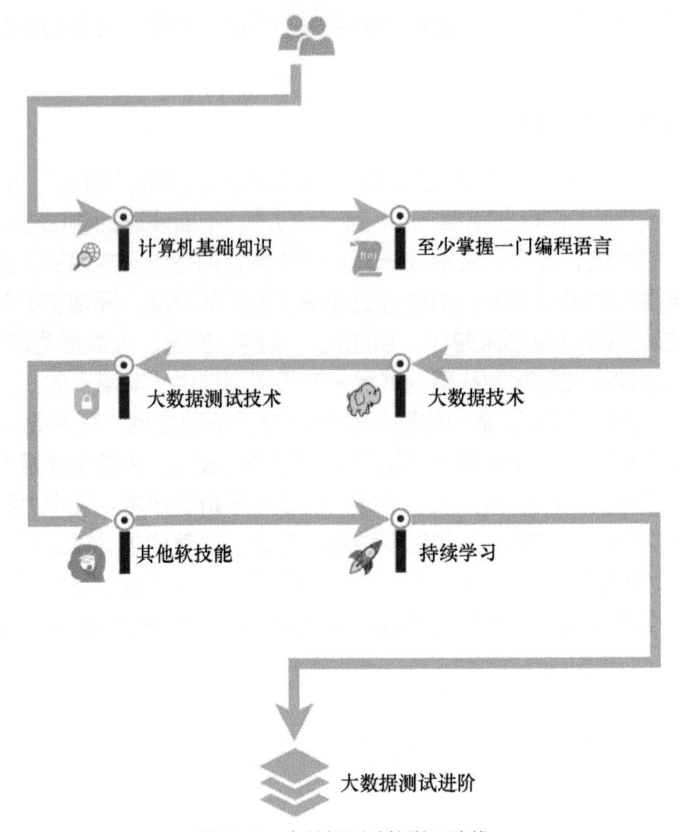

图11-1　大数据测试的学习路线

（2）操作系统

对于操作系统，应重点掌握 Linux 相关技术。由于大数据的分布式集群（Hadoop、Spark）大多搭建在多个具有 Linux 操作系统的机器上，因此，在搭建大数据测试环境与进行实际测试的过程中，需要用户拥有过硬的 Linux 技术，这样才能更好地理解和操作诸如 Hadoop、Hive、HBase 和 Spark 等大数据软件。

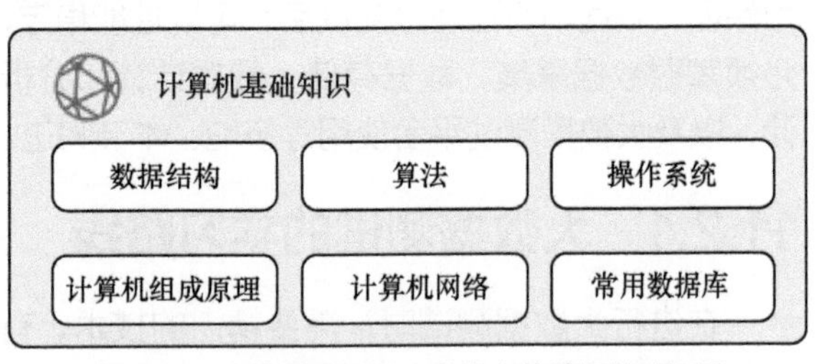

图11-2　大数据测试学习路线之计算机基础知识

（3）计算机网络

计算机网络是利用通信设备和线路将地理位置不同、功能独立的多个计算机系统互连，以功能完善的网络软件实现网络中的资源共享和信息传递的系统。对于用户，掌握计算机网络的基础知识是非常必要的。

（4）常用数据库

数据库管理系统作为处理数据的核心应用，在大数据开发测试中占有重要地位。在大数据开发测试的过程中，对海量信息的应用和管理，离不开数据库技术。

2. 至少掌握一门编程语言

对于大数据类项目，可以选择的编程语言种类比较丰富。图 11-3 展示了几种用于大数据的编程语言。

(1) Python

获取数据是数据分析的关键步骤。除为用户提供经常用到的 Numpy 和 Pandas 以外，Python 还提供了一些操作大型数据集所需的高效工具。

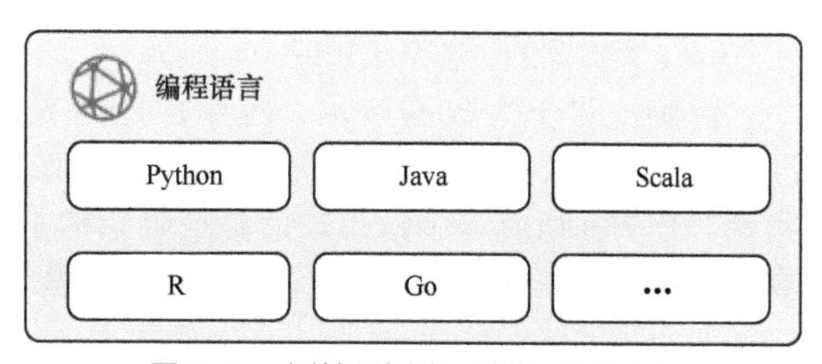

图11-3 大数据测试学习路线之编程语言

(2) Java

Java 是大数据生态中使用较为广泛的语言。大数据生态中的很多组件是通过 Java 开发的，如 Hadoop MapReduce 和 HDFS 等；Storm、Kafka 和 Spark 都可以在 JVM 上运行，这意味着 Java 是大数据类项目开发中的必备语言之一。

(3) Scala

Scala 是一种驱动 Spark 和 Kafka 的语言，它包括许多实用的编程功能。多数使用者认为 Scala 比 Java 简洁。Scala 支持大数据开发，具有采用 Jupyter 和 Zeppelin 形式的基于 Web 的框架。

(4) R

R 是一种专门为统计人员开发的语言。由于 R 语言在设计之初就考虑到了统计分析，因此它具备许多适合大数据分析的软件包。

(5) Go

近些年，Go 的发展速度非常快，为大数据从业者在面对大数据问题时提供了新的选择。Go 将在很大程度上降低大数据领域的开发成本，因此，大量小型开发团队可以更快地进入大数据开发领域。

3. 大数据技术

作为大数据测试工程师，需要对大数据有清晰的认识：大数据主要涉及数据的采集、存储、计算和分析，以及管理调度。大数据技术涉及数据的采集、预处理和分布式存储，以及数据仓库、机器学习、并行计算和可视化等方面。对于大数据测试工程师，了解大数据技术的发展与应用，熟悉大数据类项目的流程，掌握大数据的处理流程和大数据的生态系统知识（见图 11-4）是必要的。

(1) 大数据技术的发展与应用

在大数据时代，信息技术不断深入生活和工作中，信息的累积已经达到引发技术变革的程度。作为大数据技术的相关从业者，需要及时了解大数据技术的发展与应用。

大数据技术
大数据技术的发展与应用
大数据类项目的流程
大数据的处理流程
大数据的生态系统知识

图11-4 大数据测试学习路线之大数据技术

(2) 大数据类项目的流程

大数据类项目从立项到上线，需要项目组多方成员的共同协作。产品经理产出需求文档并组织各方进行评审，开发工程师依据需求文档产出技术与设计文档，测试工程师依据需求文档，以及技术与设计文档，产出测试计划与测试用例，测试通过后，上线验证，并对线上效果与线上数据制订合理的监控与报警策略。

(3) 大数据的处理流程

大数据的处理流程大致包括数据采集、数据存储、数据计算和数据分析。

（4）大数据的生态系统知识

目前，对于大数据技术，应用广泛的是以 Hadoop 和 Spark 为核心的生态系统。Hadoop 提供了一个稳定的共享存储和分析系统，存储由 HDFS 实现，分析由 MapReduce 实现。在 Hadoop 这个分布式计算基础架构中，有多个子项目提供配套的补充服务。在表 11-1 中，我们对 Hadoop 子项目进行了简单介绍。

表11-1　Hadoop子项目

子项目	功能
Core	一系列分布式文件系统和通用IO的组件和接口（序列化、Java RPC和持久化数据结构）
Avro	一种提供高效、跨语言RPC的数据序列系统，持久化数据存储
MapReduce	分布式数据处理模式和执行环境，运行于大型商用机集群
HDFS	分布式文件系统，运行于大型商用机集群
Pig	它是一个数据流语言和运行环境，用于检索非常大的数据集。它提供一种称为PigLatin的高级语言。它运行在MapReduce和HDFS的集群上
HBase	分布式的列存储数据库。HBase将HDFS作为底层存储，同时支持MapReduce的批量式计算和点查询（随机读取）
ZooKeeper	分布式的、高可用的协调服务。ZooKeeper提供分布式锁之类的基本服务，用于构建分布式应用
Hive	分布式数据仓库。管理HDFS中存储的数据，并提供基于SQL的查询语言用于查询数据
Chukwa	分布式数据收集和分析系统。它运行HDFS中存储数据的收集器，使用MapReduce生成报告

使用大数据技术的意义不在于掌握规模庞大的数据信息，而在于对这些数据进行智能处理，从中分析和挖掘有价值的信息。数据源是大数据项目的上游，采集过程中针对不同的业务场景治理数据，完成数据的清洗工作。大数据采集作为大数据生命周期中的第一个阶段，将面对复杂的数据源，在此阶段，既要保证采集数据的可靠性和数据采集的高效性，又要避免数据重复。

在大数据时代，从多渠道获得的原始数据常常缺乏一致性，数据结构混杂。随着数据量持续增长，单机系统的性能会不断下降，即使提升硬件配置，也难以跟上数据增长的速度，这导致传统的数据处理和存储技术失去可行性，在进行大数据类项目的开发与测试时，我们需要选择合适的数据存储方式。

大数据计算主要完成海量数据并行处理、分析挖掘等面向业务的任务。大数据计算主要涉及批处理框架、流处理框架、交互式分析框架和图计算等。通过对大数据的计算与分析，从海量数据中提取隐含其中的、具有潜在价值的信息，这不但是大数据类项目的重要流程，而且是大数据测试时需要我们关注的核心功能。

4. 大数据测试技术

通过对大数据应用的了解，我们知道大数据应用是一类涉及数据采集、数据存储、数据计算和数据分析的项目。测试大数据项目更像是验证数据处理的流程，而不是测试软件产品的每个单独功能。图 11-5 展示了大数据测试工程师必须掌握的大数据测试的相关技术。

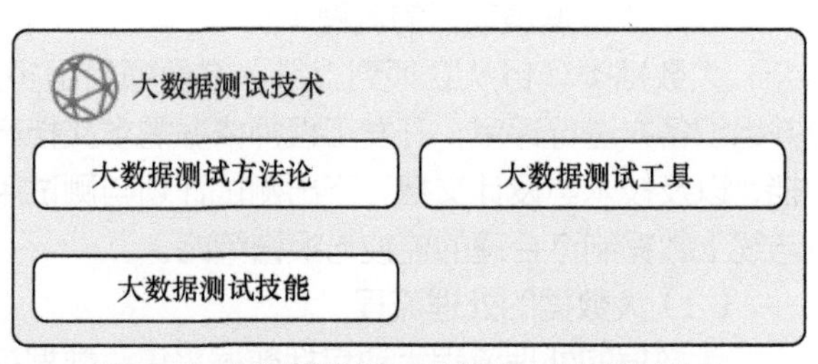

图11-5　大数据测试学习路线之大数据测试技术

掌握大数据测试方法论是测试实践的前提条件。在大数据项目的测试流程中，通常涉及数据库测试、基准测试、性能测试和功能测试等，制订清晰的大数据测试策略或计划有助于项目的成功交付。

大数据测试工具是提高测试效率的有效武器。分析业务数据的痛点，调研大数据测试过程中的工具需求，借助脚本、自动化方式和工具（平台）等，可有效提升测试的效率与准确性，避免重复性工作，也可以提升测试人员的测试开发技能与个人影响力。

5. 其他软技能

作为一名大数据测试工程师，不仅要掌握大数据测试的相关知识和技能，还需要具备项目管理、协调和沟通等软技能。

6. 持续学习

持续学习始终是测试开发工程师前进道路上披荆斩棘的利剑。

11.2.2 大数据测试的技能图谱

大数据平台集群规模大、数据量大、业务应用多样，我们需要保证大数据类项目稳定运行，以及具备高容灾等能力，面临的测试挑战比传统测试要多。一名合格的大数据测试工程师应该掌握的技能如图 11-6 所示（详细的大数据测试的技能图谱见本书最后的插页）。

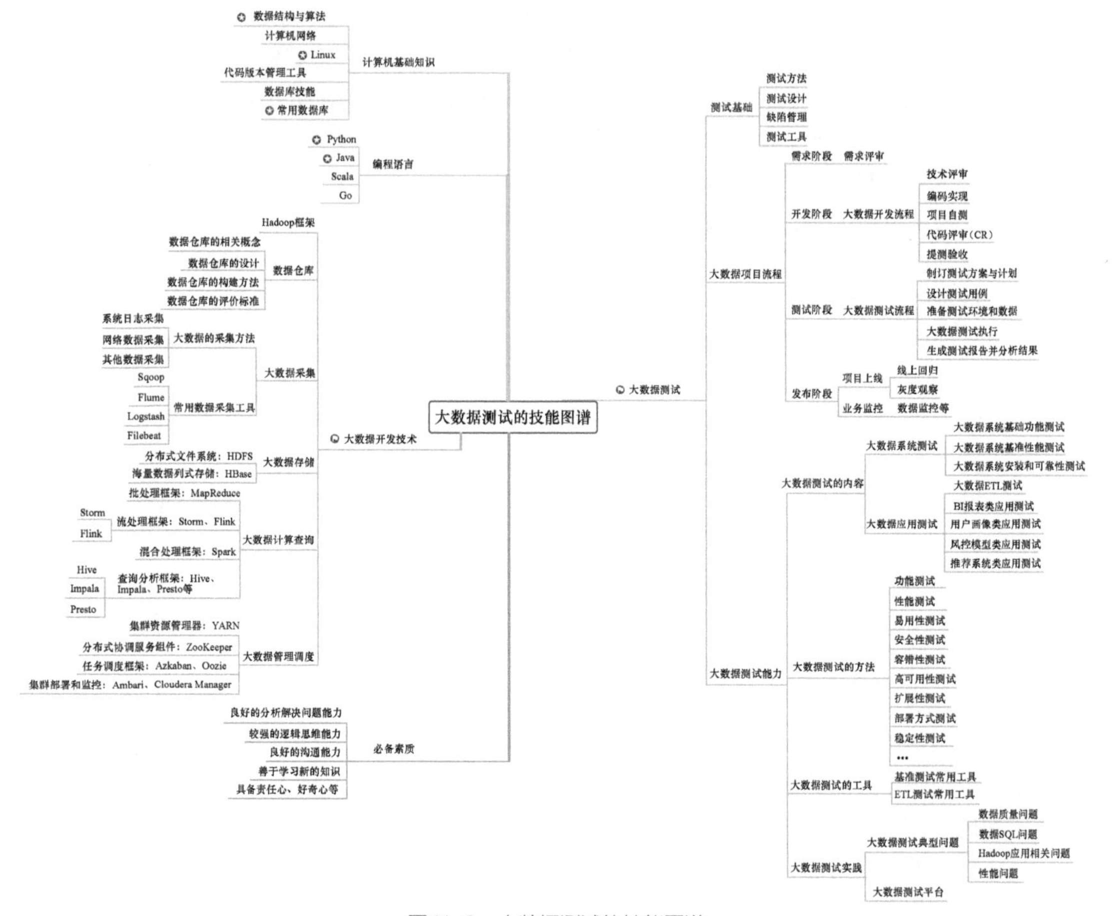

图11-6 大数据测试的技能图谱

1. 计算机基础知识学习

图 11-7 是关于大数据测试的计算机基础知识学习图谱。

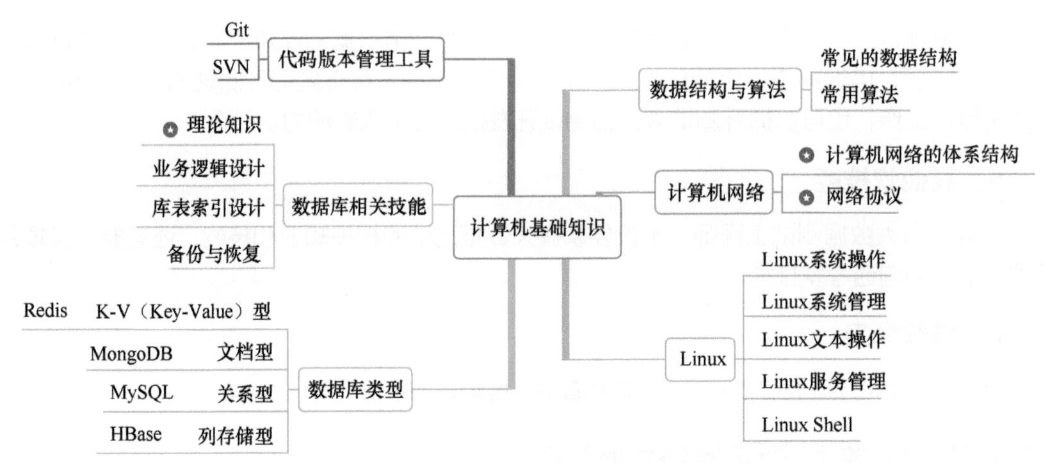

图11-7 计算机基础知识学习图谱

对于数据结构，就是按照一定的逻辑结构组织数据。我们可以选择适当的存储表示方法把逻辑结构组织好的数据存储到计算机的存储器中。算法可以更有效地处理数据，提高数据运算效率。数据的运算是定义在数据的逻辑结构上的，但运算的具体实现要在存储结构上进行。

- 学习内容：熟悉常用的数据结构，包括数组、链表、栈、队列、二叉树、堆、跳表和图等；熟悉常用的算法，包括递归算法、排序算法、二分查找算法、搜索算法、哈希算法、贪心算法、分治算法、回溯算法、动态规划和字符串匹配算法等。
- 推荐的学习资源：《大话数据结构》《算法图解》和《数据结构和算法分析》。

计算机网络的核心是网络协议。不同数据终端间的通信需要在一定的标准上进行。网络协议是为在计算机网络中进行数据交换而建立的规则、标准。

- 学习内容：计算机网络的体系架构、计算机网络技术中常用的术语和网络协议等。
- 推荐的学习资源：《图解 HTTP》《图解 TCP/IP》和《计算机网络》。

Linux 操作系统在大数据领域应用广泛。作为大数据测试工程师，应该对 Linux 有所了解，甚至深入学习，掌握其核心原理。

- 学习内容：系统操作、文件操作、文本操作、服务管理、常用软件安装、数据备份、文件系统、Vim 文本编辑器和 Shell 编程等。
- 推荐的学习资源：《鸟哥的 Linux 私房菜：基础学习篇（第四版）》《Linux 命令行与 Shell 脚本编程大全（第 3 版）》和《Linux 从入门到精通（第 2 版）》。

Git 与 SVN 是开源的代码版本管理工具，用于敏捷、高效地处理项目。

- 学习内容：安装与配置，工作原理与流程，远程仓库，分支管理，标签管理，提交代码，解决冲突，以及常用命令等。
- 推荐的学习资源：https://git-scm.com 和 https://tortoisesvn.net。

数据库是大数据技术体系中的一员，主要用于数据的存储，以及部分数据管理任务。数据库技术可用来操作存储的数据。

学习内容如下。

- 理论知识：索引与原始结构，事务的 ACID（Atomicity、Consistency、Isolation、Durability，原子性、一致性、隔离性、持久性），MVCC（Multi-Version Concurrency

Control，多版本并发控制），锁机制，读写相关操作原理，以及备份与恢复等。
- 高可用：业务逻辑设计、库表索引设计和慢查询等。

推荐的学习资源：《数据库系统概念》《SQL 学习指南（第 2 版）》和《高性能 MySQL（第 3 版）》。

大数据的存储与测试离不开数据库。关于数据库，大数据测试工程师需要掌握 Redis、HBase 和 MongoDB。Redis 是一种开源的数据结构存储方式，用于数据库、缓存和消息代理；海量数据存储成为提升应用性能的瓶颈，单台机器无法进行海量数据的处理，HBase 的分布式存储方式成为解决方案之一；MongoDB 是通用的基于文档的分布式数据库。

学习内容如下。

- 关于 Redis，需要掌握客户端连接，单机环境部署，数据结构及其典型案例，以及 Redis 的数据类型及其常用操作等。
- 关于 HBase，需要掌握安装部署，概念与定位，应用场景及其特点，以及架构体系与设计模型等。
- 关于 MongoDB，需要掌握数据结构、存储结构、系统架构、功能特性、应用场景和常见问题等。

推荐的学习资源：《Redis 入门指南（第 2 版）》《Redis 设计与实现》《HBase 实战》《MongoDB 权威指南（第 2 版）》和《深入学习 MongoDB》。

2. 必备编程语言学习

图 11-8 是编程语言学习图谱。

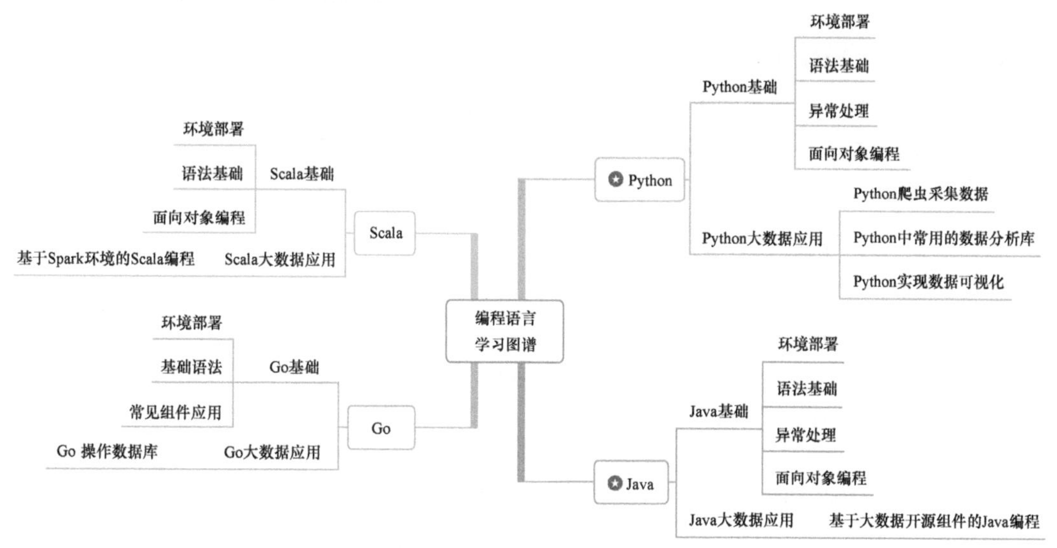

图11-8 编程语言学习图谱

Python 擅长处理数据，有很多包、方法可直接调用。

学习内容如下。

- 学习环境的部署方式、运行方式和 Python 的核心数据结构。
- 掌握如何利用基本指令编写程序；探索如何使用 Python 的内置数据结构，如列表、字典和元组，进行更为复杂的数据分析。
- 利用 Python 进行数据的控制、处理、整理和分析。
- 学习使用 NumPy 的常见函数，使用 pandas 进行探索性分析，使用 scikit-learn

建立预测模型，使用 statsmodels 进行统计分析，使用 SciPy 进行数值计算，使用 Gensim 进行文本挖掘等。

推荐的学习资源:《Python 核心编程（第 3 版）》《Python Web 开发实战》和廖雪峰的 Python 教程。

Java 编程技术应用于很多大数据开源工具，是大数据测试的基础。

- 学习内容: Java 环境部署与语法基础，Java 多线程基本知识，Java 并发包消息队列中的应用，Java JMS 技术，Java 动态代理反射，轻量级 RPC 框架开发，以及大数据开源组件的 Java 编程等。
- 推荐的学习资源:《Java 编程思想（第 4 版）》《深入理解 Java 虚拟机: JVM 高级特性与最佳实践（第 3 版）》《Java 并发编程实战》和 *Head First Java*。

Scala 是一门多范式的编程语言。

- 学习内容：了解 Scala 的环境配置、Scala 的基础语法、面向对象编程思想、函数式编程思想、集合和并发编程框架，以及基于 Spark 环境的 Scala 编程等。
- 推荐的学习资源:《Scala 学习手册》《Scala 程序设计（第 2 版）》和 *Programming in Scala (Fourth Edition)*，以及 Scala 官网。

对于大数据，目前推荐使用 Python、Java 和 Scala，因为 Go 在大数据技术中目前仍处于起步阶段。

- 学习内容：了解 Go 的环境安装、基础语法、常用标准库、常用组件与使用技巧。学习如何使用 Go 操作 MySQL、MongoDB 和 Redis 等。
- 推荐的学习资源: *The Go Programming Language* 和《Go 语言实战》。

3. 大数据开发技术

Hadoop 是专门为离线和大规模数据分析而设计的分布式基础架构，是大数据技术体系中重要的技术架构。Hadoop 的两个核心子项目分别解决了数据存储问题（HDFS）和分布式计算问题（MapReduce）。关于 Hadoop 必备的技能如图 11-9 所示。

图11-9　关于Hadoop必备的技能

在学习大数据相关技术的过程中，我们需要熟悉 Hadoop 生态系统。对于 Hadoop，我们需要掌握其安装和部署，系统架构，工作机制、IO、组件功能、管理与维护，以及实践应用等。

推荐的学习资源:《Hadoop 实战（第 2 版）》《Hadoop 权威指南（第 4 版）》和“Hadoop 技术内幕”系列图书等。

如图 11-10 所示，将大数据类项目涉及的技术栈划分为传输采集层、存储层、计算层、工具层与服务层。下面分别介绍技术栈各层需要重点掌握的内容。

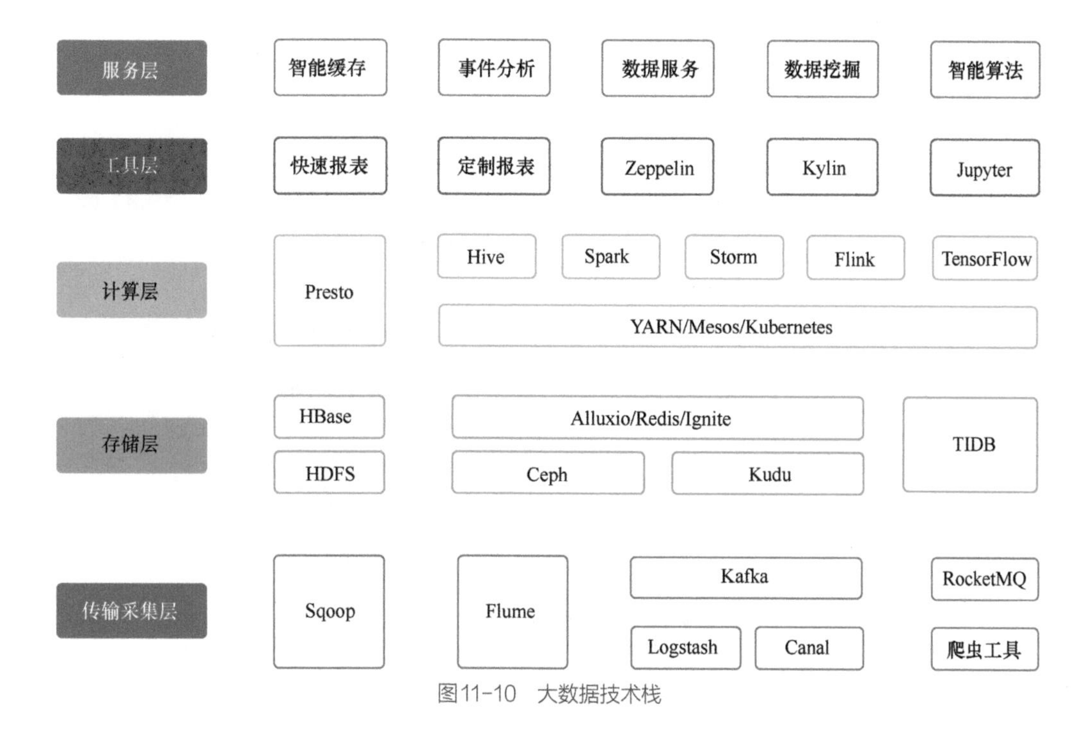

图11-10　大数据技术栈

ETL 过程是数据集成的第一步，也是构建数据仓库的重要步骤。当前的大数据项目的数据来源复杂多样，包括业务数据库、日志数据、图片和视频等。数据采集的形式也随着采集数据的类型与来源变化。为了满足多种业务需求，数据采集工具也更加丰富。常用的数据采集工具包括 Sqoop、Flume、Logstash 和 Filebeat 等。在传输采集层，我们需要掌握大数据的采集方法、常用的数据采集工具等，如图 11-11 所示。

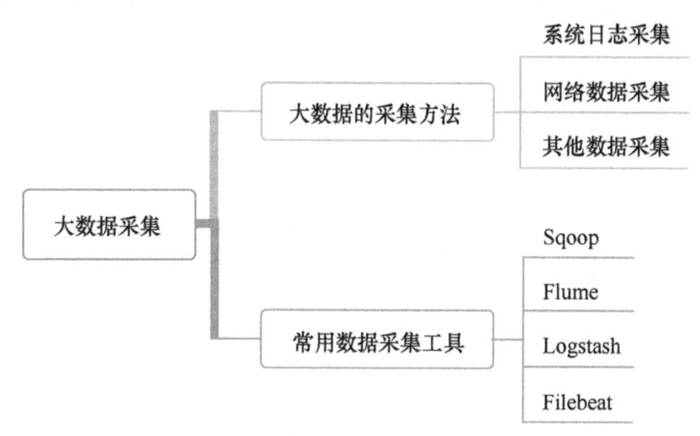

图11-11　大数据采集必备的技能

在大数据领域，应用较为广泛的大数据存储技术有 HDFS 与 HBase。关于 HDFS，我们需要掌握其系统架构，工作机制，组件功能，存储原理，数据读写流程，命令行操作与管理命令，以及高可用与容错机制等。

HBase 是一种构建在 HDFS 之上的分布式、面向列的存储系统。关于 HBase，我们需要掌握它的安装与部署，常用命令，系统架构，设计思想，工作机制，应用场景及特点，存储格式，以及优化技巧等。关于大数据存储必备的技能如图 11-12 所示。

针对不同的数据处理需求，有多种计算模式，比较有代表性的大数据计算模式包括：批处理框架 MapReduce；流处理框架 Storm；混合处理框架 Spark、Flink；查询分析框架 Hive、Spark SQL、Flink SQL 和 Pig 等。

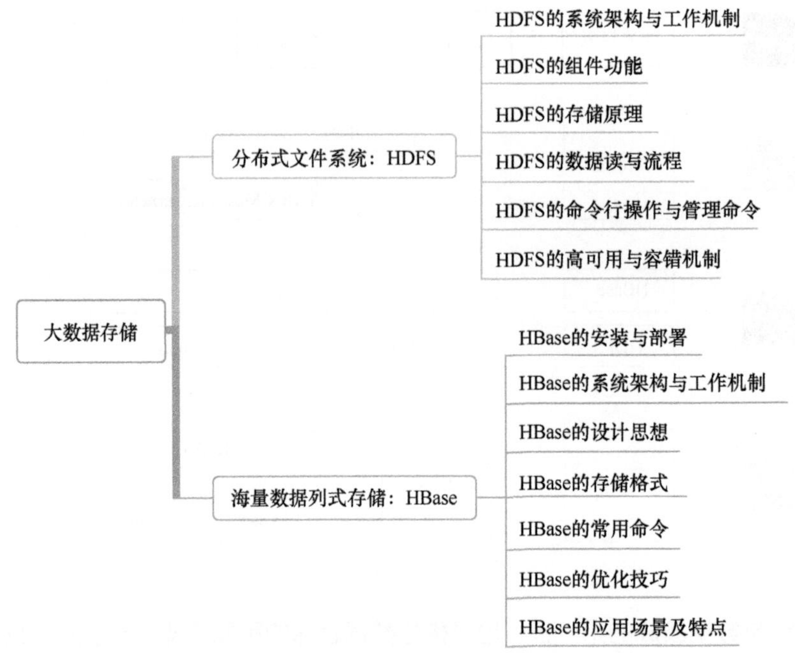

图 11-12 大数据存储必备的技能

MapReduce 是大数据批处理框架，其并行计算、将编程框架抽象化或模型化、架构统一的设计思想，使之成为经典的大数据批处理框架。关于 MapReduce，我们需掌握其安装与部署，系统架构与工作机制，设计思想，编程模型，应用场景及特点等，如图 11-13 所示。

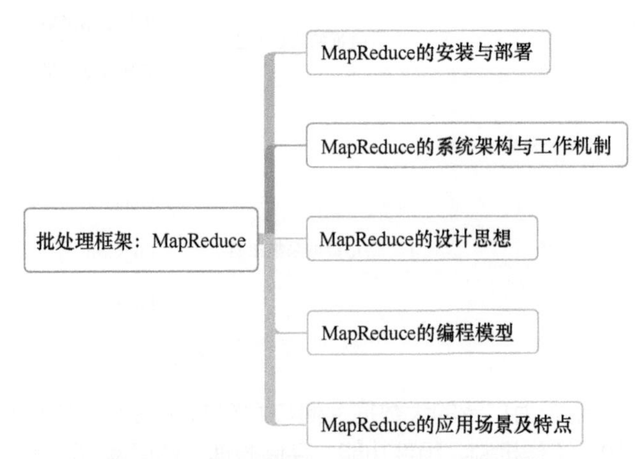

图 11-13 批处理框架 MapReduce 必备的技能

Storm 与 Flink 是流处理框架。关于流处理框架 Storm 和 Flink，我们需要具备的技能如图 11-14 所示。Storm 是一个免费的、开源的分布式实时计算系统。Storm 不仅可以用于实时分析，还可以用于在线机器学习、持续计算、分布式远程调用和 ETL 过程等。关于 Storm，我们需要重点掌握其安装与部署，系统架构与工作机制，数据源与数据处理组件，以及应用场景及特点等。Flink 是主要由 Java 实现的针对流数据和批数据的分布式处理引擎。关于 Flink，我们需要掌握其安装与部署，系统架构与工作机制，数据类型，应用场景及特点，以及 Flink SQL 等。

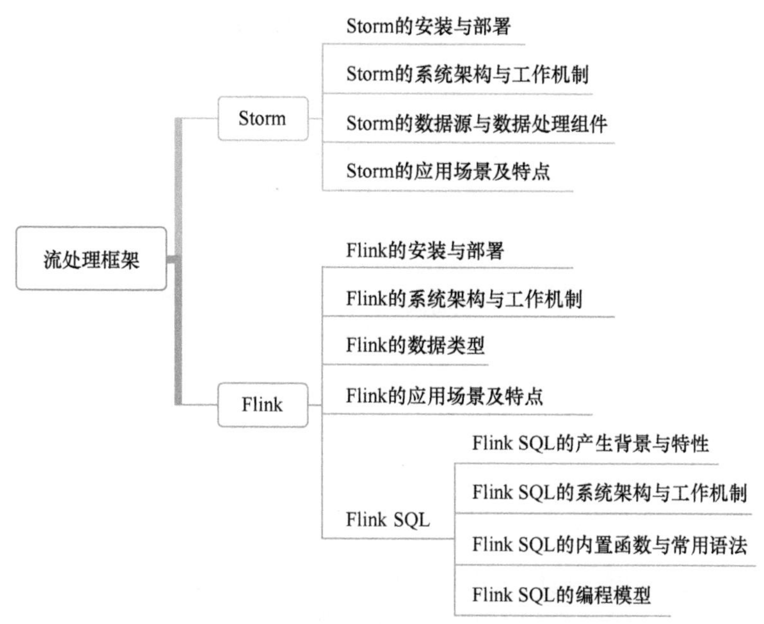

图11-14 流处理框架Storm和Flink必备的技能

Spark 是混合处理框架。关于 Spark，我们需要具备的技能如图 11-15 所示。Spark 是一个专门为大规模数据处理而设计的快速且通用的计算引擎。关于 Spark，我们需要重点掌握其系统架构与工作机制，核心 RDD（Resilient Distributed Dataset，弹性分布式数据集），应用场景及特点，Spark SQL，以及与 MapReduce 的区别等。

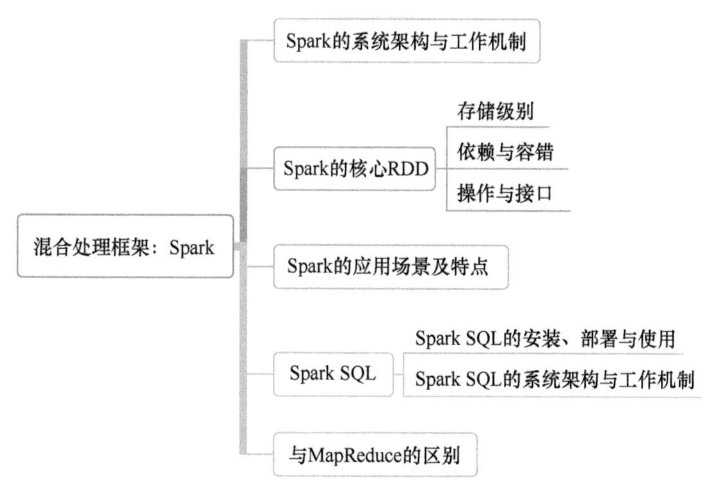

图11-15 混合处理框架Spark必备的技能

Hive、Impala 和 Presto 是常见的查询分析框架，我们需要掌握的技能如图 11-16 所示。Hive 是建立在 Hadoop 之上的数据仓库基础架构，常用于数据分析，对实时性要求不高。关于 Hive，我们需要掌握其系统架构与工作机制，数据类型、库表操作，函数与运算符，以及视图和索引等。关于 Impala，我们需要了解其系统架构与工作机制，使用技巧与性能调优，以及与 Hive 的区别等。关于 Presto，我们需要掌握其系统架构与工作机制，函数与运算符，以及应用场景及特点等。

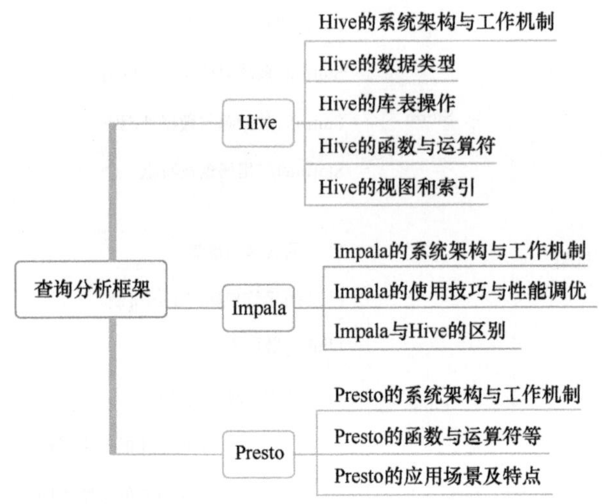

图 11-16　查询分析框架 Hive、Impala 和 Presto 必备的技能

对于大数据管理调度，我们可重点了解 YARN、ZooKeeper 等，如图 11-17 所示。YARN 是一个资源调度平台，负责为运算程序提供服务器运算资源。关于 YARN，我们需要了解其系统架构与工作机制等。ZooKeeper 是一个开源的、分布式的、为分布式应用提供协调服务的大数据框架。关于 ZooKeeper，我们需要了解其集群安装和部署，常用接口，命令行操作，数据一致性原理和 leader 选举机制，Java 客户端基本操作和事件监听，以及应用场景及特点等。关于任务调度框架，我们需要了解 Azkaban、Oozie 和 Airflow 等。关于集群部署和监控，我们需要了解 Ambari 和 Cloudera Manager。

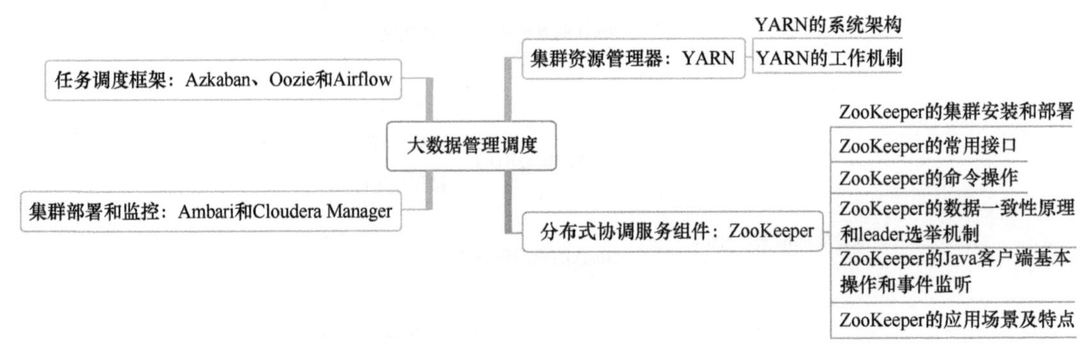

图 11-17　大数据管理调度必备的技能

推荐的学习资源：《HBase 权威指南》《Hive 编程指南》《Spark 快速大数据分析》《Spark 机器学习》《Spark 技术内幕：深入解析 Spark 内核架构设计与实现原理》《Kafka 权威指南》《从 Paxos 到 ZooKeeper：分布式一致性原理与实践》和《深入浅出数据分析》等。

4. 大数据测试能力

图 11-18 展示了我们需要具备的测试基础知识。作为大数据测试工程师，需要扎实的测

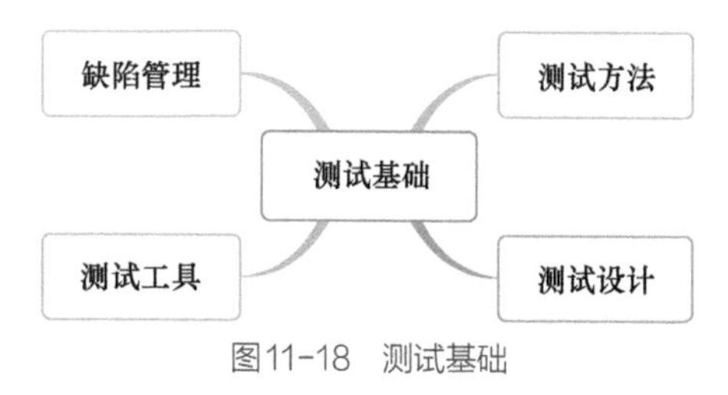

图11-18 测试基础

试基础知识。在项目流程中，合理的测试方法与缺陷管理，以及有效的测试设计，是保证项目质量的前提；选择合适的测试工具则有助于提升测试效率。

大数据测试的执行与产品团队、开发团队的支持和配合密切相关。大数据测试流程可以划分为分析业务需求、制订测试计划、设计测试用例、准备测试数据、大数据测试执行、生成测试报告并做结果分析和测试完成 7 个阶段，如图 11-19 所示。

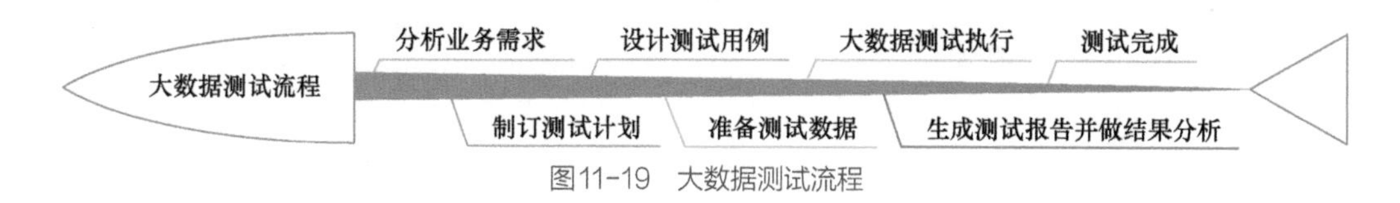

图11-19 大数据测试流程

- 在分析业务需求阶段，我们需要深入调研功能细节，透彻分析需求，为产品质量保障工作打好基础。
- 制订测试计划阶段，我们需要了解开发的架构逻辑、表结构设计和开发排期等，制订测试策略和方法，明确测试重点，选用合适的测试工具，进行风险评估等。
- 设计测试用例与准备测试数据阶段是为测试执行做好铺垫，保证测试的高覆盖率和高通过率，提供正常、异常、功能逻辑、接口和性能等多种测试场景用例。
- 在大数据测试执行阶段，依据不同的产品类型，进行相应的测试。根据前面阶段中制订的测试策略，按照步骤执行测试用例。在此阶段，可以通过自动化或脚本等手段提升效率。
- 在生成测试报告并做结果分析阶段，针对涉及的环境与业务数据，面临的困难与突破改进，使用的关键技术或工具，项目中的流程问题，以及项目上线后的数据问题等，进行总结和归纳，并形成文档。接下来，分析并找出测试工作中需要优化和改进的技术或流程，给出解决方案并应用于后续测试工作中，为寻找或研发更加适合大数据测试的策略、方式和工具提供依据。
- 在测试完成阶段，项目组成员第一时间针对上线的新功能进行线上回归验证。可以配置一些数据或异常日志监控规则，及时关注，这对发现问题及快速止损将起到重要作用。

图 11-20 展示的是大数据测试的类型、方法与工具。大数据测试的类型主要有大数据系统测试与大数据应用测试。在大数据测试的过程中，需要遵循一些既定的方法和策略。按照测试类型，可以将大数据测试的方法归纳为：功能测试、性能测试、易用性测试、安全性测试、容错性测试、高可用性测试、扩展性测试、部署方式测试和稳定性测试等。大数据的功能测试与性能测试是我们必须掌握的测试方法，需要了解验证的功能、执行的方法和测试通过的标准等，详见第 5 章。

大数据类项目涉及数据的创建、存储、检索和分析等，过程复杂，在进行大数据测试时，会用到多种工具辅助测试。例如，在基准测试中，常用的工具有 GridMix、TeraSort、YCSB、LinkBench、HiBench 和 BigDataBench 等；在 ETL 测试中，常用的工具有 Informatica Data Validation、iCEDQ、Datagaps ETL Validator、Talend 和 QuerySurge 等。

大数据测试工程师的成长离不开测试实践。大数据测试中的典型问题和大数据测试平台的使用如图 11-21 所示。

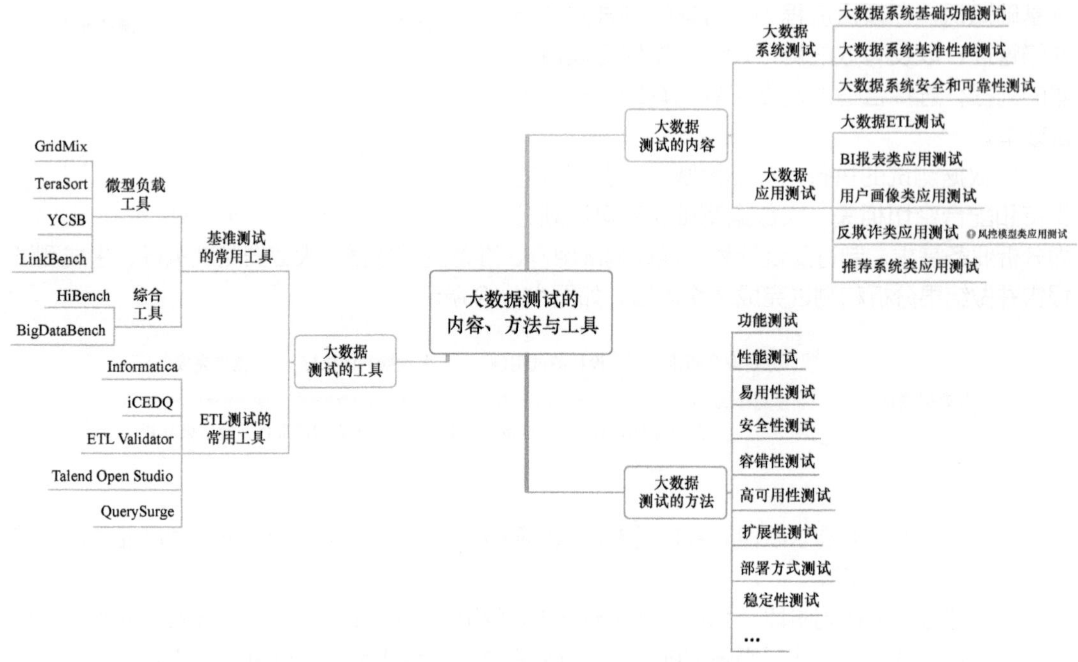

图11-20　大数据测试的内容、方法与工具

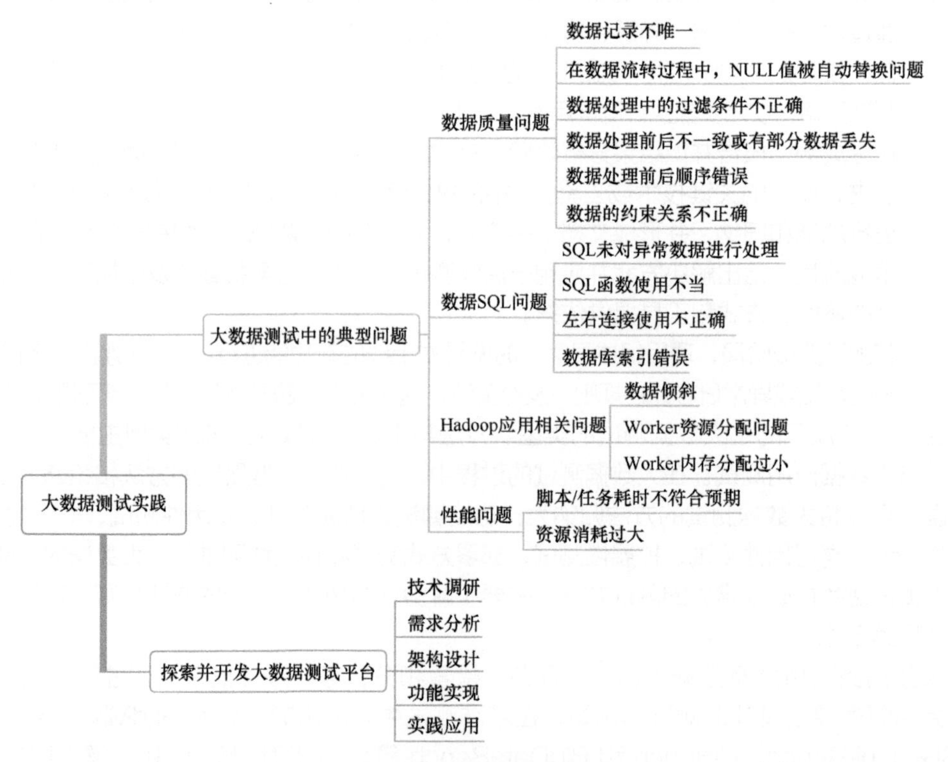

图11-21　大数据测试实践

在大数据测试中，我们需要了解哪些地方容易出现问题。常见的问题包括数据质量问题、数据 SQL 问题、Hadoop 应用相关问题和性能问题等。例如，数据列顺序错误就是一种常见的数据质量问题，SQL 函数使用不当或数据库索引错误会带来数据 SQL 问题。

大数据项目涉及的技术复杂且多样。面对测试效率低、批量回归或批量执行测试用例难等问题，大数据测试工程师需要具备研发大数据测试平台的能力。探索并开发适用于大数据业务的测试工具或平台，即从需求分析，架构设计，到功能实现，再到测试通过后投入使用，这些会给大数据测试工程师带来经验与技术能力的提升。

5. 必备素质

图 11-22 所示的一些“软素质”也是大数据测试工程师应该掌握的技能。在项目流转过程中，大数据测试工程师高效地交流和传达信息，可有效地提升工作效率。在大数据技术快速发展的时代，大数据测试工程师要跟上技术发展的脚步，不断学习最新的技术。在参与新的项目或测试新的功能时，创新大数据测试思维，与时俱进，拥抱变化，遇到问题迎难而上，具备定位与解决问题的能力。除此之外，大数据测试工程师需要整合和分析业务与测试中的问题，设计并开发能够解决大数据测试实际问题或提升测试效率的工具、脚本等，这也可以提升个人竞争力。

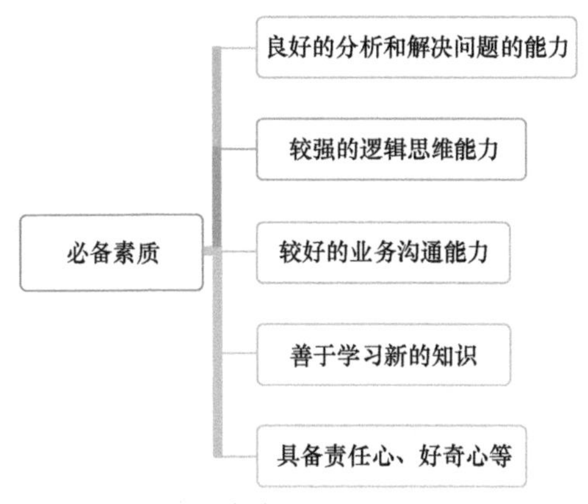

图11-22　大数据测试中的必备素质

11.3　大数据测试的发展趋势

在大数据时代，全球大数据存储量迅猛增长，不断丰富的商业模式带来数据的多样化、复杂化，大数据行业中新的技术层出不穷。大量的技能与方法涌入测试领域，随之而来的是技术的改进、进化和再创造。随着数字化技术的广泛应用，业界对于大数据测试的要求也在持续提升。AI 技术正在敲开自动化测试的大门，它会引发大数据开发测试效率与应用过程的变革。未来，将有更多的测试方案使用人工智能方式，从而灵活地控制测试时间。利用 AI 技术，可以完成烦琐的回归测试，执行各种重复性任务，实现高效、精准地执行测试用例的同时，充分覆盖测试内容的广度与深度，保证测试一致性，从而提高项目质量。利用 AI 技术可自动生成测试脚本，识别交互模式，选择最优测试方法生成测试用例，应用自动化测试工具，节约测试用例的维护成本。AI 技术在辅助大数据测试、提高项目质量的同时释放更多的时间，大数据工程师可以利用更多的时间探索更加高效和完善的测试方式或工具，这是大数据测试未来发展的必然趋势。

11.4　本章小结

本章首先阐述了学习大数据测试的意义，接着介绍了大数据测试的学习路线，并从计算机基础知识、编程语言、大数据开发技术、大数据测试能力和必备素质多个角度详细介绍了大数据测试开发工程师需要具备的技能，最后分析了大数据测试的发展趋势。在大数据类项目极速增加的背景下，想要成为一名优秀的大数据测试工程师，需要掌握大数据相关的知识和技能，而且需要始终保持学习的态度。

附录　大数据技术经典面试题

本书精选了一些大数据开发测试时常见的问题，它们也是相关公司面试时经常提到的问题，希望读者有所启发。限于篇幅，本书只列出问题，解答思路和参考答案可通过关注作者公众号“AI 测试之路”并回复“大数据面试”获取。我们将不定期更新相关问题及参考答案。

1. 数据采集同步

（1）Sqoop

1）Sqoop 的主要功能有什么?

2）Sqoop 底层是如何实现的?

3）Sqoop 将数据同步到 HDFS 时常用的参数有哪些?

4）Sqoop 将数据同步到 Hive 时常用的参数有哪些?

5）RDBMS 中的增量数据如何进行同步?

6）使用 Sqoop 进行数据同步时，如何保证不同存储中“Null”的一致性?

7）在 Sqoop 数据同步时，一次执行需要多长时间?

8）如何避免 Sqoop 在数据同步时的数据倾斜?

（2）Flume

1）Flume 的使用场景有哪些?

2）Flume 的组成架构是什么?

3）Flume 采集的数据会丢失吗？为什么?

4）Flume“死”机后出现数据丢失问题，如何解决?

5）Flume 如何将数据采集到 Kafka?

6）Flume 不采集 Nginx 日志，通过 Logger4j 采集日志，优缺点是什么?

7）什么是 Flume 的事务机制?

8）Flume 的拦截器和选择器分别是什么?

9）简述 Flume 中 MemoryChannel 与 FileChannel 的优缺点。

10）Flume 的负载均衡和故障转移如何实现?

（3）Kafka

1）Kafka 的作用是什么?

2）Flume 与 Kafka 的区别是什么？如何进行选型?

3）Kafka 的数据是放在磁盘上还是内存上？哪种方式速度更快?

4）Kafka 消费过的消息如何再消费?

5）Kafka 数据会丢失吗？为什么？

6）若出现 Kafka“死”机问题，如何解决？

7）为什么 Kafka 不支持读写分离？

8）Kafka 数据分区和消费者的关系是什么？

9）简述 Kafka 的数据 offset 读取流程。

10）Kafka 内部如何保证顺序？结合外部组件，如何保证消费者的顺序？

11）若出现 Kafka 消息数据积压，Kafka 消费能力不足现象，如何处理？

12）Kafka 单条日志的传输大小是多少？

2. 数据存储

（1）HDFS

1）请阐述 HDFS 系统架构以及各个组成部分的作用。

2）请简述 HDFS 的冗余数据保存策略。

3）请阐述 HDFS 在不发生故障的情况下读文件的过程。

4）请阐述 HDFS 在不发生故障的情况下写文件的过程。

5）请说明 HDFS 中的块和普通文件系统中的块的区别。

6）在分布式文件系统中，中心节点的设计至关重要，请阐述 HDFS 是如何减轻中心节点的负担的。

7）请列举几个 HDFS 常用命令，并说明其使用方法。

（2）HBase

1）请简述 Hadoop 体系架构中 HBase 与其他组成部分的关系。

2）请阐述 HBase 和传统关系型数据库的区别。

3）HBase 的访问接口有哪些类型？

4）请分别阐述 HBase 中行键、列族和时间戳的概念。

5）请阐述 HBase 系统基本架构以及各个组成部分的作用。

6）请列举几个 HBase 常用命令，并说明其使用方法。

（3）其他数据存储技术

1）请阐述 NoSQL 数据库的 4 种类型，以及各自的适用场合和优缺点。

2）请简述 NewSQL 数据库与传统的关系型数据库和 NoSQL 数据库的区别。

3. 数据计算

（1）MapReduce

1）请画出 MapReduce 的流程，并举例说明 MapReduce 是如何运行的。

2）MapReduce 的 Map 数量和 Reduce 数量如何确定的？如何配置？

3）MapReduce 有几种排序？描述排序发生的阶段。

4）MapReduce 中 Combiner 的作用是什么？一般用于哪些场景？

5）描述 Hadoop 的序列化和反序列化。如何通过自定义 bean 对象实现序列化？

6）如何使用 MapReduce 实现两个表的 JOIN 操作？

（2）Spark

1）Spark 有几种部署模式？每种模式有什么特点？

2）Spark 技术栈有哪些组件？每个组件有什么功能？分别适合什么应用场景？

3）Spark 的速度为什么快？ Spark 的速度为什么比 MapReduce 快？ MapReduce 和 Spark 有什么相同点和不同点？

4）Spark 的工作机制是什么？

5）RDD 的弹性表现在哪些方面？ RDD 有哪些缺陷？

6）Spark 中的 RDD 是什么？有哪些特性？

7）Spark on YARN 模式有哪些优点？

8）谈谈你对 Container 的理解。

9）Spark 使用 parquet 文件存储格式有哪些好处？

10）partition 和 block 有什么关联？

11）Spark 应用程序的执行过程是什么？

12）Spark 为什么需要持久化？一般在什么场景下需要进行 persist 操作？

13）介绍一下 JOIN 操作优化方面的经验。

14）Spark 的数据本地性表现在哪些方面？

15）描述一下 Spark 的 shuffle 过程。

16）简述 Hadoop 和 Spark 的 shuffle 的相同点和不同点。

17）Sort-based shuffle 的缺陷是什么？

18）谈一下你对 Unified Memory Management 内存管理模型的理解。

19）Spark 的优化如何进行？

（3）Flink

1）Flink 的时间类型有哪几种？它们有什么区别？

2）Flink 是如何保证 exactly-once 语义的？

3）如果下级存储不支持事务，那么 Flink 怎么保证 exactly-once？

4）Flink 是如何处理反压的？

5）Flink 中的状态存储是什么？

6）Flink 的内存管理是如何进行的？

7）Flink 支持哪几种重启策略？分别如何进行配置？

8）请描述一下 Flink 的任务提交流程。

9）请描述一下 Flink 的架构。

10）Flink 和 Spark Streaming 有什么区别？

11）请描述一下 Flink 的基本组件栈。

12）阐述 Flink 资源管理中的 Task Slot 概念。

13）Flink 的常用算子有哪些？

14）Flink 中的水印是什么？它的作用是什么？

15）Flink 是如何支持批流一体的？

16）你了解 Flink 的并行度吗？在 Flink 中设置并行度时，需要注意什么？

17）Flink 中对窗口的支持包括哪几种？

18）Flink 中的分布式快照机制是什么？

19）Flink 中的序列化是如何进行的？

20）若在 Flink 中使用 Window 时出现数据倾斜问题，如何解决？

21）描述一下 Flink 的基础编程模型。

4. 数据查询

（1）Hive 原理

1）请简述 Hive 的架构和特性。

2）简单谈一下你对 Hive 的理解，并说明 Hive 和 RDBMS 的异同。

3）Hive 使用哪些方式保存元数据？各有哪些特点？

4）Hive 中各种存储格式的区别是什么？

5）简述 Hive 的 HiveQL 转换为 MapReduce 的过程。

6）所有的 Hive 任务都会有 MapReduce 的执行吗？

（2）Hive 调优

1）什么时候需要合并文件？如何合并小文件？

2）简述 Mapper 数调整。

3）简述 Reducer 数调整。

4）谈一下你对 Hive 并行执行的理解。

5）谈一下你对 Hive 本地模式的理解。

6）Hive 的笛卡儿积是如何产生的？

7）简述行列过滤优化。

（3）HiveQL

1）列举 Hive 常用的函数。

2）Hive 内部表和外部表的区别是什么？

3）简述 Hive 桶表。

4）简述 row_number()、rank() 和 dense_rank() 的区别。

5）Hive 中的 Order By、Sort By、Distribute By 和 Cluster By 分别表示什么？

6）简述 Hive 中 split、coalesce 和 collect_list 函数的用法（可举例）。

7）UDF、UDAF 和 UDTF 的区别是什么？分别如何实现？

（4）Presto

1）简述 Presto 的架构和特点。

2）简述 Presto 和 Impala 的异同。

（5）Impala

1）简述 Impala 的架构和特点。

2）简述 Hive 和 Impala 的异同。

5. 数据仓库

1）事实表有哪几类？

2）简述范式建模与维度建模的区别。

3）维度建模的优缺点分别是什么？

4）简述数据仓库系统体系结构。

5）简述数据仓库模型设计的过程。好的数据仓库模型的评价标准是什么？

6）什么是缓慢变化维？

7）对于缓慢变化维，如何处理？

8）简述 OLAP 与 OLTP 的概念和区别。

9）开源 OLAP 解决方案有哪些?
10）什么是主题、主题域？如何划分?
11）数据仓库的层次划分是什么样的?
12）什么是拉链表?
13）拉链表如何回滚?

6. 数据测试

1）什么是 ETL？为什么 ETL 测试是必需的？
2）ETL 测试工程师的主要职责是什么?
3）列举几个 ETL 测试的用例并进行说明。
4）列举大数据测试的典型问题。
5）什么是数据倾斜？如何解决数据倾斜问题?
6）大数据中的 SQL 和 Shell 脚本如何测试?
7）简述实时数据处理与离线数据处理在测试过程中的差异。
8）目前，在公司内部，如何开展大数据质量保障工作?
9）大数据测试工程师需要具备什么能力?

7. 数据治理

1）什么是数据治理?
2）企业面临的数据方面的挑战有哪些?
3）如何开展数据治理?
4）列举几个数据治理领域的框架。
5）元数据管理对于企业的意义是什么?
6）什么是元数据？元数据一般包含哪几类？请举例说明。
7）企业数据质量监控平台由哪几部分构成？其工作流程是什么?
8）数据质量评估有哪些维度?
9）数据标准的定义是什么?
10）数据治理对于企业数字化转型的意义是什么?

参考文献

[1] 李智慧 . 从 0 开始学大数据：盘点可供中小企业参考的商业大数据平台 [EB/OL]. 极客时间，2019.

[2] William H Inmon. Building the Data Warehouse[M]. 4th ed. New Jersey : Wiley，2005.

[3] 池邦劳 . 数据仓库的发展历程 [J]. Internet 信息世界 , 2002 (12): 51-52.

[4] Yu J H, Zhou Z M. Components and Development in Big Data System:A Survey [J]. 电子科技学刊：英文版，2019，017 (001): 51-72.